普通高等教育新工科通信类系列教材

通信系统

主编　王　莉　郭文普　张峰干

西安电子科技大学出版社

内 容 简 介

本书首先介绍了通信基础知识和数字通信技术基础知识；而后系统介绍了当前主流的通信系统，如光纤通信系统、卫星通信系统、移动通信系统，以及军事通信中常用的短波通信系统、散射通信和流星余迹通信，最后梳理了其他典型通信技术，如无线电通信技术、光通信技术、量子通信技术和数据链通信技术。

本书可作为高等院校通信工程、信息工程等专业的教材，也可供相关专业的科研人员和工程技术人员参考。

图书在版编目(CIP)数据

通信系统 / 王莉，郭文普，张峰干主编. —西安：西安电子科技大学出版社，2022.7
ISBN 978-7-5606-6280-0

Ⅰ. ①通…　Ⅱ. ①王…　②郭…　③张…　Ⅲ. ①通信系统　Ⅳ. ①TN914

中国版本图书馆 CIP 数据核字(2022)第 014758 号

策　　划　明政珠
责任编辑　武翠琴
出版发行　西安电子科技大学出版社(西安市太白南路 2 号)
电　　话　(029)88202421　88201467　　邮　　编　710071
网　　址　www.xduph.com　　电子邮箱　xdupfxb001@163.com
经　　销　新华书店
印刷单位　陕西博文印务有限责任公司
版　　次　2022 年 7 月第 1 版　2022 年 7 月第 1 次印刷
开　　本　787 毫米×1092 毫米　1/16　印张 18
字　　数　427 千字
印　　数　1～1000 册
定　　价　48.00 元
ISBN　978-7-5606-6280-0 / TN
XDUP　6582001-1

前　言

随着通信技术的快速发展，各种通信手段层出不穷，为了能让读者更全面地掌握通信系统的相关知识，作者结合多年讲授“通信原理”“通信系统”等课程的教学经验，借鉴大量的相关文献，精心策划和编写了本书。

本书重点介绍各种主流通信系统(如常用的光纤通信系统、卫星通信系统、移动通信系统、短波通信系统等)，而对于无线局域网通信(如 WiFi、蓝牙)和物联网通信等未作介绍。考虑有些学生可能不具备通信技术方面的基础知识，故书中对光纤、光缆等相关的基础知识也作了重点介绍。

本书共分为 8 章，第 1 章为通信基础知识，介绍通信与通信系统、通信网及电磁频谱的基础知识；第 2 章为数字通信技术基础知识，介绍数字通信系统的原理、信源编码技术、数字复接技术和数字交换技术等数字通信技术的相关基础内容；第 3 章至第 7 章分别介绍光纤通信系统、卫星通信系统、移动通信系统、短波通信系统、散射通信和流星余迹通信；第 8 章介绍其他典型通信技术，包括无线电通信技术、光通信技术、量子通信技术和数据链通信技术。

本书由火箭军工程大学王莉、郭文普、张峰干编写，其中第 1、2、6、7 章由王莉编写，第 3、8 章由郭文普编写，第 4、5 章由张峰干编写，全书由王莉统稿，由郭文普审核。

由于编者水平有限，书中难免存在疏漏，恳请广大同行和读者批评指正。

编　者

2021 年 12 月

目　录

第 1 章　通信基础知识

本章主要介绍通信与通信系统、通信网的基本概念，电磁波理论及电磁频谱的应用等基础知识。

1.1　通 信 概 述

1.1.1　通信与通信系统

通信意味着信息的传输与交换，其基本任务是在信源与信宿之间建立一个传输信息的通道(信道)。通信系统的基本组成模型如图 1-1 所示，它是由信源、变换器、信道、反变换器、信宿和噪声源这六个部分组成的。

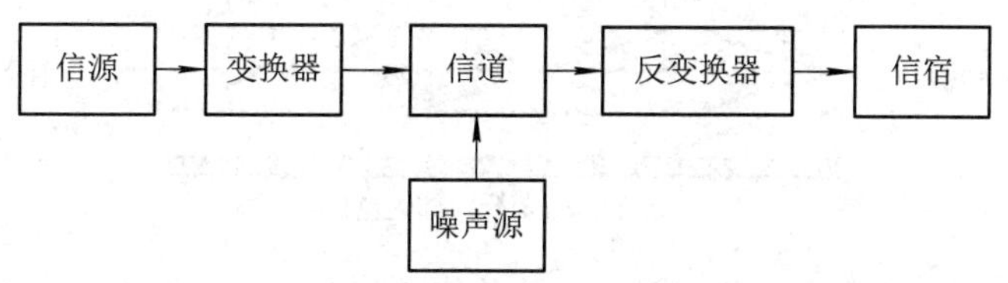

图 1-1　通信系统的基本组成模型

1. 信源

信源是信息的发出者。信源可以是人、机器或自然界的物体等，用于产生不同的业务，构成不同的系统。例如，人们谈话时，人的发声系统发出强弱变化的声波，通过送话器变成电信号，这就是语音信源，按通信业务来分，这属于语音业务；观看电视时，被摄制的客观物体或人物的光线强弱与不同颜色通过摄像机变成电信号，这就是图像信源，按通信业务来分，这属于图像业务。这些业务信号由于幅度和时间呈连续变化，统属模拟信源。还有一类信源输出的信号在时间上是离散的，例如电传机输出的离散符号序列、计算机输出的数据等，这类信源统属数字信源。

2. 变换器

变换器是生成适合在信道中传输的信号的装置。例如，对于模拟电话通信系统，变换器就是送话器，主要完成声/电变换功能；对于数字电话通信系统，变换器则包含了送话器、模/数变换器、编码器及复用器等部件。

3. 信道

信道是传递信息的通道及设施，包括传输介质、传输设备和系统。常用的传输信道包括有线信道和无线信道。

在有线信道中，常用的有线传输介质有明线、双绞线、同轴电缆和光纤、光缆等，如图1-2所示。

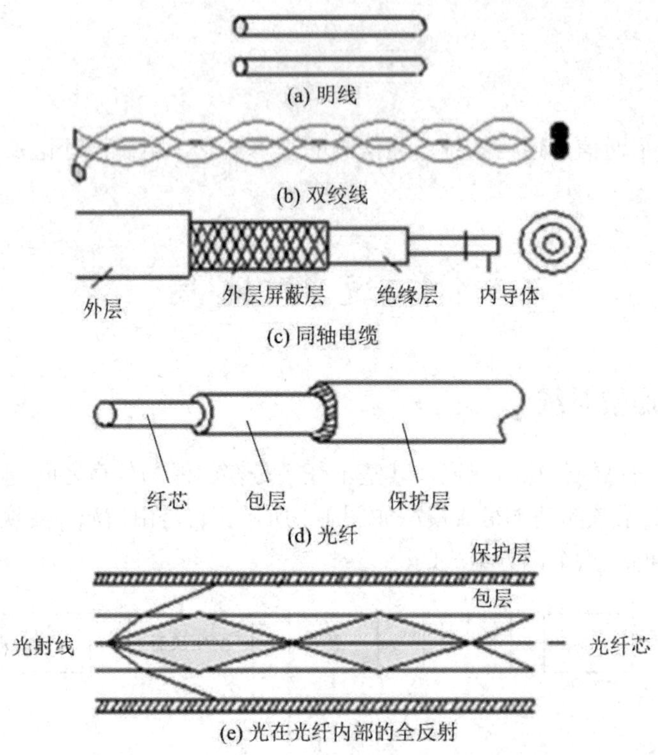

图1-2 有线传输介质

在无线信道中，传输介质是无线电波。无线电波按波长可分为长波、中波、短波、超短波、微波等。长波绕射能力强，适于海上通信；中波靠地面波和天波两种方式进行传播，适用于近距离无线电广播；短波利用电离层反射，适于远距离传播；微波近于光波，为直线传输，要求两点间无阻挡，即视距传输。

4. 反变换器

反变换器的功能与变换器相反，目的是从受到减损的接收信号中正确恢复原始电信号。例如，对于模拟电话通信系统，反变换器就是受话器，用于完成电/声变换功能；对于数字电话通信系统，反变换器则包含了受话器、数/模变换器、译码器及分接器等部件。

5. 信宿

信宿是信息的接收者，可以是与信源相对应的或与信源不一致的人或机器。

6. 噪声源

噪声源是系统噪声或各种干扰对信息传输的影响在等效意义上的集中体现，主要来自内部电子噪声和外部干扰两方面。为了描述和分析问题的方便，通常将系统中的内部噪声和外部干扰统一折算到信道中，用一个等效的噪声源来表示。

应当指出，在图 1-1 所示的通信系统中，实际上只能完成点对点的单向通信，若要实现双向通信，还需要增加一个与该图信息传输方向相反的通信系统。若要实现多用户(两个以上用户)之间的通信，则需要由多个通信系统来组成一个有机的整体——通信网。

1.1.2 通信网的基本概念

一般来说，通信网是指由一定数量的节点(包括终端设备和交换设备)和连接这些节点的传输链路所组成的可在两个或多个规定节点之间进行信息传输的系统或体系。在某些情况下，也可以由用户终端和传输链路组成网络，如无线电台网。通信网是由相互依存、相互制约的若干要素(包括硬件、软件要素)所组成的有机整体，用于完成规定的通信功能。

1. 通信网的分层结构

传统通信网由传输链路、交换设备、终端设备以及通信规程等要素组成。其中，传输链路是连接网络节点的媒介，它包括实体传输链路、频分载波传输链路、时分数字传输链路等；交换设备是通信网的核心，其基本功能是完成对接入交换节点的各链路进行汇集、转接、接续和分配，实现一个呼叫用户终端与另一个或多个用户终端的路由选择和连接，它包括固定电话交换机、移动电话交换机、分组交换机和异步转移模式(ATM)交换机等；终端设备是用户与网络之间的接口设备，其主要作用是完成待传送的信息与传输链路上的信号之间的相互转换，常见的终端设备有固定电话机、移动电话机、数据终端机等；通信规程是指为保证通信网正常工作和运行所需要的各种信令、协议和标准等。

现代通信网的发展，使得网络的类型及其所提供的业务不断增加和更新，网络体系变得日益复杂。为了更清晰地描述现代通信网的结构，引入了网络分层的概念。根据网络的结构特征，对网络可以采用垂直描述和水平描述的方法。所谓垂直描述，就是从功能上将网络分为应用层、业务网、传送网以及支撑网。所谓水平描述，则是从用户接入网络的物理连接上将网络分为接入网和骨干网，或者分为局域网、城域网和广域网。

通信网的垂直分层结构由应用层、业务网、传送网和支撑网组成，如图 1-3 所示。其中，应用层表示各种信息应用；业务网用于支持应用层，是传送各种业务信息的网络；传送网用于支持业务网，是进行信息传送的手段和基础设施；支撑网对上述三个层面提供支持，并提供网络正常运行所需要的管理控制能力，它包括信令网、同步网和电信管理网。

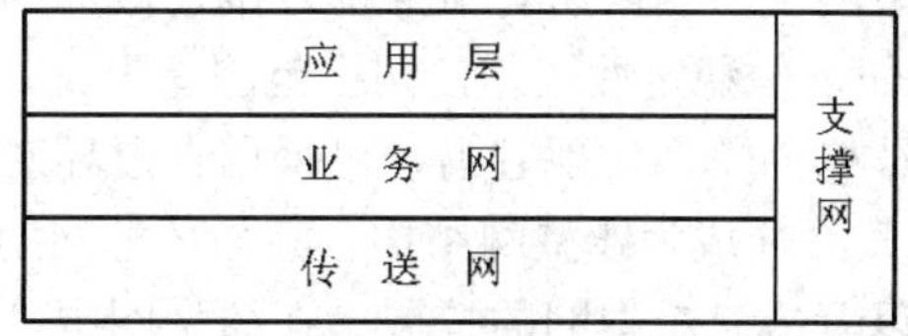

图 1-3 通信网的垂直分层结构

网络分层的优点主要有两个方面：一是使网络规范与具体实施方法无关，简化网络的规划设计，因为各层的功能相对独立，对每一层网络进行单独设计和运行要比对整个网络进行设计和运行简单得多；二是随着信息技术的发展和信息服务的多样化，通信网技术也将随之变化，但未来网络分层的变化将主要体现在应用层和业务网，而传送网将保持相对稳定。

2. 通信网的组网(拓扑)结构

通信网的组网(拓扑)结构形式主要有网状型、星型、复合型、总线型、环型和树型等，如图1-4所示。不同的组网结构具有不同的特点，下面分别予以介绍。

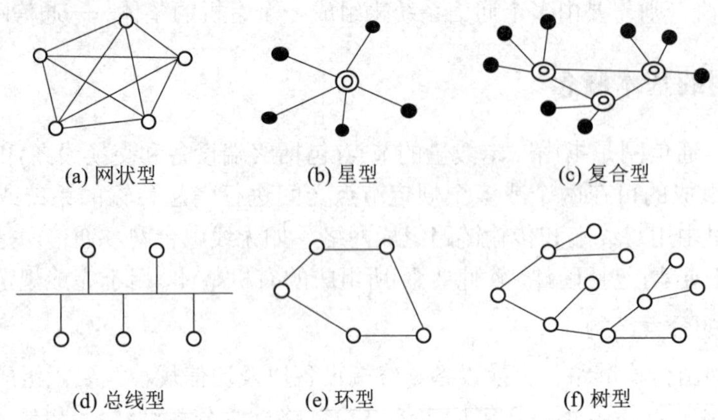

图1-4　通信网的主要组网(拓扑)结构形式

(1) 网状型。在网状型网中，网内任意两节点之间均有直达线路，如果网内有 N 个节点，则需要有 $N(N-1)/2$ 条传输链路。随着网内节点数的增加，所需要的传输链路数将迅速增大。网状型网络的优点是冗余度大、稳定性好，但线路利用率低、经济性差。对网状型进行一些改动，可得到网孔型，即一种不完全的网状型，网内部分节点与其他节点没有直达线路。网孔型与网状型相比，线路利用率有所提高，经济性有所改善，但稳定性稍差。

(2) 星型。星型网也称辐射网，当网内有 N 个节点时至少需要 $N-1$ 条传输链路，辐射点是转接交换中心，其余 $N-1$ 个节点间的相互通信要经过交换中心转接。显然，辐射点交换设备的交换能力和可靠性会影响网内所有用户。由于星型网传输链路少，线路利用率高，故经济性好，但安全性较差。因中心节点是全网可靠性的瓶颈，一旦出现故障将造成全网瘫痪。

(3) 复合型。复合型网由网状型网和星型网复合而成，它综合了二者的特点，是一种常用的网络结构。复合型网以星型网为基础，在业务量较大的转接交换区域采用网状型结构，同时兼顾了网络的经济性和稳定性，在网络设计中应以交换设备与传输链路的总费用最小为原则。

(4) 总线型。在总线型网中，网内所有节点都连接在被称为总线的公共传输通道上，传输链路少，增减节点方便，但稳定性较差，网络范围受限。

(5) 环型。环型网的结构简单，实现容易，可采用自愈环对网络进行自动保护，因而稳定性较高。将环型网断开，便成为线型网结构，其与环型网的不同点在于首尾不相接。

(6) 树型。树型网可以看成是星型网的扩展。在树型网中，节点按层次进行连接，信息交换主要在上、下节点间进行。目前，树型结构主要用于用户接入网等。

3. 通信网的分类方法

通信网一般按照其运营方式、通信业务、覆盖范围、服务对象、传输信号形式或交换方式等进行分类。

通信网按其运营方式可分为公用网和专用网；按其通信业务可分为电话通信网、移动通信网、电报通信网、传真通信网和数据通信网等；按其覆盖范围可分为本地网、长途网和国际网，也可以分为局域网、城域网和广域网；按其服务对象可大致分为民用通信网和军用通信网；按其传输信号形式可分为模拟通信网和数字通信网；按其交换方式可分为电路交换网、分组交换网、ATM 交换网和 IP 网等。

4. 对通信网的质量要求

对通信网的一般质量要求主要有以下三个方面：

(1) 用户接通的任意性和快速性。这是对通信网最基本的要求，意指网内一个用户能快速地接通网内任一个其他用户。如果有些用户不能与其他用户通信，则这些用户必定不在同一网内或网内出现了问题；而如果不能快速地接通，则有时会使要传送的信息失去价值，这种接通将是无效的。

影响用户接通的任意性和快速性的主要因素是网络的拓扑结构、网络资源和网络的可靠性。显然，网络资源不足会增加阻塞概率；拓扑结构不合理会增加转接次数，从而增加阻塞率和时延；可靠性降低意味着传输链路或交换设备易出故障甚至丧失其应有的功能。

(2) 信号传输的透明性和一致性。信号传输的透明性是指在规定业务范围内的信息都可以在网内传输，而对用户不加任何限制，就像透明物体能使任何波长的可见光通过一样；信号传输质量的一致性是指网内任意两个用户通信时，应具有相同或相似的传输质量，而与用户之间的距离无关。通信网的传输质量直接影响到通信效果，因而需要制定出传输质量标准并进行合理分配，使通信网各部分均满足传输质量指标的要求。

(3) 网络的可靠性和经济合理性。网络的可靠性通常是指在概率意义上使平均故障间隔时间达到规定的要求。如果网络的可靠性不高，则会经常出现故障甚至中断通信。可靠性对通信网来说至关重要，但是，绝对可靠的网络是不存在的，因为提高网络可靠性往往要增加投资，而造价太高的网络则不易实现。因此，应根据实际需要在可靠性与经济性之间取得折中和平衡。

对通信网而言，除了上述三个基本要求外，还有一些其他要求，而且对于不同业务的通信网，上述各项要求的具体内容和含义也有所不同。各种通信网技术所要达到的最终目标都是要使通信网满足这些质量要求。

1.2　电磁波理论及电磁频谱

电磁频谱是天然的信息载体和理想的传输媒介，是信息化战争争夺的重要领域。利用电磁频谱能进行信息的获取、传输、交换、处理，提高信息处理的实时性。加强电磁频谱的控制和利用，对于确保电磁空间安全、取得战场制电磁权进而取得制信息权具有十分重要的意义。下面介绍电磁频谱的基本知识、电磁频谱管理的基本概念和主要内容。

1.2.1　电磁波理论

1. 电磁波理论的发展过程

人们对电磁波的认识还是近百余年的事，并且是一个逐步深入的过程：

(1) 电、磁作为两个独立的物理现象。19 世纪以前，人们还没有发现电与磁的联系。但一些研究(特别是伏打 1799 年发明了电池)为电磁学理论的建立奠定了基础。

(2) 库仑定律。库仑于 1785 年导出了两个静止点电荷间的相互作用规律，即库仑定律。库仑定律是静电学理论建立的实验基础。

(3) 发现电磁的关系。奥斯特从 1807 年开始研究电磁之间的关系；1820 年，他发现电流以力的形式作用于磁针。

(4) 安培力公式。1820 年，安培发现磁力作用的规律。

(5) 电磁感应定律。1831 年，法拉第发现，当磁捧插入导体线圈时，导体线圈中就产生了电流，从而发现了电磁感应定律。

(6) 麦克斯韦方程组。1864 年，麦克斯韦提出了一组偏微分方程，用来表达电磁现象的基本规律，称为麦克斯韦方程组。

(7) 赫兹设计了电磁波的发生和接收装置。1887 年，德国科学家赫兹证实了麦克斯韦关于电磁波存在的预言，开始了电磁场理论应用与发展的时代。

(8) 马可尼发送无线电报。1895 年，马可尼成功地进行了 2.5 千米距离的无线电报传送实验；1899 年，无线电报跨越英吉利海峡的试验成功；1901 年，无线电报跨越大西洋 3200 千米距离的试验成功，这标志着无线电通信进入了实用阶段。

2. 电磁波理论的基本概念

随着科学技术的飞速发展，人们对电磁波的认识日益深刻，对电磁波的开发利用也日益广泛。激光通信和光纤通信的实现，开创了人类利用光频电磁波通信的新阶段。进入 21 世纪后，信息技术突飞猛进，频谱资源的需求与稀缺之间的矛盾日益突出，电磁频谱管理越来越受到人们的关注和重视。

某区域内有变化的电场，临近区域将引起(产生)变化的磁场，这个变化的磁场又在较远区域内引起变化的电场，这样电场与磁场交替产生、由近及远、以有限速度在空间内传播的波动称为电磁波，如图 1-5 所示。电磁波的波动，类似于在平静水面上投入一块石子而引起水波以投入点为中心向四周传播的波动。电磁波是由电磁辐射源(如雷达、电台、X 光机等)引起的电场与磁场的波动。电磁波的传播速度约为 30 万千米每秒，电场和磁场的能量在传播过程中逐渐发散和衰减。

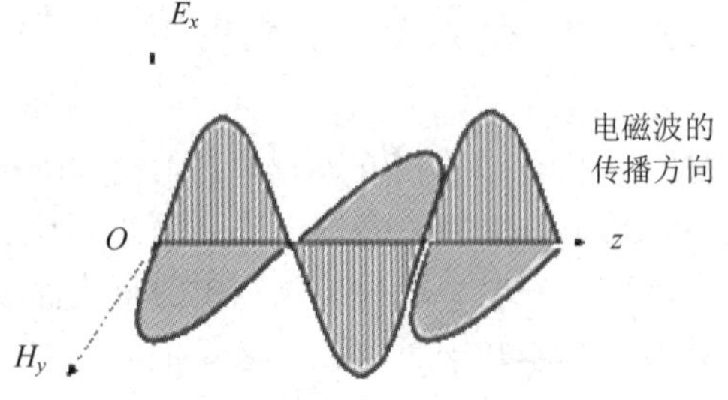

图 1-5 电磁波传播示意图

电磁波每秒钟波动变化的次数，称为电磁波的频率。频率通常用英文字母 f 表示，其基本单位是赫兹(Hz)，常用单位有赫兹(Hz)、千赫兹(kHz)、兆赫兹(MHz)、吉赫兹(GHz)等。根据电磁波的传播速度和频率可以确定其波长，波长(λ)等于电磁波传播速度(v)除以频率(f)，不同频率或者波长的电磁波具有不同的物理特性。

在同一媒质中，频率和波长是一一对应的关系，知道频率就很容易算出波长。例如，中央广播电台的三个发射频率为 90.0 MHz、101.8 MHz 和 106.1 MHz，其对应波长分别为 3.33 m、2.95 m 和 2.83 m。波长与频率是从不同角度来反映电磁波特性的重要参数。

1.2.2 电磁频谱及其应用

1. 电磁频谱的划分

电磁频谱是指把电磁波按频率或者波长排列所形成的谱系。电磁频谱依据电磁波频率的高低或者波长的长短可排序为条状结构，各种电磁波在电磁频谱中占有不同的位置，如图 1-6 所示。

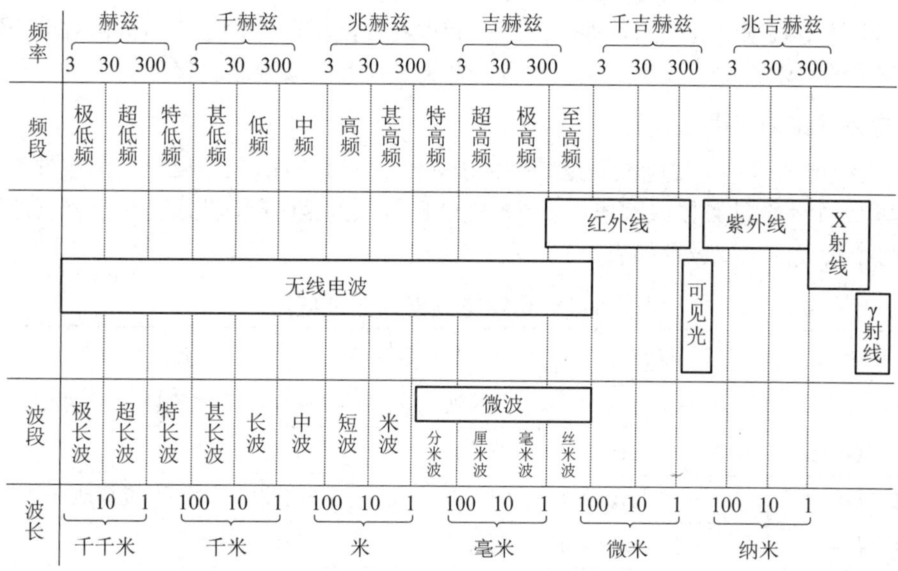

图 1-6 无线电频段和波段的划分

2. 电磁频谱的特性

电磁频谱也可简称频谱，它是一种自然资源，又是一种无形的特殊资源，属于国家所有。其特性主要表现在以下六个方面：

(1) 有限性。国际电信联盟(International Telecommunication Union，ITU)规划的无线电频谱上限为 3000 GHz，但受科学技术发展水平的制约，频谱资源的使用受到很大限制，无线电频谱资源实际使用只能在 275 GHz 以下，且绝大部分在 20 GHz 以下，因而频谱是一种有限资源。

(2) 共享共用。电波传播无国界，电磁资源为人类共有，任何国家和军队不能独有，即己方、敌方共用，军、民共用。

(3) 三域分割。电磁频谱有空间域、时间域、频率域的特性，三域可分割复用以提高频谱利用率，科学使用频谱资源。

(4) 非耗竭性。频谱可利用但非消耗，业务停止则占频释放，可供其他业务用，频谱可反复使用、永不耗竭，是一种非消耗性的资源。如果得不到充分利用，则是一种浪费，而若使用不当也是一种资源浪费，甚至会造成严重的危害。

(5) 易受干扰。电波传播易受人为噪声和自然噪声的干扰，导致其无法准确而有效地传输各类信息。

(6) 无排他性。电磁波是一种特殊物质，它可以与有形物质共存于同一空间，电磁波可穿透某些物质。

另外，电磁频谱资源与矿产、石油、水、土地及食物资源一样，亦是一种关系国计民生的重要的战略性资源。当今世界，我们周围的空间几乎每时每刻都充满着各种各样的电磁信号，如果没有无线电及无线电通信，人类社会就会立即陷入瘫痪。特别是在信息化时代，以无线电频谱作为基础资源的无线通信及其应用，在构建信息社会，在经济建设、国防建设中越来越显示出不可替代的重要性。电磁频谱资源是现代人类社会和经济发展的物质基础，并已构成了信息化时代人类生存条件的基本要素。

基于上述电磁频谱资源的特性，国际上和世界各国军队都设有专门机构对电磁频谱实施集中统一的科学管理，以满足经济建设、社会发展和军事斗争的需要。

3. 电磁频谱的应用

(1) 无线电频谱。无线电频谱是频率范围为0～3000 GHz的电磁频谱，按频率或波长范围分为12个不同的频段或波段，频率范围从极低频到至高频，波段范围从极长波到亚毫米波。每个频段的主要应用如表1-1所示。

表1-1　无线电频谱划分及应用

<table>
<tr><th>序号</th><th>频段</th><th>频率范围</th><th colspan="2">波段</th><th>应　用</th></tr>
<tr><td>1</td><td>极低频</td><td>3～30 Hz</td><td colspan="2">极长波</td><td>地质探测、大气物理、地球物理</td></tr>
<tr><td>2</td><td>超低频</td><td>30～300 Hz</td><td colspan="2">超长波</td><td>对潜艇通信</td></tr>
<tr><td>3</td><td>特低频</td><td>300～3 kHz</td><td colspan="2">特长波</td><td>矿场内使用，也可作勘探地质用</td></tr>
<tr><td>4</td><td>甚低频</td><td>3～30 kHz</td><td colspan="2">甚长波</td><td>对潜艇和远洋水面潜艇通信</td></tr>
<tr><td>5</td><td>低频</td><td>30～300 kHz</td><td colspan="2">长波</td><td>远程导航、地下通信等</td></tr>
<tr><td>6</td><td>中频</td><td>300 kHz～3 MHz</td><td colspan="2">中波</td><td>广播、导航、船舶、船港通信</td></tr>
<tr><td>7</td><td>高频</td><td>3～30 MHz</td><td colspan="2">短波</td><td>广播、导航、超视距及远距离通信</td></tr>
<tr><td>8</td><td>其高频</td><td>30～300 MHz</td><td colspan="2">超短波</td><td>移动通信、电视、雷达、导航、电台通信</td></tr>
<tr><td>9</td><td>特高频</td><td>300 MHz～3 GHz</td><td rowspan="4">微波</td><td>分米波</td><td>散射通信、流星余迹通信、卫星通信、微功率短距离通信</td></tr>
<tr><td>10</td><td>超高频</td><td>3～30 GHz</td><td>厘米波</td><td>卫星通信、微波接力通信、各种系统导航</td></tr>
<tr><td>11</td><td>极高频</td><td>30～300 GHz</td><td>毫米波</td><td>接力通信、卫星通信</td></tr>
<tr><td>12</td><td>至高频</td><td>300 GHz～3 THz</td><td>亚毫米波</td><td>待开发应用</td></tr>
</table>

(2) 红外线频谱。红外线频谱的频率范围为300 GHz～400 THz，包括远红外、中红外和近红外，红外成像技术可用于侦查、监视、瞄准、射击指挥和制导等方面。

(3) 可见光频谱。可见光频谱的频率范围为400～750 THz，常用于激光通信和激光武器，可实现地面短距通信、全球和星际通信及潜艇通信。

(4) 紫外线频谱。紫外线的频率范围为 750～1500 THz，能实现非视距通信，具有低窃率、抗干扰等特点，常用于医用杀菌、人造光源和近距抗扰保密通信。

(5) X 射线频谱。X 射线的频率范围为 1.5～500 PHz，具有高能电磁辐射、强穿透力，常用于医疗诊断、工程探伤等。

(6) γ 射线频谱。γ 射线的频率范围为 300～3000 EHz，常用于原子结构的分析。

习 题 1

1. 什么是通信？
2. 画出基本通信系统的组成模型，简述其工作原理。
3. 通信网的拓扑结构形式主要有哪些？
4. 网状型、星型、复合型网络的特点分别是什么？
5. 对通信网的质量要求是什么?
6. 简述无线电频谱的划分及应用。

第 2 章　数字通信技术基础知识

数字通信抗干扰能力强，且噪声不积累；传输差错可控；便于用现代数字信号处理技术进行处理、变换、存储；系统易于集成，通信设备便于微型化；易于加密处理，且保密性好。因此，数字通信得到了广泛的应用。本章为数字通信技术的基础知识，主要介绍数字通信系统的模型结构和主要性能指标、信源编码技术、数字复接技术和数字交换技术。

2.1　数字通信系统的模型结构和主要性能指标

本节主要介绍数字通信系统的模型结构以及数字通信系统的主要性能指标。

2.1.1　数字通信系统的模型结构

就传递的信号而言，通信系统可分为两大类，即模拟通信系统和数字通信系统，我们这里主要讲数字通信系统。

完成数字信号产生、变换、传递及接收全过程的系统称之为数字通信系统。数字通信系统的模型结构可用图 2-1 来描述。

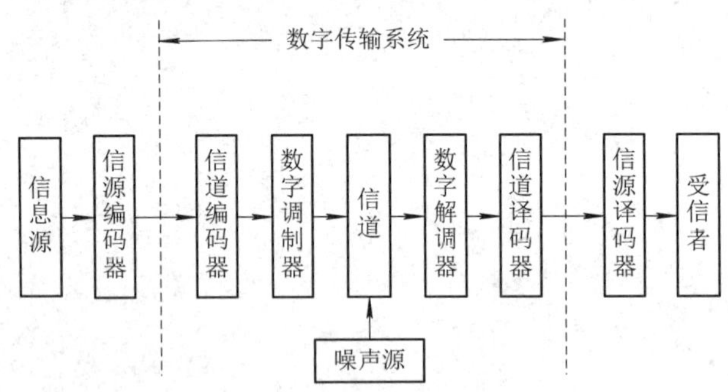

图 2-1　数字通信系统的模型结构

1. 信息源

信息源是信息或信息序列的产生源，泛指一切发信者，可以是人，也可以是机器。

2. 信源编码器/译码器

信源编码器的功能是把模拟信号变换成数字信号，即所谓的模/数(A/D)变换。信源和信源编码可设在同一物理体内，也可以分设。在接收端，信源译码器的作用与信源编码器相反，即把数字信号还原成模拟信号。

3. 信道编码器/译码器

信道编码器的功能是在完成多路数字信号复接为宽带数字信号之后，把此宽带数字信号送到传输的信道中去，根据各种传输信道的特性及对传输数字信号的要求(如有一定纠错能力、减少误码、从信码中提取时钟等)，将信号变换成所需的传输码型，如 PCM 基带传输码型 HDB_3 码，光纤传输码型 NRZ 码、5B6B 码、4B1H 码等。在接收端，信道译码器的作用与信道编码器相反，即将变换的码型还原成原来的数字信号。

4. 数字调制器/解调器

根据信道媒质特性，编码后的数字信号还要经过调制才能送入信道中。在无线传输中，根据传输的数字速率、边带利用率、功率利用率、误码率及设备的复杂程度等，可采用数字频移键控(FSK)、相移键控(PSK)、幅移键控(ASK)及其组合变换、变型等各种数字调制方式。

对应的接收部分的数字解调，即完成从数字频带信号中恢复出原来的宽带数字信号，再经信道解码和码型反变换后分离成数字基带信号；也可以是经信源解码，即 D/A 变换，还原为原始模拟用户信号或分路数字信号(不经信源解码，如计算机信号等)。数字解调接收端的技术是发送端相应技术的逆变换。

5. 信道

信道是指传输信号的通道。根据信号特性，信道可分为模拟信道和数字信道；根据传输媒质的不同，信道可分为有线信道(明线、电缆、光纤信道等)和无线信道(短波电离层、散射信道、微波视距信道和卫星远程自由空间恒参信道)。在以上信道中，明线和电缆可用来传输速率低的数字基带信号，其他信道均要进行数字调制。数字信号只经信道编码而不经调制就可直接送到明线或电缆中去传输。我们把不经调制的数字信号称为数字基带信号，把数字基带信号直接送到信道中传输的数字通信方式称为基带传输方式。经调制后的数字信号称为数字频带信号，把调制后的数字频带信号送到信道中传输称为数字频带传输。

2.1.2 数字通信系统的主要性能指标

1. 传输速率

1) 信息传输速率

信息传输速率是指在单位时间(每秒)内传送的信息量。信息量是消息多少的一种度量，消息的不确定程度愈大，则其信息量愈大。在信息论中，对数字传输信息量的度量单位为“比特”，即一个二进制符号(“1”或“0”)所含的信息量是一个“比特”。所以，数字信号信息传输速率的单位是比特/秒(b/s)，一般用 f_b 或 f_B 来表示。例如一个数字通信系统，它每秒钟传输 2048×10^3 个二进码元，则它的信息传输速率为 $f_B = 2048\times10^3$ b/s。信息传输速率的单位除 b/s 外，还有 kb/s、 Mb/s、 Gb/s、Tb/s。

2) 码元(符号)传输速率

码元传输速率即符号传输速率，又称信号速率。它是指单位时间(每秒)内所传输的码元数目，其单位称为波特。这里的码元一般指多进制，如二进制、四进制等。码元传输速

率和信息传输速率是有区别的，码元速率可折合为信息速率进行计算，其转换公式为

$$f_B = N\mathrm{lb}M \tag{2-1}$$

式中：f_B 为信息传输速率(二进制传输速率)；N 为波特率(消息速率)；M 为符号进制数(码元进制数)。

这里应注意，M 为二进制时，波特率与信息率在数值上是相等的，但两者在概念上是有区别的。

2. 误码

1) 误码的概念

在数字通信中是用脉冲信号(即“1”和“0”)携带信息的。由于噪声、码间干扰及其他突发因素的影响，当干扰幅度超过某一门限值时，就会发生误判，从而出现误码，如图 2-2 所示。

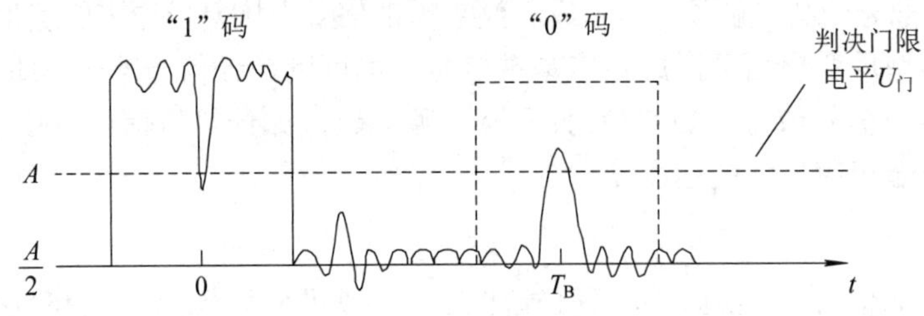

图 2-2　噪声叠加在数字信号上的波形

在传输过程中，受干扰(叠加了噪声)的数字信号在判决点处会出现两种情况(以单极性信号为例)：可能把“1”码误判为“0”码，称为减码；也可能把“0”码误判为“1”码，称为增码。无论是增码还是减码，都称为误码，误码用误码率来表征。误码率的定义为：在一定统计时间内，数字信号在传输过程中发生错误的码元数与传输的总码元数之比，用符号 P_e 表示，即

$$P_e = \frac{\text{发生错误的码元数}}{\text{传输的总码元数}} \tag{2-2}$$

2) 误码积累

在实际的数字通信系统中，含有多个再生中继段，上面讲的误判产生的误码率是指在一个中继段内产生的，当它继续传到下一个中继段时，也有可能再产生误判，但这种误判把原来误码纠正过来的可能性极少。因此，一个传输系统的误码率应与每个再生中继段的误码率相关，即具有累积特性。如一个传输系统有 m 个再生中继段，则总误码率为

$$P_{eB} = \sum_{i=1}^{m} P_{eB_i} \tag{2-3}$$

式中：P_{eB} 为总误码率；i 为再生中继段序号；P_{eB_i} 为第 i 个再生中继段的误码率。

3. 抖动

1) 抖动的概念

抖动是指在噪声因素的影响下，数字信号的有效瞬间相对于理想时间位置的短时偏离，即在数字信号传输过程中，脉冲信号的时间间隔上不再是相同的，而是随时间变化的现象，

如图 2-3 所示。一般把抖动称为相位抖动或定时抖动。抖动是数字通信系统中数字信号传输的一种不稳定现象。

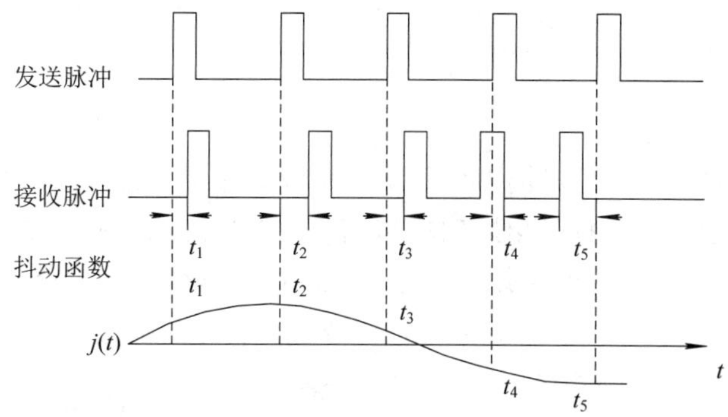

图 2-3　脉冲抖动的意义

抖动是由噪声、定时恢复电路调谐不准、系统复用设备的复接/分接过程中引入的时间误差以及传输信道质量变化等多种因素引起的。当多个中继站链接时，抖动会产生累积，会对数字传输系统产生影响，因此，对于抖动一般都有规定的限度。

2) 抖动容限

抖动容限一般是用峰-峰抖动 J_{p-p} 来描述的，它是指某个特定的抖动比特的时间位置相对于该比特抖动时的时间位置的最大部分偏离。

设数字脉冲一比特宽度为 T，偏离位置用 $\Delta\tau$ 表示，则抖动容限为$\dfrac{\Delta\tau}{T}\times 100\%$。如果产生一比特的偏离，即为 1 UI(100%UI)。

抖动对各类业务的影响不同，例如在传输话音和数据信号时，系统的抖动容限一般小于等于 4% UI。由于人眼对相位变化的敏感性，对用数字系统传输的彩色电视信号，要求系统抖动容限一般小于等于 0.2% UI 或者更严。抖动容限随数字信号传输的比特速率高低及对不同数字系统的要求而有区别。

2.2　信源编码技术

在一个完整的数字通信系统中，一般有两个编码功能块：信源编码和信道编码。信源编码是对信源的信号进行变换，将其变换成适合数字系统传输的形式；信道编码是围绕数字调制方式和信道选择设置的，其目的是将数字信号变换成与调制方式和传输信道匹配的形式，从而降低传输误码率，提高传输的可靠性。

在数字通信中，信源编码一般包含模拟信号的数字化和压缩编码两个范畴。由于多数信源产生的信号是模拟信号，因此，必须经过数字化将其变换成数字码流，方能在数字传输系统中传输。压缩编码是对数字信号进行处理，去除或减少信号的冗余度，从而提高通信的有效性。

根据不同信号及不同形式，信源编码可采用不同的方法，下面重点介绍语音编码技术。在数字通信中，语音信源编码主要可分成三类：波形编码、参数编码和混合编码。

波形编码是直接对语音信号离散样值进行编码处理和传输；参数编码是先从离散语音信号中提取出反映语音的特征值，再对特征值进行编码处理和传输；混合编码是前两种方法的混合应用。

2.2.1　波形编码技术

波形编码技术的第一步是对模拟信号实施时域离散化。通常，信号时域离散化是用一个周期为 T 的脉冲信号控制抽样电路对模拟信号实施抽样的过程，如图 2-4 所示。模拟信号 $f(t)$通过一个由周期为 T 的抽样脉冲信号 $s(t)$控制的抽样器得到抽样后的信号 $f_s(t)$。

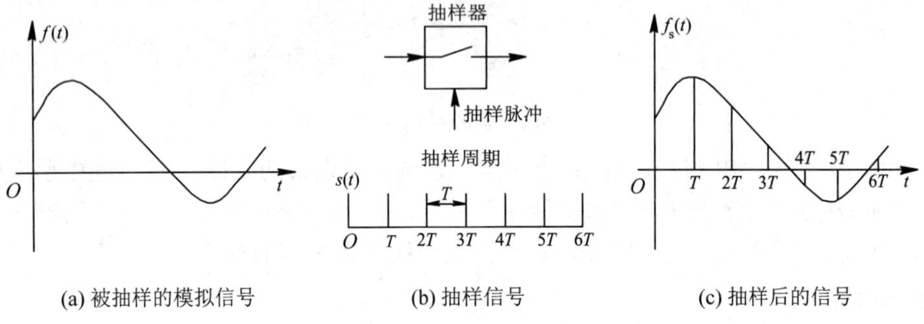

图 2-4　模拟信号时域离散化过程

在连续的信号中取出的信号“样品”为“样值”，经验告诉我们，如果取出的“样值”的个数足够多，这个样值就能逼近原始的连续信号。问题是样值要取多少才够？也就是图 2-4 中的抽样周期 T 取多大才能满足用样值序列 $f_s(t)$代表模拟信号 $f(t)$的要求？这个问题由抽样定理解决。低通抽样定理告诉我们：如果一个带限的模拟信号 $f(t)$的最高频率分量为 f_m，当满足抽样频率 $f_s(f_s = 1/T) \geqslant 2f_m$ 时，所获得的样值序列 f_s 就可以完全代表原模拟信号 $f(t)$。也就是说，利用 f_s 可以无失真地恢复原始模拟信号 $f(t)$。

波形编码是对离散化后的语音信号样值进行编码，其编码可以在时域或变换域进行。时域编码主要有脉冲编码、差值脉冲编码和子带编码等方式。变换域编码是将语音信号的时域样值通过某种变换在另一域进行编码，以期获得更好的处理效果或去除更大的信号冗余度。下面主要介绍脉冲编码和差值脉冲编码。

1. 脉冲编码

脉冲编码是在时域按照某种方法将离散的语音信号样值变换成一个一定位数的二进制码组的过程，由量化和编码两部分构成，如图 2-5 所示。样值幅度离散化的过程，也就是按某种规律将一个无穷集合的值压缩到一个有限集合中去。量化有两类：标量量化和矢量量化。在脉冲编码中主要采用标量量化。标量量化又有均匀量化和非均匀量化之分。与其对应，脉冲编码也可分成两类，即线性编码和非线性编码。采用脉冲编码对信号数字化并传输的方式称为脉冲编码调制(Pulse Code Modulation，PCM)。

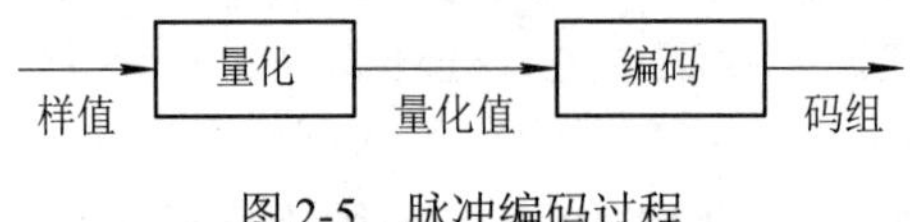

图 2-5　脉冲编码过程

1) 线性编码

线性编码是先对样值进行均匀量化，再对量化值进行简单的二进制编码，即可获得相应码组。

所谓均匀量化，是以等间隔对任意信号值来量化，亦即将信号样值幅度的动态(变化)范围 $-U$～$+U$ 等分成 N 个量化级(间隔)，每个量化级(间隔)记作 Δ，即

$$\Delta=\frac{2U}{N} \tag{2-4}$$

式中：U 为信号过载点电压。

根据量化的原则，样值幅度落在某一量化级内，则由该级的中心值(即一个值)来量化。如图 2-6(a)所示，量化器输入 u 与输出 v 之间的关系是一个均匀阶梯波关系。由于 u 在一个量化级内变化时，v 值不变，因此量化器输入与输出间的差值称为量化误差，记作

$$e=v-u \tag{2-5}$$

由图 2-6(b)可见，当样值落在量化级中心时，误差为零；当样值落在量化级两个边界上时，误差最大，为$\pm\Delta/2$。均匀量化的量化误差在 0～$\pm\Delta/2$ 之间变化。

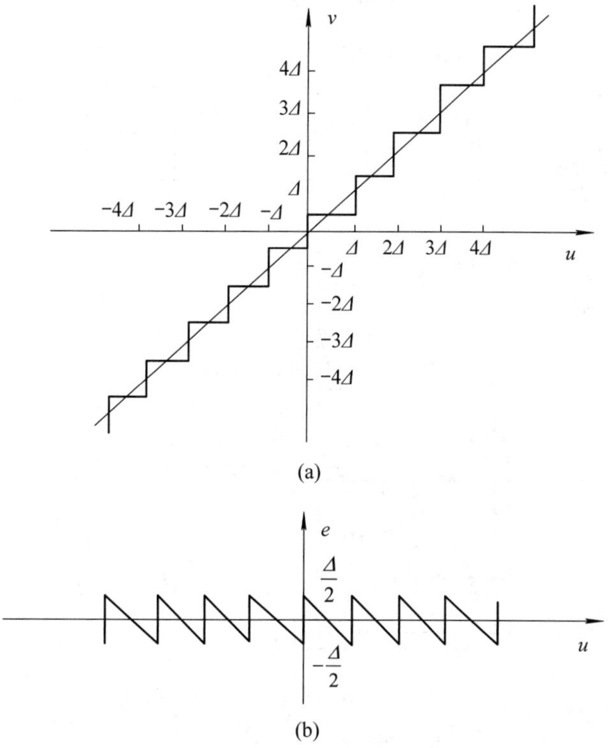

图 2-6 均匀量化曲线

量化后，再用 n 位二进制码对量化值进行编码即可得到数字信号。码组长度 n 与量化级数 N 之间的关系为 $N=2^n$。通过推导，线性编码在输入信号未过载时的量化信噪比为

$$\left(\frac{S}{N_{\mathrm{q}}}\right)_{\mathrm{dB}}=10\lg\left(3N^2\frac{u_{\mathrm{e}}^2}{U^2}\right)=4.77+6n+20\lg u_{\mathrm{e}}-20\lg U\ (\mathrm{dB}) \tag{2-6}$$

式中：$N_q = \dfrac{U^2}{3N^2}$ 为量化噪声(误差)功率；$S = u_e^2$ 为信号功率；u_e 为输入信号电压有效值。

2) 非线性编码

线性编码简单，实现容易，但是线性编码采用均匀量化，即对大、小信号用相同的量化级量化。这样对小信号而言，量化的相对误差将比大信号大，即均匀量化时小信号的量化信噪比小，大信号的量化信噪比大，这对小信号是很不利的。从统计角度来看，语音信号中小信号是大概率事件，因此，如何改善小信号的量化信噪比是语音信号量化编码所需要研究的问题。解决的方法是采用非均匀量化，降低量化器对小信号的量化误差，使量化器对大、小信号的量化信噪比基本相同。

(1) 非均匀量化。

目前在语音信号中常用的非均匀量化方法是压扩量化，如图2-7所示。从图中可以看到，信号是经过一个具有压扩特性的放大系统后，再进行均匀量化。压扩系统对小信号的放大增益大，对大信号的放大增益小，这样可使小信号的量化信噪比大为提高，使信号在编码动态范围内，大、小信号的量化信噪比大体一致。与发送端对应，在接收端解码后，要进行对应的反变换，还原成原始的样值信号。

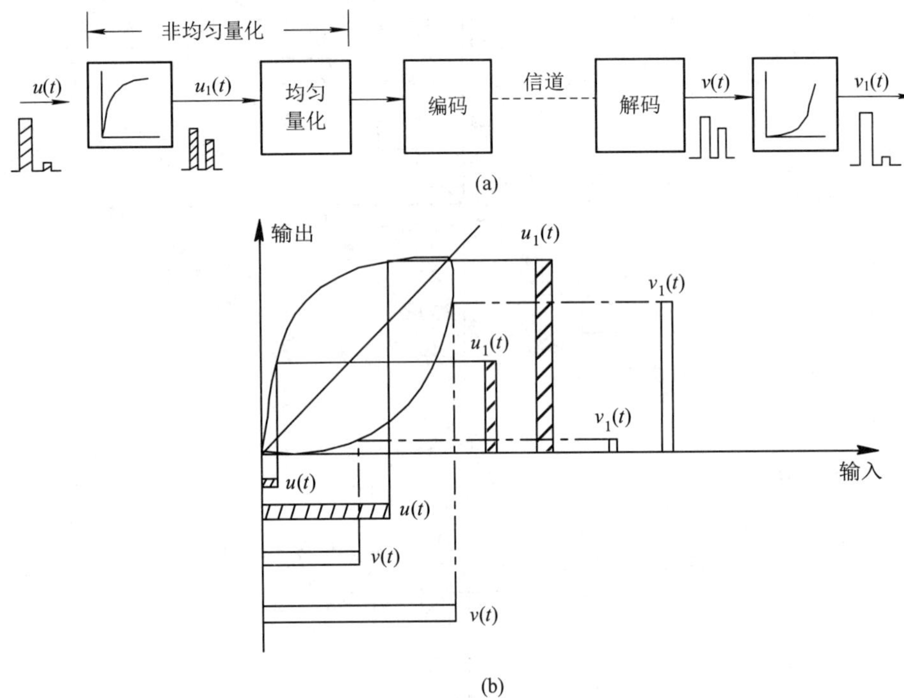

图2-7　非均匀量化原理示意图

从要求对大、小信号量化信噪比一致的条件出发，可以导出压扩特性应满足以下对数方程：

$$y = 1 + \frac{1}{k}\ln x \tag{2-7}$$

式中：$x=u/U$ 和 $y=v/U$ 分别是量化器的归一化输入和输出；k 为常数。压扩特性曲线如图

2-8(a)所示，x 的定义域为(0，∞)，曲线不过原点。我们知道，语音信号是双极性的，即应允许 $x\leqslant 0$，而且它还是关于原点对称的，所以，理想压扩特性曲线应是通过原点，并关于原点对称，即应如图 2-8(b)所示。由此可见，式(2-7)给出的曲线不能使用，需要修正。修正的目标主要有两点：曲线通过原点；曲线关于原点对称。修正的方法不同，导出的特性曲线方程也不同。目前 ITU-T 推荐两种方法：A 压扩律和 μ 压扩律。下面分别对它们进行简介。

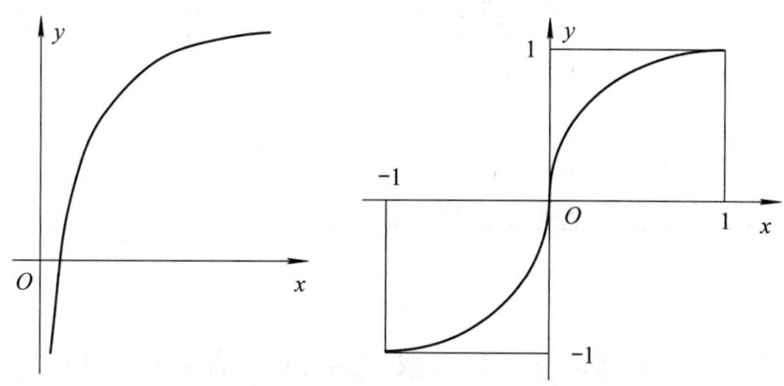

图 2-8 理想对数压扩特性

对图 2-8(a)中曲线作通过原点的切线，再考虑曲线的对称性，可以得到 A 压扩律方程为

$$y=\begin{cases}\dfrac{A|x|}{1+\ln A}\mathrm{sgn}(x), & 0\leqslant|x|\leqslant\dfrac{1}{A}\\[2ex] \dfrac{1+\ln A|x|}{1+\ln A}\mathrm{sgn}(x), & \dfrac{1}{A}\leqslant|x|\leqslant 1\end{cases} \tag{2-8}$$

式中：

$$\mathrm{sgn}(x)=\begin{cases}1, & x>0\\ 0, & x=0\\ -1, & x<0\end{cases} \tag{2-9}$$

为符号函数。压扩程度和曲线形状由参数 A 的大小确定：当 $A=1$ 时，$y=x$ 为线性关系，是量化级无穷小时的均匀量化特性；当 $A>1$ 时，随着 A 的增大，压扩特性越显著，对小信号量化信噪比的改善程度越大。

令式(2-7)中常数 $k=\ln\mu$，并将该式分子由 $\ln x$ 修改为 $\ln(1+\mu|x|)$，分母由 $\ln\mu$ 修改为 $\ln(1+\mu)$，可得 μ 压扩律方程为

$$y=\frac{\ln(1+u|x|)}{\ln(1+u)}\mathrm{sgn}(x),\ -1\leqslant x\leqslant 1 \tag{2-10}$$

式中：$\mu>0$。通过分析易知，特性压扩程度决定于 μ，μ 越大，压扩效益越高；$\mu=0$ 时，$y=x$ 为量化级无穷小时的均匀量化特性。

(2) μ 律、A 律的折线实现。

μ 压扩律和 A 压扩律从理论上讲可以实现，但 μ 律是连续曲线，A 律为分段连续曲线，要用电路实现是相当困难的。为了实现容易，通常用折线去逼近实现压扩律特性，即要求：

① 用折线逼近非均匀量化压扩特性曲线；

② 各段折线的斜率应随 T 增大而减小；

③ 相邻两折线段斜率之比保持为常数；

④ 相邻的判定值或量化间隔成简单的整数比关系。

按照上述要求，设用 N_μ 条折线去逼近 μ 律压扩曲线，并设相邻两折线斜率之比为 m，可以求出各折线端点坐标为

$$\begin{cases} x_k = \dfrac{m^k - 1}{m^{\frac{N_\mu}{2}} - 1}, \quad k = 0, 1, \cdots, \dfrac{N_\mu}{2} \\ y_k = k\dfrac{2}{N_\mu} \end{cases} \tag{2-11}$$

为了使折线各端点在 μ 律曲线上，要求满足：

$$\mu = m^{\frac{N_\mu}{2}} - 1 \tag{2-12}$$

采用二进制编码时，通常取 $m = 2$，若取 $N_\mu = 16$，则有 $\mu = 2^8 - 1 = 255$，即在 x 为(−1，0)和(0，1)的域内各用 8 段斜率之比为 2 的折线段构成的折线可逼近 $\mu = 255$ 的 μ 压扩律。因为折线是关于原点对称的，所以靠近原点的两条折线的斜率是相同的，实为一条折线，因此，实际上共有 15 条折线，故称之为 μ255/15 折线压扩律。

图 2-9 画出了 μ255/15 折线正半轴的折线图，表 2-1 给出了 μ255/15 折线各折线段的参数。

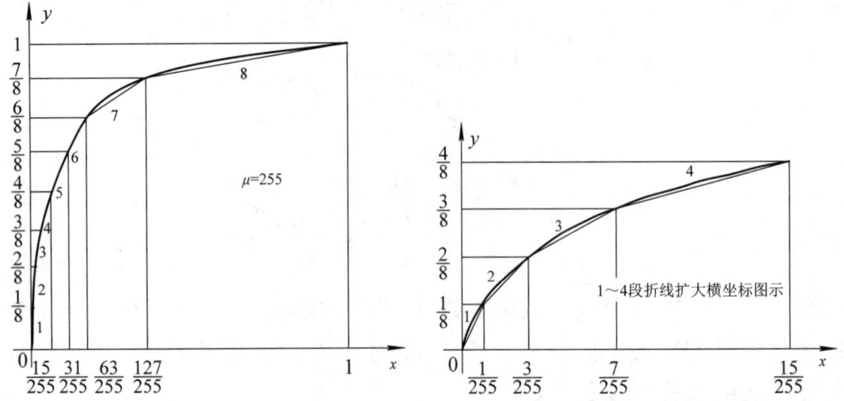

图 2-9　μ255/15 折线压扩律曲线

表 2-1　μ255/15 折线段端点坐标值和斜率

分类			折线段							
			1	2	3	4	5	6	7	8
μ255/15 折线	x	0	$\frac{1}{255}$	$\frac{3}{255}$	$\frac{7}{255}$	$\frac{15}{255}$	$\frac{31}{255}$	$\frac{63}{255}$	$\frac{127}{255}$	1
	y	0	$\frac{1}{8}$	$\frac{2}{8}$	$\frac{3}{8}$	$\frac{4}{8}$	$\frac{5}{8}$	$\frac{6}{8}$	$\frac{7}{8}$	1
折线斜率			32	16	8	4	2	$\frac{1}{2}$	$\frac{1}{4}$	

μ 压扩律各相邻折线段横坐标长度间比值为 m，而折线段端点间的关系不是 m 的倍数关系。为了实现更容易，A 压扩律将折线段端点间也设计为 $m = 2$ 的倍数，即

$$\frac{x_{k+1}}{x_k}=\frac{m^{k+1}-1}{m^k-1}=\frac{2^{k+1}-1}{2^k-1},\quad k=1,2,\cdots,\frac{N^A}{2}-1 \tag{2-13}$$

式中：$N_A=16$。容易证明，各折线段长度之比为

$$\frac{\varDelta_{k+1}}{\varDelta_k}=\begin{cases}1, & k=1\\ 2, & k=2,3,\cdots,\dfrac{N_A}{2}-1\end{cases}$$

即

$$\begin{cases}\varDelta_1=\varDelta_2\\ \varDelta_{k+1}=m\varDelta_k, \quad k=2,3,\cdots,\dfrac{N_A}{2}-1, m=2\end{cases}$$

这样，A 压扩律折线靠近原点的 4 条折线具有同一斜率，实为一条折线，因此，16 折线实际合成为 13 折线。与求解 μ 律折线端点类似，可以求出 A 律各折线段端点坐标为

$$\begin{cases}x_1=\dfrac{m-1}{m^{\frac{N_A}{2}-1}+m-2}\\ x_2=\dfrac{2m-1}{m^{\frac{N_A}{2}-1}+m-2}\\ \vdots\\ x_k=\dfrac{m^k}{m^{\frac{N_A}{2}}}, \quad k=3,4,\cdots,\dfrac{N_A}{2}\end{cases} \tag{2-14}$$

由于 A 律曲线是分段连续曲线，若要求所有折线端点仍在曲线上，则应有：在 $0\leqslant x\leqslant 1/A$ 区域内，$A=87.6$；在 $1/A\leqslant x\leqslant 1$ 区域内，$A=94.2$。即在两段曲线上，A 应取不同的常数值。为了实现简单，通常牺牲一点儿大信号的精度，在两段曲线区域内均取同一常数 $A=87.6$，所以常称之为 A 律 87.6/13 折线，其折线示意图如图 2-10 所示，主要参数如表 2-2 所示。

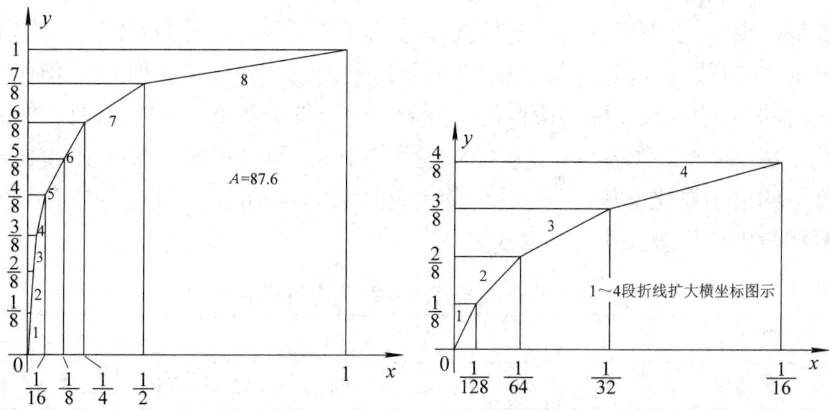

图 2-10 13 折线 A 压扩律曲线

表 2-2　A 律(87.6)曲线和 13 折线段端点坐标和斜率

分 类	折 线 段								
	1	2	3	4	5	6	7	8	
x	0	$\frac{1}{128}$	$\frac{1}{64}$	$\frac{1}{32}$	$\frac{1}{16}$	$\frac{1}{8}$	$\frac{1}{4}$	$\frac{1}{2}$	1
y(13 折线)	0	$\frac{1}{8}$	$\frac{2}{8}$	$\frac{3}{8}$	$\frac{4}{8}$	$\frac{5}{8}$	$\frac{6}{8}$	$\frac{7}{8}$	1
y(A 律曲线)	0	$\frac{1}{8}$	$\frac{1.91}{8}$	$\frac{2.92}{8}$	$\frac{3.94}{8}$	$\frac{4.94}{8}$	$\frac{5.97}{8}$	$\frac{6.97}{8}$	1
折线斜率	16	16	8	4	2	1	$\frac{1}{2}$	$\frac{1}{4}$	

上面讨论了 A 律 13 折线和 μ 律 15 折线这两种国际上主要采用的压扩律，前者是欧洲各国的 PCM-30/32 路系统中所采用的，后者是美国、加拿大和日本等国的 PCM-24 路系统中所采用的。我国采用欧洲标准，即 A 律 13 折线。

下面比较 A 律和 μ 律各自的特点：μ 律折线的所有端点均落在压扩曲线上，而 A 律折线只有在 $0 \leqslant x \leqslant 1$ 内的端点落在压扩曲线上。从这个意义上说，μ 律折线逼近得好些。A 律折线端点坐标间也呈 2 的倍数关系，电路实现更容易。输入信号在−20～−40 dB 范围内，A 律的量化信噪比比 μ 律稍高，在低于−40 dB 后，μ 律的量化信噪比比 A 律高。

一般来说，语音信号的电平通常在 0～−40 dB 动态范围内，故无论采用 A 律还是 μ 律都可获得良好的压扩效果，满足 ITU-T 标准规定的质量要求。

(3) 非线性 PCM 编码技术。

根据语音信号的特点，为了提高语音信号源编码的效率，通常采用非线性 PCM 编码方式。实现非线性 PCM 编码的方法有多种。下面首先讨论非线性 PCM 码字的基本特性，再重点介绍两种编码方法：代码变换法和直接编码法。考虑到我国采用欧洲制式，故在下面的讨论中均以 A 律 13 折线特性为例。μ 律 15 折线编码的实现方法也与此类似。

① 码字安排。

基于增强传输抗干扰能力和电路易实现的考虑，非线性 PCM 码字采用二进制折叠码。从语音质量、频带利用率和实现难度等方面综合考虑，用 8 位码表示一个语音样值。码位的具体安排是：用 1 位码表示信号的极性(正信号为“1”，反之为“0”)，称为极性码；用 3 位码表示 13 折线的 8 段，同时表示 8 种相应的段落起点电平，称为段落码；用 4 位码表示折线段内的 16 个小段，称为段内码。由于各折线段长度不一，故各段内的小段所表示的量化值大小也不一样，如第 1、2 段的长度为 1/128，等分后每小段(1/128)/16 = 1/2048，它是所有段中的最小量化单位，称为最小量化级(Δ = 1/2048)，并将其作为量度单位。这样，各段的长度和段内量化级大小如表 2-3 所示。

表 2-3　各段段落长度和段内量化级

折线段序号	1	2	3	4	5	6	7	8
段落长度/Δ	16	16	32	64	128	256	512	1024
各段量化级/Δ	1	1	2	4	8	16	32	64

综上所述，8 位码的安排如下：

$$\begin{array}{ccc} A_1 & A_2A_3A_4 & A_5A_6A_7A_8 \\ \text{极性码} & \text{段落码} & \text{段内码} \end{array}$$

段落码、各段段落起点电平和各段段内码所对应的电平值如表 2-4 所示。很显然，非线性编码的整个 8 位码可描述的信号动态范围为 $-2048\Delta \sim +2048\Delta$，它与 12 位线性编码的动态范围相同。

表 2-4 段落与电平关系

段落序号	段落码			段落起点电平/Δ	段内码对应电平/Δ				段落长度/Δ
	A_2	A_3	A_4		A_5	A_6	A_7	A_8	
1	0	0	0	0	8	4	2	1	16
2	0	0	1	16	8	4	2	1	16
3	0	1	0	32	16	8	4	2	32
4	0	1	1	64	32	16	8	2	64
5	1	0	0	128	64	32	16	8	128
6	1	0	1	256	128	64	32	16	256
7	1	1	0	512	256	128	64	32	512
8	1	1	1	1024	512	256	128	64	1024

② 编码方法。

常用的非线性 PCM 编码方法有两种。一种称作代码变换法，它先进行 12 位线性编码，然后再利用数字逻辑电路或只读存储器按折线的规律实现数字压扩，将 12 位线性代码变换成 8 位非线性代码，其编码步骤为：

- 将样值编成 12 位线性码；
- 将 11 位线性幅度码按照线性码/非线性码的转换关系转换成 7 位非线性码。

线性码/非线性码的转换关系见表 2-5。

表 2-5 非线性码与线性码电平关系表

段落		非线性码							线性码										
序号	起点电平/Δ	A_2 M_2	A_3 M_3	A_4 M_4	A_5 M_5	A_6 M_6	A_7 M_7	A_8 M_8	B_1 1024	B_2 512	B_3 256	B_4 128	B_5 64	B_6 32	B_7 16	B_8 8	B_9 4	B_{10} 2	B_{11} 1
1	0	0	0	0	8	4	2	1	0	0	0	0	0	0	0	M_5	M_6	M_7	M_8
2	16	0	0	1	8	4	2	1	0	0	0	0	0	0	1	M_5	M_6	M_7	M_8
3	32	0	1	0	16	8	4	2	0	0	0	0	0	1	M_5	M_6	M_7	M_8	0
4	64	0	1	1	32	16	8	4	0	0	0	0	1	M_5	M_6	M_7	M_8	0	0
5	128	1	0	0	64	32	16	8	0	0	0	1	M_5	M_6	M_7	M_8	0	0	0
6	256	1	0	1	128	64	32	16	0	0	1	M_5	M_6	M_7	M_8	0	0	0	0
7	512	1	1	0	256	128	64	32	0	1	M_5	M_6	M_7	M_8	0	0	0	0	0
8	1024	1	1	1	512	256	128	64	1	M_5	M_6	M_7	M_8	0	0	0	0	0	0

例 2-1 设一语音样值为 276Δ，用代码变换法将其编成 PCM 码。

解 (1) 因样值极性为正，故极性码 $B_0 = 1$。

(2) 将 276 转换成二进制，易得

$$(276)_{10} = (100010100)_2$$

即求得该样值的 12 位线性码为 100100010100。

(3) 由表 2-5 知线性代码除第 1 段外，其幅度代码的首位均为“1”。为了求得样值所在的折线段 D，先求得二进制幅度码有效位长 W，再由

$$k=\begin{cases}11-W,\ W\geqslant 4\\ 7,\ W<4\end{cases} \tag{2-15}$$

$$D=7-k,\ (D)_{10}=(D)_2 \tag{2-16}$$

求得样值的段落码。

在本题中，容易求得，$W=9$，$k=11-9=2$，$D=7-2=5$，$(5)_{10}=(101)_2$，样值在第 6 段，段落码为 $A_2A_3A_4=101$。

(4) 由表 2-5 知，线性代码的幅度码的第一个“1”后紧接着的 4 位代码就是非线性代码中的段内码。

在本题中，容易求得 $A_5A_6A_7A_8=0001$。

由此可得，该样值的 PCM 码字为 11010001。所代表量化电平为 $256\Delta+16\Delta=272\Delta$，编码误差为 $276\Delta-272\Delta=4\Delta<\Delta'=\dfrac{256\Delta}{16}=16\Delta$，式中，$\Delta'$ 为第 6 段的段内量化级。

另一种方法是直接对信号样值进行非线性编码。编码器本身能产生一些特定数值作为判决值，利用比较器来确定信号样值所在的段落和段内位置，从而实现 8 位非线性编码。目前，直接编码法最常用的实现方法是逐次反馈比较法，图 2-11 给出了逐次反馈编码器的实现方框图。

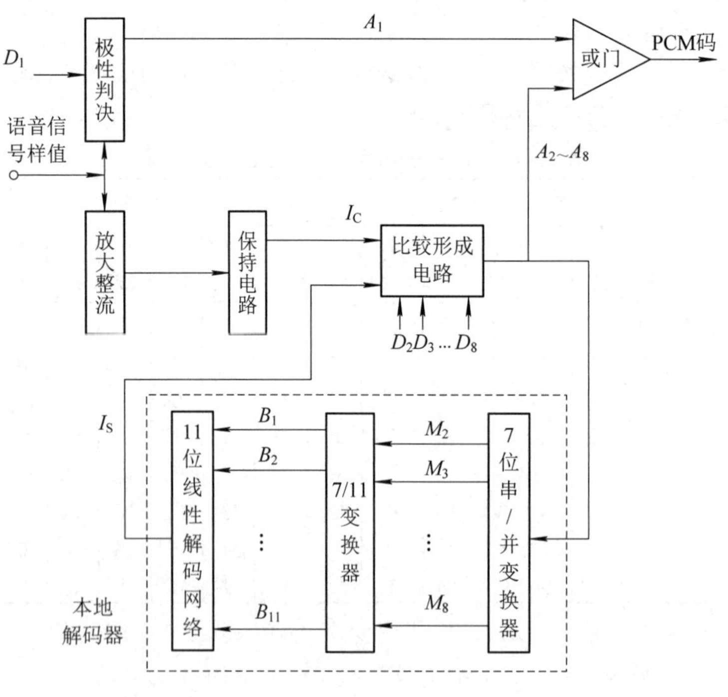

图 2-11　逐次反馈编码器原理方框图

图 2-11 中，输入的语音信号样值同时加到极性判决和逐次反馈编码电路中。信号加到极性判决电路，在 D_1 时序脉冲时刻进行判决，并产生极性码 A_1，样值为正，$A_1 = 1$；样值为负，$A_1 = 0$。另一路信号经放大、整流进入保持电路，使样值幅度在一个编码周期内保持恒定以与本地解码器输出进行比较。保持电路输出的信号 I_C 在比较形成电路中与本地解码器输出信号 I_S 进行比较，其比较是按时序脉冲时刻 D_2～D_8 逐位进行的。根据比较结果形成 A_2～A_8 各码位的编码。本地解码器将 A_2～A_8 各位码逐位反馈，经串/并编码变换记忆在 M_2～M_8 中，再经 7/11 变换电路得出相应的 11 位二进制线性码组，最后经 11 位线性解码网络输出 I_S。

由此可以总结出逐次反馈比较编码法的编码步骤如下：

(1) 由极性判决电路确定信号电平的极性，给出极性码 A_1。$I_C>0$ 时，$A_1 = 1$；反之，$A_1 = 0$。

(2) 对整流后的信号样值幅值，用 3 次中值比较编出段落码 $A_2A_3A_4$，求出对应的段落起点电平。

(3) 再用 4 次中值比较，确定样值在所处段落中的位置，从而获得段内码 $A_5A_6A_7A_8$ 及相应的电平。

(4) 在各次比较编码的同时输出编出的码组。

下面通过一个例子来说明其编码过程。

例 2-2 仍考虑例 2-1 中给出的信号样值 276Δ，用逐次反馈比较法编出相应的 PCM 码组。

解

D_1 时刻，因为 $I_C>0$，所以极性码 $A_1 = 1$。

D_2 时刻，本地解码器输出 $I_S = 128\Delta$(第一次比较，固定输出 128Δ)，即第 4、5 段的分界电平；因为 $I_C>I_S$，故比较器输出“1”，即 $A_2 = 1$，说明信号处在第 5～8 段。

D_3 时刻，因为 $A_2 = 1$，故本地解码器输出 $I_S = 512\Delta$，即第 6、7 段的分界电平；因 $I_C<I_S$，故比较器输出“0”，即 $A_3 = 0$，说明信号处在第 5～6 段。

D_4 时刻，因为 $A_3 = 0$，故本地解码器输出 $I_S = 256\Delta$，即第 5、6 段的分界电平；因 $I_C>I_S$，比较器输出“1”，即 $A_4 = 1$，说明信号处在第 6 段。

D_5 时刻，本地解码器输出 $I_S = 256\Delta+128\Delta = 384\Delta$，即由段落起点电平和 A_5 位电平构成，因 $I_C<I_S$，故比较器输出“0”，即 $A_5 = 0$。

D_6 时刻，因为 $A_5 = 0$，故 A_5 位电平不保留，本地解码器输出 $I_S = 256\Delta+64\Delta = 320\Delta$，即由段落起点电平和 A_6 位电平构成；因 $I_C<I_S$，故比较器输出“0”，即 $A_6 = 0$。

D_7 时刻，因为 $A_6 = 0$，故 A_6 位电平不保留，本地解码器输出 $I_S = 256\Delta+32\Delta = 288\Delta$，即由段落起点电平和 A_7 位电平构成；因 $I_C<I_S$，故比较器输出“0”，即 $A_7 = 0$。

D_8 时刻，因为 $A_7 = 0$，故 A_7 位电平不保留，本地解码器输出 $I_S = 256\Delta+16\Delta = 272\Delta$，即由段落起点电平和 A_8 位电平构成；因 $I_C>I_S$，故比较器输出“1”，即 $A_8 = 1$。

由此编得段内码为“0001”，进而得到 PCM 码组为“11010001″，它所代表的电平为 $256\Delta+16\Delta = 272\Delta$，编码误差为 $276\Delta-272\Delta=4\Delta<\Delta'=\dfrac{256\Delta}{16}=16\Delta$，式中，$\Delta'$ 为第 6 段的段内量化级。可见，本题所得结果与例 2-1 所得结果相同。

2. 差值脉冲编码

差值脉冲编码是对抽样信号当前样值的真值与估值的幅度差值进行量化编码调制。在实际差值编码系统中，对当前时刻的信号样值 $f(nT_s)$ 与以过去样值为基础得到的估值信号样值 $\hat{f}(nT_s)$ 之间的差值进行量化编码。由分析可知，语音、图像等信号在时域有较大的相关性，因此，抽样后的相邻样值之间有明显的相关性，即前后样值的幅度值间有较大的关联性。对这样的样值进行脉冲编码就会产生一些对信息传输并非绝对必要的编码，它们是由于信号的相关性使取样信号中包含有一定的冗余信息所产生的。如能在编码前消除或减小这种冗余性，就可得到较高效率的编码。

差值编码就是考虑利用信号的相关性找出一个可以反映信号变化特征的差值量进行编码。根据相关性原理，这一差值的幅度范围一定小于原信号的幅度范围，因此，对差值进行编码可以压缩编码速率，即提高编码效率。差值编码的原理框图如图 2-12 所示。在发送端，输入样值与由以前时刻样值通过预测器估计出的当前时刻信号估值相减，求得差值，再把差值信号量化编码后传输。接收端解码后所得的信号仅是差值信号，因此在接收端还需加上发送端减去的估值信号才能恢复发送端原来的输入样值信号。在接收端同样需要一个预测估值的预测器求出当前时刻样值的估值，最后将解码所得的差值信号与估值信号相加获得原来的输入样值信号。

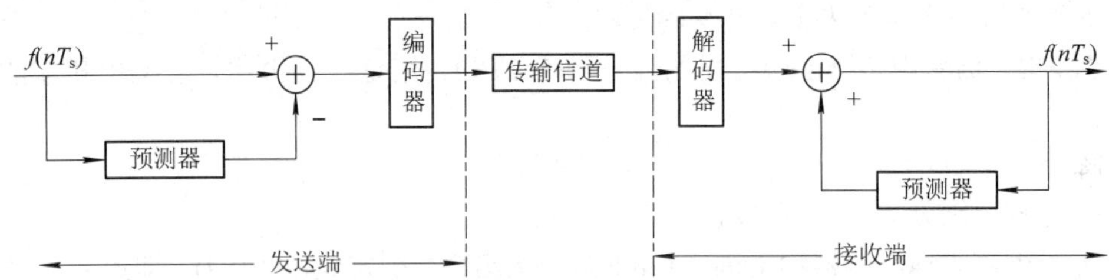

图 2-12　差值脉冲编码的原理框图

常用的差值编码主要有增量调制(Delta Modulation，DM 或 ΔM)、差值脉冲编码调制(Differential Pulse Code Modulation，DPCM)和自适应差值脉冲编码调制(Adaptive Differential Pulse Code Modulation，ADPCM)等，下面分别介绍它们的原理。

1) 增量调制(DM)

输入语音信号的当前样值与按前一时刻信号样值的编码经本地解码器得出的预测值之差，即对前一输入信号样值的增量(增加量或减少量)用二进制码进行编码传输的方法称作增量调制，简称为 DM 或 ΔM。它是差值编码调制的一种特例。

通常在话音 PCM 传输中采用 8 kHz 的取样频率，每个样值用 8 位二进制码来表示。若使用远大于 8 kHz 的取样频率对话音取样，则相邻样值之差(即增量)将随着取样率的提高而变小，以至可用一位二进制码来表示增量。例如，当增量大于 0 时，用“1”码表示；当增量小于 0 时，用“0”码表示，从而实现增量信号的数字表示。将这种增量编码进行传输，接收端解码后利用这个增量可以很好地逼近前一时刻样值，并获得当前时刻样值，进而恢复发送端原始模拟信号。

图 2-13(a)给出了 DM 的构成原理框图，它主要由减法电路及判决、码形成电路和本地解码电路组成。图中，$f_s(t)$为输入信号，本地解码器由先前编出的 DM 码预测输出信号估

值 $f_d'(t)$，本地解码器可用积分器(如简单的 RC 电路)实现。当积分器输入端加上“1”码(+E)时，在一个码位终了时刻其输出电压上升 Δ；当输入端加上“0”码(−E)时，在一个码位终了时刻其输出电压下降 Δ。接收端解码器与本地解码器相同，其输出就是接收端解码结果。相减电路输出为 $e(t)=f_s(t)-f_d'(t)$。$s(t)$为时钟脉冲序列，其频率为 f_p，与取样频率相同，$T=1/f_p$为取样间隔。判决、码形成电路在时钟到来时刻 iT (I=0，1，2，…)对 $e(t)$的正负进行判决并编码。当 $e(t)>0$ 时，判决为“1”码，码形成电路输出 +E 电平；当 $e(t)<0$ 时，判决为“0”码，码形成电路输出−E 电平。

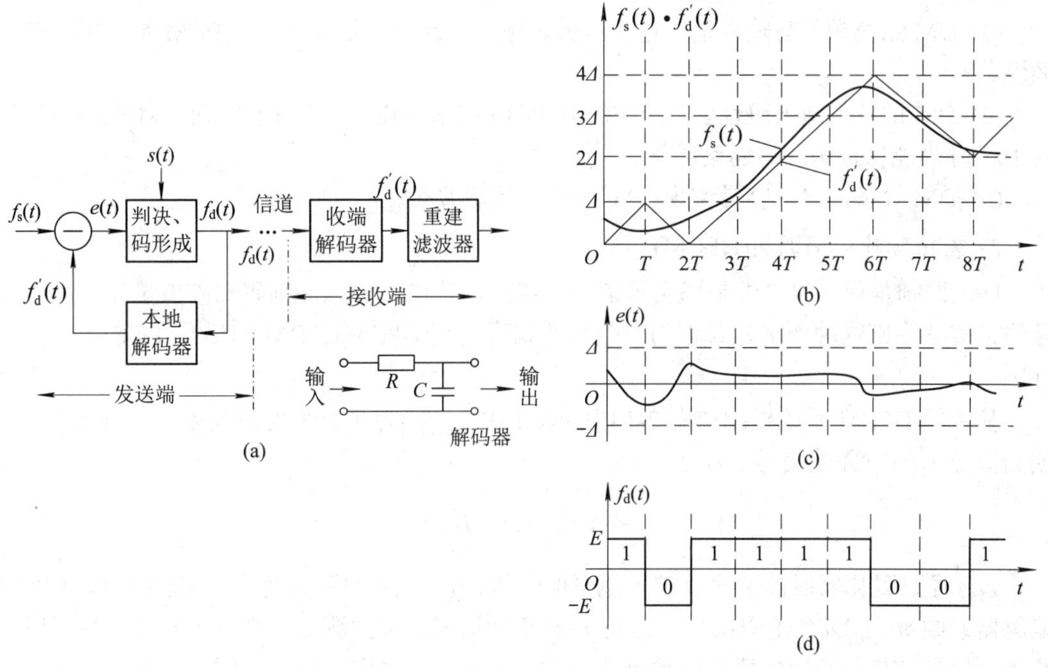

图 2-13 简单 DM 原理与编码过程

DM 的工作过程可结合图 2-13(b)～(d)说明。设输入信号波形如图 2-13(b)所示，积分器初始状态为零，即 $f_d'(0)=0$，则有：

当 $t=0$ 时，预测值 $f_d'(0)=0$，$e(0)=f_s(0)-f_d'(0)>0$，$f_d(0)=+E$，编码为“1”；

当 $t=T$ 时，预测值 $f_d'(T)=\Delta$，$e(T)=f_s(T)-f_d'(T)<0$，$f_d(T)=-E$，编码为“0”；

当 $t=2T$ 时，预测值 $f_d'(2T)=0$，$e(2T)=f_s(2T)-f_d'(2T)>0$，$f_d(2T)=+E$，编码为“1”；

当 $t=3T$ 时，预测值 $f_d'(3T)=\Delta$，$e(3T)=f_s(3T)-f_d'(3T)>0$，$f_d(3T)=+E$，编码为“1”；

当 $t=4T$ 时，预测值 $f_d'(4T)=2\Delta$，$e(4T)=f_s(4T)-f_d'(4T)>0$，$f_d(4T)=+E$，编码为“1”；

当 $t=5T$ 时，预测值 $f_d'(5T)=3\Delta$，$e(5T)=f_s(5T)-f_d'(5T)>0$，$f_d(5T)=+E$，编码为“1”；

当 $t=6T$ 时，预测值 $f_d'(6T)=4\Delta$，$e(6T)=f_s(6T)-f_d'(6T)<0$，$f_d(6T)=-E$，编码为“0”；

当 $t=7T$ 时，预测值 $f_d'(7T)=3\Delta$，$e(7T)=f_s(7T)-f_d'(7T)<0$，$f_d(7T)=-E$，编码为“0”；

当 $t=8T$ 时，预测值 $f_d'(8T)=2\Delta$，$e(8T)=f_s(8T)-f_d'(8T)>0$，$f_d(8T)=+E$，编码为“1”。

由此可得到 DM 发送端的编码序列为“101111001”，预测信号 $f_d'(t)$、误差信号 $e(t)$

和编码器输出信号波形见图2-13(b)～(d)。接收端解码器与发送端本地解码器一样，也是一个RC积分器，只要在传输中无误码，接收端解码输出亦为$f_d'(t)$，再经过重建滤波器滤除高频分量、对波形进行平滑，即可得到与发送端输入信号$f_d'(t)$近似的波形。与PCM相比，DM在语音质量、频率响应、抗干扰性能等方面有其自身的特点：

(1) 在码率低于40 kb/s时，DM的信噪比高于PCM；当码率高于40 kb/s后，PCM的信噪比高于DM的信噪比。

(2) DM编码动态范围随码位增加的速率比PCM慢，PCM每增加一位码，动态范围扩大6 dB，而DM当码速率增加一倍时，动态范围才扩大6 dB。

(3) DM系统频带与输入信号电平有关，电平升高，通带变窄，而PCM系统频带较为平坦。

(4) DM的抗信道误码性能好于PCM，PCM要求信道误码为10^{-6}，而DM在信道误码为10^{-3}时尚能保持满意的通话质量。

(5) DM设备简单，容易实现；PCM设备比较复杂。

2) *差值脉冲编码调制*(DPCM)

DM调制是用一位二进制码表示信号样值差，若用n位二进制码来差值量化、编码信号的样值差，则这种调制方式称为差值脉冲编码调制(DPCM)。DM可看作DPCM的一个特例。

基本的DPCM系统框图如图2-14所示。图中，$Q[\cdot]$为多电平均匀量化器，预测器产生预测信号$f_d'(t)$。差值信号$e(t)$为

$$e(t)=f_s(t)-f_d'(t) \tag{2-17}$$

$e(t)$经过量化器后被量化成2^n个电平的信号$e'(t)$。$e'(t)$被分为两路，一路送至线性PCM编码器编成n位DPCM码；另一路与$f_d'(t)$相加后反馈到预测器，产生下一时刻编码所需的预测信号。接收端解码器中的预测器与发送端的预测器完全相同，因此，在传输无误码的情况下，接收端重建信号$f_s'(t)$与发送端信号$f_s(t)$相同。

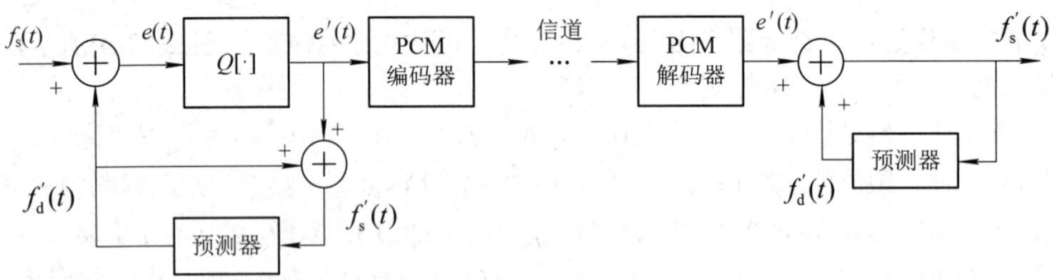

图2-14　DPCM系统原理框图

DPCM的基本特性有：

(1) DPCM码速率为nf_s，f_s为取样率。

(2) DPCM信噪比有以下特点：

① 信噪比是n、f_s、信号频率f、信号频带最高频率分量f_m的函数。

② 信噪比优于DM系统，而且n越大，信噪比越大。

③ 当 $n=1$ 时，信噪比与 DM 相同，即 DM 可看作 DPCM 的特例。

④ 当 n 和 $\frac{f_s}{f}$ 比较大时，信噪比优于 PCM 系统。

(3) DPCM 系统的抗误码能力不如 DM，但却优于 PCM 系统。

DPCM 编码方式在数字图像通信中有广泛的应用。

3) 自适应差值脉冲编码调制(ADPCM)

如前所述，DPCM 利用差值编码可以降低信号传输速率，但 DPCM 重建语音的质量却不如 PCM，究其原因，主要有：量化是均匀的，即量化阶是固定不变的；预测信号波形是阶梯波或近似阶梯波，与输入信号的逼近较差。

若在 DPCM 系统的基础上能够做到：根据差值的大小，随时调整量化阶的大小，使量化的效率最大(实现方法为自适应量化)；提高预测信号的精确度，使输入信号 $f_s(t)$ 与预测信号 $f_d'(t)$ 之间的差值最小，使编码精度更高(实现方法是自适应预测)，则可提高语音传输质量。

按上述要求改进的 DPCM 系统称作自适应差值脉冲编码调制(ADPCM)系统。ADPCM 系统的原理框图如图 2-15 所示。下面主要从自适应量化和自适应预测原理两方面来讨论 ADPCM 系统的基本原理。

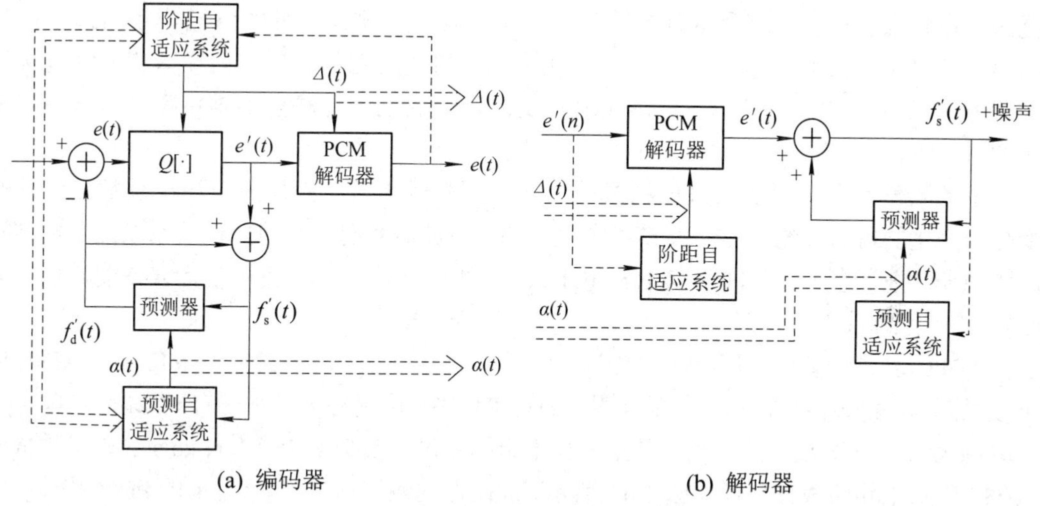

(a) 编码器　　(b) 解码器

图 2-15　ADPCM 系统原理框图

(1) 自适应量化。

自适应量化的基本思想是让量化阶距 $\Delta(t)$随输入信号的能量(方差)变化而变化。常用的自适应量化实现方案有两类：一类是直接用输入信号的方差来控制 $\Delta(t)$的变化，称为前馈自适应量化(其实现原理在图 2-15 中用双虚线描述)；另一类是通过编码器的输出码流来估算出输入信号的方差，控制阶距自适应调整，称为反馈自适应量化(其实现原理在图 2-15 中用单虚线描述)。

按 ITU-TG.721 协议规定，自适应量化器应根据输入信号的时变性质调整量化阶距的变化速度，以使量化阶变化与输入信号变化相匹配。对于语音信号这类波动较大的差值信号，采用快速自适应调整方式；对于话带数据、信令等产生较小波动的差值信号则采用慢速自适应调整方式。量化自适应算法的调整速度由标度因子控制，标度因子通过测试信号差值变化率来确定，即取差值信号的短时平均和长时平均两个值，从这两个值的差异来确定信号的性质，进而确定标度因子。

自适应量化的两类实现方案的阶距调整算法是类似的。反馈型控制的主要优点是量化阶距信息由码字提供，所以无需额外存储和传输阶距信息。由于控制信息就在 ADPCM 码流中传输，因而该方案系统的传输误码对接收端信号重建的质量影响较大。前馈型控制除了传输信号码流外，还要传输阶距信息，增加了传输带宽和复杂度，但是这种方案可以通过选用优良的附加信道或采用差错控制使阶距信息的传输误码尽可能少，从而可以大大改善 ADPCM 码流高误码率传输时接收端重建信号的质量。

无论采用反馈型还是前馈型，自适应量化都可以改善系统的动态范围和信噪比。理论和实践表明，在量化电平数相同的条件下采用自适应量化，相对于固定量化系统的性能可以改善 10～12 dB。

(2) 自适应预测。

从前面的讨论可知，自适应量化使量化阶距适应信号的变化，可以大大提高系统性能，由此可直观地联想，若输入信号的预测值 $f_d'(t)$ 也能匹配于信号的变化，使差值动态范围更小，在一定的量化电平数条件下，可以更精确地描述差值，肯定能进一步改善系统的传输质量和性能。实现这种想法的方法就是自适应预测。图 2-15 给出了自适应预测在 ADPCM 系统中的位置。与自适应量化类似，自适应预测也存在前馈型和反馈型两类实现方案(双虚线表示前馈型，单虚线表示反馈型)，它们的优缺点不难仿照讨论自适应量化的思路得到。

由预测器和预测自适应系统构成的自适应预测器实质上就是一个加权系数随信号的变化而变化的自适应滤波器，大多用横截型 FIR 滤波器实现。它的加权系数以某个短时间间隔周期性地调整，通常间隔取 10～30 ms，并以某种最佳准则(例如估计误差能量最小准则)来获取更新系数。

ADPCM 是语音波形压缩编码传输广泛采用的一种方式，一般来说，32 kb/s ADPCM 可以做到与 64 kb/s PCM 相媲美的质量。ITU-T G.721 协议提出了与现有 PCM 数字电话网兼容的 32 kb/s ADPCM 的算法。其主要技术指标满足 ITU-T 对 PCM 64 kb/s 的语音质量要求(G.712)，电路组成和原理如图 2-16 所示。编码器的输入信号为 64 kb/s 的 PCM 码流，为了便于进行数字运算，首先将 8 位非线性 PCM 码转换成 12 位线性码 $x(n)$，自适应预测器输出的预测信号为 $\tilde{x}(n)$，$x(n)$与 $\tilde{x}(n)$ 相减得到差值信号 $d(n)$，$d(n)$经量化、编码后成为 4 位码的 ADPCM 码流 $c(n)$。标度因子自适应电路和自适应速度控制电路控制系统根据不同信号(如语音、话带内数据和信令等)的不同统计特性设置不同的自适应调整速度，使自适应量化器能适应各类传输信号。解码器电路与编码器中的本地解码电路相同，只是多了一个同步编码调整，它的作用是使多级同步级联(即 PCM/ADPCM—ADPCM/PCM—PCM/ADPCM— …—ADPCM/PCM 链路连接)工作时不产生误码积累。

目前 G.721 算法的 32 kb/s ADPCM 编/解码系统已有用数字信号处理器(DSP)和专用超大规模集成电路实现的芯片，它主要用于把 60 路 PCM 码流(2 × 2048 kb/s)变换成 2048 kb/s 的 ADPCM 码流，从而将信道利用率提高了一倍。

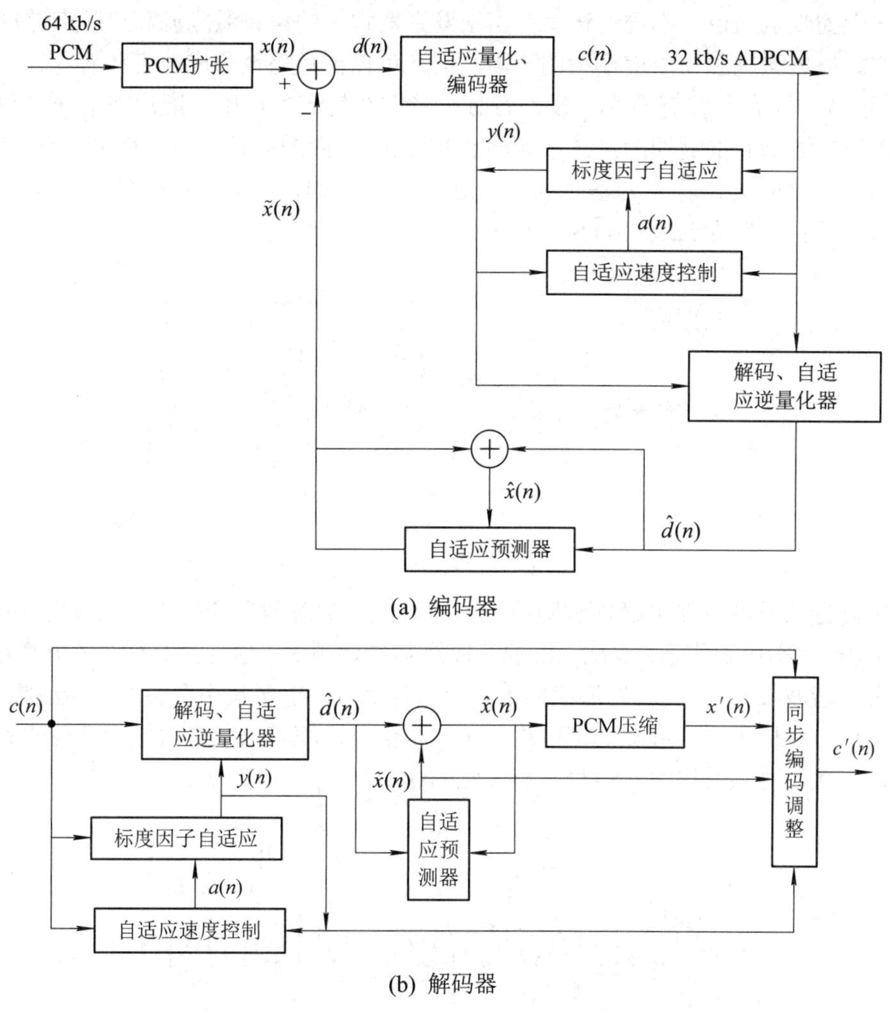

(a) 编码器

(b) 解码器

图 2-16 G.721 ADPCM 编/解码器

2.2.2 参数编码技术

对人发音生理机理的研究表明，语音信号可用一些描述语音特征的参数表征。分析提取语音的这些参数，对它们进行量化编码传输，接收端解码后用这些参数去激励一定的发声模型即可重构发送端语音，这种通过对语音参数编码来传输语音的方式称为语音参数编码。一般而言，参数编码可以用比波形编码小得多的码速率传输语音。用参数编码技术实现的语音传输系统称为声码器(Vocoder)。本节在介绍语音产生模型和主要语音特征参数后，将对声码器，特别是应用较多的线性预测编码(Linear Prediction Code，LPC)声码器进行简介。

1. 语音产生模型及特征参数

1) 语音信号模型

经过几十年的理论和实验研究，已经建立起一个近似的语音信号模型，并将其广泛地应用于语音信号处理中。

从声学的观点来说，不同的语音是由于发音器官中的声音激励源和口腔声道形状的不同引起的。根据激励源与声道模型的不同，语音可以被粗略地分成浊音和清音。

(1) 浊音。浊音又称有声音。发浊音时声带常在气流的作用下准周期地开启和闭合，从而在声道中激励起准周期的声波，如图 2-17 所示。由图可见，声波有明显的准周期性，周期称为基音周期 T_p，若 f_p 为基音频率，则 $f_p = 1/T_p$。通常，基音频率在 60～400 Hz 范围内，相当于基音周期为 2.5～16 ms。一般女声较小，男声较大。

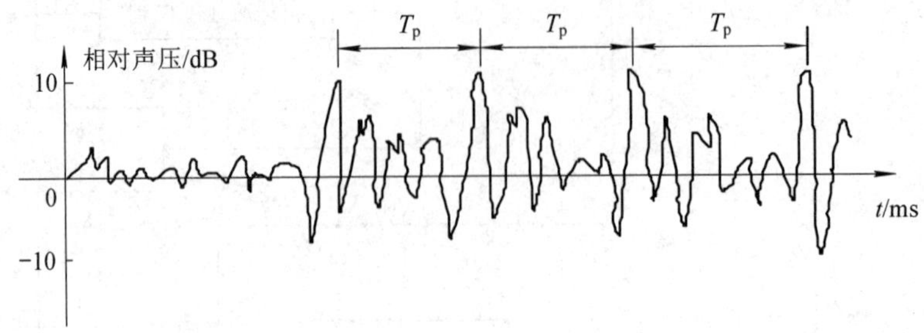

图 2-17　浊音声波波形图

由于语音信号具有非平稳性和随机性，故只能用短时傅氏变换求它的频谱(功率谱)。图 2-18 给出了采用汉明窗函数截短的浊音段及其典型频谱。频谱图上有许多小峰点，它们对应基音的谐波频率。“尖峰”形状频谱说明浊音信号的能量集中在各基音谐波频率附近，而且主要集中在低于 3000 Hz 的范围内。由随机信号功率谱与信号时域相关性的关系和频谱的不均匀性，可以看出浊音信号具有较强的相关性。

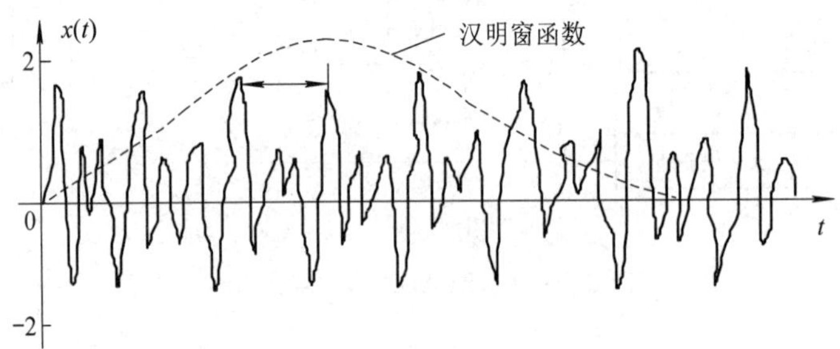

(a) 汉明窗取浊音波形

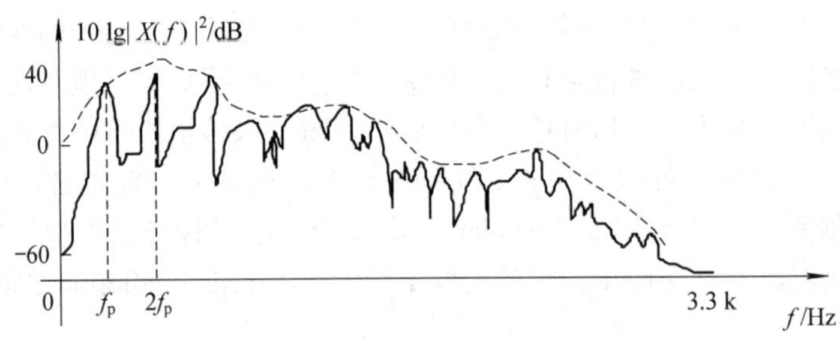

(b) 浊音典型频谱

图 2-18　浊音段窗取波形及典型频谱

(2) 清音。清音又称无声音。由声学和流体力学可知，当气流速度达到某一临界速度时，就会引起湍流，此时声带不振动，声道相当于被噪声状随机波激励，产生较小幅度的声波，其波形与噪声很像，这就是清音，如图 2-19 所示。显然，清音信号没有准周期性。

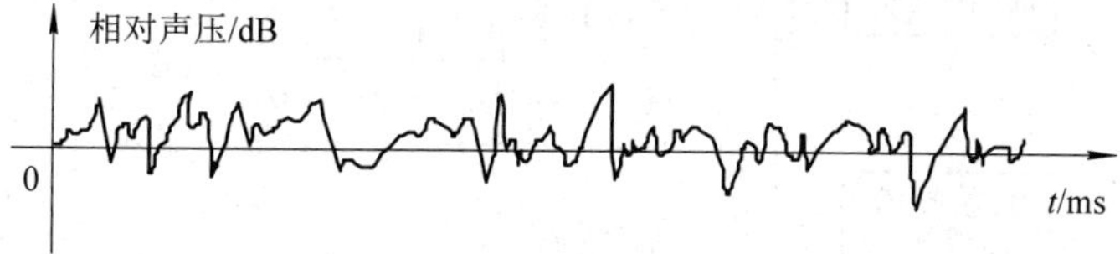

图 2-19　清音波形图

清音信号的典型频谱如图 2-20 所示，其频谱没有明显的小尖峰存在，即无准周期的基音和其谐波，而且能量主要集中在比浊音更高的频段范围内。

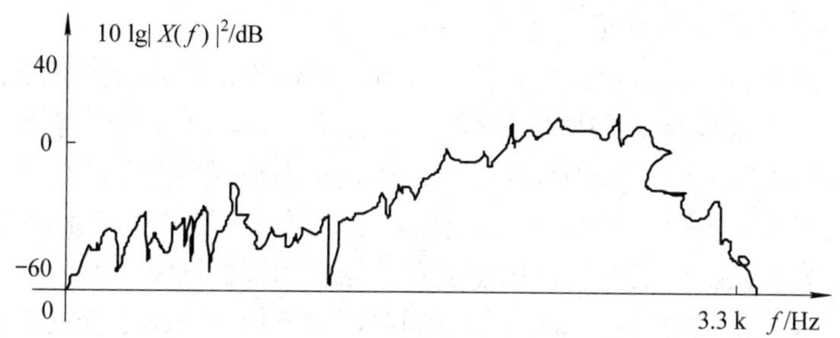

图 2-20　清音典型频谱

(3) 共振峰及声道参数。由流体力学分析可知，声道频率特性(唇口声速 $v_{出}$ 与声门声速 $v_{入}$ 之比)与谐振曲线类似，如图 2-21 所示。频率特性对应的谐振点叫作共振峰频率。共振峰出现在浊音频谱中，如图 2-18(b)所示，频谱包络(虚线表示)中峰值所对应的频率就是共振峰频率。清音频谱中没有共振峰存在。声道频率特性曲线反映了该段语音发声时声道振动的规律，将该段语音信号用适当的分析方法可以获得一组描述发声时声道特性的声道参数 $\{a_i\}$，由这组参数即可控制一个时变线性系统仿真声道发声。

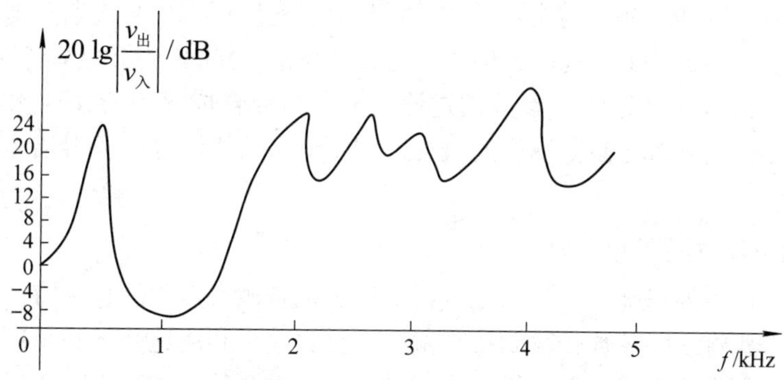

图 2-21　声道频率特性

(4) 语音信号产生模型。通过对实际的发音器官和发音过程进行分析，可将语音信号发生过程抽象为图 2-22 所示的物理模型。图中，周期信号源表示浊音激励源，随机噪声信号源表示清音激励源。根据语音信号的种类，由清/浊音判决开关决定接入哪一种激励源。声道特性可以用一个由声道参数 $\{a_i\}$ 控制的时变线性系统来实现，增益控制用于控制语音的强度。

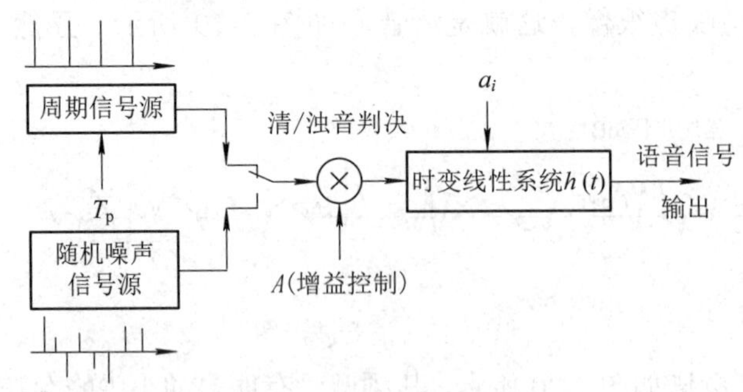

图 2-22　语音信号产生模型

2) 语音特征参数及提取方法

由前面的讨论可知，要用参数编码技术传输语音信号，首先需要对语音信号样值进行分析，以获得诸如基音周期、共振峰频率、清/浊音判决和语音强度等语音信号的特征参数，才有可能对这些参数进行编码和传输。在接收端再根据所恢复的这些参数通过语音信号产生模型合成(恢复)语音。所以，在参数编码中，语音参数的提取是重要和基本的。

语音信号是非平稳随机信号，但由于受发音器官的惯性限制，其统计特性不可能随时间变化很快，所以，在大约 10～30 ms 的时间内可以近似认为是不变的，因而可以将语音信号分成约 10～30 ms 一帧，用短时傅氏分析方法分析处理。

基音周期和清/浊音判决可以同时获得，其方法主要有三大类：

(1) 时域法：直接用语音信号波形来估计的方法。时域法主要包括自相关法(AUTO)、平均幅度差值函数法(AMDF)、并行处理法(PPROC)、数据减少法(DARD)等。

(2) 频域法：将语音信号变换到频域来估计的方法，如倒谱法(CEP)等。频域法的主要特点是较充分地利用了浊音信号频谱所具有的尖峰状特性，尽管算法较复杂，但效果较好。

(3) 混合法：综合利用语音信号的频域和时域特性来估计的方法，如简化逆滤波法(SIFT)、线性预测法(LPC)等。混合法的主要做法是：先用语音信号提取声道参数，然后再利用它做逆滤波，得到音源序列，最后再用自相关法或 AMDF 法求得基音周期。

声道参数和语音强度等特征参数通过语音分析器或合成器中的线性预测分析系统获取。线性预测分析根据信号参数模型的概念，利用适当的算法分析求得描述该信号的模型参数$\{a_i\}$。

2. 声码器及其发展简介

以语音信号模型为基础，在发送端分析提取表征音源和声道的相关特征参数，通过适当的量化编码方式将这些参数传输到接收端，在接收端再利用这些参数重新合成发送端语音信号的过程，称为语音信号的分析合成。实现这一过程的系统称为声码器(Vocoder)。

自从 1939 年美国贝尔(Bell)实验室的 H.Dudley 发明了第一个声码器以来，现在已发展出许多不同类的声码器系统，如通道声码器、相位声码器、共振峰声码器、线性预测(LPC)声码器等。在这些声码器中，研究和应用最多、发展最快的要数 LPC 声码器。在这里，先对早期发展的简单声码器作简单介绍，再对 LPC 声码器及其改进作比较详细的介绍。

1) 相位声码器

相位声码器的概念最早是 1966 年由 Flanagan 和 Golden 提出来的，其实现方式有点类似于子带编码。所不同的是，相位声码器中的通道数一般较大，大约每 100 Hz 一个通道，因而可以近似地认为每个通道带宽中只有一个谐波成分；另外，它不像子带编码那样对子带信号进行自适应编码，而是估计各通道信号的幅度和相位导数，并对它们编码传输。

图 2-23 为相位声码器一个通道的实现原理图。图中，ω_k为该通道滤波器的中心频率，$W_k(n)$是分析窗函数，输入信号 $s(n)$经分析窗后得到信号的实部和虚部，对它们进行简单运算，即可转换成对应的幅度信号 $X_n(\omega_k)$和相位导数信号 $\theta_n(\omega_k)$，然后再量化编码传输。接收端实现发送端的逆过程，将各通道的合成信号叠加起来，即可得到最后的合成语音。

相位声码器的缺点是：接收端合成语音时要对相位导数信号 $\theta_n(\omega_k)$积分，这将引入积分的初值问题，简单地处理初始值，将可能使相位特性失真，从而造成语音混响失真。

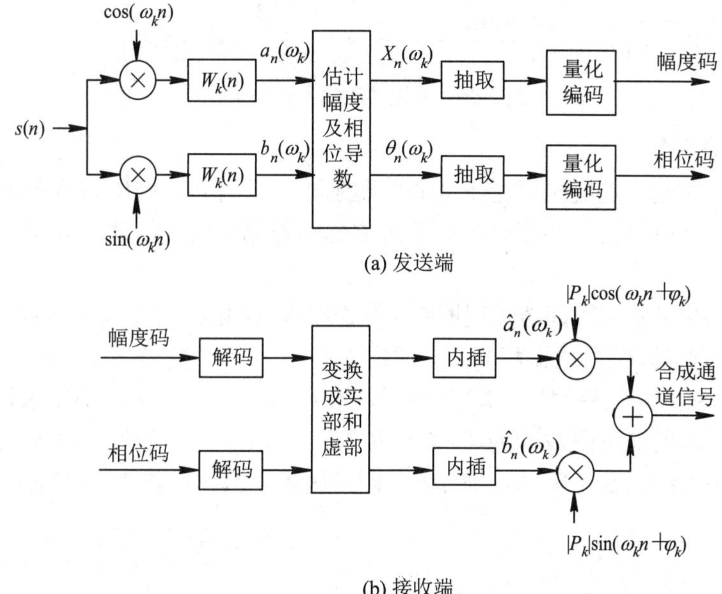

图 2-23 相位声码器单通道实现框图

2) 通道声码器

通道声码器是最早发明的一种实用声码器，它与相位声码器类似，而且更加简化。图 2-24 为通道声码器实现原理框图。通道声码器利用了人耳对相位特性的不敏感性，只传送语音信号的幅度，而不考虑相位信息。若把每个通道看成是中心频率的带通滤波器，那么其输出信号幅度$\left|X_n(\omega_k)\right|$可用滤波器输出的包络来逼近，在通道声码器中，就是按这个思想设计的。在发送端，带通滤波器的脉冲响应为 $W(n)\cos(\omega_k,n)$，整流器和低通滤波器组成近似包络检波器，这样每个通道的输出就是$\left|X_n(\omega_k)\right|$的平均值。通道声码器一般有 14～38 个通道，各通道带宽非均匀分割，带宽大致在 100～400 Hz 内。低通滤波器的带宽由编码取样率确定，如取样率为 40 Hz(即每秒传送 40 个样值)，则要求低通截止频率为 20 Hz。在接收端，根据清/浊音判决，决定产生相应的激励信号类型，各通道的输入信号幅度加权后通过相应的带通滤波器恢复各通道频段的语音，最后求和得到合成语音。

通道声码器充分利用了人耳对语音相位的不敏感性，可大大降低传输数码率。它的主要缺点是需要提取基音周期和清/浊音判决信息，使声码器的复杂度增加了，而且由于采用简单的二元语音模型和粗糙的基音提取，使合成语音质量大大下降。

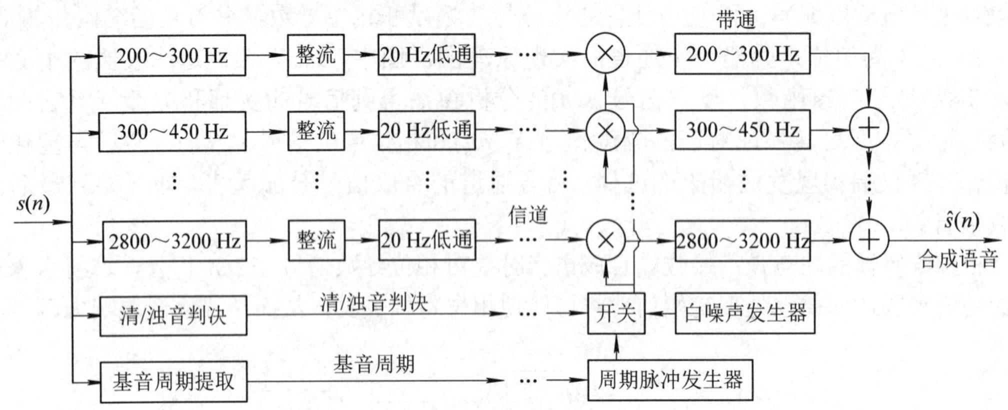

图 2-24　通道声码器原理方框图

3) 共振峰声码器

如前所述，共振峰是反映语音特征的主要参数，采用共振峰作为语音特征传输参数的声码器称为共振峰声码器。共振峰声码器所需传输数码率较低，通常只需 1.2～2.4 kb/s，最低可达 600 b/s。

图 2-25 为通用共振峰声码器原理框图。发送端提取的语音参数有基音周期(T_p)、清/浊音判决(uv/v)、语音强度(G)和共振峰参数。通常提取 3～4 个共振峰参数，F_1～F_3 为共振峰频率，A_1～A_3 为相应的共振峰强度。共振峰提取的方法有很多，如 FFT 法、求根法等。通常，每个共振峰的参数所需编码数约为 4～5 比特/帧，若取 3 个共振峰，再加上其他参数的编码，共振峰声码器编码数约需 36 比特/帧，即声码器总数码率约为 1836 b/s。

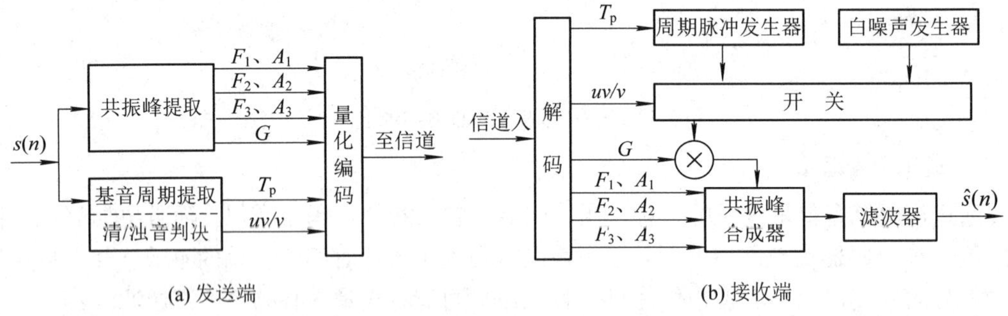

图 2-25　共振峰声码器原理框图

共振峰声码器数码率较低，虽然其语音清晰度还可以接受，但相对而言其语音音质较差。

除上面介绍的几种声码器外，早期还有同态声码器、图样匹配声码器等，不过应用最多、研究最广、发展最快的还是 LPC 声码器，特别是在 LPC 声码器基础上发展起来的各种采用混合编码的声码器技术已经成为语音编码的一类重要方法，已广泛应用于移动通信、IP 电话和多媒体通信之中。

3. LPC 声码器

LPC 声码器是建立在前述的二元语音信号模型图 2-22 基础上的。如前所述，若将语音信号简单地分成清音、浊音两大类，根据语音线性预测模型，清音可以模型化为由白色随机噪声激励产生的；而浊音的激励信号为准周期脉冲序列，其周期为基音周期 T_p。用语音的短时分析及基音周期提取方法，可将语音逐帧用少量特征参数来表示，如清/浊音判决(uv/v)、基音周期(T_p)、声道参数[$\{a_i\}$，$i=1$，2，…，M]和语音强度 G。因此，假若一帧语音有 N 个原始语音样值，则可以用上述 $M+3$ 个语音的特征参数来代表，一般而言，$N \gg M$，亦即只需用少量的数码来表示。

图 2-26 是 LPC 声码器的基本原理框图。在发送端，对语音信号样值 $s(n)$逐帧进行线性预测分析，并做相应的清/浊音判决和基音周期提取。分析前预加重是为了加强语音频谱中的高频共振峰，使语音短时谱及线性预测分析中的余数谱变得更为平坦，从而提高信号预测参数$\{a_i\}$估值的精确度。线性预测大多采用自相关法，为了减少信号截断(分帧)对参数估计的影响，一般要对信号加适当的窗函数，例如汉明(Hamming)窗。

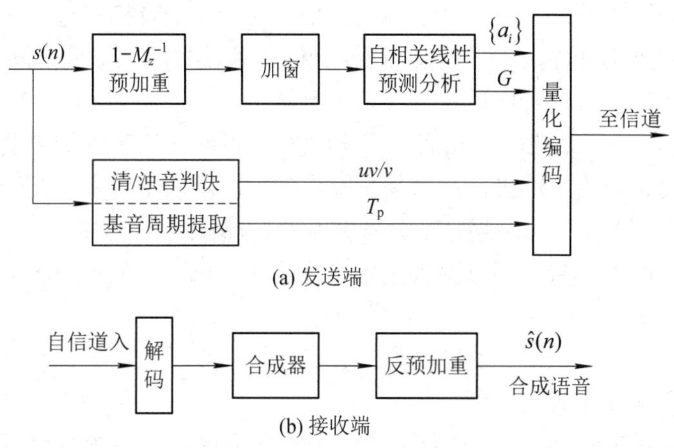

图 2-26 LPC 声码器原理框图

在接收端，按假定的语音生成模型组成语音合成器，由从发送端传输来的特征参数来控制合成语音。合成器如图 2-27 所示，其中，$\{\hat{a}_i\}$ 参数控制一个时变线性系统(由 IIR 滤波器实现)实现声道频率特性，仿真声道发声。声道激励信号 $\hat{e}(n)$ 由发送端传送来的 $u\hat{v}/v$、$\hat{T}_p$、$\hat{G}$ 参数控制和产生。由短时傅氏分析可知，在发送端只需每隔 1/2 窗宽($N/2$ 个语音样值)分析一次，从而特征参数的取样率为语音取样率 f_s 的 $2/N$。所以，在合成器中必须将 $\hat{G}$、$\{\hat{a}_i\}$ 用内插的方法由发送端预测分析时的低取样率恢复到原始取样率 f_s。

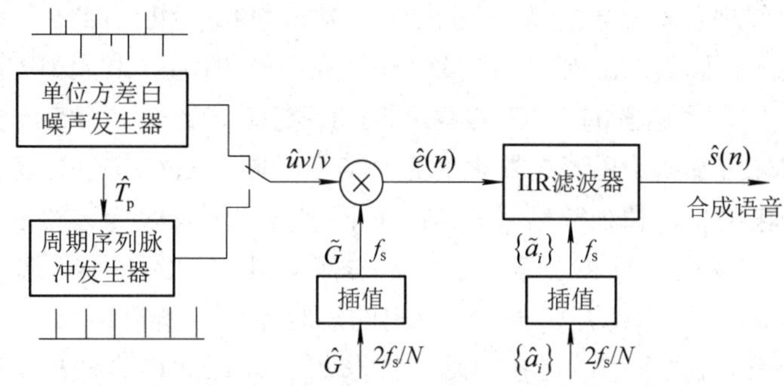

图 2-27 LPC 声码器中的合成器

2.2.3　混合编码技术

如前所述，在语音编码技术中，波形编码语音质量高，但一般所需编码速率较高；参数编码可以实现较低编码速率的传输，但其音质较差。由此，人们提出综合两者的优点，在满足一定语音质量的前提下，实现较低码率的传输。混合编码技术就是在这一思想基础上产生的另一类编码技术。混合编码技术在参数编码的基础上引入了一些波形编码的特性，在编码率增加不多的情况下，较大幅度地提高了传输语音质量。

1. LPC 声码器的主要缺陷及改进方法

LPC 声码器利用了语音信号模型，能够在保证可懂度的情况下，大幅度地降低传输码率，然而也带来了一些缺点：

(1) 损失了语音自然度。由于 LPC 声码器采用的二元语音模型过于简单，它仅将激励信号分成白噪声和周期脉冲两种，而实际上，相当一部分语音的激励既非周期脉冲序列，又非随机噪声，所以，有时合成语音听起来不自然。

(2) 降低了方案的可靠性。二元清/浊音判决和共振峰在语音中的重要作用，使得语音分类和基音提取变得可能不准确，而且易受噪声影响，降低了方案的抗干扰能力。

(3) 引起共振峰位置失真。当基音周期 T_p 很小时(例如女声或童声)，基音频率 $f_p = 1/T_p$ 增大并与谱包络中的第一共振峰频率 f_1 接近，可能错估成一个能量更大的共振峰，造成合成语音失真。

(4) 带宽估值误差大。由于 LPC 对谱的谷点估计精度不高，因此，LPC 估计出的带宽误差较大，从而影响了参数的精度。

尽管 LPC 方法有一些缺点，但由于 LPC 具有合成简单、可自动进行参数分析等优点，仍具有较大的吸引力，人们在实践中针对它的缺点提出了一些改善方案，使它更趋于实用化。

波形自适应预测编码(APC)在压缩数码率(约 32 kb/s 左右)的同时，又获得了较高质量的重构语音。而从线性预测的角度来看，APC 与 LPC 声码器同属一类，两者的主要区别在于：前者是波形编码，后者是参数编码。将 APC 作为质量准绳与 LPC 声码器相比较，不难看出 LPC 声码器大幅度降低数码率和导致合成语音质量下降的原因，从中可以找到改善 LPC 声码器语音质量的方向。图 2-28 给出了 APC 与 LPC 方案的比较。图(a)是 APC 原理框图，它用由线性预测分析估计出的 M 个 LPC 参数$\{a_{ai}\}$组成的 M 阶 FIR 滤波器对语音样值进行自适应预测，得到预测误差信号(余数信号)$e_a(n)$，然后将$\{a_{ai}\}$和 $e_a(n)$量化编码送入信道传输；在接收端，根据解码后的 LPC 参数$\{\hat{a}_{ai}\}$和余数信号$\hat{e}_a(n)$，利用 IIR 滤波器恢复出语音信号。图(b)为我们已经熟悉的 LPC 方案。将图(a)与图(b)比较，容易发现二者的主要差别在于传送到接收端并加到 IIR 滤波器上的激励信号不同。APC 将包含完整原始语音的信息分成两部分：谱包络$\{a_{ai}\}$和余数信号 $e_a(n)$。它们被量化编码后传送到接收端并用来构成相激励 IIR 滤波器，从而恢复高质量的语音。与其不同，LPC 并不传送余数信号，而是只传送根据所假定的语音模型从信号中分析出的短时参数：谱包络$\{a_{Li}\}$、基音周期 T_p、清/浊音判决 uv/v 和语音强度 G；在接收端，根据 T_p、uv/v 和 G 合成出 IIR 滤波器的激励信号，由$\{a_{Li}\}$构成 IIR 滤波器，进而重构语音。

LPC 声码器扔掉了内容丰富的余数信号，尽管其数码率能大大降低，但同时也损失了语音的自然度，降低了系统的可靠性。显而易见，LPC 声码器重构语音的低质量和系统的低可靠性要归结于语音重构模型的激励信号的简单机理。

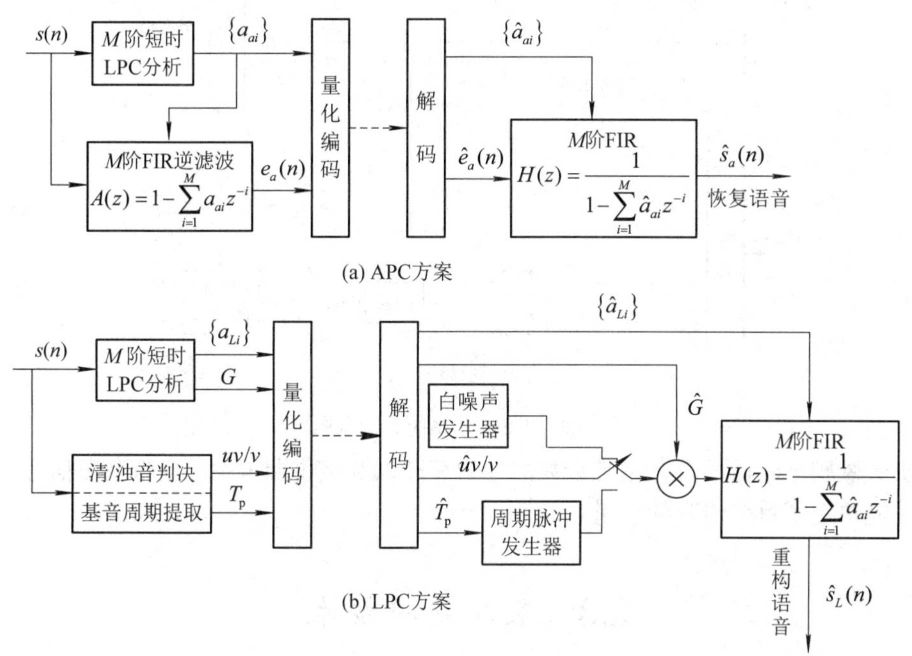

图 2-28 APC 与 LPC 方案比较

从上面的分析可知，要改善 LPC 声码器的质量，就必须从改善接收端 IIR 的激励信号入手。具体地说，就是要抛弃简单的二元清/浊音语音信号激励模型的假定。通常改善的途径有两条：一是采用较为复杂的语音信号激励模型，如浊音声门激励模型或多脉冲激励模型等；二是利用一部分余数信号，例如将余数信号和语音谱中的一小部分传送到接收端，并由它们与其他 LPC 参数一同产生出 IIR 滤波器的激励信号。改善接收端激励信号的结果是既提高了语音的自然度，又增大了系统的可靠性，但也付出了增大传输速率的代价。通常为了获得较为自然的语音质量约需十几 kb/s 的传输数码率。

2. 余数激励线性预测编码声码器(RELPC)

余数激励声码器用语音余数信号低频谱中的一部分(基带余数信号)替代清/浊音判决和基音周期传送到接收端作为激励信号，其基本方案如图 2-29 所示。发送端用低通滤波器滤出基带余数信号，一般而言，它的带宽只是全带余数信号频谱的一小部分(例如 $1/L$)，所以，基带余数信号的抽样率可以从原始抽样率 f_s 降至 f_s/L。这个工作由抽取完成，最后将预测参数$\{a_{Ri}\}$)和基带余数信号 $e_a(n)$量化编码传送到接收端。在接收端，首先用插值将抽取后的基带余数信号 $e_a(n)$的取样率恢复成 f_s，然后通过高频再生处理再生出余数信号的高频成分，再将其与基带余数信号合成出激励 IIR 滤波器的全带余数信号。高频再生可采用整流、切割、频域再生等方法实现。从原理上讲，任何对信号的非线性变换或切割都会产生高频分量，使信号谱扩展延伸。

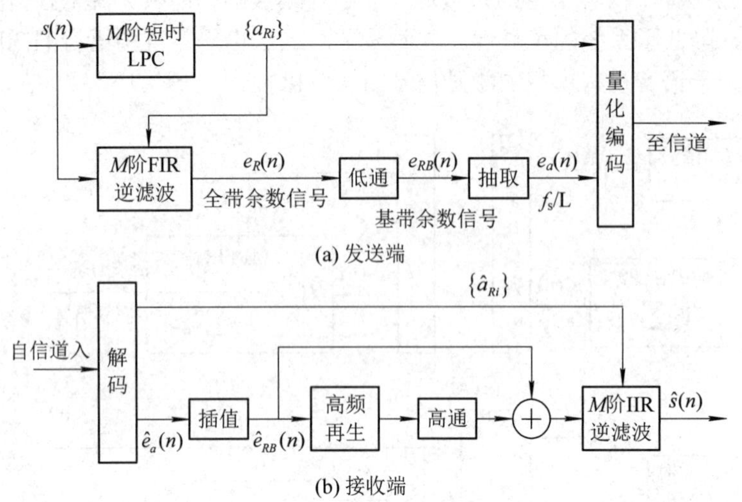

图 2-29　RELPC 系统原理框图

对余数激励声码器而言，基带余数信号的获取以及接收端再生出全带余数信号是关键，它们的性能决定了重构语音的质量。

2.3　数字复接技术

2.3.1　数字复接原理

1. 数字多路通信原理

1) 数字多路通信基础

数字多路通信也叫作时分多路通信。所谓时分多路通信，就是指将多路信号(数字信号)分配到信道上不同的时间间隙来进行通信。

多路通信的基础源于数学上信号的正交性：

$$F=\int_{t_1}^{t_2} f_1(t)\cdot f_2(t)\mathrm{d}t=0 \tag{2-18}$$

对于不连续信号，如时分制中的脉冲信号，只能用离散和来代替以上积分，即

$$R=\sum_{t=0}^{T_0} f_1(t)\cdot f_2(t) \tag{2-19}$$

式中的 $f_1(t)$、$f_2(t)$为周期性的矩形脉冲信号，如图 2-30 所示。它们的周期相同，都为 T_0，但周期开始的时间不同，即在 $t=0$ 时，$f_1(t)=A$，$f_2(t)=0$；到 $t=t_1$ 时，$f_1(t)=0$，而 $f_2(t)=A$，其中，t_1 是 $f_1(t)$脉冲的持续时间。根据离散和计算有

$$R=\left[f_1(t)\cdot f_2(t)\right]_0^{t_1}+\left[f_1(t)\cdot f_2(t)\right]_{t_1}^{t_2}+\left[f_1(t)\cdot f_2(t)\right]_{t_2}^{t_3}+\left[f_1(t)\cdot f_2(t)\right]_{t_3}^{T_0}=0 \tag{2-20}$$

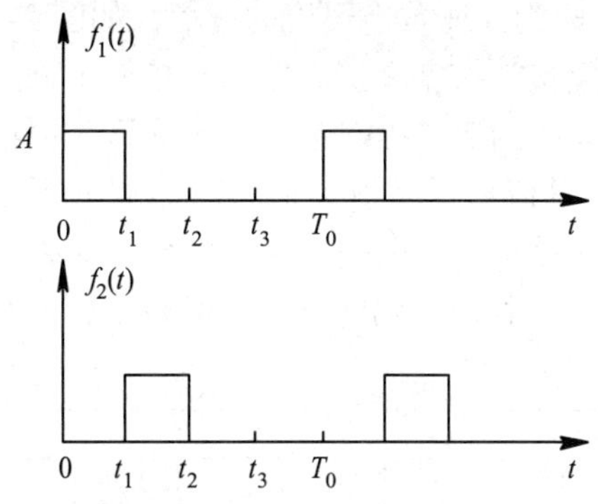

图 2-30　脉冲信号的正交

这说明 $f_1(t)$和 $f_2(t)$是符合正交条件的，如果在时间 $t = t_2$，$t = t_3$ 时还相继有 $f_3(t)$、$f_4(t)$，且脉冲周期与宽度均与前相同，则它们之间相互均为正交，利用这种脉冲信号正交性就可实现时分多路通信。

2) 数字多路通信模型

由抽样定理，把每路话音信号按 8000 次每秒抽样，对每个样值编 8 位码，那么第一个样值到第二个样值出现的时间，即 1/8000 s(= 125 μs)，称为抽样周期 T(= 125 μs)。在这个 T 时间内可间插许多路信号直至 n 路，这就是时间的可分性(离散性)，利用这一可分性就能实现许多路信号在 T 时间内的传输。时分多路通信模型如图 2-31 所示。

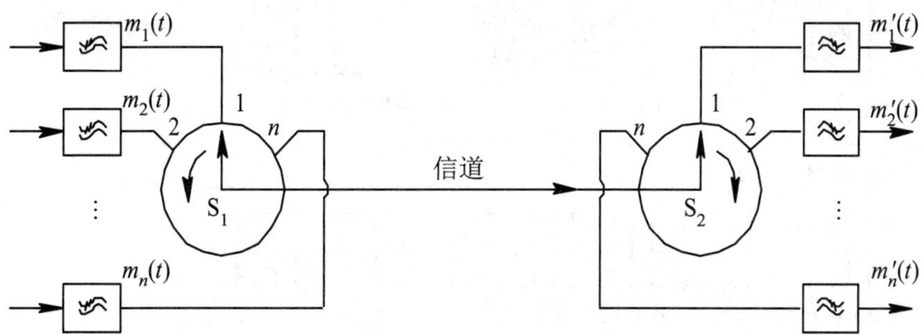

图 2-31　时分多路复用示意图

采用单片 PCM 编/解码器把每路话音信号经抽样编码变为数字信号，利用时间间隙合路后送到接收端，经分路解码后可还原为每个话路信号。

需要注意的是，为了保证发、收两端正常通信，两端的旋转开关 S_1、S_2 的起始位置和旋转速度要完全相同。即发送端旋转开关 S_1 连接第一路时，接收端旋转开关 S_2 也必须连接第一路，否则接收端收不到本路信号，这就是所谓的数字通信中的同步问题。

在图 2-31 中所示的旋转开关(S_1、S_2)旋转一圈即为一个周期，对 PCM 单路编/解码技术而言，这个周期为取样周期 T(= 125 μs)，即某一路样值数字信号(编出的 8 位码)到此路第二个样值数字信号再出现的时间。同理，接收端也必须是 T = 125 μs，即同频(时钟信号一样)而且必须同相，也即发送端第一路样值的数字信号要对应接收端此路样值的数字信号。

2. 数字信号复接方法

数字复接，就是利用时间的可分性，采用时隙叠加的方法把多路低速的数字码流(支路码流)，在同一时隙内合并成为高速数字码流的过程，如图 2-32(a)所示。

数字复接主要有按位复接、按字复接、按帧复接等各种方式。按一个码位时隙宽度进行时隙叠加称为按位复接，如图 2-32(b)所示，在一个码位时隙中叠加了 4 个码位，其每位码宽度减小到原来的 1/4，其码率提高了 4 倍。图 2-32(c)所示为按字复接，一般一个码字在 PCM 中即为一个抽样值所编的 8 位码，因此一个码字通常称为 8 位码。在一个码字宽度里将 4 个码字叠加在一起，其每个码字时间宽度减小到原来的 1/4，码率提高了 4 倍。

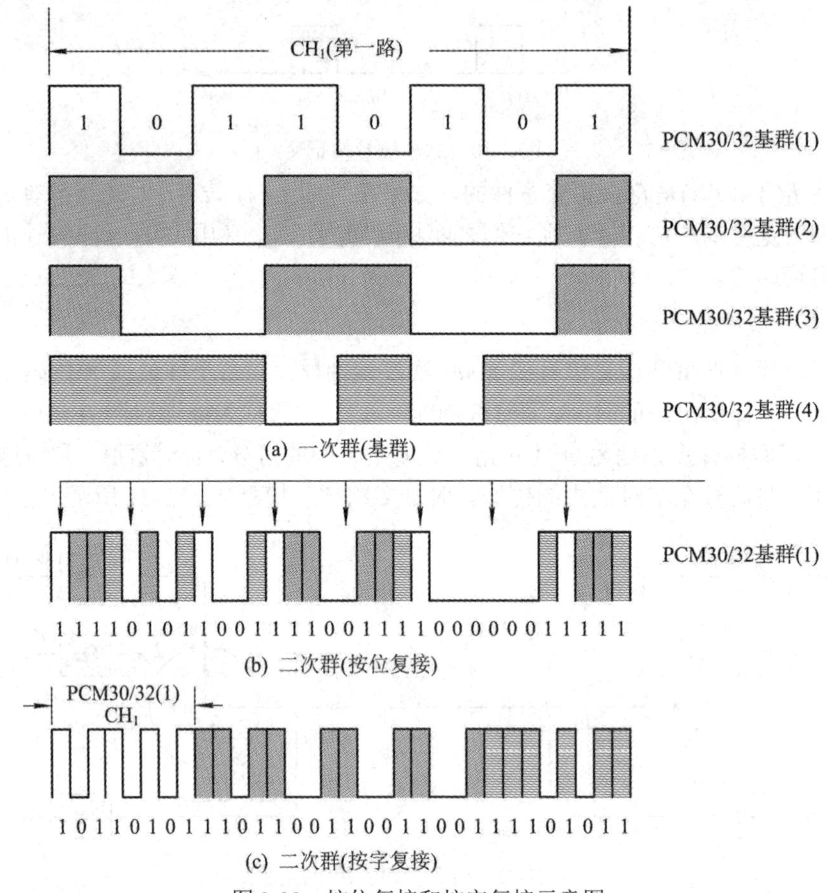

图 2-32　按位复接和按字复接示意图

由此可见，采用时隙叠加使原来每位码或每个码字宽度缩小，即码率提高，实现了低速率的数字码流变为高速率的数字码流，由于 $f = 1/T$，T 减小则 f 提高。在数字复接中不是简单地把数字码流安排在时隙中，还必须考虑数字通信中的同频、同相管理联络，接收端准确接收等问题，即复接要有一定的数字信号结构——帧结构。

2.3.2　数字传输信号帧结构

数字信号在传输中都是无穷无尽的码流，这些码流究竟如何区别呢？在数字信号(支路信号)复接(合路)为高速数字码流时，在接收端如何辨认各支路信号的码元呢？这就是数字通信传输中必须要按规定的单元结构——帧结构进行传输。帧结构一般都采用由世界电信组织建议的统一格式，为保证数字通信系统正常工作，在一帧的信号中应有以下基本信号：

(1) 帧同步信号(帧定位信号)及同步对告信号；

(2) 信息信号；

(3) 特殊信号(地址、信令、纠错等信号)；

(4) 勤务信号。

在这些信号中，帧同步信号是最为重要的信号，如信号不同步则通信无法进行。帧同步信号是由一定长度的、满足一定要求的特殊码型构成的码组，可分散或集中地插入码流中。如系统失步则安排有失步对告信号。

信息信号是通信中传输的主要内容，它在帧内占的比例标志着信道的利用率，所以总是希望此信号在帧中占有较高比例。

特殊信号是指信令信号、纠错信号、加密信号、管理信号和调整指令比特等其他特殊用途的信号。

勤务信号包括了监测、告警、控制及工作人员勤务联系信号等。

根据原 CCITT 建议，我国数字通信系统传输主要是 PCM30/32 路基群帧结构。

CCITT G7.32 协议中指出了两种最基本的数字基群系列：一种是 PCM30/32 路一次群系统(我国及欧洲采用)；另一种是 PCM24 路一次群系统(日本、美国等采用)。这里主要讲述我国采用的 PCM30/32 路系统帧结构。

CCITT G7.32 协议 PCM30/32 路系统帧结构如图 2-33 所示。从图中看出，一帧的时间为一周期 T，即为 PCM 单路信号抽样周期 125 μs，每帧由 32 个路时隙 TS_0～TS_{31} 组成(每个时隙有 8 位码 $a_1a_2\cdots a_8$，即一个码字)，话路占 30 个时隙，同步和信令各占一个时隙，所以称之为基群 30/32 路系统(30 表示一帧的话路数，32 表示一帧的时隙数)。

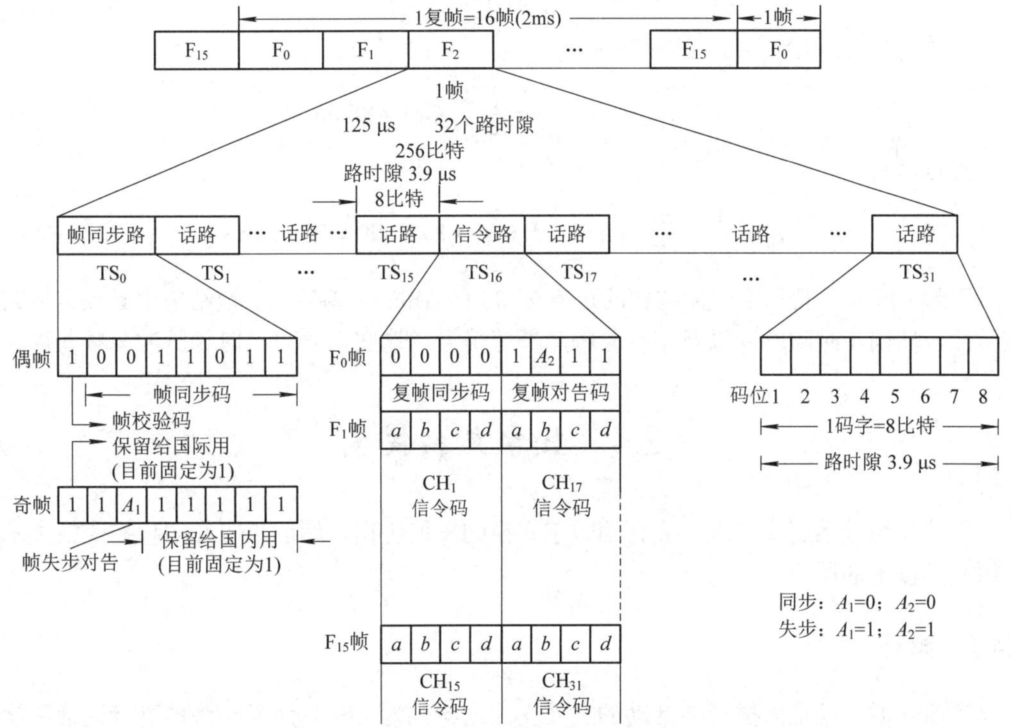

图 2-33　PCM30/32 制式帧结构

时隙信号作如下安排：

(1) 30 个话路时隙：TS_1～TS_{15}，TS_{17}～TS_{31}。

TS_1～TS_{15} 分别传送 CH_1～CH_{15} 路的话音数字信号，TS_{17}～TS_{31} 分别传送 CH_{16}～CH_{30} 路的话音数字信号。每路即一个样值的 8 位码(一个码字)。

(2) 帧同步时隙：TS_0。

偶帧 TS_0 发送帧同步码 0011011；奇帧 TS_0 传送帧失步告警码。具体安排为：偶帧 TS_0 的 8 位码中第一位码 a_1 用来作帧校核码，后 7 位安排为同步码{0011011}。奇帧的 TS_0 时隙的 8 位码中第一位码 a_1 留给国际用，通常不用时为 1；第二位码 a_2 固定为 1，作监视码用；第三位码 a_3 用 A_1 表示，即帧失步时间向对端发送的告警码，当同步时 A_1 为“0”码，帧失步时 A_1 为“1”码，以便告诉发端，收端已经出现帧失步，无法正常工作。奇帧余下的 5 位码(a_4～a_8)保留给国内用，可供安排传送其他信息，未使用时可都暂固定为“1”码。这样，奇帧 TS_0 时隙的码字为{$11A_111111$}。

(3) 信令复帧时隙：TS_{16}。

一个信令复帧共有 16 帧(F_0～F_{15})。其中，F_0 帧的 TS_{16} 时隙传送复帧同步码与复帧失步告警码。F_1～F_{15} 帧的 TS_{16} 时隙分别传送 30 个话路的信令码，如果多个基群的信令共用一个信令通道，称为共路信令(No.7 号信令)，当采用公共信道信令时此时隙要重新设计。

为保证数字信号按帧结构安排位置进行传输，各位码的固定时间关系必须由定时系统来保证，其时间关系如下：

每一路时隙 t_c 为

$$t_c = \frac{T}{n} = \frac{125}{32} = 3.9\ \mu s \tag{2-21}$$

码字位数 $L = 8$，故每一位时隙 t_B 为

$$t_B = \frac{t_c}{L} = \frac{T}{nL} = \frac{125}{32 \times 8} = 0.488\ \mu s \tag{2-22}$$

数码率为

$$f_B = \frac{1}{t_B} = \frac{nL}{T} = n \cdot L \cdot f_s = 32 \times 8 \times 8000 = 2048\ kb/s \tag{2-23}$$

因此，现在一般称这种帧结构的速率接口为 2 Mb/s 速率接口。帧结构中必须有话路时隙脉冲、帧同步时隙脉冲以及信令复帧脉冲等信号，这些信号可由时钟脉冲分频获得。

2.4　数字交换技术

本节介绍数字交换技术，先介绍数字交换的发展历程，然后重点介绍程控交换技术和分组交换技术的原理。

2.4.1　概述

目前，通信已是人类社会活动的主要支柱之一。为了有效而又经济地进行通信，就必须将各类通信系统组成以交换设备为核心的通信网，因此，交换技术的发展直接关系着通

信和通信网的发展。

交换技术是以人工交换为开端的，从 1878 年在美国康涅狄格州纽黑文市建成第一个人工电话交换局至今，交换技术的发展经历了四个重要阶段。

1. 第一个阶段

第一个阶段是人工交换阶段。人工电话交换机由许多信号灯、塞孔、扳键、塞绳等设备组成，并由话务员控制。每个塞孔都与一个用户电话相连，借助于塞孔、塞绳构成用户通话的回路，话务员是控制通话线路接通的关键。

当主叫用户摘机呼叫时，交换机的面板上信号灯闪亮。话务员发现后，立即将一副空闲的塞绳(绳路)的插塞插入该用户的塞孔，并用话机询问该用户所要的被叫号码。当话务员得知被叫号码后，找到被叫塞孔，进行忙闲测试，测试被叫用户话机是否空闲。若空闲，即将该塞绳的另一端插塞插入被叫塞孔，并用扳键向被叫振铃。当被叫摘机后，双方即可通话。在该对用户通话期间，话务员可为其他用户呼叫服务，并监视正在通话的用户是否已挂机，若发现挂机，即拔出插塞拆线，使机器复原。

从这一简单的交换过程中可以看出，要实现交换，必须具备两种系统：一种是实现通话时所需的通路，如用户塞孔和绳路，称之为话路系统；另一种是控制通话回路接续所需的控制系统，如人工交换中的话务员等。

人工交换机结构简单，成本低，但容量小，效率低，占用人力较多，话务员劳动强度大，接线速度慢，且易出错，故很快就被自动交换机所替代。

2. 第二个阶段

第二个阶段是机电式自动交换阶段。1890 年，美国人 A. B. Strowger 发明了步进制交换机，从此，电话交换步入了自动化阶段。

步进制交换机是通过选择器的上升和旋转来完成两个用户之间的通话接续的。每个选择器都有一套控制电路，控制弧刷上升和旋转。选择器的线接点和弧刷构成了交换机的话路系统，选择器的控制电路构成了交换机的控制系统。

步进制交换机的一个特点是全分散控制，即每个选择器都有它自己单独使用的控制电路。在选择器的话路部分工作的整个过程中，控制电路一直陪伴着，故效率很低。还有一个特点是“直接控制”，即选择器的控制电路是在主叫用户所拨的号码脉冲直接作用下控制弧刷动作的。一位号码脉冲控制一级接线器动作(最后两位号码脉冲控制终级接线器动作)，每一级都有各自的控制电路。所以说，步进制交换机的控制电路具有独用性和分散性的特点。正由于这些特点，造成了控制电路设备量大，效率低，且话路系统和控制系统不能从总体上加以分开。步进制交换机的机械动作幅度大，噪音大，机件易磨损，维护工作量大，故障率很高，接续速度慢，不能应用于长途自动交换。

1919 年，瑞典人 N. Palmgren 和 G. A. Betulander 发明了纵横接线器。1926 年，在瑞典的松兹瓦尔(Sundsvall)开通了第一个 4000 门的纵横制实验电话局。纵横制交换机采用了纵横接线器，接点采用推压接触方式，使接触可靠，杂音小，机键不易磨损，使用寿命长，故障率减小，维护工作量小，通话质量好。在控制系统中由于采用了集中控制方式，使控制功能与话路分开。集中控制功能由记发器和标志器完成。记发器接收主叫用户所拨的全部号码，通过标志器统一控制话路中各级接线器的接续。由于号码集中记存和处理，便于进行迂回和转接，增加了中继方式布局的灵活性，也便于实现长途自动交换。

由于纵横制交换机的纵横接线器和继电器仍是电磁元件，它与步进制交换机可统称为机电式交换机。

3. 第三个阶段

第三个阶段是电子式自动交换阶段。随着电子计算机和大规模集成电路的迅速发展，计算机技术迅速地被应用于交换机的控制系统中，出现了程序控制(简称程控)式交换机。程控交换机的话路系统中仍然采用一些电磁器件，通话回路仍然采用空间分隔方式，交换的信号仍然是模拟信号。即使这样，由于控制系统采用了计算机技术，许多功能电路可以用软件代替，因而在性能上有了很大的提高，增加了许多功能，而且增容或增加新的服务项目也都十分灵活方便。交换机的程控化可以说是交换技术的又一次重大变革。

20 世纪 60 年代初，在传输系统中成功地应用了脉冲编码技术，使得数字通信有了迅速的发展，推动了交换技术的变革，继而人们开始研究如何将数字信息引入交换系统中。1970 年，在法国拉尼翁开通了第一台程控数字交换机(E-10 型)系统，开创了数字交换的新时代。

程控数字交换机的发明和发展，使交换技术跨上了一个新的台阶。数字交换机交换的信号为数字信号，其通话回路采用时间分割方式，使数字传输与数字交换实现一体化成为可能，不仅提高了通信质量，而且也为开通非电话业务(如用户电报、数据传输、图像通信等)提供了有利条件，为实现 ISDN 打下了基础。

4. 第四个阶段

第四个阶段是信息包交换发展阶段。由于各类非电话业务的发展，对交换技术提出了新的要求，不仅要有以程控交换为代表的电路交换，还需要更适合非电话业务的信息包交换，如分组交换、IP 交换和 ATM 交换等。与电路交换采用固定分配资源复用方式不同，信息包交换方式采用了动态统计分配资源复用方式，大大地提高了网络资源的利用率、信息传输效率和服务质量。信息包交换技术的发展，标志着交换技术有了进一步的革命性发展，使交换技术能够适应各种信息交换的要求，为多媒体通信和宽带通信网的发展奠定了坚实的基础。

2.4.2　程控交换技术

早期的交换机是模拟交换机，它们交换的是模拟信号，因此交换机中实现交换的网络也是模拟交换网络。随着通信技术的发展，传输都基本数字化了，所以在通信网中采用的是数字交换。

由于目前在公用通信网中数字话音信号是采用 PCM 帧结构方式传输的，不同用户的话音信号分别占用不同的时隙，因而在数字程控交换机中实现的数字交换实际上就是对数字话音信号进行时隙交换。时隙交换通过数字交换网络完成，其基本功能是：在一条数字复用线(例如 PCM 基群复用 30 路话音)上进行时隙交换功能；在复用线之间进行相同时隙的空间交换功能。

时隙交换的概念可用图 2-34 示意说明，当 PCM 入端某个时隙(对应一用户)信息需要交换(传送)到 PCM 出端的另一时隙(另一用户)中去时，相当于通过数字交换网络将时隙的内容“搬家”，即 PCM 入端 TS_i 时隙中的话音信息 A 经过数字交换网络后，在 PCM 出端的 TS_j 时隙中出现。

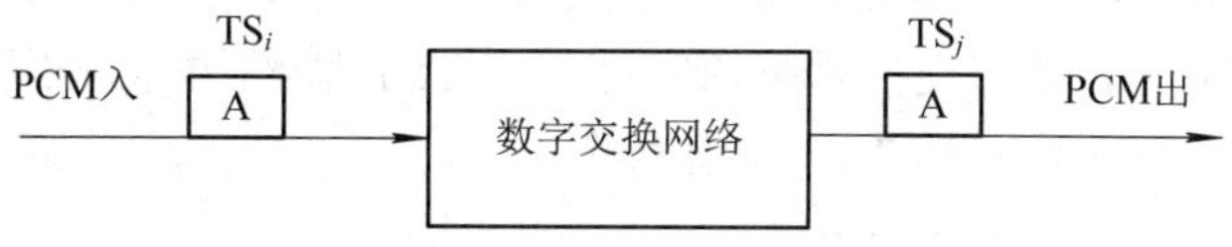

图 2-34 时隙交换的概念

一般而言，同一复用线上的时隙数有限，例如 PCM 基群仅有 30 个用户时隙。为了增大交换机容量，可以通过增加连接到数字交换网络的时分复用线上的时隙数(复用度)来实现。但这毕竟是有限度的，所以通常是通过增加数字交换网络的时分复用线以增加交换机的交换容量。这样就要求数字交换网络不仅能在一条复用线上进行时隙交换，而且可以在多条时分复用线之间进行时隙交换，即要求多复用线数字交换网络具有如下功能：任何一条输入时分复用线上的任一时隙中的信息，可以交换到任何一条输出时分复用线上的任一时隙中去。图 2-35 为一个有 4 条输入、输出时分复用线的数字交换网络的示意图。

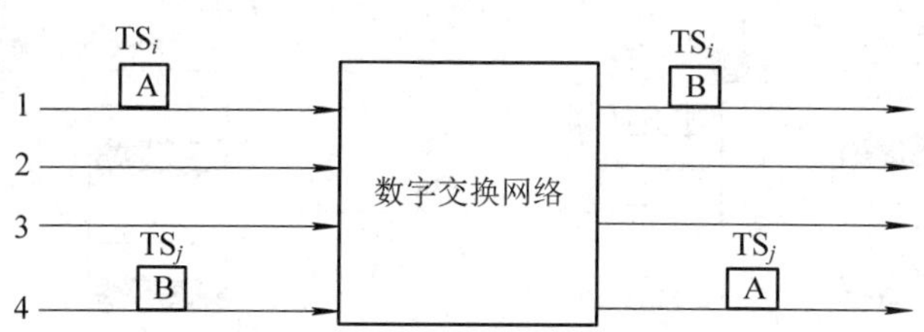

图 2-35 多复用线时隙交换示意图

图中，第 1 条复用线上 TS_i 与第 4 条复用线上的 TS_j 建立了双向的交换连接；占用第 1 条 TS_i 的用户话音 A 由数字交换网络从第 1 条复用线发端的 TS_i 交换到第 4 条复用线收端的 TS_j；占用第 4 条 TS_j 的用户话音 B 由数字交换网络从第 4 条复用线发端的 TS_j 交换到第 1 条复用线收端的 TS_i。显然，在此例中既有 TS_i 的信息“A”交换到 TS_j，又有 TS_j 的信息“B”交换到 TS_i，实现了信息的双向传递，由此可以实现双方通话。但是，数字交换网络只能单向传送信息，因此对于每一个通话接续，在数字交换中应建立来、去两条通路构成双向通信，如图 2-36 所示。

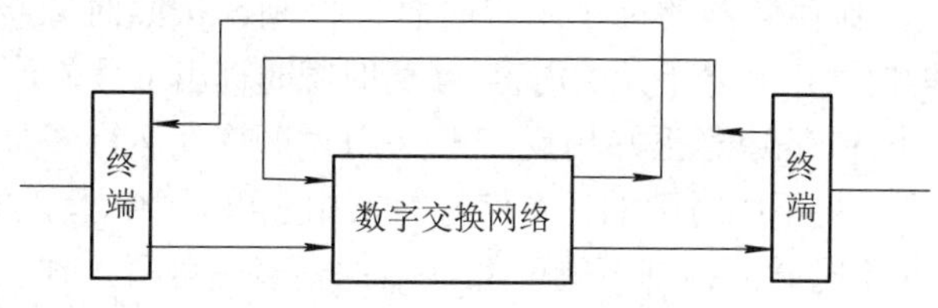

图 2-36 双向通信示意图

如前所述，数字交换网络的基本功能可归纳为实现时隙交换和空间交换。实现时隙交换功能的部件称为时间(T)接线器，实现空间交换功能的部件称为空间(S)接线器，T 接线器与 S 接线器的适当组合就构成了数字交换网络。

小容量的数字交换机可以仅由 T 接线器构成单级 T 的数字交换网络，S 接线器不具有时隙交换功能，所以不能仅由 S 接线器构成数字交换网络，但通过 S 接线器可以扩大交换范围，增大容量。引入 S 接线器后，数字交换网络可有两种基本结构：TST 型和 STS 型。目前大容量数字交换机的数字交换网络通常都采用 TST 型。下面在介绍 T 接线器和 S 接线器的基本原理后，将进一步介绍 TST 交换网络。

1. T 接线器

T 接线器实现时隙交换的原理是利用存储器写入与读出时间(隙)的不同，即在输入时隙写入，而在其他时隙(通话的另一用户方占用的时隙)读出，从而完成时隙交换的。

T 接线器主要由话音存储器(SM)和控制存储器(CM)组成，其原理如图 2-37 所示。SM 用来暂存话音信息，其容量取决于复用线的复用度(图中以 32 为例)。SM 的存取方式有两种：一种为“顺序写入，控制读出”，另一种为“控制写入，顺序读出”。从而形成两类 T 接线器：输出控制型和输入控制型，分别如图 2-37(a)和(b)所示。CM 用于暂存话音时隙的地址，又称为“地址存储器”。CM 容量等于复用线的复用度，其存取方式为“控制写入，顺序读出”。

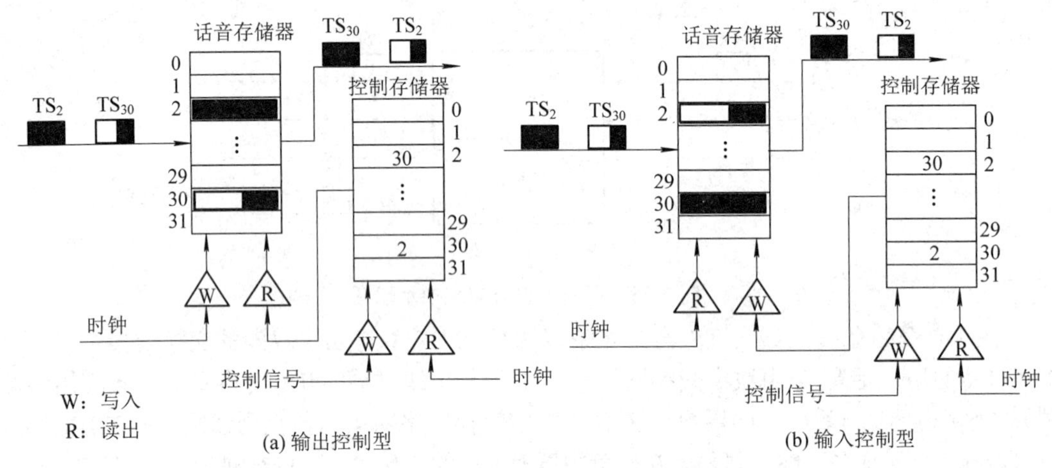

图 2-37　T 接线器原理示意图

在图 2-37(a)中，设输入话音信号在 TS_{30} 上，要求经过 T 接线器以后交换至 TS_2 上去，然后输出至下一级。CPU 根据这一要求，通过软件在控制存储器的 2 号单元写入“30”，即由 CPU“控制写入”。控制存储器的读出由定时时钟控制，按照时隙号顺序读出相对应单元的内容，如 0 号时隙时读出 0 号单元的内容，1 号时隙时读出 1 号单元的内容，等等；话音存储器的工作方式与控制存储器正好相反，即采用“顺序写入，控制读出”的方式，即由定时时钟控制，按顺序将不同时隙的话音信号写入相应单元中，写入的单元号与时隙号一一对应。如本例中，在定时脉冲控制下就可将 TS_{30} 的话音信号写入到 30 号单元中，而读出时则要根据控制存储器的控制信息(此时 CM 的读出数据)来进行。如前所述，CPU 已在控制存储器中的 2 号单元里写入了内容“30”。在定时脉冲控制下，在 TS_2 时刻，从控制存储器的 2 号单元中读出其内容“30”，将其作为话音存储器的读出地址，控制 SM 立即读出话音存储器的第 30 号单元的内容，这正是原来在 TS_{30} 时隙写入的话音信号。因此，从 SM 输出时，读出的 30 号单元内容已经是在 TS_2 时隙了，即完成了把话音信号从 TS_{30} 交换到 TS_2 的时隙交换。

图 2-37(b)的 T 接线器是按“输入控制”方式工作的，亦即其话音存储器是按“控制写入，顺序读出”方式工作的。控制存储器仍由 CPU 控制写入，在定时脉冲控制下顺序读出，但其单元内容的含义和控制对象与“输出控制”方式不同。如前所述，在“输出控制”方式中 CM 单元号对应 T 接线器输出的时隙，其内容为此时 SM 输出地址，由其控制 SM 输出；而在“输入控制”方式中，CM 单元号对应于 T 接线器输入的时隙，其内容为此时 SM 输入信号的写入单元地址，由其控制 SM 输入。在上例中，CPU 要在控制存储器的 30 号单元写入内容“2”。然后 CM 按顺序读出，在 TS_{30} 输入时刻读出 30 号单元的内容“2”，作为 SM 输入话音的写入地址，将输入端 TS_{30} 的话音内容写入到 2 号单元中去。话音存储器按顺序读出，在 TS_2 时刻读出 2 号单元内容，这也就是 TS_{30} 的输入内容，从而完成了时隙交换。

2. S 接线器

S 接线器的作用是完成不同复用线间的时隙交换，它主要由电子交叉点矩阵和控制存储器(CM)组成，其原理示意图如图 2-38 所示。

交叉点矩阵共有 n 个输入端和 n 个输出端，形成 $n \times n$ 矩阵，由 n 个控制存储器控制。每一个控制存储器控制同号输出端的所有交叉点，即实现“输出控制”。控制存储器与以前一样，为“控制写入，顺序读出”。矩阵的每条输入(输出)复用线上有 n 个时隙(图中仅画出了 TS_1～TS_3)，接线器的交叉接点控制过程如下：

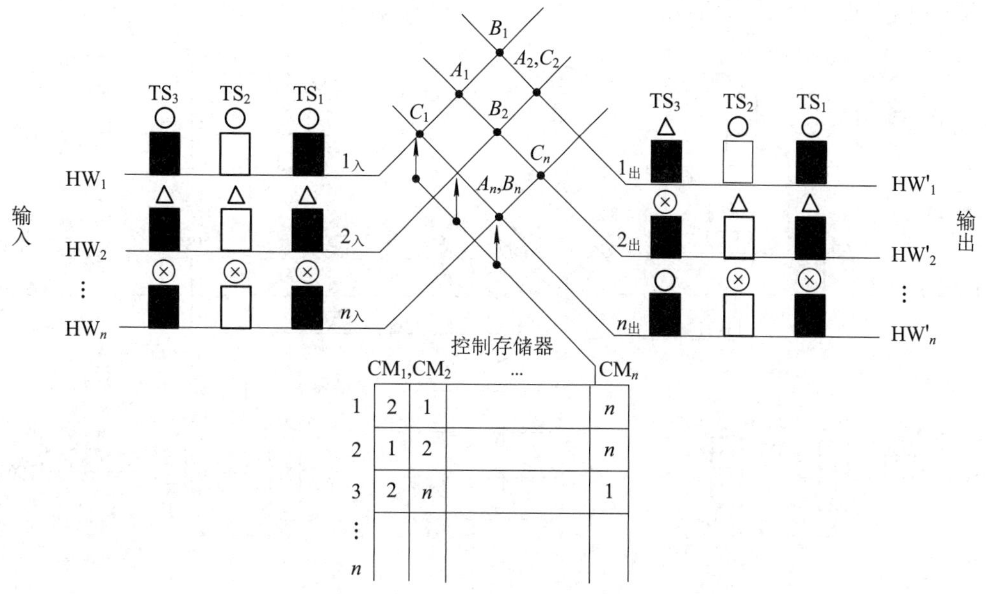

图 2-38 S 接线器结构示意图

(1) CPU 根据交换机路由选择结果在控制存储器上写入如图 2-38 所示的内容。

(2) 控制存储器按顺序读出，控制交叉接点矩阵动作。如在 TS_1 时隙读出各个控制存储器的 1 号单元内容，即：1 号控制存储器的 1 号单元内容为“2”，控制 2 号入端与 1 号出端接通，HW_2 的 TS_1 中话音信号通过 A_2 交叉点送至 HW'_1 的 TS_1；2 号控制存储器的 1 号单元内容为“1”，控制 1 号入端与 2 号出端接通，HW_1 的 TS_1 中话音信号通过 A_1 交叉点送至 HW'_2 的 TS_1，等等；n 号控制存储器的 1 号单元内容为“n”，控制 n 号入端与 n 号出端接通，HW_n 的 TS_1 中话音信号通过 A_n 交叉点送至 HW'_n 的 TS_1。

(3) 在 TS_2 时隙则按控制存储器 2 号单元读出内容控制交叉点的接通，交换 TS_2 的话音信号。

从上述工作过程可见，S 接线器的每一个交叉点只接通一个时隙时间，下一个时隙要由其他交叉点接通，因此，空间接线器是时分工作的。

在“输出控制”接线器中，CM 是按出线配置的，即每一条输出复用线就有一个 CM，由这个 CM 决定哪条输入复用线上的哪个时隙的信码要交换到该输出线上来；另外，还有一类“输入控制”接线器，其 CM 是按入线配置的，即每一条输入复用线就有一个 CM，由这个 CM 决定该输入复用线上各个时隙的信码要交换到哪一条输出线上去。其工作原理可以容易地类似得到。

3. TST 交换网络

在大型程控交换机中，数字交换网络的容量要求较大，只靠 T 接线器或 S 接线器是不能实现的，必须将它们组合起来，才能达到要求。目前应用较多的是 TST 网络，TST 是三级交换网络，两侧为 T 接线器(简称 T_A 和 T_B)，中间一级为 S 接线器，S 级的出入线数取决于两侧 T 接线器的数量。图 2-39 给出了一个 TST 网络的结构示意图，图中假设有 3 条复用线(HW)，每条复用线有 32 个时隙。因此，T_A、T_B 两级话音存储器各有 32 个单元，各级控制存储器也各有 32 个单元。

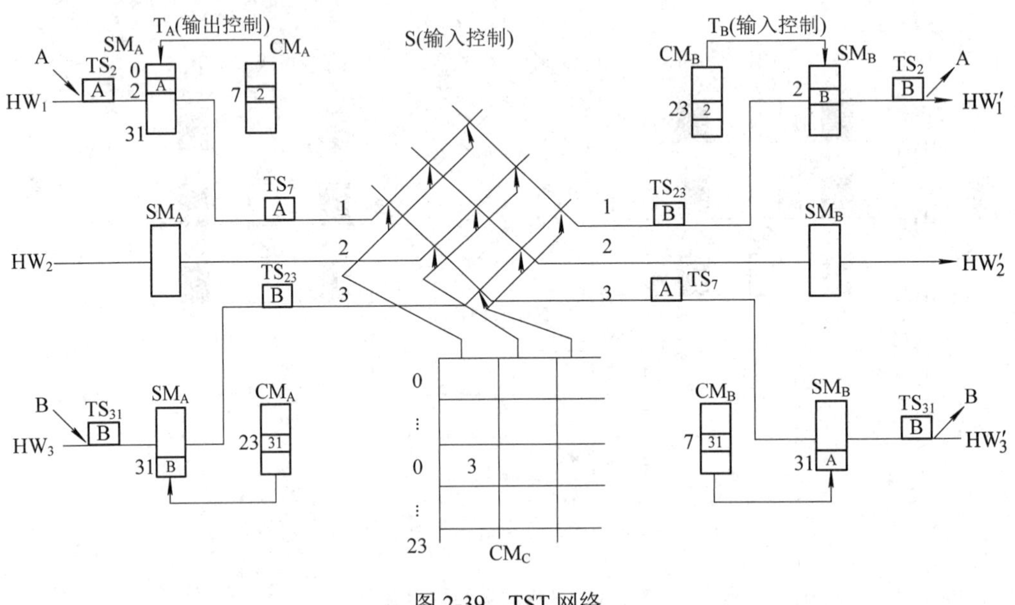

图 2-39　TST 网络

各级的分工如下：

- T_A 接线器负责输入复用线的时隙交换；

- S 接线器负责复用线之间的空间交换；
- T_B 接线器负责输出复用线的时隙交换。

因此，3 条输入复用线就需要有 3 个 T_A 接线器，3 条输出复用线需要有 3 个 T_B 接线器；而负责复用线交换的 S 接线器矩阵应为 3×3，因而也需有 3 个控制存储器。

图 2-39 中，各接线器的工作方式为：

- T_A 接线器为输出控制；
- T_B 接线器为输入控制；
- S 接线器为输入控制。

需要指出，两级 T 接线器的工作方式必须不同，以有利于控制。而不管谁是输入控制，谁是输出控制，则都是可以的。S 接线器用什么控制方式也是二者均可，图 2-39 中采用的是输入控制方式，即每一个控制存储器控制一条输入复用线的所有交叉点。假设在 A、B 之间要进行路由接续，其中，A 话音占用 HW_1 和 TS_2，B 话音占用 HW_3 和 TS_{31}。首先讨论 A→B 方向路由的接续。

CPU 在存储器中找到一条空闲路由，即交换网络中一个空闲内部时隙，图中假设此空闲内部时隙为 TS_7，这时，CPU 就向 HW_1 的 CM_A 的 7 号单元写入“2”， HW_3' 的 CM_B 的 7 号单元写入“31”，1 号 CM_C 的 7 号单元写入“3”。

SM_A 按顺序写入，在 TS_2 时刻将 A 的话音信号写入到 HW_1 的 SM_A 的 2 号单元中去。在此刻，读出 CM_A 的 7 号单元内容“2”，作为 SM_A 的读出地址，控制读出，于是就把原来在 TS_2 的 A 话音信号交换到了 TS_7。此时，S 级 1 号 CM_C 读出 7 号单元内容“3”，控制 1 号输入线和 3 号输出线在 TS_7 时接通，就将 A 话音信号送至 T_B 接线器中。

3 号线上的 T_B 接线器的 SM_B 在 CM_B 控制下将 TS_7 中的 A 话音信号写入到 31 号单元中去。在 SM_B 顺序读出时，TS_{31} 读出 A 话音信号并送至 B，完成 A→B 方向的交换。

交换网络必须建立双向通路，即除了上述 A→B 方向交换之外，还要建立 B→A 方向的路由。B→A 方向的路由选择通常采用“反相法”，即两个方向相差半帧。在本例中，一帧为 32 个时隙，半帧为 16 个时隙，A→B 方向空闲内部时隙选定 TS_7，则 B→A 方向就应选定 $16 + 7 = 23$，即 TS_{23}。这样可使 CPU 一次选择两个方向的路由，避免 CPU 的二次路由选择，从而减轻 CPU 的负担。

B→A 方向的话音传输过程与 A→B 方向相似，只是内部空闲时隙改为 TS_{23} 了，图 2-39 也画出了 B→A 方向的交换过程，读者不难进行类似分析。

在话终拆线时，CPU 只要把控制存储器相应单元清除即可。

除了三级网络结构外，还存在多级网络结构。例如，TSST 结构的四级网络、TSSST 和 SSTSS 等结构的五级网络以及具有 TSSSST 结构的六级网络等。

2.4.3 分组交换技术

在本节中，将对分组交换的基本原理、基本方法和基本技术作概要的介绍，主要包括分组交换方式的复用传输方式、分组的形成和传输以及分组交换的过程等。

1. 复用传输方式

分组交换的最基本的思想是实现通信资源的共享。一般而言，终端速率与线路传输速率相比低得多，若将线路分配给固定的终端专用，对通信资源是很大的浪费。将多个低速的数据流合成起来共同使用一条高速的线路，可以提高线路利用率，是充分利用通信资源的有效方法，这种方法称为多路复用。目前有多种不同的多路复用方法，但从如何分配传输资源的角度，可以分成两类：一类是固定分配(预分配)资源法；另一类是动态分配资源法。

1) 固定分配资源法

在一对用户要求通信时，网络根据申请将传输资源(如频带、时隙等)在正式通信前预先固定地分配给该对用户专用，无论该对用户在通信开始后的某时刻是否使用这些资源，系统都不能再分配给其他用户，因此，这种方法就好像在通信结束前给用户分配了一条固定的专用线一样。例如，时分复用就是将传输时间分成若干个时隙段，而每个复用用户有一个固定专用的时隙，它只能通过周期性出现的这个时隙(时间段)向线路发送或接收信息，而不能占用别人的时隙传输；同样，当它无信息传输时，别的用户也不能占用这个时隙。另一种典型的固定分配资源的方法是频分复用，它将传输频带的频带资源分成多个子频带，把这些子频带预先固定地分配给用户终端，形成用户的数据传输子通路，同样供该用户专用，无论空闲与否，别的用户都不能使用。

2) 动态分配资源法

固定分配资源法对所有用户都预先分配了通路(时隙或子频带)，保证了各用户的信息传输，又采用时分或频分方法实现了多路复用。但是这种复用是不充分的，这主要是由于各子通路被固定地分配给了各用户，在通信进行状态中，当用户传输空闲时，子通路就呈现空闲状态，使线路的传输能力得不到充分的利用，这是固定分配方式的缺点。为了克服这个缺点，人们提出了动态分配(或称按需分配)传输资源的概念。这种复用方法不再把传输资源固定地分配给某个用户(终端)，而是根据需要，当用户有数据要传输时才分配给它传输资源，而当用户暂停发送数据时，就将资源收回，不再给它分配传输资源。这种根据用户实际需要分配传输资源的方法也称为统计时分复用(Statistical Time Division Multiplexing，STDM)。统计时分复用比较灵活，对终端速率没有固定的要求，只要不超过线路传输速率即可。

统计时分复用与固定分配复用方式相比，在各终端与线路的接口处要增加两个功能：缓冲存储功能和信息流控制功能，其实现原理如图2-40所示。增加的两个功能主要用于解决各用户终端争用线路传输资源时可能产生的冲突。

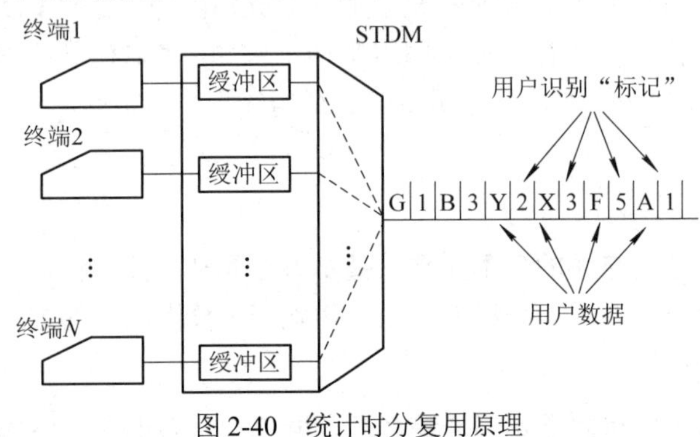

图2-40　统计时分复用原理

在数据交换传输方式中，报文交换、分组交换、帧交换和帧中继，以及 ATM 交换都属于统计时分复用方式。

3) 传输方法

在固定分配资源复用方式(时分或频分)中，每个用户的数据都是在预先固定的子通路(时隙或子频带)中传输，接收端也很容易由定时关系或频率关系将它们区分开来，分接成各用户的数据流。而在统计时分复用方式中，各用户终端的数据是按照一定单元长度随机交织传输的(如图 2-40 所示)。由于各终端数据流是动态随机传输的，因而不能再用定时关系或频率关系在接收端来区分和分接它们了。为了识别和分接来自不同终端的用户数据，通常在采用统计时分复用时，将交织在一起的数据发送到线路上之前给它们打上与终端有关的“标记”，例如在数据前加上终端号，这样接收端就可以通过识别用户数据的“标记”将它们区分开来。

采用统计时分复用时，用户数据交织传输的方法有三种：

(1) 比特交织。这种方法以数据比特作为交织传输的单元。其优点是时延小，但是每一个用户数据比特都要加“标记”，插入的冗余度大，用户信息传输效率很低，一般不采用。

(2) 字节或字符交织。计算机和数据终端常以字节(或字符)为单位发送和接收数据，因而可以采用字节(或字符)交织传输方式。字节交织方式传输效率虽比比特交织方式高，但仍不理想，一般用于低速线路。

(3) 分组(或块、帧)交织。分组(或块、帧)交织所增加的“标记”信息与用户数据相比所占比例很小，所以它的传输效率最高，但是，由于它交织传输的间隔增大，可能引起的时延相对较大。不过，这种时延的绝对时间随着通信线路的数据传输速率的提高而减小。通常，该方式用于中、高速线路中。

图 2-41 为三个终端的数据交织传输示意图。

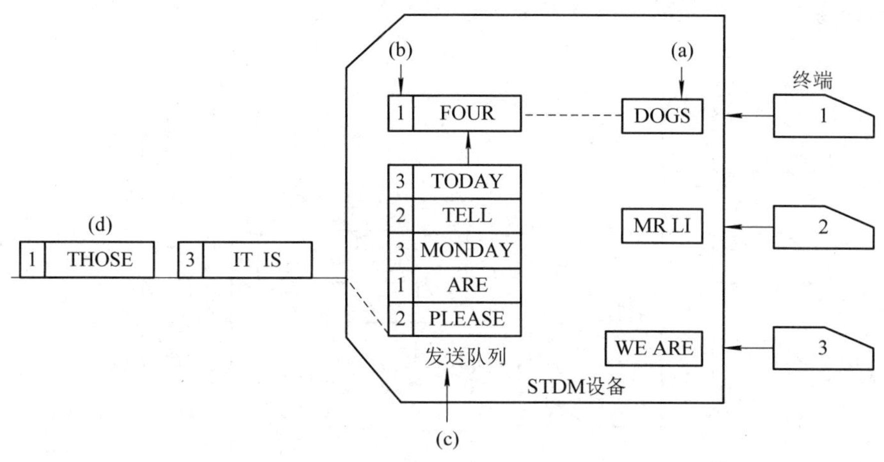

图 2-41 交织传输示意图

图 2-41 中，用终端编号 1、2、3 作为用户数据的“标记”，STDM 设备中具有计算能力的控制器执行统计时分复用功能。其处理过程如下：

(1) 来自各终端的数据存入输入缓冲区以便形成一个数据组，如图 2-41 中的(a)所示。

(2) 各数据组加上“标记”(图中为终端号)，如图 2-41 中的(b)所示，在同一线路上各终端的编号不能相同。

(3) 带有标记的数据组进入输出队列中排队并依次传输，如图 2-41 中的(c)所示，各个终端的数据组在同一个队列中按到达的时间顺序排队，每条通信线路都设有一个发送队列，该队列按照先来先服务的原则工作。STDM 设备连续地从队列的头部取出数据组向线路上发送，直至队列取空。等待队列中进入新的数据组，然后再发送。

(4) 各个终端的数据组在线路上交织地进行传输，如图 2-41 中的(d)所示。在接收端按“标记”再将线路传输信号分接传给相应的终端，如图 2-41 中对应于终端 1、2、3 的接收数据分别为“THOSE ARE FOUR DOGS…”“PLEASE TELL MR LI…”和“IT IS MONDAY TODAY WE ARE…”。

图 2-41 给出的交织传输的过程只是一个原理示意的例子，具体的实现方法可能是不同的。

在统计时分复用方式下，尽管没有为各个用户分配实际的物理上的子信道，但是通过对数据分组加标记，仍然可以把各用户的数据信息从线路传输信息流中严格地区分开来，其效果与将线路分成许多子信道是一样的。通常，将这种完成子信道的功能而又实际并不存在的概念上的信息流通路称为逻辑信道。在统计时分复用方式中，逻辑信道为用户提供独立的数据流通路。

线路的逻辑信道号可以独立于终端的编号，逻辑信道号作为线路的一种资源可以在终端要求通信时由 STDM 设备分配给它。对同一个终端，每次呼叫可以分配给不同的逻辑信道号，但在同一次呼叫连接中，来自某一个终端的数据组的逻辑信道号应该相同。用线路的逻辑信道号给终端的数据组作“标记”比用终端号更加灵活方便，这样，一个终端可以同时通过网络建立起多个数据通路(如图 2-42 中终端 4 同时建立了三个通路)。STDM 可以为每个通路分配一个逻辑信道号，并在 STDM 设备中建立终端号与逻辑信道对照表。网络通过逻辑信道号识别出是哪个终端发来的数据。

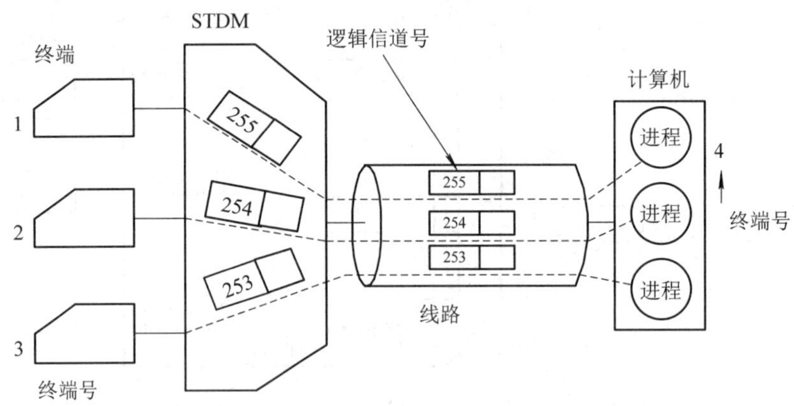

图 2-42　用逻辑信道号作“标记”进行交织传输示意图

2. 分组的形成和传输

如前所述，采用动态的统计时分复用可以实现比较充分的多路复用。为了提高复用效率，应将数据按一定长度分组，一个数据组中包含一个分组头，用来填写逻辑信道号和其他控制信息，这样的数据组称为分组(Packer)，如图 2-43 所示。来自用户终端的数据可能是一份很长的电文，需要将它按一定的长度(字节数)截断并加上分组头形成分组。为了保证在接收端能够将分组还原成完整的电文，在分组头中要包含分组的顺序号等信息，为了保证分组在网络中正确地传输和交换，除了建立包含用户数据的分组之外，还需建立许多用于通信控制的分组，因此就存在多种类型的分组，所以在分组头中还要包含识别分组类型的信息。分组的长度通常为 128 字节，分组头长约 3 字节。根据通信线路的质量，分组也可选用 32、64、256、512 或 1024 字节长度。

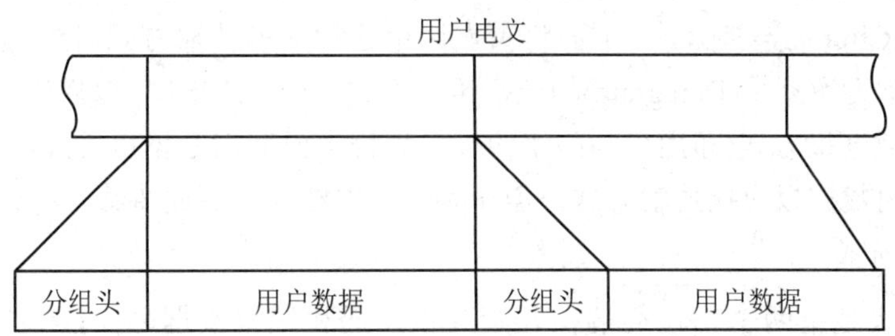

图 2-43 分组的形成

在分组传输时，需将分组装配成传输帧进行传输，X.25 协议规定分组传输帧采用 HDLC 帧结构。X.25 分组传输帧格式如图 2-44 所示。其中，F、A、C 分别为帧标志、传输地址和控制字段，FCS 为帧校验字段。在 HDLC 帧结构中的信息段放的是数据分组，其长度通常为 128 + 3(分组头)字节，当然也可以是其他商定的长度。

	F	A	C	数据分组	FCS	F
字节数：	1	1	1	商定长度	2	1

图 2-44 X.25 分组传输帧格式

在实际通信中，分组是由分组型终端或专门设备(例如分组装拆设备)产生的。下面通过一个字符型终端向分组交换网发送数据的过程来介绍分组的产生和传送。图 2-45 给出了一个字符型数据终端向分组交换网发送数据的过程示意图。图中的 PAD (Packet Assembler/Disassembler)称为分组装配和拆卸设备，它的主要功能是帮助字符型终端生成分组；PT 为分组传输设备，它主要执行帧级的功能，将分组装配成帧的格式(加上帧头和帧尾)，确保分组在线路上的正确传输。

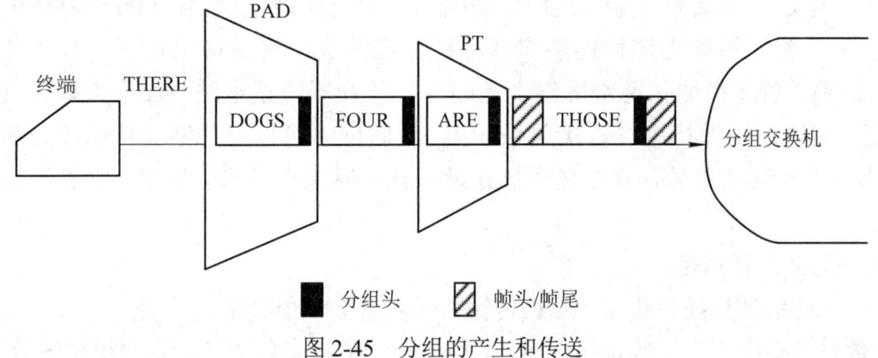

图 2-45 分组的产生和传送

3. 分组的交换

通过前面的讨论，我们已经知道终端怎样通过 PAD 等设备将数据变成分组并传送给网络(交换机)。但是终端发送数据的目的地并不是网络，而是与网络相连的其他终端。PAD 已经帮助终端把数据变成了分组，因此数据在网络中将以分组为单位流动，穿越网络的节点和中继线(节点之间的线路)，到达它的目的地，这个过程就是分组交换传输的过程。

分组交换网是以 CCITT X.25 规程为基础的，为了与其匹配，在网络内大部分都采用虚电路(Virtual Circuit)连接方式，下面将重点讨论这种交换传输方式。除了虚电路方式外，另外还有一种称为数据报(Datagram)的交换传输方式。由于 1984 年以后的 CCITT X.25 协议中已取消了数据报方式(即用户与网络的接口规程中已取消数据报方式)，因此现在在网络内也较少采用数据报交换传输方式，但作为一种方法，在后面将给予简介。

1) 虚电路方式

虚电路方式是指两个用户终端在开始互相发送和接收数据之前，需要通过网络建立起逻辑上的连接(并非存在一条物理的链路)，一旦这种连接建立之后，通信终端间就在网络中保持一个已建立的数据通路，用户发送的数据(以分组为单位)将按顺序由这个逻辑上的数据通路到达终点，如图 2-46 所示。当用户不需要发送和接收数据时可以清除这种连接。

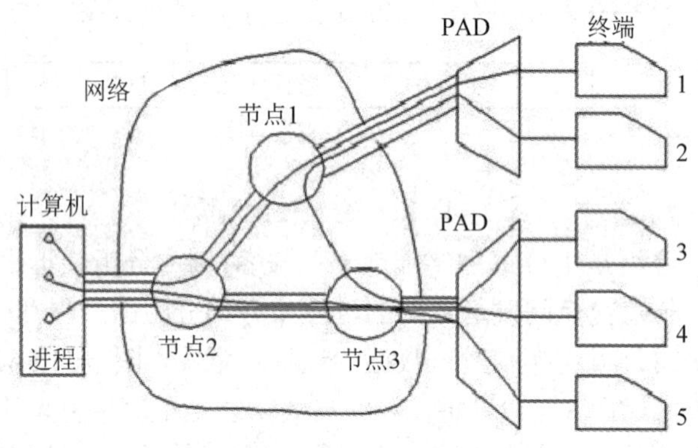

图 2-46　虚电路示意图

之所以称这种连接为“虚”电路，是因为分组交换机(网络节点)按线路传输能力的“动态按需分配”原则为这种连接保持一种链接关系，终端可以在任何时候发送数据(受流量控制)，就像在通信两端的终端之间有一条物理数据电路。如果终端暂时没有数据可发送，则网络仍保持这种连接关系，但是这时网络可以将线路的传输能力和交换机的处理能力用作其他服务，分组交换机并没有独占网络的资源，所以，这种连接电路是“虚”的。

虚电路方式的特点是：

(1) 一次通信具有呼叫建立、数据传输和呼叫清除三个阶段。

(2) 数据分组中不需要包含终点地址，因而对于数据量较大的通信来说传输效率提高。

(3) 数据分组按已建立的路径顺序通过网络，在网络终点不需要对数据分组重新排序，分组传输时延小，而且不容易产生数据分组的丢失。

(4) 当网络中线路或设备出现故障时，可能导致虚电路中断，此时需要重新呼叫建立新的连接，这是虚电路方式的缺点。但是现在许多采用虚电路方式的网络已经就此做了改进，能够提供呼叫重连接(Call Reconnection)的功能，当网络出现故障时将由网络自动选择并建立新的虚电路，不需要用户重新呼叫，并且不会丢失用户数据。

(5) 可向用户提供永久虚电路服务。用户向网络申请了该项服务后，分组交换网络就在两个用户之间建立永久的虚连接，用户之间的通信直接进入数据传输阶段，就好像具有一条专线一样。

2) 数据报方式

数据报方式是将每一个数据分组当作一份独立的报文一样看待，每一个数据分组都包含终点地址的信息，分组交换机为每一个数据分组独立地寻找路径，因此一份报文包含的不同分组可能沿着不同的路径到达终点，在网络的终点需要进行重新排序。

数据报方式的特点是：

(1) 用户之间的通信不需要经历呼叫建立和呼叫清除阶段，因而对于短报文通信的传输效率比较高，但是对于数据量大的长报文传输来说，其传输效率由于每分组均要加入地址信息而使传输效率下降。

(2) 数据分组的传输时延较大，而且其传输分散度大。

(3) 对网络故障的适应能力较强。

3) 路由选择

分组交换网最重要的特点之一是数据分组能够在网络中通过多条路径从源点到达终点，而选择什么路径最合适就成了分组交换机必须决定并影响其特性的问题。这个问题与城市之间的交通问题很相似。比如说，从一个城市乘车到另一个城市，假若中间还要路过一些其他城市，就可能存在许多可到达的线路，所以有必要事先选择一条最佳线路。这里的所谓“最佳”，有不同的含义，例如可以从许多路径中选择一条距离最短的线路，或者选择一条行车时间最短的线路。行车时间最短的线路，距离不一定是最短的，因为它还与路面、环境等因素有关。由此可见，选择的目的不同，最佳线路的选择结果也不同。另外，在选好线路出发后，还需要在路上打开收音机(或车载台)，探听所选择的线路上是否有交通事故或阻塞情况发生，如果有，则应及时调整已定线路，绕道而行。分组交换传输的路由选择和传输过程也是如此，首先根据某种准则和方法选择确定传输路由(包括第 1、2、3、…选择)，然后在传输过程中随时监测网络状况并根据网络的情况随时调整分组的路由，从而保证分组到达终点。

用于军事目的的分组交换网要求有很高的可靠性，即使网络遭受破坏，也要求分组能够到达终点；而对于公用分组交换网，虽然也要求有高的可靠性，但是常常更关心的是数据分组的传输费用和时延。由此可见，为了适应不同的要求，可以选择和采用不同的路由选择方法。

分组交换网不管是采用虚电路方式，还是采用数据报方式，都需要确定网络的路由选择方法，不同的是虚电路方式是为每一次呼叫寻找路由，在一次呼叫之内的所有分组都沿着选择确定的路径顺序通过网络，而数据报方式是为每一个分组寻找路由，每个分组都独自走它的路径。显然，按数据报方式工作的路由计算要比按虚电路方式频繁。

路由选择是由网络提供的功能，在 X.25 协议中并未规定，不同的分组交换网可能采用不同的路由选择方法。按照不同的网络要求和准则可以构成许多种路由选择方法，各种方法都有它的特点和应用范围，下面重点介绍两种基本方法。

(1) 扩散式路由法。采用扩散式方法时网络预先并不确定一个固定路径，而是采用扩散式方式去传送分组，其传送规则是这样的：

① 分组从源点向其每个相邻节点发送。

② 节点接收到分组后，首先检查它是否已经收到过该分组，如果已经收到过，则将其抛弃；如果未收到过，则节点接收并记忆，再把这个分组发往除了该分组传送来的那个节点之外的所有相邻节点。

按照上述传送方法，一个分组的许多拷贝尝试着通过各种可能的路径到达终点，其中总有一个分组的拷贝以最小的时延首先到达终点，终点节点保留这个分组拷贝，其余在此之后到达的该分组拷贝都将被终点节点抛弃。图 2-47 给出了一个采用扩散法分组传送的例子，设节点 1 为源点，节点 6 为终点，大家应不难分析得出分组传送通过网络的过程。

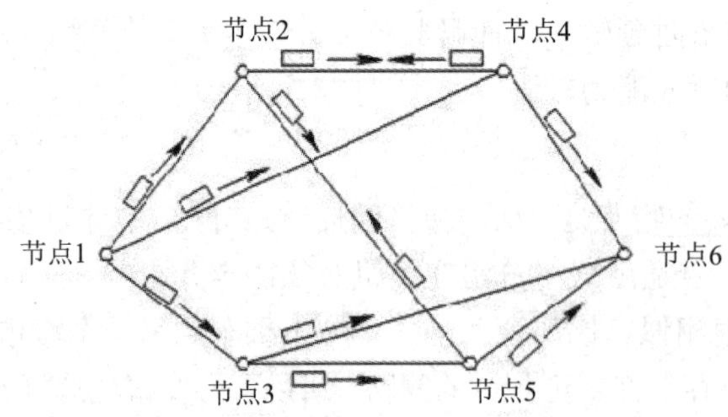

图 2-47　扩散式路由示例

扩散式路由法的主要特点有：

① 路由选择与网络的拓扑结构无关，即使网络发生严重故障，只要源、宿节点之间有一条通路存在，分组也能到达终(宿)点，因此分组传输的可靠性很高。

② 扩散路由法采用向相邻节点扩散传送的方法，故分组的无效传输量很大，网络的额外开销也大。

③ 分组在网络中的传输流量增大，还会导致节点的排队时延加大。

(2) 查表路由法。查表路由法在每个节点中使用路由表确定从该节点到网络的任何终点应当选择的路径，分组到达节点后按照路由表规定的路径前进。为了保证一定的可靠性，在路由表中将从一个节点前进到另一个节点的多个路由按一定的准则排序成第 1、2、3、…路由。分组首先选择第 1 路由前进，如果网络故障或通路阻塞则自动(或人工)选择第 2、3、…路由。

路由表是根据网络拓扑结构、链路容量、业务量等因素和某些准则计算建立的。路由表的计算可以由网络控制中心(NCC)集中完成，装入到各节点中去，也可以由节点自己计算完成。

确定路由表的准则有很多，常用的准则有最短路径算法、最小时延算法和最低成本(费用)算法等。例如，按照最短路径准则，对图 2-47 所示的网络拓扑结构，可得全网的总路由表如表 2-6 所示，该表列出了当采用最短路径准则时，网络中 6 个节点中的任何一个节点作为源节点发送分组到任何一个终点节点时应当选择的第 1 路径。同样，也可以类似得到第 2、3、…路径的路由表。

表 2-6 最短路径路由表示

下一中继节点		终点节点					
		1	2	3	4	5	6
源节点	1	—	2	3	4	3	3
	2	1	—	1	4	5	4
	3	1	1	—	6	5	6
	4	1	2	1	—	6	6
	5	3	2	3	6	—	6
	6	3	4	3	4	5	—

查表路由法的路由表与网络的拓扑结构有关，当网络结构发生变化(或网络发生故障)时，网控中心(或节点)应能自动地重新生成路由表，以反映新的网络结构。

查表路由法的路由表的产生与网络结构和网络参数有关，为了保证一定的可靠性，查表路由法应根据网络数据流或其他因素的变化动态地修改路由表。

习 题 2

1. 现在数字通信系统主要采用哪些传输信道？其主要特点是什么？

2. 有一数字传输系统，其在 125 μs 内传送了 9720 个码字，若在 2 s 内有 5 个误码字块，其误码率为多少？

3. 什么叫抖动？抖动有无积累？为什么？

4. 有一线性编码系统，采用 13 位码，求输入为正弦信号时的最大信噪比。有如下两个抽样值，请按 A 律 13 折线编码方法编出相应的 8 位 PCM 码，并求出其量化误差。

(1) PAM 样值为 $+447\Delta$；

(2) PAM 样值为 -59Δ。

5. PCM 与 DM 的性能有何不同？试从通信质量、适用范围、设备实现等方面对两种系统的优缺点进行比较。

6. 简述 DPCM 的基本特性，并分析其与 DM 和 PCM 的异同，

7. 简述自适应量化和自适应预测的基本原理，并说明它们提高量化编码精度的机理。

8. 简述电话交换的发展过程、现状和趋势。

9. 何谓程控交换？简述数字程控交换的原理和主要优点。

10. 试从 T 接线器和 S 接线器的原理出发，说明为什么 T 接线器可以单独使用，而 S 接线器却不能，进而说明引入 S 接线器的目的。

11. 试简述程控交换机在本局通话时的呼叫处理过程。

12. 简述程控交换机系统的控制方式和基本结构。

13. 呼叫处理的输入处理、分析处理、输出处理的主要内容是什么？

14. 分组交换的主要优点是什么？简述分组交换的工作过程和其复用传输方式的基本原理。

15. 何谓统计时分复用？在分组交换中，统计时分复用是如何实现的？

16. 在分组交换中，路由的选择方式有哪些？试简述它们的特点。

第 3 章 光纤通信系统

光纤通信自诞生以来，一直持续改变着整个通信领域。现在，光纤通信已广泛应用到电信网络、有线电视网络等信息网络中，高可靠、远距离、大容量通信成为现实。光纤通信系统能提供高质量的数字信道，具有容量大、质量好、保密性强等特点，可以为各种业务应用提供接入信道，为各个业务节点提供连接通道，是实现各种通信保障的基础。本章主要介绍光纤通信的基本概念、光纤与光缆、光纤通信系统的组成与设计等知识。

3.1 光纤通信的基本概念

3.1.1 光纤通信的定义

所谓光纤通信，是指以光波为载体，利用光纤为传输介质的一种通信方式。

光波是电磁波，其频率比无线电波中的微波频率高 10^4～10^5 倍，光波范围包括红外线、可见光、紫外线，其波长范围为 300～6×10^{-3} μm，光波中除可见光外，红外线、紫外线等均为人眼看不见的光。可见光由红、橙、黄、绿、蓝、靛、紫七种颜色的连续光波组成，其波长范围为 0.76～0.39 μm，其中红光的波长最长，紫光的波长最短。波长为 300～0.76 μm 的电磁波属于红外线，它又可以划分为近红外、中红外、远红外。波长为 0.39～6×10^{-3} μm 的电磁波属于紫外线。波长再短就是 X 射线、γ 射线。光波的电磁波谱图如图 3-1 所示。

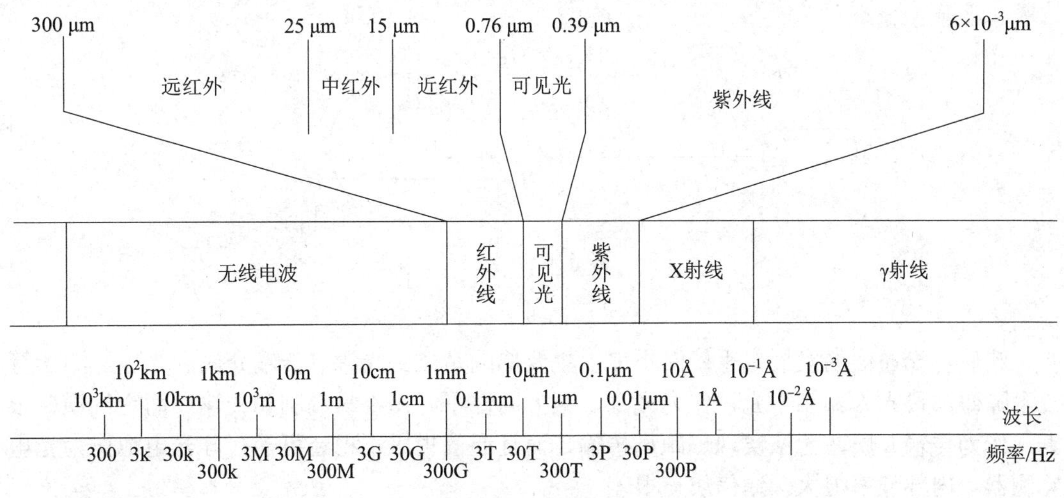

图 3-1 电磁波谱图

光纤通信的波谱在 1.67×10^{14}～3.75×10^{14} Hz 之间，即波长在 0.8～1.8 μm 之间，如图 3-2 所示。光纤通信的波谱属于红外波段，将 0.8～0.9 μm 称为短波长，1.0～1.8 μm 称为长波长，2.0 μm 以上称为超长波长。应用于光纤通信的波长是 0.85 μm(短波长窗口)、1.31 μm 和 1.55 μm(长波长窗口)。

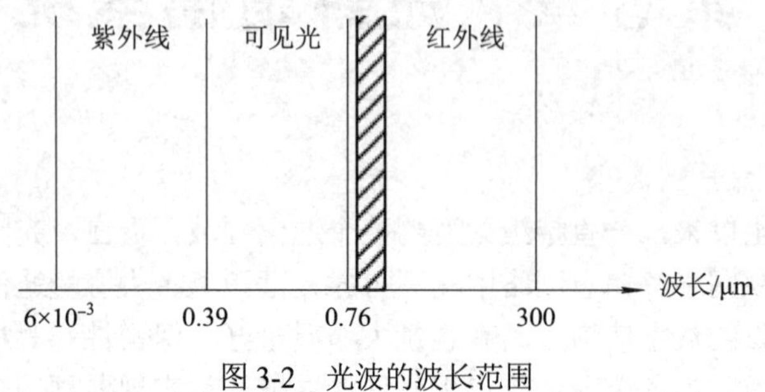

图 3-2　光波的波长范围

3.1.2　光纤通信的发展史

1. 光通信的雏形

光通信的历史可以追溯到古代的烽火通信，直到现在仍然在使用的信号弹、旗语及交通信号灯等，都属于可视光通信的范畴。在这些通信方式中，光信号本身即是信息，由于其包含的信息非常少，故不能称为严格意义上的光通信。

2. 光通信的早期

1880 年，A. G. Bell 发明了光话系统，他以日光作为光源，采用话筒的薄膜随着声音的振动而振动来实现声光调制。如图 3-3 所示，将光发出的恒定光束投射到受声音控制的薄膜上，这样从薄膜上反射回来的光束强弱变化就携带了声音信息，然后，将这束被调制的光信号经大气传送到接收端。接收端采用一个大型抛物面反射镜和一个硅光电池将接收到的携带有信息的光信号转换成光电流，送到受话器发声，从而完成光电话通信。

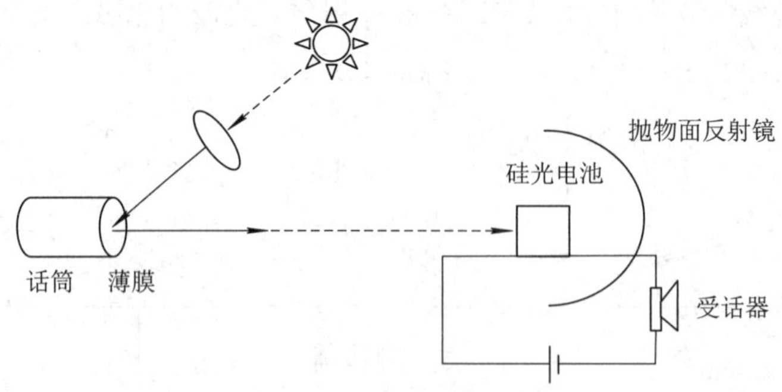

图 3-3　Bell 光话系统

此后，光通信的发展几乎停滞不前，主要原因是碰到光源、传输介质和光电监测器等技术障碍。日光为非相干光，作为光源，其方向性不好，不易调制和传输；而空气损耗很大，作为传输介质，无法实现远距离传输，而且通信也极不稳定可靠；硅光电池作为光电监测器，内部噪声很大，通信质量很差。

3. 光纤通信发展的里程碑

尽管光通信有很多技术障碍，然而人们从来没停止过对它的研究。1966 年，英籍华人高锟博士和他的同事霍克哈姆发表了一篇非常著名的论文《光频率介质纤维表面波导》。这篇论文指出了利用光纤实现光通信的可能性，指出通过设法消除玻璃中的各种杂质，并加入适当的掺杂剂，可把光纤的衰减系数降低到 20 dB/km 以下(而当时世界上只能制造用于工业、医学方面的光纤，其衰减系数在 1000 dB/km 以上)。该文被誉为光纤通信的里程碑，高锟被人们称为“光纤之父”。

4. 光纤通信的实质性突破

在高锟的理论指导下，1970 年美国康宁玻璃公司(Corning Glass Works)拉制出世界上第一根衰减为 20 dB/km 的光纤。同年，Bell 实验室成功研制出室温下可以连续工作的半导体激光器。半导体激光器具有体积小、重量轻、功耗低及效率高等优点，是光纤通信的一种理想光源。由于影响光纤通信的两大主要问题(即光纤和光电器件)都获得了圆满解决，因此人们将 1970 年称为“光纤通信元年”。

5. 光纤通信爆炸式的发展

自 1970 年以后，世界各发达国家对光纤通信的研究倾注了大量的人力与物力，光纤通信技术的发展超乎了人们的想象。

1976 年，光纤损耗降至 0.47 dB/km；1979 年，光纤损耗降至 0.2 dB/km；1990 年，光纤损耗降至 0.14 dB/km，已经接近石英光纤的理论损耗极限值 0.1 dB/km。与此同时，作为光源的激光器发展也很快，性能更好、寿命达数万小时的异质结条形激光器和现在寿命达几十万小时的分布反馈式激光器(DFB-LD)也相继研制成功。

光纤制造技术和光电器件制造技术的飞速发展，以及大规模、超大规模集成电路技术和微处理技术的发展，带动了光纤通信系统从小容量到大容量、从短距离到长距离、从旧体制(PDH)到新体制(SDH)的多次更新换代。1976 年，美国在亚特兰大开通了世界上第一个实用化光纤通信系统，其码速率为 45 Mb/s，中继距离为 10 km。1985 年，140 Mb/s 的多模光纤通信系统商用化，并着手单模光纤通信系统的现场实验工作。1990 年，565 Mb/s 的单模光纤通信系统进入商用化阶段，并着手进行零色散位移光纤、波分复用及相干光通信的现场实验，而且已经陆续制定了同步数字体系(SDH)的技术标准。1993 年，622 Mb/s 的 SDH 产品进入商用化。1995 年，2.5 Gb/s 的 SDH 产品进入商用化。1998 年，10 Gb/s 的 SDH 产品进入商用化；同年，以 2.5 Gb/s 为基群、总容量为 20 Gb/s 和 40 Gb/s 的密集波分复用(DWDM)系统进入商用化。2000 年，以 10 Gb/s 为基群、总容量为 320 Gb/s 的 DWDM 系统进入商用化。此外，在智能光网络(ION)、光分插复用器(OADM)、光交叉连接设备(OXC)等方面也取得了巨大进展。

6. 光纤通信在我国的应用

1973 年，我国开始研究光纤通信，主要集中在石英光纤、半导体激光器和编码制式通信机等方面。

1978 年改革开放后，我国的光纤通信研发工作大大加快。上海、北京、武汉和桂林都研制出光纤通信试验系统。1982 年邮电部重点科研工程“八二工程”在武汉开通，该工程被称为实用化工程，要求一切是商用产品而不是试验品，要符合国际 CCITT 标准，要由设计院设计、由工人施工，而不是科技人员施工。从此中国的光纤通信进入实用阶段。

进入 20 世纪 80 年代后，数字光纤通信的速率已达到 144 Mb/s，可传送 1980 路电话。光纤通信作为主流模式被大量采用，在传输干线上全面取代电缆。

1993 年完成的北京到武汉再到广州的“京汉广工程”，全长 3046 公里，是当时我国也是世界上最长的架空光缆通信线路，这项工程跨越北京、湖北、湖南、广东等省市。它的开通，不仅有效缓解了京汉广沿线的通信线路紧张状况，也对疏通全国光纤通信线路起到了很好的调节作用。

1999 年 1 月，我国第一条最高传输速率的国家一级干线(济南—青岛)8 × 2.5 Gb/s 密集波分复用系统建成，使一对光纤的通信容量又扩大了 8 倍。该工程采用了武汉邮电科学研究院自主开发的、具有完全自主知识产权的波分复用系统。

据媒体报道，截至 2010 年，我国宽带上网平均速率位列全球 71 位，平均下行速率仅 1.8 Mb/s，仅为全球宽带 5.6 Mb/s 的平均接入速率的 1/3，不及美、日等发达国家的 1/10，而宽带平均接入费用却是发达国家的 3～4 倍。

数据显示：截至 2021 年 6 月，全国新建光缆线路 183 万公里，光缆线路总长度达到 5352 万公里；我国宽带网络平均下行速率达到 62.55 Mb/s，位列全球 18 位；与此同时，我国网络资费水平大幅降低，五年来企业宽带和专线单位宽带平均资费降幅超过 70%。我国光纤通信技术和产品设备已经处于世界领先水平，拥有世界上最大最完整的光通信产业链，我国也成为全球光通信器件市场及产品输出大国。

7. 光纤通信的发展趋势

1) 超长距离传输

无中继传输是骨干传输网的未来，目前已能够实现 2000～5000 km 的无中继传输。通过采用如拉曼光放大技术等新的技术手段，有望更进一步延长光传输的距离。

2) 超高速系统

高比特率系统的经济效益大致按指数规律增长，这促使光纤通信系统的传输速率在近 30 年来一直持续增加，增加了约 2000 倍，比同期微电子技术的集成度增加速度还快得多。高速系统的出现不仅增加了业务传输容量，而且也为各种各样的新业务，特别是宽带业务和多媒体业务提供了可靠的保证。

3) 超大容量波分复用系统

如果将多个发送波长适当错开的光源信号同时在光纤上传送，则可大大增加光纤的信息传输容量，这就是波分复用(WDM)的基本思路。采用波分复用系统可以充分利用光纤的巨大宽带资源，使容量迅速扩大几倍甚至上百倍；在大容量长途传输时可以节约大量光纤和再生器，从而大大降低传输成本；利用 WDM 网络实现网络交换和恢复，可望实现未来透明的、具有高度生存性的光联网。

其他方面，如光纤入户(FTTH)技术、光交换技术、新的光电器件、光孤子技术等，都是当前光纤通信方面的重点发展方向。总之，光纤通信技术虽然已经成熟，并成为现代通信的主要传输手段，但它并没有停滞不前，而是向更高水平、更深层次的方向发展。它的演变和发展结果将在很大程度上决定电信网和信息业的未来大格局，也将对社会经济发展产生巨大影响。

3.1.3 光纤通信的特点

1. 光纤通信的优点

1) 传输频带宽，通信容量大

光纤通信不同于有线电通信，后者是利用金属媒质传输信号，光纤通信则是利用透明的光纤传输光波。虽然光和电都是电磁波，但两者的频率范围相差很大。一般铜线电缆最高使用频率约 9～24 MHz(10^6 Hz)，光纤工作频率在 10^{14}～10^{15} Hz 之间。由于光纤通信使用的光波具有很高的频率，因此光纤通信具有很高的通信容量。理论上，一根仅有头发丝粗细的光纤可以同时传输1000亿路话音信号。目前，虽然远未达到如此高的传输容量，但用一对光纤同时传输 24 万路话音信号已经得到实用，其传输容量较传统同轴电缆的传输容量要高出数十乃甚至数千倍，参见表 3-1 所示。

表 3-1 电缆与光缆的损耗和传输带宽的比较

类型	频带或带宽距离积	损耗/(dB/km)
对称电缆	4 kHz	2.06
细同轴电缆(Φ1.2/2.4)	1 MHz 30 MHz	5.24 28.70
粗同轴电缆(Φ2.4/9.4)	1 MHz 60 MHz	2.42 18.77
0.85 μm 波长多模光纤 1.31 μm 波长多模光纤	(200～1000)MHz · km ≥1000 MHz · km	≤3 ≤1.0
1.31 μm 波长多模光纤 1.55 μm 波长多模光纤	100 GHz 10～100 GHz	0.36 0.2

2) 传输损耗小，中继距离长

由于光纤衰减很低，因此能够实现很长的中继距离。目前，实用的光纤通信系统常采用石英光纤。在 1.55 μm 波长区，石英光纤的衰减系数可低于 0.2 dB/km。在光孤子通信试验中，甚至可传输 120 万路话音信号，实现 6000 km 无中继，而其他通信线路组成的通信系统的衰减相比较来说则要大得多，具体数据可参阅表 3-1。如果采用非石英系的极低衰减光纤，其理论衰减系数可下降至 10^{-3}～10^{-5} dB/km，光纤通信系统的中继距离甚至可达数万公里，因此，光纤通信非常适合于通信的干线、长途网络中，在任何情况下光纤通信系统都可以不设中继系统，它尤其对降低海底通信的成本、提高可靠性及稳定性具有特别重要的意义。

3) 抗电磁干扰

由于光纤由电绝缘的石英材料制成，因此光纤通信线路不受各种电磁场的干扰，也不会被闪电雷击所损坏，同时也不会对其他通信设备或测试设备造成干扰。这从根本上解决了电通信系统多年来困扰人们的干扰问题。

4) 保密性好

对通信系统的另一个重要要求是保密性好。然而，随着科学技术的发展，传统的通信方式很容易被人所窃听：只要在明线或电缆线路附近(甚至几公里之外)设置一个特别的接收装置，就可以获得明线或电缆中传输的信息。因此，现有的通信系统都面临着一个怎样保密的问题。光纤通信与电通信不同，光波在光纤中传输是不会跑出光纤之外的。即使在转弯处弯曲半径很小时，漏出光纤的光波也十分微弱。如果在光纤的表面涂上一层消光剂，那么光纤中的光就完全不会泄漏出来。因此，信息在光纤中传输非常安全，光纤信道保密性好。

5) 节省有色金属和原材料

现有的电话线或电缆是由铜、铝、铅等金属材料制成的，这些资源的储藏量有限，而光纤的主要原材料是石英(SiO_2)，它的储藏量极为丰富。如果用光纤代替铜、铝等有色金属，将节约大量的有色金属材料，具有合理使用地球资源的战略意义。

6) 体积小，重量轻

光纤的芯径很细，只有单管同轴电缆芯径的百分之一左右。光缆的直径也很小，八芯光缆横截面直径约为 10 mm，而标准同轴电缆为 47 mm。目前，利用光纤通信的这个特点，在市话中继线路中成功地解决了地下管道拥挤问题，节省了地下管道的建设投资。

光缆的重量比电缆轻得多。例如，八管同轴电缆每米重 11 kg，而同等容量的光缆仅重 90 g。近年来，许多国家在飞机上使用光纤通信设备，不仅降低了制造成本，而且提高了通信系统的抗干扰能力、保密性及飞机设计的灵活性。如果考虑在宇宙飞船和人造卫星上使用光纤通信，则意义就更大了。

由于上述许多优点，光纤通信除了在公用通信和专用通信中使用外，还在其他许多领域，如测量、传感、自动控制及医疗卫生等方面得到了广泛的应用。

2. 光纤通信的缺点

1) 抗拉强度低

光纤的理论抗拉强度要大于钢的抗拉强度。但是，若在生产过程中光纤表面存在或产生了微裂纹，则会使光纤抗拉强度非常低，这也就是裸光纤很容易折断的主要原因。为了保护光纤，在光纤光缆制作使用过程中采取了一系列保护措施：一是在光纤生产过程中，给裸光纤增加涂覆层；二是在光缆制造过程中，增加特殊的抗拉元件(加强件)；三是在施工敷设过程中，要求光纤基本不受力(外力主要施加于加强件和光缆外护套之上)。

2) 连接比较困难

不像金属电缆那样，光纤在连接时必须轴线对准，否则会产生很大的附加损耗。由于光纤的芯径很细，因此光纤的连接很困难，必须使用昂贵的专用工具、仪表进行连接。

3) 光纤怕水

水进入光缆后会产生两个问题。其一，水进入光纤后，会在光纤中产生 OH^-吸收损耗，使信道总衰减增大，甚至使通道中断。其二，水进入光纤后，使光纤材料的原子结构产生缺陷，导致光纤的抗拉强度降低。其三，水进入光缆后，会造成光缆中金属构件的氧化，进而引起金属构件的腐蚀现象，导致光缆强度降低。其四，进入光缆中的水遇冷后会结冰，而水结冰后体积增大有可能压坏光纤。为了保护光纤，在光纤和光缆结构设计、生产、运输、施工、维护中都采取了一些有针对性的防水措施。

4) 其他缺点

光纤通信还存在一些其他缺点，如分路耦合不方便，需要进行光/电和电/光变换，光直接放大难，光纤弯曲半径不能太小等等。

应该指出，光纤通信的这些缺点都在很大程度上得到了克服，已不是影响光纤通信全面推广应用的关键问题。在这里之所以提及这些问题，主要目的是为了提醒读者在实际工程和维护工作中尽量避免这些问题的发生。

3.1.4 光纤通信的应用

1. 光纤通信在长途骨干网、本地网中的应用

骨干网、本地网中继传输主要以光纤传输系统为主，其结构如图 3-4 所示。

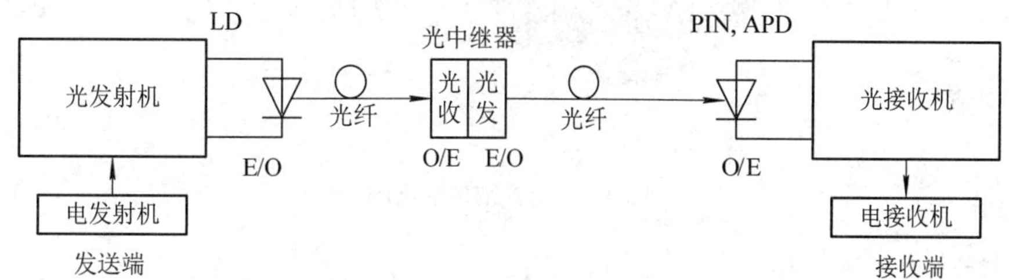

图 3-4 光纤通信系统示意图

2. 光纤通信在用户接入网中的应用

光纤接入网是指在用户接入网中采用光纤作为主要传输媒介来实现用户信息传送的应用形式。光纤接入网的主要优点是可以传输宽带业务，如高速数据业务下载、IPTV 业务和图像传送业务等，且传输质量好、可靠性高，网径一般较小，不需要中继器等。光纤接入网的主要实现形式有光纤到小区(FTTZ)、光纤到办公室(FTTO)、光纤到户(FTTH)。

3. 光纤通信在电视、数据传输网中的应用

利用光纤作为有线电视(CATV)的干线传输媒介，可大大提高传输质量，为多功能、大容量的信息传送提供基础。

4. 光纤通信在计算机园区网中的应用

利用光纤通信系统可以很容易地传输 1000 Mb/s 计算机园区网的数据信号。

3.2 光纤与光缆

从 1970 年美国康宁公司生产出第一条损耗为 20 dB/km 的光纤至今，光纤的研制大致经历了阶跃多模光纤、渐变多模光纤和单模光纤三个阶段，打开了三个低损耗窗口，即损耗为数分贝每千米的 0.85 μm 波长窗口、损耗低于 0.4 dB/km 的 1.31 μm 波长窗口和损耗低于 0.2 dB/km 的 1.55 μm 波长窗口(最低损耗已达到 0.15 dB/km)。随着对光纤技术的继续深

入研究，光纤的制造工艺水平不断提高，光纤的质量和传输特性逐步得到改善，价格逐年下降。本节主要介绍光纤的结构、类型、导光原理、传输特性及光缆的基本技术，为设计光纤传输系统和选择光纤光缆材料提供方便。

3.2.1　光纤的结构

光纤是光导纤维的简称，它的核心是一根头发粗细的透明玻璃丝，是一种新的光波导。光纤呈圆柱形，它是由传输光信号的纤芯、提供反射面的包层、外加的涂敷层和外保护套构成的，如图3-5所示。

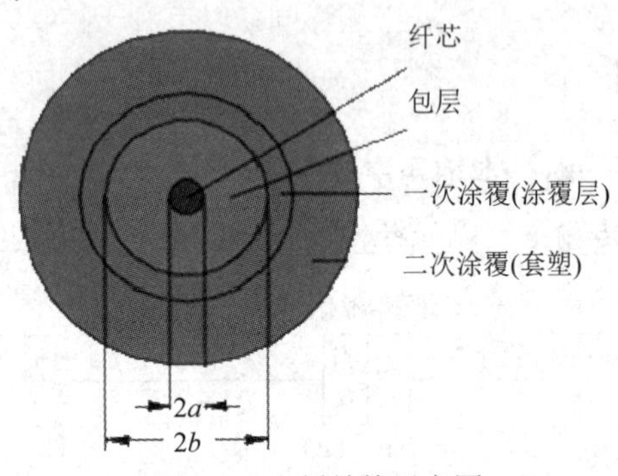

图3-5　光纤结构示意图

1. 纤芯

纤芯位于光纤的中心部位，单模光纤的芯径一般为8～10 μm，多模光纤的芯径一般为50 μm或62.5 μm。纤芯是一种柔软的、能够很好地传导光波的透明介质，它是光信号的传输路径，可由玻璃或塑料来制成。其中使用超高纯度石英玻璃(SiO_2)制作的光纤具有很低的线路传输损耗，各种技术性能都较好，此外还掺有极少量的掺杂剂(如GeO_2、P_2O_5)，用以适当提高纤芯对光的折射率(n_1)。

2. 包层

包层位于纤芯的周围，将纤芯包住，通常多模光纤加上包层的直径$d = 140$ μm，单模光纤加上包层的直径$d = 125$ μm。包层材料为含有极少量掺杂剂的高纯度SiO_2。掺杂剂(如B_2O_3)的作用是适当降低包层对光的折射率(n_2)，使之略低于纤芯的折射率，即$n_1 > n_2$，这是光纤结构的关键，它使得光信号封闭在纤芯中传输。纤芯与包层的交界面为在纤芯内传输的光线提供了一个光滑的反射面，起到光隔离、防止光泄漏的作用。为了满足光信号的传输要求，在光纤的制作工艺上，要求纤芯和包层的不圆度和不同心度尽可能小。

3. 涂覆层

由纤芯和包层组成的光纤称为裸纤，它的强度、柔韧性较差，必须进行涂覆，才可满足实际通信的要求。涂覆层包括一次涂覆层、缓冲层和二次涂覆层。一次涂覆层一般使用丙烯酸酯、有机硅或硅橡胶材料，缓冲层一般用性能良好的填充油膏，二次涂覆层一般多用聚丙烯或尼龙等高聚物。涂覆的作用是保护光纤不受水汽和各种有害物质的侵蚀，防止光纤被划伤，同时还可增强光纤的柔韧性，增加光纤的机械强度，起着延长光纤寿命的作用。涂覆后的光纤外径约为1.5 mm。通常所说的光纤就是指这种经过涂覆后的光纤。

4. 外保护套

在光纤涂覆层的外面再加一层保护套，即可构成一个完整的单根光纤。将多根光纤放在一个保护套内，按一定的结构排列就可构成光缆。加装外保护套除了可使光纤不受损伤外，还可增加机械强度。为了提高光缆的抗拉性能，便于光缆的工程敷设，要在光缆内增设金属加强芯，特殊应用场合的光缆，如海底光缆，还要加装铠甲，做成铠装光缆，防止鱼类等海洋动物咬伤光缆，以保证信息传输道路的正常顺通。

3.2.2 光纤的分类

光纤的基本结构尽管大致相同，但它的种类繁多，通常可以按传输波长、折射率分布、套塑结构、传输模式和材料性质等分成不同的类型。

1. 按传输波长分类

按传输波长不同，光纤可分为短波长光纤和长波长光纤。短波长光纤的使用波长为 0.85 μm(0.8～0.9 μm)；长波长光纤的使用波长为 1.3～1.6 μm，主要有 1.31 μm 和 1.55 μm 两个窗口。

波长为 0.85 μm 的多模光纤主要用于短距离市话中继线路或专用通信网等线路，长波长光纤主要用于干线传输。

2. 按折射率分布分类

在纤芯和包层横截面上，折射率剖面有两种典型的分布。一种是纤芯和包层的折射率沿光纤半径方向的分布都是均匀的，而在纤芯和包层的交界面上，折射率呈阶梯形突变，这种光纤称为阶跃折射率光纤。其折射率剖面可以表示为

$$n(r)=\begin{cases} n_1, & r<a \quad (\text{纤芯}) \\ n_2, & r\geqslant a \quad (\text{包层}) \end{cases} \tag{3-1}$$

另一种是纤芯的折射率不是均匀常数，而是随纤芯半径方向坐标的增加而逐渐减少，一直渐变到等于包层的折射率，将这种光纤称为渐变折射率光纤。其折射率的变化可以表示为

$$n(r)=\begin{cases} n_{\mathrm{m}}\left[1-2\Delta\left(\dfrac{r}{a}\right)^{\alpha}\right]^{1/2}, & r<a \\ n_{\mathrm{c}}, & r\geqslant a \end{cases} \tag{3-2}$$

式中：α 为光纤折射率分布指数；a 为纤芯半径；Δ 为相对折射率差。$\alpha=2$ 时折射率分布为抛物线型；$\alpha=1$ 时折射率分布为三角型；$\alpha\to\infty$时，折射率分布呈阶跃分布。因此，阶跃型光纤可以认为是渐变光纤的一种极限形式。

这两种光纤剖面的共同特点是：纤芯的折射率 n_1 大于包层的折射率 n_2，这也是光信号在光纤中传输的必要条件。常用光纤的结构及传输情况如图 3-6 所示。

阶跃型多模光纤(Step-Index Fiber，SIF)如图 3-6(a)所示，纤芯折射率 n_1 保持不变，到包层突然变为 n_2。光纤以折射形状沿纤芯中心轴线方向传播，其特点是信号畸变大。

渐变型多模光纤(Graded-Index Fiber，GIF)如图 3-6(b)所示，在纤芯中心折射率最大，为 n_1，沿径向 r 向外逐渐变小，直到包层变为 n_2。光纤以正弦形状沿纤芯中心轴线方

向传播，其特点是信号畸变小。

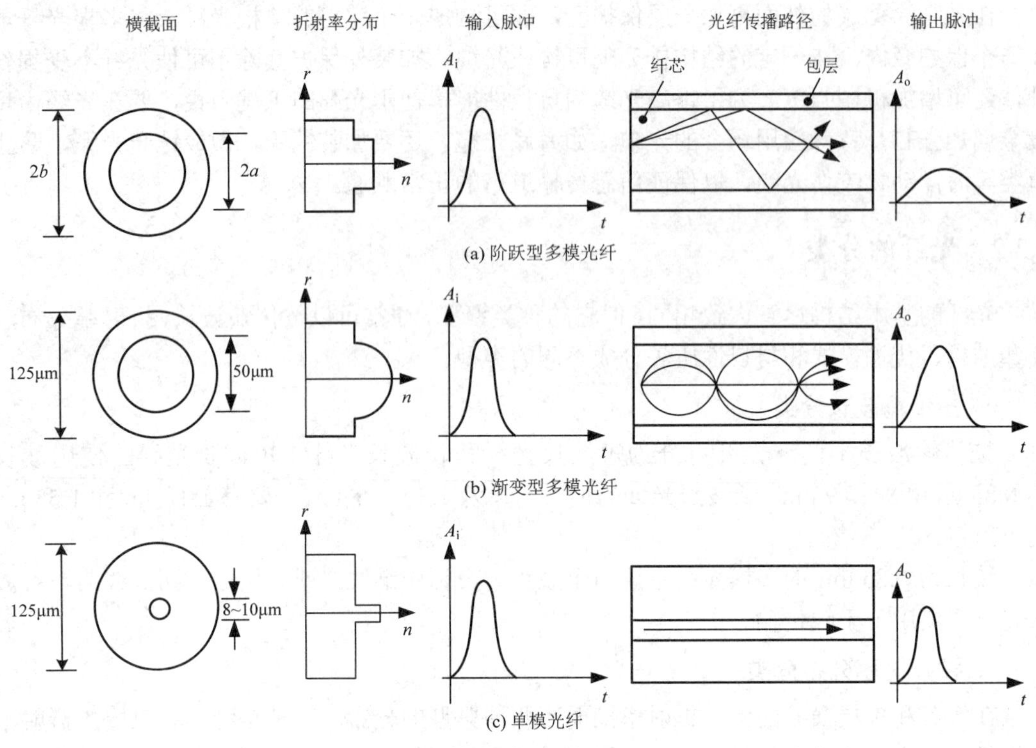

(a) 阶跃型多模光纤

(b) 渐变型多模光纤

(c) 单模光纤

图 3-6　三种基本类型的光纤

单模光纤(Single-Mode Fiber，SMF)如图 3-6(c)所示，折射率分布和阶跃型光纤相似，纤芯直径只有 8～10 μm，光纤以直线形状沿纤芯中心轴线方向传播。因为这种光纤只能传输一个模式，所以称为单模光纤，其信号畸变很小。

三种常用光纤的传输特性如表 3-2 所示。

表 3-2　三种常用光纤的传输特性比较

	阶跃型多模光纤	渐变型多模光纤	单模光纤
相对折射率差	0.02	0.015	0.003
纤芯直径 $2a$/μm	50～80	62.5	8～10
包层直径 $2b$/μm	140	125	125
数值孔径(NA)	0.3	0.26	0.1
带宽距离积	(20～100)MHz · km	(0.3～3)GHz · km	＞100 Gb/s · km
衰减/(dB/km)	4～6(850 nm) 0.7～1(1300 nm)	3(850 nm) 0.6～1(1300 nm) 0.3(1550 nm)	1.8(850 nm) 0.34(1300 nm) 0.2(1550 nm)
所采用光源	LED	LED 或 LD	LED
典型应用系统	近距离通信或用户接入网	本地网、宽带网	长距离通信干线传输

3. 按套塑结构分类

根据光纤的套塑结构不同，光纤可分为紧套光纤和松套光纤两种。紧套光纤就是在一次涂覆的光纤上再紧紧地套上一层尼龙或聚乙烯等塑料套管，光纤在套管内不能自由活动。图 3-7(a)所示为紧套光纤，其预涂覆即一次涂覆层厚度为 5～40 μm，缓冲层厚度为 100 μm 左右，二次涂覆即尼龙塑层外径为 60～90 μm。松套光纤就是在光纤涂覆层外面再套上一层塑料套管，光纤可以在套管中自由活动。图 3-7(b)所示又称光固化环氧树脂一次涂层光纤。紧套光纤的耐侧压能力不如松套光纤，但其结构相对简单，无论是测量还是使用都比较方便。松套光纤的耐侧压能力和防水性能较好，且便于成缆。有些骨架式光缆不用松套管，而是将光纤直接置于光纤骨架的纤槽内，这类光纤的外径一般为 25～40 μm。

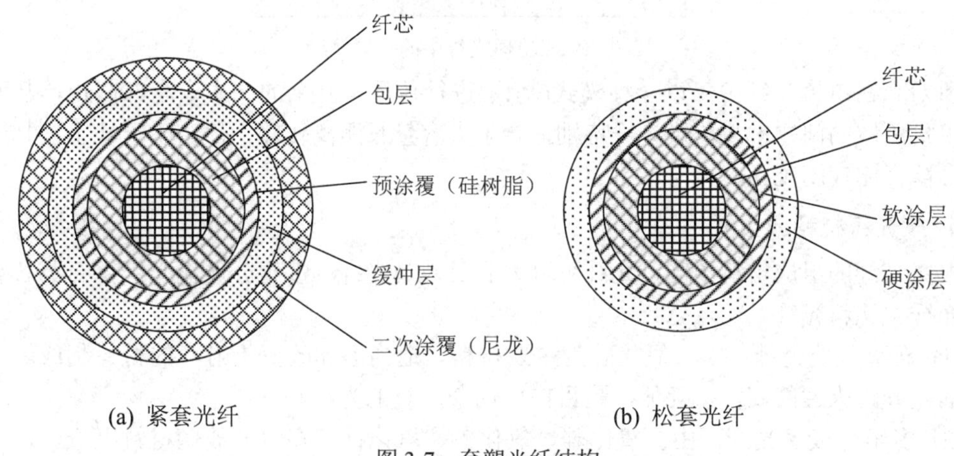

图 3-7 套塑光纤结构

4. 按传输模式分类

根据光纤中传输模式的数量不同，光纤可分为多模光纤和单模光纤。

传输模式是指光在光纤内部传播时的电磁场分布形式，一种电磁场分布称为一个传播模式，换句话说，如果我们能够看到光纤内部的光线传播，则光线传播的角度从零到临界角 α_c，而传播角度大于临界角 α_c 的光线将穿过纤芯进入包层(不满足全反射的条件)，最终能量被涂覆层吸收，如图 3-8 所示。这些不同的光束称为模式。模式的传播角度越小，模式的级越低。所以，严格按光纤中心轴传播的模式称为基模，其他与光纤中心轴成一定角度传播的光束皆称为高次模。

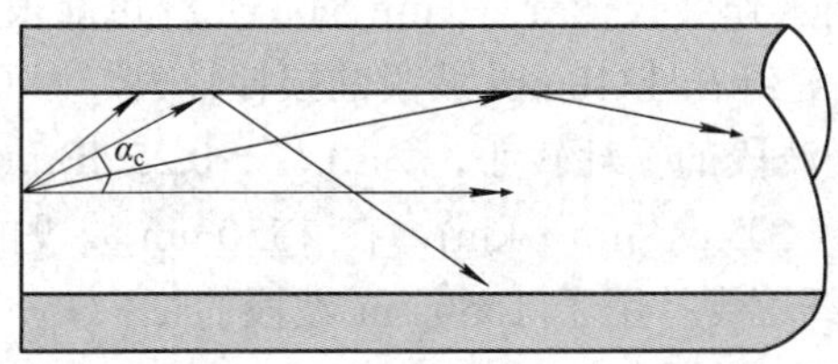

图 3-8 光在阶跃折射率光纤中的传播

1) 多模光纤

光纤中传输多种模式时，这种光纤被称为多模光纤。由于多模光纤的纤芯直径较粗，因此既可以采用阶跃折射率分布，也可以采用渐变折射率分布(目前多采用后者)。多模光纤中存在着模式色散，使其带宽变窄，但是制造、连接、耦合比较容易。

2) 单模光纤

光纤中只传输一个模式(基模)，其余的高次模全部截止，这种光纤被称为单模光纤。光在单模光纤中的传播轨迹，简单地讲，是以平行于光纤中心轴线的形式以直线方式传播，如图3-9所示。单模光纤芯径极细，其折射率一般采用阶跃折射率分布。

图3-9　光在单模光纤中的传播轨迹

因为光在单模光纤中仅以一种模式(基模)进行传播，其余的高次模全部截止，从而避免了模式色散的问题，故单模光纤特别适合于大容量长距离传输，但由于尺寸小，制造、连接、耦合比较困难。

5. 按光纤材料分类

根据光纤的组成材料不同，光纤可分为石英玻璃光纤、多组分玻璃光纤、石英芯塑料包层光纤、塑料光纤。

(1) 石英玻璃光纤：以二氧化硅为主要材料，适当添加改变折射率的材料制成。这种类型的光纤耐火性能高，损耗低，是目前应用最广泛的光纤。

(2) 多组分玻璃光纤：由二氧化硅、氧化钠、氧化钙等多组分玻璃材料组成。这种类型的光纤损耗较低，但可靠性较差。

(3) 石英芯塑料包层光纤：纤芯材料是石英，包层用硅树脂。这种类型的光纤只能在-50～+70℃范围内工作。

(4) 塑料光纤：纤芯和包层均由塑料制成。这种类型的光纤价格便宜，但是损耗较大，可靠性不高，其适应的温度范围与石英芯塑料包层光纤相同。

6. 常用的光纤分类

1) G.652光纤

G.652光纤，也称标准单模光纤(SMF)，是指色散零点(即色散为零的波长)在1310 nm附近的光纤。其特点是当工作波长在1310 nm时，光纤色散很小，系统的传输距离只受光纤损耗的限制。但这种光纤在1310 nm波段的损耗较大，为0.3～0.4 dB/km，典型值为0.35 dB/km；在1550 nm波段的损耗较小，为0.17～0.25 dB/km，典型值为0.20 dB/km。色散在1310 nm波段时为3.5 ps/(nm·km)，在1550 nm波段的色散较大，一般为17～20 ps/(nm·km)。这种光纤可支持用于1550 nm波段的2.5 Gb/s的干线系统，但由于在该波段的色散较大，当系统速率达到2.5 Gb/s以上时，需要进行色散补偿，在10 Gb/s时系统色散补偿成本较大。G.652光纤是目前传输网中敷设最为普通的一种光纤。

2) G.653光纤

G.653光纤也称色散位移光纤(DSF)，是指色散零点在1550 nm附近的光纤。这种光纤是通过改变折射率的分布将 1310 nm 附近的零色散点位移到 1550 nm 附近，从而使光纤的低损耗窗口与零色散窗口重合的一种光纤。该光纤在 1550 nm 波段附近的色散系数极小，趋近于零，系统速率可达到 20 Gb/s 和 40 Gb/s，是单波长超长距离传输的最佳光纤。但是这种色散位移光纤在 1550 nm 波段色散为零，不利于多信道的波分复用(WDM)系统传输，用的信道较多时，信道间距变小，就会产生四波混频(FWM)，导致信道间发生串扰，因此，WDM 系统一般不使用色散位移光纤。如果光纤线路的色散为零，FWM 干扰会十分严重，如有微量色散，FWM 干扰反而会减少，针对这一现象，人们研制出一种新型光纤，即非零色散位移光纤——G.655 光纤。

3) G.654 光纤

G.654 光纤是截止波长移位单模光纤。G.654 光纤的设计重点是降低 1550 nm 波段的衰减，一般为 0.15～0.19 dB/km，典型值为 0.185 dB/km，其色散零点仍然在 1310 nm 附近，但是 1550 nm 窗口的色散较高，可达 18 ps/(nm·km)。G.654 光纤主要应用于需要很长再生段距离的海底光缆通信。

4) G.655 光纤

色散位移光纤(G.653)的色散零点在 1550 nm 附近，WDM 系统在零色散波长处工作很容易引起四波混频效应，导致信道间发生串扰，不利于 WDM 系统工作。为了避免该效应，可使零色散波长不在 1550 nm，而是在 1525 nm 处，这种光纤就是非零色散位移光纤(NZDSF)，即 G.655 光纤。G.655 非零色散位移光纤的衰减一般在 0.19～0.25 dB/km，在 1530～1565 nm 波段的色散为 1～6 ps/(nm·km)，色散较小，避开了零色散区，抑制了四波混频，可采用 WDM 扩容，也可以开通高速系统。

由于 ITU-T 建议中只规定了色散的绝对值要求，对于它的正负没有要求，因而 G.655 光纤的工作区色散可以为正也可以为负。当零色散点位于短波长区时，工作区色散为正；当零色散点位于长波长区时，工作区色散为负。目前，陆地光纤通信系统一般采用正色散系数的非零色散位移光纤，海底光缆通信系统一般采用负色散系数的非零色散位移光纤。

需要注意的是，G.653 光纤是为了优化 1550 nm 窗口的色散性能而设计的，但它也可以用于 1310 nm 窗口的传输。因为 G.654 光纤和 G.655 光纤的截止波长都大于 1310 nm，所以 G.654 光纤和 G.655 光纤不能用于 1310 nm 窗口。

5) G.656 光纤

G.656 光纤是一种宽带光传输非零色散位移光纤。G.656 光纤与 G.655 光纤不同的是：① 具有更宽的工作带宽，即 G.655 光纤工作带宽是 1530～1625 nm(C + L 波段，C 波段 1530～1565 nm 和 L 波段 1565～1625 nm)，而 G.656 光纤工作带宽则是 1460～1625 nm (S + C + L 波段)，将来还可以拓宽超过此范围，可以充分发掘石英玻璃光纤的巨大带宽的潜力；② 色散斜率更小(更平坦)，能够显著地降低 DWDM 系统的色散补偿成本。G.656 光纤是色散斜率基本为零、工作波长范围覆盖 S + D + L 波段的宽带光传输的非零色散位移光纤。

6) 大有效面积光纤

大有效面积光纤(LEAF)是为了适应更大容量、更长距离的 WDM 系统的应用而出现的，这种光纤的模场直径由普通光纤的 8.4 μm 增加到 9.6 μm，从而使有效面积从 55 μm^2 增加到 72 μm^2 以上。该光纤工作在 1550 nm 波长，与标准的非零色散位移光纤相比，具有较大的有效面积，因而有较大的功率承受能力，可以更有效地克服非线性影响，适合于使用高输出功率掺铒光纤放大器，即 EDFA 和 WDM 技术的网络。

7) 色散补偿光纤

色散补偿光纤(DCF)是具有大的负色散的光纤。它是针对现已敷设的 G.652 标准单模光纤而设计的一种新型单模光纤。现在大量敷设和实用的仍然是 G.652 光纤，为使已敷设的 G.652 标准单模光纤系统采用 WDM 技术，就必须将光纤的工作波长从 1310 nm 转为 1550 nm，而标准光纤 1550 nm 波长的色散不为零，是正的 17～20 ps/(nm · km)，并且有正的色散斜率，所以就必须在这些光纤中加接具有负色散的色散补偿光纤，进行色散补偿，以保证光纤线路的总色散值近似为零，从而实现高速度、大容量、长距离的通信。

8) 全波光纤

ITU-T 将“全波光纤”定义为 G.652c 类光纤，全波光纤(AWF)消除了常规光纤在 1385 nm 附近由于 OH^-离子造成的损耗峰，损耗从原来的 2 dB/km 降到 0.3 dB/km，这使光纤的损耗在 1310～1600 nm 都趋于平坦，形象地称为“全波光纤”，也被称为“低水峰光纤”。其主要方法是改进光纤的制造工艺，基本消除了光纤制造过程中引入的水分。全波光纤使光纤可利用的波长增加 100 nm 左右，相当于增加了通道间隔为 100 GHz 的 125 个波长。全波光纤的损耗特性是很诱人的，但它在色散和非线性方面没有突出表现。

7. 新型光纤

随着通信需求的扩展，各种新型光纤技术也在不断地出现。

1) 新型多模光纤

以太网的发展对多模光纤所能支持的速率也提出了新的要求，对于万兆以太网的业务，需要有新型的多模光纤支持，据此，国内外光纤厂商先后研制并推出适用于万兆以太网的 50 芯径的新型多模光纤，通过对折射率分布曲线的精确控制和消除中心凹陷，50 芯径多模光纤可以改善光纤传输性能，在 850 nm 波长上可做到支持 10 Gb/s 网络系统 500 m 以上的传输距离，在数据网络市场拥有很好的前景。

2) 新型单模光纤

(1) 塑料光纤(POF)。POF 是用一种透光聚合物制成的光纤，以其制造简单、连接方便、光源便宜等优点，正得到宽带局域网建设者的青睐。一般在局域网工程中应用的 POF 是以全氟化的聚合物为基本组成的氟化塑料光纤。

(2) 光子晶体光纤(PCF)。光子晶体光纤又称多孔光纤或微结构光纤。它的横截面上有较复杂的折射率分布，通常含有不同排列形式的气孔，这些气孔的尺度与光波波长大致在同一量级且贯穿器件的整个长度，光波可以被限制在低折射率的光纤芯区传播。其特性有：可以在很宽的带宽范围内只支持一个模式传输；包层区气孔的排列方式能够极大地影响模式性质；排列不对称的气孔可以产生很大的双折射效应，为设计高性能的偏振器件提供了可能。

3.2.3 光纤的导光原理

光纤传导理论有两种，即波动理论和射线理论。波动理论从麦克斯韦方程组出发，根据光纤的边界条件严格求解，得到光纤中电磁场的各种分布状态，其结论很精确，但由于涉及电磁场理论和数理方程，故求解过程很复杂，并且结果也较抽象；射线理论则从几何光学出发，用射线光学理论分析光纤的传输特性，可以简单地给出光在光纤中传输的直观图像和一些必要的概念。为了通俗易懂，下面以几何光学理论为主分析光纤的导光原理，必要时将引用波动理论的一些结论。

1. 几何光学

根据光的直线传播特性，人们常用带箭头的直线来表示一束光的传播路线及方向，这样的直线叫作光线，几何光学正是用光线这种物理模型来研究光的传播规律。目前国际公认的真空中光速的准确值为 $c = 299792458$ m/s，通常在计算中，可取其近似值 $c = 3.00 \times 10^8$ m/s。根据相对论，一切物体运动的速度都不能超过真空中的光速。光在同一种均匀媒质中的传播速度是个常数，但光在不同媒质中的传播速度是不同的，光在非真空的媒质中的传播速度都小于在真空中的传播速度 c。由于光在空气中的传播速度与 c 相差很小，故可认为光在空气中的传播速度近似等于 c。

1) 反射定律

物体都会反射部分射到它表面的光。实验表明，光在反射时遵循反射定律，如图 3-10 所示。反射光线在入射光线和法线所决定的平面上，反射光线和入射光线分别位于法线两侧，反射角 θ_r 等于入射角 θ_i，这就是光的反射定律。

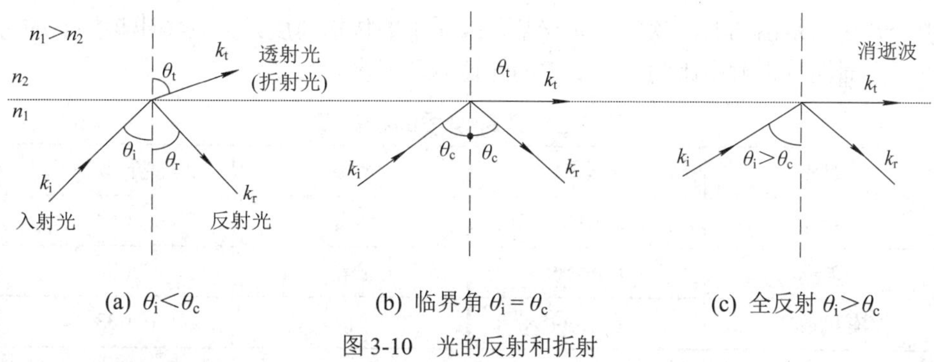

(a) $\theta_i < \theta_c$ (b) 临界角 $\theta_i = \theta_c$ (c) 全反射 $\theta_i > \theta_c$

图 3-10 光的反射和折射

由于反射光线与入射光线完全对称，因此若光线从反射光线的方向射到媒质的界面上，光就会逆着原来入射光线的方向反射出去，这种现象叫作光路的可逆性。光路的可逆性原理在光纤通信器件中得到了广泛的应用。

2) 折射定律

光从一种均匀媒质射入另一种均匀媒质时，传播方向在界面处发生改变的现象叫作光的折射。在折射现象中，荷兰的斯涅耳于 1621 年首先提出折射定律：折射光线在入射光线和法线所决定的平面上，折射光线和入射光线分居于法线的两侧，入射角 θ_i 的正弦与折射角 θ_t 的正弦之比为一常数，即

$$\frac{\sin\theta_i}{\sin\theta_t} = 常数 \tag{3-3}$$

1637年，法国的笛卡尔根据他对光的理解，进一步指出，光从媒质Ⅰ射入媒质Ⅱ时有

$$\frac{\sin\theta_i}{\sin\theta_t} = \frac{v_1}{v_2} \tag{3-4}$$

式中：v_1、v_2 分别是光在媒质Ⅰ和媒质Ⅱ中的传播速度，它们都是常数，因此 v_1/v_2 也是常数。折射定律的建立使光学系统可以进行具体的计算，几何光学从此开始迅速发展了起来。

3) 折射率与折射定律

光从媒质Ⅰ射入另一种媒质Ⅱ时，$\sin\theta_i/\sin\theta_t$ 是常数，这个常数与这两种媒质都有关。实验测得光从空气射入水中时，这个常数是1.33；光从空气射入玻璃时，这个常数约为1.50；光从玻璃射入水中时，这个常数约为0.88。

定义光从真空射入某种媒质时，入射角 θ_i 的正弦与折射角 θ_t 的正弦之比叫作这种媒质的折射率，用 n 表示，即

$$n = \frac{\sin\theta_i}{\sin\theta_t} = \frac{c}{v} \tag{3-5}$$

式中的 c 和 v 分别是光在真空中和在该媒质中的传播速度。因为 c 总大于 v，所以媒质的折射率 n 都大于1。也就是说，光从真空射入某种媒质时，折射角 θ_t 都小于入射角 θ_i。广义地说，可以认为真空的折射率等于1。光在空气中的传播速度近似等于 c，因此空气的折射率近似等于1，光从真空射入空气时几乎不折射。表3-3列出了几种常见材料的折射率。

由于光速 c 是已知的，欲求出光在某种媒质中的传播速度，只要测出该媒质的折射率就可以了，而测量折射率比测量媒质中的光速方便得多。

表3-3　几种媒质的折射率

媒质	折射率	媒质	折射率
金刚石	2.42	水晶	1.54
玻璃	1.5～1.9	酒精	1.36
有机玻璃	约1.49	水	1.33

有了折射率的数据，当光从折射率为 n_1 的媒质Ⅰ射入折射率为 n_2 的媒质Ⅱ时，存在：

$$\frac{\sin\theta_i}{\sin\theta_t} = \frac{v_1}{v_2} = \frac{c/n_1}{c/n_2} = \frac{n_2}{n_1} \tag{3-6}$$

这就是折射定律。

4) 光的全反射

两种媒质的折射率相比较，折射率大的叫光密媒质，折射率小的叫光疏媒质。当光线斜射到两种媒质的界面时，通常既有反射光又有折射光。若使光束从光密媒质射向光疏媒质，则折射角大于入射角。如果不断增大入射角，则可使折射角达到90°，这时的入射角

称为临界角。如果继续增大入射角，则折射角会大于临界角，使光线全部返回光密媒质中，这种现象称为光的全反射，如图 3-11 所示。

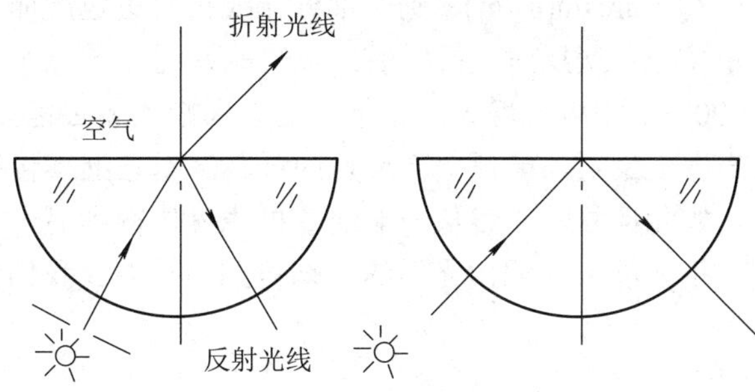

图 3-11　全反射实验示意图

全反射现象并不罕见，例如水或玻璃中的气泡看起来特别明亮，就是由于一些射到气泡界面上的光发生了全反射。

由折射定律可得到全反射的临界角。由于

$$\frac{\sin\theta_c}{\sin 90°}=\frac{n_2}{n_1}$$

因此

$$\theta_c=\arcsin\frac{n_2}{n_1} \tag{3-7}$$

2. 光纤中光的传播特性

一束光线从光纤的端面耦合进光纤时，光纤中的光线有两种情形：一种情形是光线始终在一个包含光纤中心轴的平面内传播，并且一个传播周期与中心轴相交两次；另一种情形是光线在传播过程中不在一个固定平面内，并且不与光纤中心轴相交。前者称为子午射线，包含光纤中心轴的固定平面称为子午面；后者称为斜射光线。子午射线在传播过程中始终在一个子午面内，我们可以在二维平面内分析。斜射光线的传播不在一个平面内，而是在一个三维的立体空间中以螺旋方式前进，要分析它也必须利用三维坐标，分析起来比较抽象，要求读者有一定的抽象思维能力。为了通俗易懂，本书不对斜射光纤作深究。

1) 子午射线在阶跃型多模光纤中的传播

阶跃型多模光纤是由半径为 a、折射率为常数 n_1 的纤芯和折射率为常数 n_2 的包层组成的，并且 $n_1>n_2$，如图 3-12 所示。

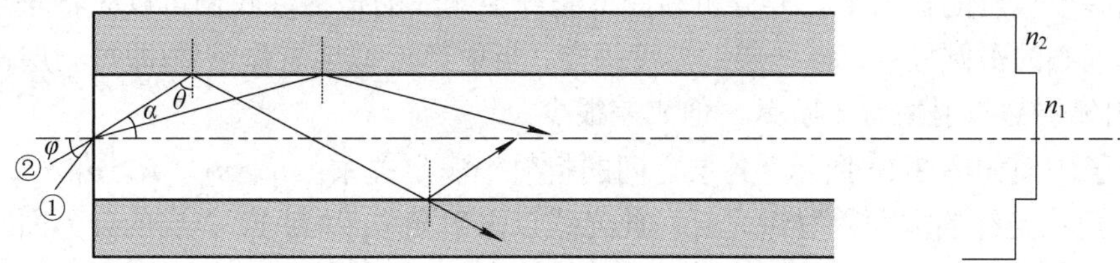

图 3-12　光在阶跃型多模光纤中的传播

从图中可以看出，光线从空气介质(n_0)中以不同的角度 φ 从光纤端面耦合进入纤芯(n_1)时，有的光可以在光纤中传输，有的光不能在光纤中传输。我们先看光线①，它以 φ 角从空气($n_0=1$)中入射到光纤的端面，将有一部分光射进纤芯，此时 $\sin\varphi=n_1\sin\alpha$。由于纤芯的折射率 $n_1>n_0$，则 $\alpha<\varphi$。光线继续传播以 $\theta=90°-\alpha$ 角射到纤芯和包层的界面。如果 θ 小于芯包界面的临界角 $\theta_c=\arcsin(n_2/n_1)$，则一部分光线折射进包层而损耗掉，一部分反射进纤芯。如此，这条光线经几次反射、折射后，很快就损耗掉了。如果 φ 减小如光线②所示，则 α 也减小，$\theta=90°-\alpha$ 相应就增大。如果 θ 增大到略大于芯包界面的临界全反射角，则此光线在芯包界面产生全反射，能量全部反射回纤芯。当它继续传播再次遇到芯包界面时，再次发生全反射。如此反复，光线从一端沿着折线就传输到另一端。

下面分析 φ 小到多少才能将光线由光纤的一端传到另一端。我们假设：$\varphi=\varphi_0$ 时，$\theta=\theta_c$，$\alpha=\alpha_0$，则

$$\begin{aligned}\sin\varphi_0&=n_1\sin\alpha_0=n_1\sin(90°-\theta_c)\\&=n_1\cos\theta_c=n_1\sqrt{1-\sin^2\theta_c}\\&=n_1\sqrt{1-\left(\frac{n_2}{n_1}\right)^2}=n_1\sqrt{2\Delta}\end{aligned}\tag{3-8}$$

其中，$\Delta=\dfrac{n_1^2-n_2^2}{2n_1^2}$ 称为光纤的相对折射率差。

我们把 $\sin\varphi_0$ 称为光纤的数值孔径，一般用 NA(Numerical Aperture)表示，它表示光纤的集光能力，如图 3-13 所示。凡是入射到圆锥角 φ_0 以内的光线都可以满足全反射条件，将被束缚在纤芯中沿轴向传播。从式(3-8)可见：光纤的数值孔径与相对折射率差的平方根成正比。这就是说：光纤芯包折射率相差越大，则光纤的数值孔径越大，其集光能力越强。

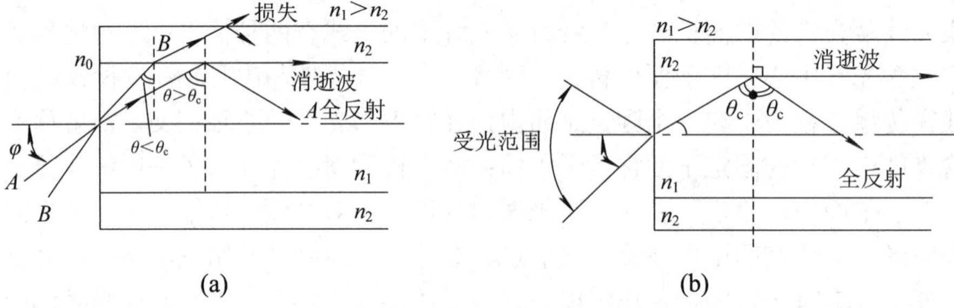

图 3-13　光纤的集光能力

2) 子午射线在渐变型多模光纤中的传播

渐变型光纤与阶跃型光纤的区别在于其纤芯的折射率不是常数，而是随半径的增加递减，直到等于包层的折射率。要分析渐变型光纤中光线的传播，我们可以先将光纤纤芯分成无数个同心的薄圆柱层，每一层的厚度很薄，折射率近似地看作常数(即每一层都为均匀介质)，相邻层的折射率有一阶跃，但相差很少。

一个子午面如图 3-14 所示。各层之间的折射率满足关系：$n_1>n_2>n_3>n_4>n_5$。当有一光线以 φ 角从光纤的端面入射进光纤，此光线以入射角 θ_1 射到 1、2 层的分界面时，由于光是从光密介质射向光疏介质，其折射角 θ_1' 将比 θ_1 大；由图可知，此光线将以 $\theta_2=\theta_1'$ 为新的入射角在 2、3 层界面上发生折射；依次类推。由于光都是由光密介质射向光疏介质，其入射角将会逐渐增大，显然应该有 $\theta_1<\theta_2<\theta_3<\theta_4$，直到在某一界面处入射角大于临界

全反射角时，光线在此处发生全反射。此后，光线以完全对称的形式，一层层折向中心轴。由于中心轴下方的折射率分布和上方完全一样，光线过了中心轴后受到同样的折射，增大入射角、全反射、折回中心轴，然后又重新以 θ_1 角入射到 1、2 层界面，周而复始，从一端传输到另一端。

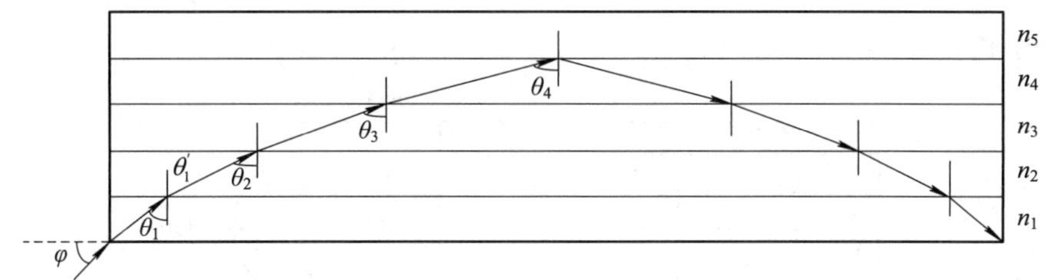

图 3-14 光在多层折射率分布光纤中的传播

下面我们再来分析一下被分成 N 层的渐变型光纤的导光条件，也就是说，要让光线限制在纤芯中时 φ 必须满足的条件。要使光线限制在纤芯内，光线必须在 N 层与包层的界面或其前的界面上发生全反射，最迟必须在 N 层与包层界面上发生全反射。因此，临界状态是光线第一层到第 N 层都受到折射，入射角不断增大，并使 θ_N 大于第 N 层与包层界面的临界全反射角。根据光线的折射和全反射定律，有

$$n_1\sin\theta_1 = n_2\sin\theta_2 = n_3\sin\theta_3 = \cdots = n_1\sin\theta_N \geqslant n_c \quad (\text{其中 } n_c \text{ 为包层折射率})$$

从上式得

$$\theta_1 \geqslant \arcsin\frac{n_c}{n_1} \tag{3-9}$$

光线从端面折射进光纤时满足

$$\sin\varphi = n_1\sin\alpha = n_1\sin(90° - \theta_1) \tag{3-10}$$

将式(3-9)代入式(3-10)，有

$$\sin\varphi = n_1\cos\theta_1 \leqslant n_1\cos\left(\arcsin\frac{n_c}{n_1}\right)$$

$$\sin\varphi \leqslant n_1\sqrt{1-\left(\frac{n_c}{n_1}\right)^2} \tag{3-11}$$

要使光线全部限制在光纤纤芯中，φ 必须满足式(3-11)，即：它只与第一层和包层的折射率有关，而与中间各层折射率的分布无关。随着 φ 角的减小，光线将在离第一层更近处发生全反射。

如果 N 趋于无穷大，则每层的厚度就趋于零，相邻层之间的折射率趋于连续，上面分析光纤的极限就是渐变型光纤。由此可知，图 3-14 和式(3-11)的极限就是渐变型光纤中光线的传播路径和必须满足的条件。图 3-14 曲线的极限是一条连续弯曲线；式(3-11)中的 n_1 应该是光纤中心轴线处的折射率，我们用 $n(0)$来表示。渐变型光纤中光线是蛇行传播的，且 φ 越小，光线越靠近中心轴蛇行，如图 3-15 所示。和阶跃型光纤一样，我们同样把 $\sin\varphi_0$ 称为渐变型光纤的数值孔径(NA)。根据式(3-11)，可得

$$\mathrm{NA}=\sin\varphi_0=n(0)\sqrt{1-\left[\frac{n_\mathrm{c}}{n(0)}\right]^2}=n(0)\sqrt{2\Delta} \tag{3-12}$$

式中：$n(0)=n(r=0)$为光纤轴线处折射率；n_c为包层折射率；$\Delta=\dfrac{n^2(0)-n_\mathrm{c}^{\ 2}}{2n^2(0)}$为渐变型光纤的相对折射率差。

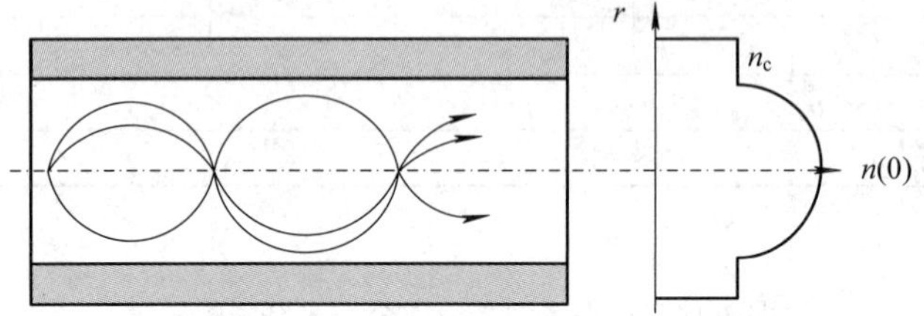

图 3-15　光在渐变型光纤中的传播

综上所述，光纤之所以能够导光，就是利用纤芯折射率略高于包层折射率的特点，使落于数值孔径角(φ_0)内的光线都能发送到光纤中，并在芯包边界以内形成全反射，从而将光限制在光纤中传播，这就是光纤的导光原理。要构成优良的光纤，除了必须具备芯部折射率比包层折射率高这一基本要求外，还要求纤芯和靠近芯包边界的包层部分具有极小的光损耗，这就要求它们必须由纯度极高的材料构成。此外，根据不同的工作要求，光纤各部分还必须具有严格的几何尺寸和折射率分布形状，以满足不同传输参数的要求。

3. 光纤中的传输模式

前面我们用几何光学理论分析了光纤的导光原理，下面我们将采用波动理论来分析光纤中的模式行为，因为几何光学理论虽然简单直观，但分析光纤中的模式行为却无能为力，必须用波动理论的观点对其进行分析解释。

1) 导模的概念

在射线理论中，认为一个传播方向的光线对应一种模式，称之为射线模。在波动理论中，所谓模式，则是指能够独立存在的电磁场的场结构形式。光纤中传播的模式是由于在光纤中传播的光波是由子午射线、斜射线构成的光波，还有由不规则的界面反射来的光波，这些光波在纤芯中相互干涉，在光纤截面上形成各种各样的电磁场结构形式，这就是模式，或简称模。光源在光纤中激励出的所有模式中的一部分能由光纤的一端传到另一端，这种能在光纤中传播的模式称为传导模式(简称导模)。

2) 相位一致条件

上面已根据光线在不同介质界面上的折射和全反射阐述了光纤导光原理。在分析过程中可以看到，只要入射到芯包界面的光线入射角大于此处的临界角 θ_c，光线就能发生全反射而向前传播。因此，根据这种单纯的射线光学理论，在 $\theta_\mathrm{c}<\theta<\dfrac{\pi}{2}$ 范围内将有无数个连续变化的入射角，这些光线射入光纤后都能发生全反射，这样就对应无数个连续变化的传导模式。当进一步考虑到光的波动性时，就会发现上述结论必须加以修正，即必须在上述条件之外再附加上一个条件。也就是说：在光纤中只有那些既满足全反射条件又满足

相位一致条件的光线才真正存在。或者说：在光纤中只有那些既满足全反射条件又满足相位一致条件的光线才能成为导模。因此，根据波动理论，在光纤中不存在无数个连续变化的导模。

我们以阶跃型光纤为例，如图 3-16 所示。

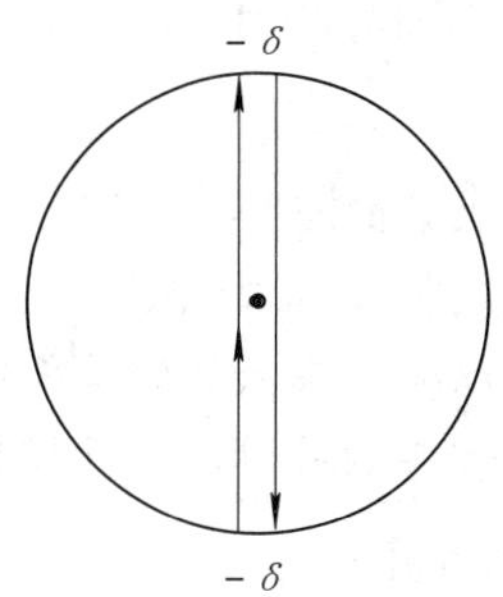

图 3-16 光纤中光波相位 δ 的变化

只有横向传输的分量沿光纤径向形成驻波的光线才能在光纤中长距离传输。要形成驻波，光线传输一周必须满足相位一致条件。如果光线的入射角为 θ，其横向(径向)传播常数为 $k_0n_1\cos\theta$，则有

$$4ak_0n_1\cos\theta-2\delta=2N\pi \quad (N=0，1，2，\cdots)$$

化简后为

$$2ak_0n_1\cos\theta-\delta=N\pi \quad (N=0，1，2，\cdots) \tag{3-13}$$

其中：a 为光纤的半径；N 为传导模阶数。由上式可知，N 只能取离散值。如果再考虑到全反射条件，则 N 值是有限的。

3) 模的阶数

因为全反射临界角 θ_c 由纤芯折射率 n_1 和包层折射率 n_2 决定，所以一旦确定了光波导和光波长，那么 n_1、n_2、纤芯直径 $2a$ 以及真空中光的传播常数也就确定了，而且满足式(3-13)的最大 N 值也就确定了。例如，取 $N=0$、$N=1$、$N=2$，与之相对应存在三个入射角 θ_0、θ_1、θ_2，也即三个模式。$N=0$ 对应的模式称为基模；$N=1$、$N=2$ 对应的模式分别称为一阶模、二阶模。它们的光路如图 3-17 所示。

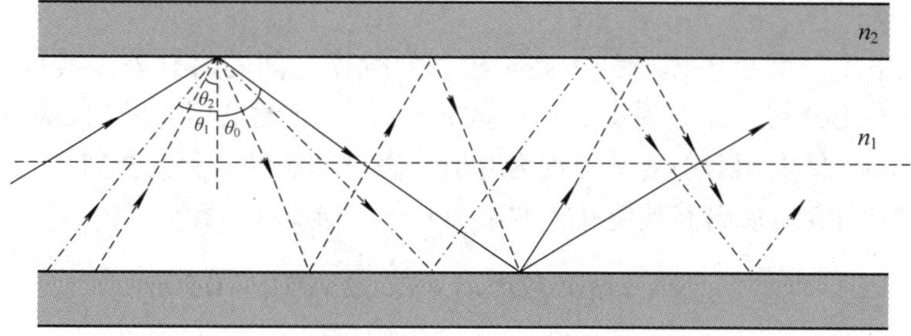

图 3-17 阶跃型多模光纤中模式的轨迹

从图 3-17 可以看到，模的阶数越高，其入射角 θ 越小。对于阶跃型多模光纤，θ 越小，模在光纤中反射的次数越多，传播的路径越长。由于纤芯是均匀的，各模式的传播速度一样，因而各导模到达终点的时刻各异。若在高阶模和低阶模之间出现较大的时延差，则不

利于高速信号的传输。

对于渐变型光纤，其导模与阶跃型光纤一样也要满足全反射条件和相位一致条件。这样渐变型光纤中也只存在有限个离散的导模。不同的是在阶跃型光纤中光线是在芯部反射前进，而在渐变型光纤中，光线则是蜿蜒蛇行。在渐变型光纤中，模式越低，越靠近光纤轴线传播，而高阶模则远离光纤中心轴弯曲前进。

4) 不同模式的时延差

再看看各模式的传播速度和时延。低阶模由于靠近光纤轴，其传播路径短，但靠轴线处的折射率大，光线传播速度慢；高阶模远离轴线，它的传播路径长，但离轴线越远折射率越小，该处光线的传播速度快。这样，高低次模间的时延差就得到了补偿。选择合适的折射率分布可使这种时延差减小到理想的程度，从而可以实现高速信号的传输。

4. 多模光纤与单模光纤的模式计算

单模光纤与多模光纤只是一个相对的概念。判断一根光纤是不是单模光纤，除了它自身的结构参数外，还与它的工作波长有关。同一根光纤对应不同波长的光，有时可能是单模光纤，也有可能为多模光纤。例如 1.31 μm 单模光纤，如果用 1.31 μm 的光通过这根光纤传输，则它只让最低阶模通过，进行单模传输，一般我们将此最低阶模称为基模。但是，当我们用波长为 6328×10^{-10} m 的光通过这根光纤时，它除了让基模通过外，还允许其他更高阶的模传输，这时光纤就不再是单模光纤了。这就正如一座大桥能并行通过多少辆车，不仅与桥的宽窄有关，还与车辆的大小有关。

为了描述光纤中传输模式的数目，我们引进一个重要的参数，即光纤的归一化频率，一般用 V 表示，其定义为

$$V = k_0 n(0) a\sqrt{2\varDelta} = \frac{\omega}{c} n(0) a\sqrt{2\varDelta} \tag{3-14}$$

式中：$k_0 = 2\pi/\lambda$，是光在真空中的传播常数；ω 是光的角频率；$n(0)$是纤芯中最大折射率；a 为纤芯半径。V 是一个无量纲参数，它不仅可以决定多模光纤中导模的数目，而且还可以用来判断一根光纤到底是不是单模光纤。

1) 多模光纤

顾名思义，多模光纤是允许多个模式在其中传输的光纤，或者说在多模光纤中存在多个独立的传导模。

为了最大限度地减小多模光纤中高阶模和低阶模之间的时延差，其折射率分布一般采用近似的抛物线分布，即折射率分布指数 $\alpha = 2$。当前通信用光纤的芯径和外径分别为 50 μm 和 125 μm，最大相对折射率差约为 0.01。假设纤芯轴心处的折射率为 1.46，则根据式(3-12)和式(3-14)容易求出其数值孔径 NA 和归一化频率 V，即

$$\mathrm{NA} = n(0)\sqrt{2\varDelta} = 1.46\times\sqrt{2\times0.01} = 0.206$$

在 1.3 μm 波长时，$V = 25$；在 0.85 μm 波长时，$V = 38$。

经计算可以证明，多模光纤($V > 2.405$)中的传导模总数目近似为

$$N = \frac{\alpha}{\alpha+2}\cdot\frac{V^2}{2} \tag{3-15}$$

式中：V是光纤的归一化频率；α为光纤的折射率分布指数。

对于抛物型光纤($\alpha = 2$)：

$$N = \frac{1}{4}V^2 \tag{3-16}$$

因此在 1.3 μm 波长时，光纤中的传导模数 $N = 156$ 个；而在 0.85 μm 波长时，$N = 361$ 个。这进一步说明了光纤中的传导模数是一个相对量，它不仅与光纤本身的结构参数有关，还与工作波长有关。同一根光纤对于不同的工作波长，其中存在的导模数不同。

从式(3-15)还可以看到，对于阶跃型光纤($\alpha \to \infty$)：

$$N = \frac{1}{2}V^2 \tag{3-17}$$

由此可见，对具有相同芯部最大折射率和芯径的阶跃型多模光纤和抛物型多模光纤，它们有相同的V值，但阶跃型光纤中的导模数比抛物型光纤中的导模数多一倍。

阶跃型多模光纤不仅理论分析简单，其结构也简单，制造工艺也易于实现，是早期光纤的主要类型。但这种光纤模间时延差较大，传输带宽只有几十 MHz·km，不能满足高速通信的要求。所以，这种结构的光纤逐渐被淘汰。在渐变型多模光纤中，由于近似的折射分布能使模间时延差极大地减小，从而可使光纤的带宽大约能提高两个数量级到 1000 MHz·km 以上，并且由于它芯径大，耦合、接续容易，使用方便，因此广泛用于低速(四次群以下)通信系统中。

2) 单模光纤

只能传输一种模式的光纤就叫单模光纤。单模光纤只传输一种模式(最低阶模或称基模)，它不存在模间时延差。因此，它具有比多模光纤宽得多的带宽，一般用于四次群以上的高速系统中。单模光纤的带宽一般都在几十 GHz·km 以上(1 GHz = 10^9 Hz)。上面我们说到阶跃型光纤制造简单，单模光纤又不存在模间时延差，故单模光纤多采用折射率阶跃分布。

同多模光纤一样，目前通信用单模光纤的外径为 125 μm，但它的芯径(更确切地讲是模场直径)一般为 8～10 μm，比多模光纤小得多。对于目前普遍使用的 1.31 μm 单模光纤，其芯部最大相对折射率差 $\Delta = 0.31\%$～0.4%。因此，单模光纤的数值孔径和归一化频率较多模光纤小得多。如果假设光纤参数为 $n_1 = 1.45$，$\Delta = 0.35\%$，$a = 4$ μm，则不难得出 NA = 0.12。这就是单模光纤入射和出射孔径角还不到 8° 的原因。这时光源和光纤的耦合、光纤的接续等都较多模光纤困难得多。当然，随着电子技术的发展，这些方面都已得到很好的解决，已不是制约单模光纤发展的因素。根据上面的数据，可以算出 $V = 2.327$。

前面已经提到：判断一根光纤是不是单模光纤，主要依据是归一化频率的大小。光纤单模工作的充分必要条件是：其归一化频率小于它的归一化截止频率 V_c。所谓光纤的归一化截止频率，是指光纤中次低阶模(即第二个低阶模)截止时的归一化频率。V_c值主要与光纤的折射率分布有关。下面我们给出一个由光纤折射率分布指数计算 V_c值的近似公式：

$$V_c = 2.405\sqrt{1+\frac{2.315}{\alpha}} \tag{3-18}$$

对于阶跃型单模光纤($\alpha \to \infty$)，$V_c = 2.405$。上面给出的阶跃型单模光纤的 V 值 2.327 小于 2.405，因此该光纤满足单模传输条件。从式(3-18)可以看出：α 减小，则 V_c 增大。也就是说折射率分布指数越小，V_c 值越大，允许单模工作的 Δ 值和 α 值也相应增大。

3.2.4　光纤的特性

光纤的特性较多，可以归纳如下：

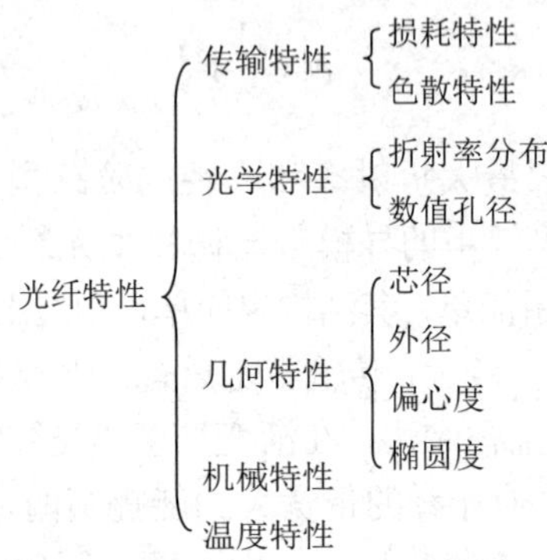

在光纤的特性中，最基本的是传输特性。光纤的传输特性是指光信号在光纤中传输所表现出来的特性，它对光纤通信系统的工作波长、传输速率、传输容量、传输距离和信息质量等都有着至关重要的影响。

光脉冲信号经光纤传输后不仅幅度要下降，而且波形会展宽，即信号要产生损耗和失真。产生信号失真的主要原因是光纤中存在色散。损耗和色散是光纤最重要的传输特性，损耗限制系统的传输距离，色散则限制系统的传输容量。

1. 损耗特性

随着光在光纤中传输距离的增加，光功率不断下降，产生光能量损耗，也称为衰减特性。产生衰减的原因有吸收损耗、散射损耗、几何缺陷损耗、弯曲损耗等，其中最主要的是吸收损耗和散射损耗两类。

(1) 吸收损耗。吸收作用是指光波通过光纤材料时，有一部分光能变成热能，从而造成光功率的损失。造成光功率损失的原因很多，但都与光纤材料有关，吸收损耗主要有材料本征吸收和杂质吸收两类。本征吸收是光纤基本材料(SiO_2)固有的吸收，并不是由杂质或缺陷引起的；杂质吸收是由光纤材料不纯洁而造成的附加吸收损耗。影响最为严重的是过渡金属杂质离子吸收和氢氧根离子吸收两类。

(2) 散射损耗。由于光纤的材料、形状、折射率分布等的缺陷或不均匀，使光纤中传导光散射而产生的损耗称为散射损耗。散射损耗最主要的是瑞利散射，它是光纤的本征损耗，由光纤折射率随机变化引起，与波长的四次方成反比。此外，光纤的结构不完善，如有微气泡或有内应力，也能使光纤产生散射损耗。

普通石英光纤在近红外波段，除杂质吸收峰外，其损耗随波长的增加而减小，如图 3-18 所示。曲线中有三个衰减小的“传输窗口”：波长为 0.8～0.9 μm，为短波长窗口，目前已较少使用；波长为 1.31 μm 或 1.55 μm，为长波长窗口，尤其是波长为 1.55 μm 处的最低损耗窗口，衰减可达 0.2 dB/km 以下。

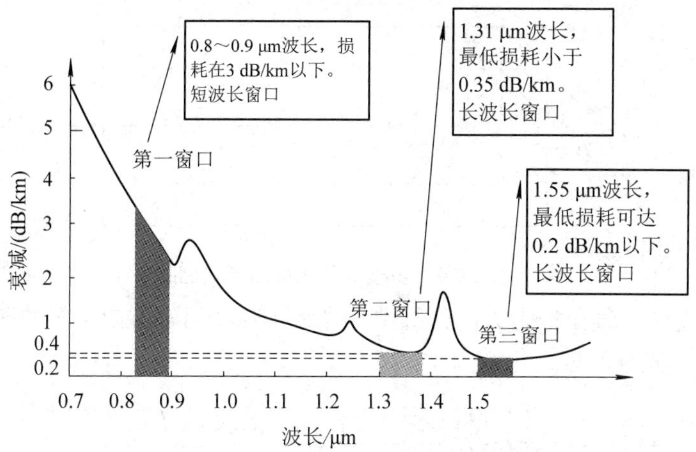

图 3-18 普通单模光纤的衰减随波长变化示意图

2. 色散特性

光纤色散特性是衡量光纤通信线路传输质量好坏的另一个重要特性。光纤色散的危害很大，会引起码间串扰，增加误码率，使传输的信号带宽减小，限制通信系统容量。因此，制造优质的、色散小的光纤，对增加通信系统容量和加大传输距离是非常重要的。

信号在光纤中是由不同频率成分和不同模式成分携带的，这些不同的频率成分和模式成分有不同的传播速度，从而引起色散。色散也可以从波形在时间上展宽来理解，即光脉冲信号经过光纤传输之后会发生脉冲展宽现象。光纤色散的存在使传输的信号脉冲畸变，从而限制了光纤的传输容量和传输带宽。从机理上说，光纤色散分为模式色散、材料色散和波导色散。

1) 模式色散

模式色散一般存在于多模光纤中。在多模光纤中同时存在多个传播模式，不同模式沿光纤轴向传播的速度不同，它们到达终端时，必定会有先有后，出现时延差，形成模式色散，从而引起脉冲宽度展宽，如图 3-19 所示。

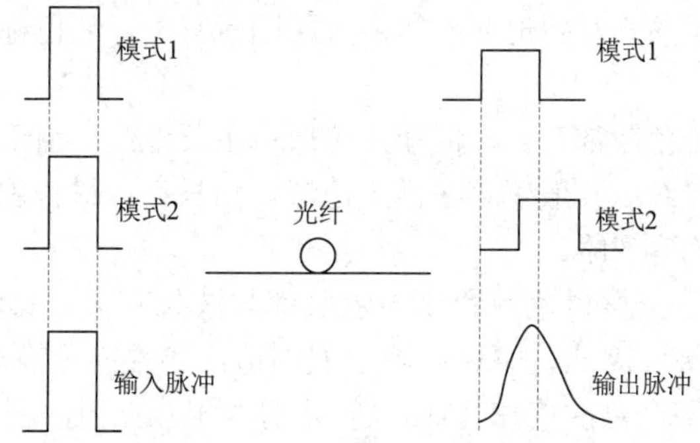

图 3-19 模式色散引起的脉冲展宽

以阶跃型多模光纤为例。如图 3-20 所示，在多模阶跃光纤中，传输最快和最慢的两条光线分别是沿轴心传播的光线①和以临界角 θ_c 入射的光线②。因此，在阶跃型多模光纤中最大模式色散是光线②所用时间 τ_{max} 和光线①所用时间 τ_{min} 到达终端的时间差 $\Delta\tau_{max}$：

$$\Delta\tau_{max} = \tau_{max} - \tau_{min} \tag{3-19}$$

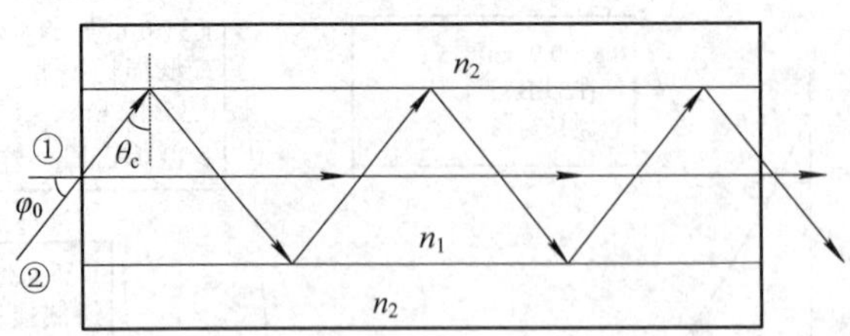

图 3-20　多模阶跃光纤的模式色散

根据几何光学，设在长为 L 的光纤中，光线①和②沿轴方向传播的速度分别为 c/n_1 和 $(c/n_1)\sin\theta_c$。因此光纤的模式色散为

$$\Delta\tau_M = \Delta\tau_{max} = \frac{L}{\dfrac{c}{n_1}\sin\theta_c} - \frac{L}{\dfrac{c}{n_1}} = \frac{Ln_1}{c}\left(\frac{n_1}{n_2} - 1\right) \tag{3-20}$$

可以看出最大时延差与传播长度成正比，与纤芯折射率与包层折射率的比值 n_1/n_2 成正比。因此，减小 n_1/n_2 可以降低模式色散，这就要求纤芯与包层的折射率相差要小。

2) 材料色散

由于光纤材料的折射率随光波长的变化而变化，使得光信号各频率的群速度不同，从而引起传输时延差的现象，称为材料色散。设光源谱宽为 $\Delta\lambda$，D_m 为色散系数，单位长度光纤的时延差用 $\Delta\tau$ 表示，则

$$\Delta\tau_m = D_m \times \Delta\lambda \tag{3-21}$$

由式(3-21)可见，时延差与光源的相对带宽成正比，因此采用窄谱宽激光器作光源有利于减少色散。

3) 波导色散

由于光纤传输中同一模式相位常数 β 随波长 λ 变化而变化，从而群速度随波长 λ 变化引起的传输时延差，称为波导色散。波导色散主要是由光源的光谱宽度和光纤的几何结构引起的，与纤芯和包层的相对折射率差等多方面因素有关，故也称为结构色散。一般波导色散比材料色散小。

在多模光纤中三种色散都存在，但模式色散占主要地位，由于波导色散很小，故一般可忽略不计。在单模光纤中一般不存在模式色散，而只存在材料色散和波导色散，此时波导色散的影响程度就不容忽略。

在单模光纤中，由于材料色散和波导色散都与波长有关，材料色散有正有负，且两种色散有相同的数量级，因此，可以利用它们制造出各种零色散光纤。如图 3-21 所示，材料色散和波导色散两个色散值在 1310 nm 处基本相互抵消，色散值接近于零，称之为零色散波长。目前，广泛使用的 GeO_2 掺杂的石英单模光纤，在 1310 nm 波长附近总色散接近零。也就是说，传输 1310 nm 波长的光脉冲时，几乎不会因材料色散和波导色散而引起脉冲展宽。

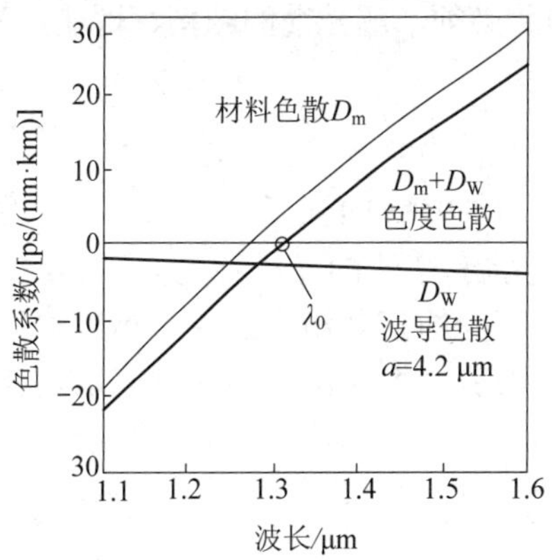

图 3-21　普通单模光纤的色散谱

光纤的色散和带宽描写的是光纤的同一特性。色散是这一特性在时域中的表现，即光脉冲经过光纤传输后脉冲在时间坐标轴上宽了多少。而带宽是这一特性在频域中的表现。在频域中对于调制信号而言，光纤可以看作是一个低通滤波器。当调制信号的高频分量通过它时，就会受到严重的衰减，如图 3-22 所示输入信号保持幅度不变，只改变频率时，输出信号的幅度随频率的变化而变化。

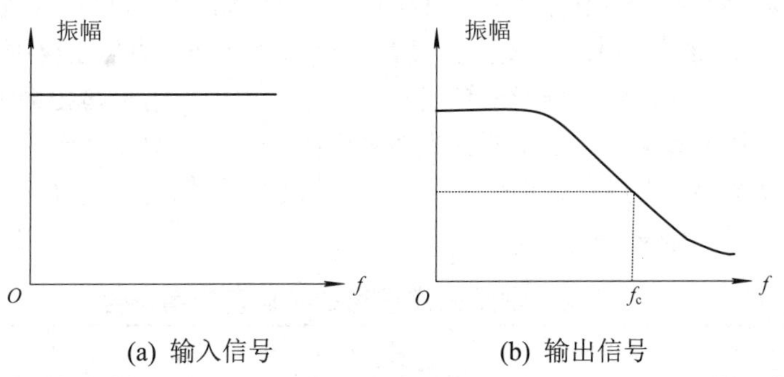

(a) 输入信号　　(b) 输出信号

图 3-22　光纤带宽

我们通常把调制信号经过光纤传播后，光功率降低一半的频率 f_c 定义为光纤的带宽(B)。因为它是光功率下降 3 dB 对应的频率，故也称为 3 dB 光带宽。

实践表明：适当地搭配光纤，有时链路总带宽会有所改善。这是因为连接使光纤发生模耦合变换，导致时延差减小，从而改善了带宽特性。

3.2.5　光缆

经过涂覆的光纤虽然具有一定的抗拉强度，但还是较脆弱，经不起弯折、扭曲和侧压力的作用，因而只能用于实验室。为了能使光纤用于多种环境条件下，并顺利地完成敷设施工，必须把光纤和其他元器件组合起来构成一体，这种组合体就是光缆。具体地说，光缆就是由一根或多根光纤或光纤束制成的符合光学、机械和环境特性的结构体。

1. 光缆的结构

光缆的结构直接影响通信系统的传输质量，不同结构和性能的光缆在工程施工、维护中的操作方式也不相同，因此必须了解光缆的结构、性能。光缆一般由缆芯、加强芯和护套等组成。

1) 缆芯

为了进一步保护光纤，增加光纤的强度，一般将带有涂覆层的光纤再套上一层塑料层，通常称为套塑(二次涂覆)，套塑后的光纤称为光纤芯线。将套塑后且满足机械强度要求的单根或多根光纤纤芯以不同的形式组合起来，就组成了缆芯，有单芯缆和多芯缆两种。单芯缆由单根光纤芯线组成；多芯缆由多根光纤芯线组成，又可分为带状结构和单位式结构。

2) 加强芯

加强芯主要承受敷设安装时所加的外力。加强构件可用金属丝，也可由非金属的纤维增强塑料(FRP)或玻璃纤维制成。利用非金属加强构件组成非金属光缆，能更有效地防止雷电和强电的影响。集中型加强构件置于光纤的中心轴；分散型加强构件则以螺旋形扭绞在光缆组件上，以使其具有可绕性；非扭绞型加强构件可嵌到光缆护套中。

3) 护套

如同动物的皮肤，光缆护套的作用是防止缆芯受到机械外力和环境的损伤。在设计光缆护套时，必须考虑到气候条件及密封性(如抗潮气渗入)、机械稳定性(如抗弯、抗扭、抗压、抗拉、耐磨)，除此之外，还要求护套具有温度特性好、耐化学腐蚀、阻燃、尺寸小、重量轻等特点。光缆的护层可分为内护层和外护层。内护层用来防止钢带、加强芯等金属构件损伤光纤，外护套用于进一步增强光缆的保护作用，可避免受到鼠、昆虫、火等外界损伤，根据敷设条件可采用铝带和聚乙烯组成的外护套加钢丝铠装等。可作光缆护套的材料很多，比较常用的如表3-4所示。

表3-4　常用光缆护套的特点及应用场合

护套结构	主 要 特 点	主要使用场合
聚乙烯(PE)护套	非金属、可绕性好、耐旱防潮、性能稳定	管道、室内
聚氯乙烯(PVC)护套	非金属、耐腐蚀、不易燃烧	管道、室内
铝/聚乙烯综合护套	机械强度高、防潮性能好	管道、架空
皱纹钢带纵包护套	机械强度高、抗侧压力性能好	架空、直埋
铝/聚乙烯＋钢带绕包护套	机械强度高、抗侧压力、防鼠咬	架空、直埋
铝/聚乙烯＋钢丝铠装	机械强度高、耐侧压力性能好	直埋
铝/聚乙烯＋钢带铠装	机械强度高	直埋、海底电缆

4) 填料

(1) 阻水油膏。

为了防止水和潮气渗入光缆，需要往松套管内纵向注入纤用阻水油膏，并沿缆芯纵向的其他空隙填充缆用阻水油膏。纤用阻水油膏具有良好的化学稳定性、温度稳定性、憎水性，析氢分油极小、含气泡少、不与套管和光纤发生反应，并且对人体无毒无害。缆用阻水油膏一般为热膨胀或吸水膨胀化合物，特别是吸水膨胀缆用阻水油膏具有很好的吸水特性。

(2) 聚酯带。

聚酯带在光缆中用作包扎材料，具有良好的耐热性、化学稳定性和抗拉强度，并具有收缩率小、尺寸稳定性好、低温柔性好等特点。

5) 其他

(1) 公务线。根据需要，光缆中可附带放置几根铜线或铝制金属线，作为中继器馈电之用或作为系统的监视和控制信号线，也可以作为指令线，用于光缆安装期间和安装后进行光纤接续和传输特性的测量。

(2) 为了施工中接续和测量的方便，光缆中的光纤单元、单元内光纤、导电线组及组内绝缘芯线，应采用全色谱，也可以用领示色谱来识别，具体色谱的安一般由生产厂家在有关光缆产品标准中规定。

2. 几种典型光缆

上面我们讲到了光缆的构成物件及其作用，然而光缆并不一定必须由上述的所有物件构成，而应根据其工作条件对光缆的要求，有选择性地由其中几部分构成。下面我们介绍几种典型的光缆结构。

1) 层绞式光缆

层绞式光缆类似于传统的电缆结构方式，故又称为古典式光缆。这种结构的光缆可采用电缆制造中已经成熟的加工方法和机械设备制成，其在光纤通信发展的前期较普遍采用。如图 3-23 所示，它属于中心加强构件配置方式，中心加强构件采用塑料被覆的多股绞合或实心钢丝和纤维增强塑料两种加强构件。纤维增强塑料(如芳纶)的强度能满足光缆要求，可用于无金属光缆。

层绞式光缆是由紧套或松套光纤在中心加强构件周围用色带方式固定，然后根据管道、架空、直埋等不同敷设要求，用 PVC 或 Al-PE(铅−聚乙烯)粘接护层作外护层，直埋光缆还要增加皱纹钢带或钢丝铠装层。

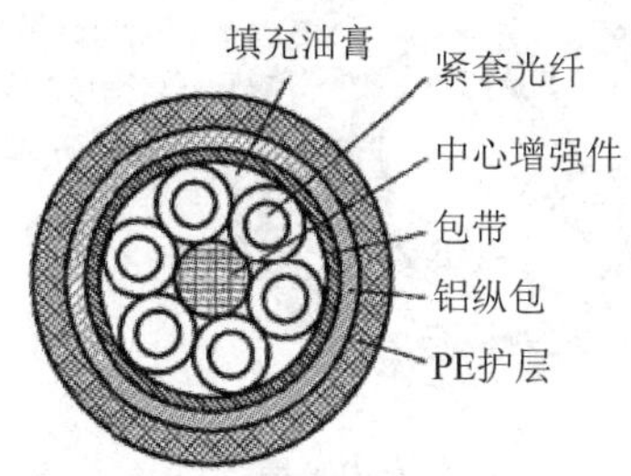

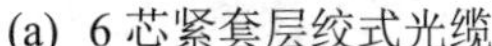

(a) 6 芯紧套层绞式光缆

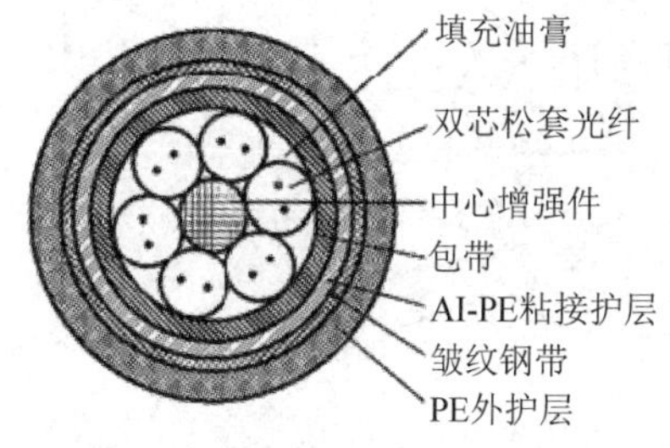

(b) 12 芯松套层绞式光缆

图 3-23　层绞式光缆

层绞式光缆的特点是：可容纳较多数量的光纤；光纤余长比较容易控制；光缆的机械性能和环境性能好；可用于直埋、管道敷设，也可用于架空敷设。

2) 骨架式光缆

骨架式光缆是将紧套光纤或一次涂覆光纤放入加强芯周围的螺旋形塑料骨架凹槽内而构成的，如图 3-24 所示。

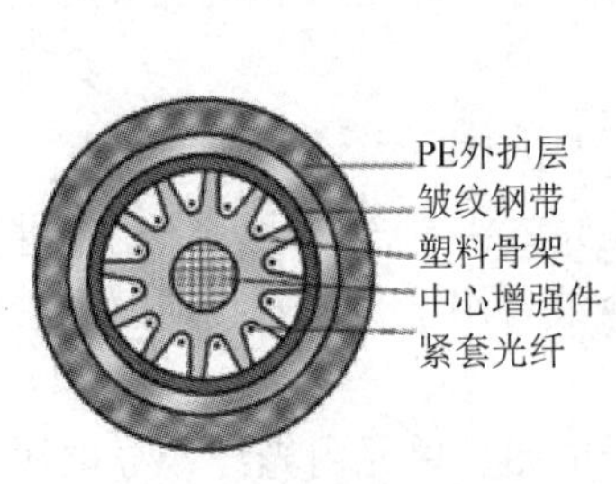

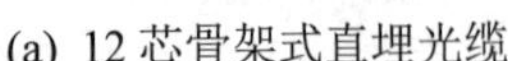
(a) 12芯骨架式直埋光缆

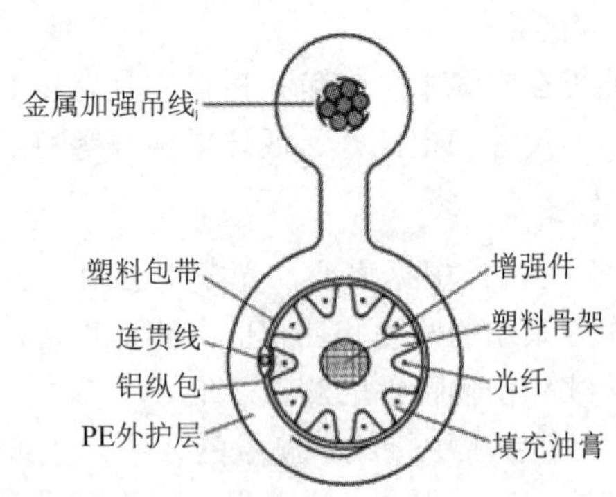

(b) 骨架式自承式架空光缆

图3-24　骨架式光缆

现阶段骨架式光缆应用很普遍，这主要是由其自身的特点决定的。

(1) 骨架结构对光纤有良好的保护性能，抗侧压强度好，对施工尤其是管道布放有利。

(2) 它可以用一次涂覆光纤直接放置于骨架槽内，省去了二次涂覆过程。而实际工程表明，使用松套光纤有利于光缆连接。

(3) 每个槽中可放1～4根一次涂覆光纤，这样根据光纤基本骨架可以组成不同光纤数量和性能的光缆，制造方便。

3) 束管式光缆

束管式光缆是将一次涂覆光纤或光纤束放入大套管中，加强芯配置在套管周围而构成的。从对光纤的保护方面来讲，束管式结构光缆是最合理的。图3-25所示即为分散加强构件配置方式的束管式光缆。

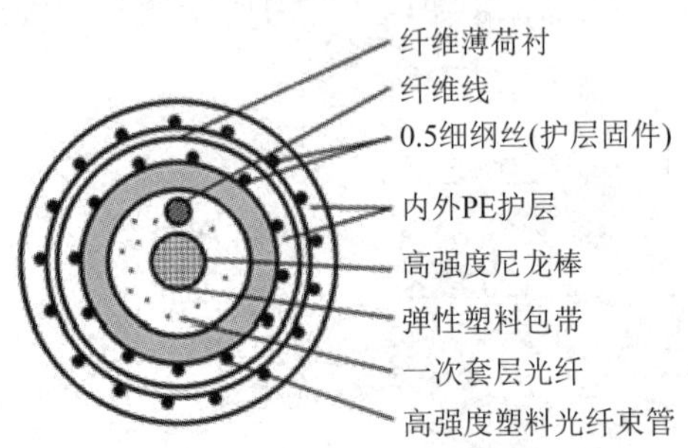

(a) 12芯束管式光缆

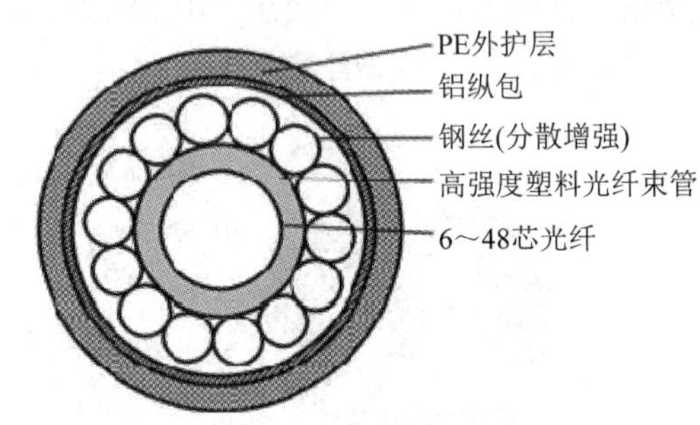

(b) 6～48芯束管式光缆

图3-25　束管式光缆

束管式光缆的特点是：由于束管式结构的光纤与加强芯分开，因而提高了网络传输的稳定可靠性；因为束管式结构直接将一次涂覆光纤放置于束管中，所以光缆的光纤数量灵活；束管式结构光缆强度好、耐侧压，能防止恶劣环境和可能出现的野蛮作业的影响，对光纤的保护效果最好。

4) 带状式光缆

带状式光缆是将带状光纤单元放入大套管中，形成中心束管式结构；也可将带状光纤单元放入凹槽内或松套管内，形成骨架式或层绞式结构，如图 3-26 所示。

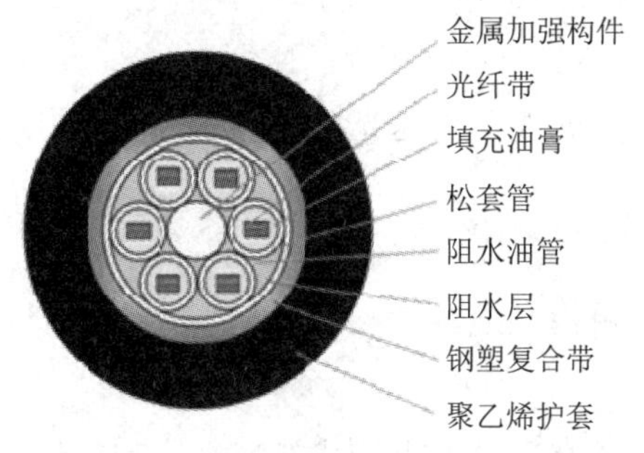

(a) 中心束管式带状光缆

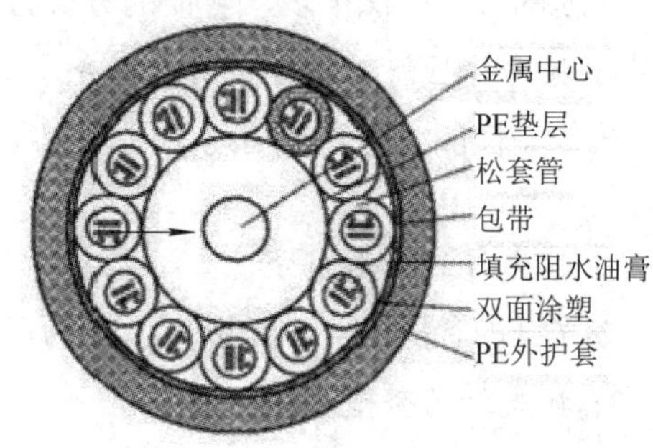

(b) 层绞式带状光缆

图 3-26 带状式光缆

带状式光缆的特点是：可容纳大量的光纤(与束管式、层绞式等结构配合，其容纳光纤数量可达 100 芯以上)，可满足用户光缆的需求；带状式光缆还可以以光纤单元为单位进行一次熔接，以适应大量光纤接续、安装的需要。

5) 单芯结构光缆

单芯结构光缆简称单芯软光缆。单芯光缆一般采用紧套光纤来制作，其外护层多采用具有阻燃性能的聚氯乙烯塑料，如图 3-27 所示。目前，普遍采用松套光纤或将一次涂覆固化光纤直接置于骨架或束管来制造光缆。

单芯结构光缆的特点是：几何、光学参数一致性好；主要用于局内(或站内)，通过与单芯软光缆间连接，引至光纤分配架及设备机盘；另外，也用来制作仪表测试软线和特殊通信场所用特种光缆。

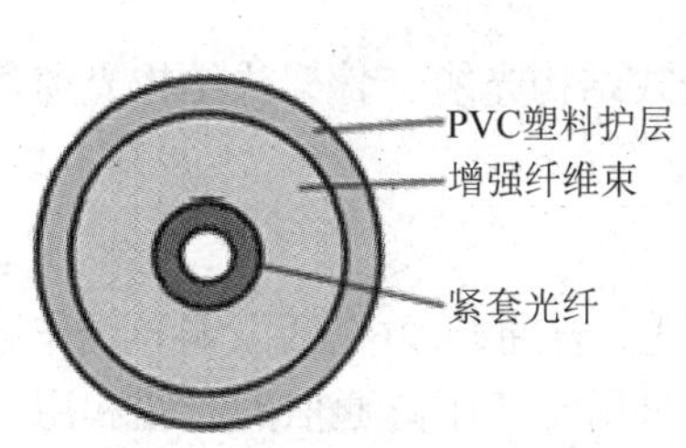

图 3-27 单芯结构光缆

PE外护套
PE绝缘层
钢管
高强度钢绞线
扇形 铝管
中心钢线
光纤(光纤单元)

图 3-28 深海光缆

6) 特殊结构光缆

特殊结构光缆是指电力光缆、阻燃光缆和水底光缆等，由于其应用场合的特殊性，导致其结构也与其他光缆有明显不同。例如，水底光缆对结构和光纤机械性能要求很高，缆芯外边均为抗张零件和钢管或铝管等耐压层，如图 3-28 所示；电力电缆属于无金属光缆，其加强构件、护层均为全塑结构，适用于电站、电气化铁路及有强电磁干扰的场合，具有防电磁干扰等特点。

3. 光缆的分类

光缆的分类方法很多，习惯的分类方法主要有以下几种。

1) 按传输性能、距离和用途划分

按传输性能、距离和用途不同，光缆可分为市话光缆、长途光缆、海底光缆和用户光缆等。

2) 按光纤的种类划分

按光纤的种类不同，光缆可以分为多模光缆、单模光缆。

3) 按光纤的套塑方法划分

按光纤的套塑方法不同，光缆可分紧套光缆、松套光缆、束管式新型光缆和带状多芯单元光缆等。

4) 按光纤芯数划分

按光纤芯数多少，光缆可以分为单芯光缆、双芯光缆、4 芯光缆、6 芯光缆、8 芯光缆、12 芯光缆、24 芯光缆等。

5) 按加强构件配置方法划分

按加强构件配置方法不同，光缆可以分为中心加强物件光缆(如层绞式光缆、骨架式光缆)、分散加强物件光缆(如束管两侧加强光缆、扁平光缆)、护层加强物件光缆(如束管钢丝铠装光缆)等。

6) 按敷设方式划分

按敷设方式不同，光缆可分为管道光缆、直埋光缆、架空光缆和水底光缆等。

7) 按护层材料性质划分

按护层材料性质不同，光缆可分为聚乙烯护层普通光缆、聚乙烯护层阻燃光缆和尼龙防蚁防鼠光缆等。

8) 按结构方式划分

按结构方式不同，光缆可分为扁平结构光缆、层绞式结构光缆、骨架式结构光缆、铠装结构光缆和高密度用户光缆等。

9) 按传输导体、介质状况划分

按传输导体、介质状况不同，光缆可分为无金属光缆、普通光缆(包括由铜导线作远供或联络用的金属加强构件、金属护层光缆)和综合光缆(只用于长距离通信的光缆和用于区间通信用的对称 4 芯组综合光缆，这种光缆主要用于铁路专用网通信线路)。

10) 按通信用光缆划分

(1) 室/野外光缆：用于室外直埋、管道、槽道、隧道、架空及水下敷设等场合的光缆。

(2) 软光缆：具有优良的曲挠性能的可移动光缆。

(3) 室/局内光缆：用于室内布放的光缆。

(4) 设备内光缆：用于设备内布放的光缆。

(5) 海底光缆：用于跨越海洋敷设的光缆。

(6) 特种光缆：除以上几类外，用作特殊用途的光缆。

3.3 光纤通信系统的组成及分类

3.3.1 光纤通信系统的基本组成

光纤通信是利用光纤来传输携带信息的光波，从而实现通信的目的。要使光波成为携带信息的载体，必须在发射端对其进行调制，而在接收端再把信息从光波中检测出来(解调)。依目前技术水平，大部分采用强度调制-直接检测方式(IM-DD)。光纤数字通信系统一般由光发射机、光中继器、光纤线路和光接收机组成，其原理方框图如图 3-29 所示。

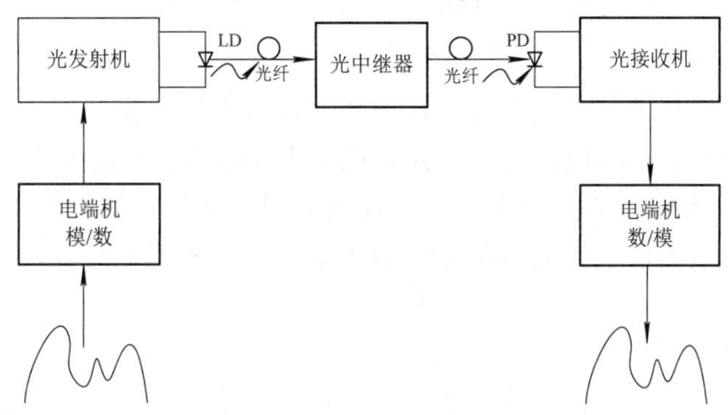

图 3-29 数字光纤通信系统方框图

1. 光发射机

光发射机的作用是进行电/光转换，即把数字化的电脉冲信号码流转换成光脉冲信号码流并输入到光纤中进行传输。在发射端，电端机把模拟信号(如语音)进行模/数转换，转换后的数字信号复用后再去调制发射机中的光源器件，则光源器件就会发出携带信息的光波。如当数字信号为“1”时，光源器件发射一个“传号”光脉冲；当数字信号为“0”时，光源器件发射一个“空号”光脉冲(不发光)。

光发射机由光源、驱动器和调制器组成，其中光源(LD 或 LED)是组件的核心。光纤通信系统中所用光源，其激发的发射波长必须在传输光纤的低损耗窗口波段，例如 0.85 μm 短波长波段，1.3 μm、1.55 μm 长波长波段；光源的发射功率要足够大，可靠性要高，寿命要长，能批量生产，价格便宜；调制特性和发光/消光比特性要好；光源必须轻巧，防振性能好，适应温度和湿度的变化。因为半导体光源正好满足这些要求，所以光纤通信系统所用的光源几乎都采用半导体光源。

2. 光中继器

光中继器的作用是补偿光能的衰减，恢复信号脉冲的形状。传统的光中继器采用的是光-电-光(O-E-O)的模式，光电检测器先将光纤送来的非常微弱、失真了的光信号转换成电信号，再通过放大、整形、再定时，还原成与原来的信号一样的电脉冲信号。然后，用这一电脉冲信号驱动激光器发光，又将电信号变换成光信号，向下一段光纤发送出光脉冲信号。通常把有再放大、再整形、再定时功能的中继器称为“3R”中继器。这种方式过程烦琐，不利于光纤的高速传输。自从掺铒光纤放大器问世以后，光中继实现了全光中继，通常又称为“1R”中继器。目前光放大器已趋于成熟，构成了全光通信系统。根据光纤放大器工作频段的不同，光放大器分为四种，即工作于 1.55 μm 波段的掺铒光纤放大器(EDFA)、工作于 1.31 μm 波段的掺镨光纤放大器(PDFA)、工作于 1.40 μm 波段的掺铥光纤放大器(TDFA)和工作于 1.27～1.67 μm 全光波段的拉曼光纤放大器(RFA)。对光纤放大器的基本要求是：高增益、低噪声系数、高输出功率、低非线性失真、宽而平坦的工作带宽。

3. 光纤线路

光纤线路的功能是把来自光发射机的光信号，以尽可能小的畸变(或失真)和衰减传输到光接收机。光纤线路由光纤、光纤接头和光纤连接器组成。

4. 光接收机

光接收机的作用是进行光/电转换，即将由光纤传来的微弱光信号转换为电信号，经放大处理后，恢复成发射前的电信号。光接收机由光检测器、光放大器和相关电路组成，光检测器是光接收机的核心。在接收端，光接收机把数字信号从光波中检测出来送给电端机，由电端机解复用后再进行数/模转换，恢复成原来的模拟信息。

3.3.2　光发射机

在光纤通信系统中，光发射机是实现电/光转换的光端机。其功能是用来自电端机的电信号对光源发出的光波进行调制，使其成为已调光波信号，然后将已调光波信号耦合到光纤或光缆中传输。

1. 光发射机的组成

光发射机有直接调制光发射机和外调制光发射机两种结构。直接调制的光发射机较简单，目前使用的光发射机大多采用直接调制方式，其基本组成如图 3-30 所示。

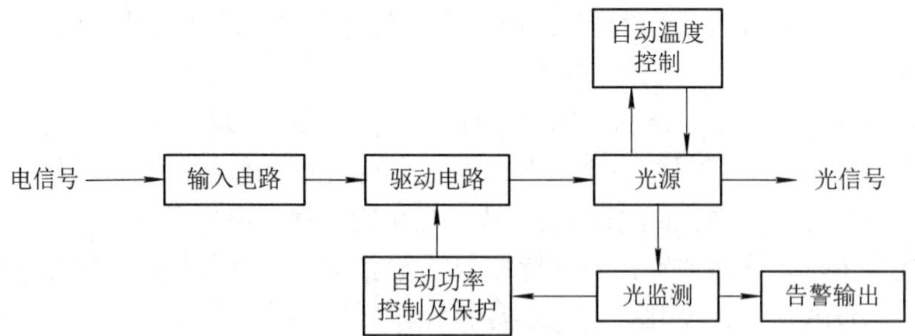

图 3-30　直接调制的光发射机组成框图

外调制的光发射机不是将调制的电信号直接施加在光源上，而是施加在光调制器上。尽管对光纤链路来说增加了插入损耗，但却解决了直接调制存在的啁啾现象。通过光调制器不仅可以改变光波的强度，而且可以调制光波的相位和偏振态。外调制在超高速光纤系统中更具有优越性，有较好的发展前景，其基本组成如图 3-31 所示。

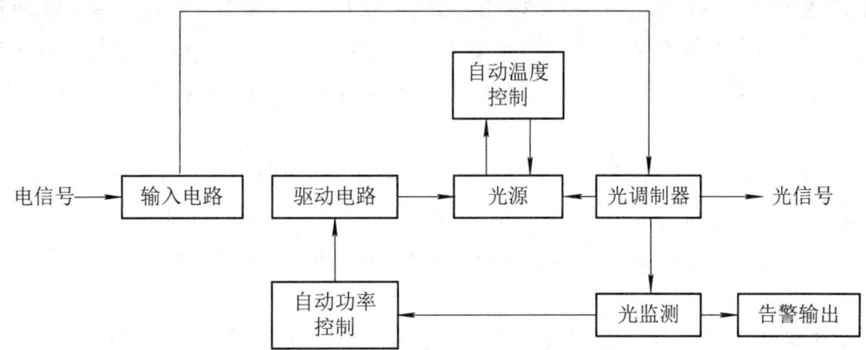

图 3-31　外调制的光发射机组成框图

光发射机的组成主要包括光源、输入电路、驱动电路(和调制电路)、自动功率控制电路、自动温度控制电路及其他保护、监测电路等。各部分的功能如下所述。

1) 光源

光源是光发射机中的核心器件，其作用是产生作为光载波的光信号，并作为信号传输的载体携带信号在光纤通信系统中传送。由于光纤通信系统的传输媒介是光纤，因此作为光源的发光器件，应满足以下要求：

(1) 发射的光波波长应位于光纤的 3 个低损耗窗口，即 0.85 μm、1.31 μm、1.55 μm 波段。

(2) 体积小，与光纤之间有较高的耦合效率。

(3) 可以进行光强度调制。

(4) 可靠性高，寿命长，工作稳定性好，具有较高的功率稳定性、波长稳定性和光谱稳定性。

(5) 发射的光功率足够高，以便传输较远的距离。

(6) 温度稳定性好，即温度变化时，输出光功率及波长变化应在允许的范围内。

在光纤通信系统中最常用的光源是半导体发光二极管(LED)和半导体激光器(LD)。LED 可用于短距离、低容量的系统或模拟系统，其成本低、可靠性高；LD 适用于长距离、高速率的系统。

2) 输入电路

输入电路的功能是将电端机脉冲编码调制(PCM)输入的信号转换成适合在光纤线路中传输的信号，数字传输系统输入电路的组成框图如图 3-32 所示。

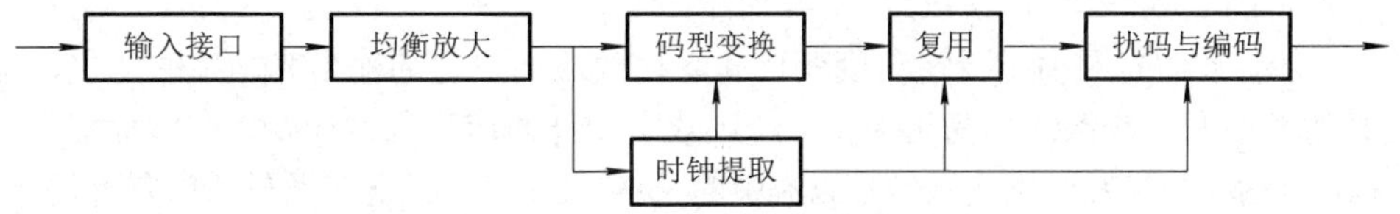

图 3-32　输入电路组成框图

输入电路各部分的功能如下所述：

(1) 输入接口。输入接口是光端机的入口电路。PCM 数字复用设备的输出信号经电缆连到光端机的输入端。输入接口除了正常考虑信号幅度大小和阻抗外，特别要注意信号脉冲码型。PCM 电端机输出码型(即光端机输入接口的接口码型)为双极性码。

(2) 均衡放大。对于使用不同速率的光端机，ITU.T 规定了系统数字接口的码型，以 2.048 Mb/s 为基群速率的数字系列的码型为：一次群(2.048 Mb/s)、二次群(8.488 Mb/s)、三次群(34.368 Mb/s)PCM 复用设备输出码型为 HDB_3 码；四次群(139.264 Mb/s)输出码型为 CMI 码。

由 PCM 端机送来的 HDB_3 或 CMI 码流，首先要进行均衡，用以补偿由电缆传输所产生的衰减和畸变，保证电、光端机间信号的幅度、阻抗适配，以便正确译码。

(3) 码型变换。由均衡器输出的 HDB_3 码(又称三阶高密度双极性码)或 CMI 码(又称传号反转码)，前者是三值双极性码(即 +1，0，−1)，后者是归零码，在数字电路中为了处理方便，需通过码型变换电路进行适当的码型变换，将其变换为不归零码(NRZ 码)，以适应光发射机的要求。

(4) 时钟提取。由于码型变换和扰码过程都需要以时钟信号作为依据，因此，在均衡电路之后，由时钟提取电路提取出时钟信号，供给码型变换和扰码电路使用。

(5) 复用。复用是指利用大容量传输信道来同时传送多个低容量的用户信息及开销信息的过程。复用电路可实现复用功能。

(6) 扰码与编码。若信道码流中出现长连“0”或长连“1”的情况，将会给时钟信号的提取带来困难，为了避免这种情况，需加一扰码电路，使输出的码流中“0”“1”均衡。扰码后的信号再进行线路编码。在光纤通信系统中，由于光源不可能有负光能，只能采用“0”“1”二电平码。但是简单的电平码具有随信息随机起伏的直流和低频分量，对接收端判决不利；另外，从实用角度来看，为了便于不间断业务的误码监测、区间通信联络、监控，在实际的光纤通信系统中，都要对经过扰码以后的信道码流进行线路编码，以满足上述要求。信号经过编码以后，变为适合在光纤线路中传送的线路码型。

3) 驱动电路和调制电路

直接调制的光发射机中，对于模拟传输系统，光源驱动电路将输入信号的电压转换为电流以驱动光源。对于数字传输系统，驱动电路用经过编码后的数字信号直接调制光源的发光强度，完成电/光变换任务。

外调制的光发射机中，将调制器置于光源的前方，在调制器上加调制电压，使调制器的某些物理特性发生相应的变化，当激光通过调制器时，光波得到调制。

4) 自动功率控制电路

光源稳定的输出功率对光发射机来说非常重要，所以要通过自动功率控制(APC)使 LD 有一个恒定的光输出功率。APC 的主要功能如下：

(1) 自动补偿光源由于环境温度变化和老化效应而引起的输出光功率的变化，保持其输出光功率不变，或保持其变化幅度不超过数字光纤通信工程设计要求的指标范围。

(2) 自动控制光发射机输入信号码流中的长连“0”序列或无信号输入时使光源不发光。

5) 自动温度控制电路

光源对环境温度的变化很灵敏，在高温环境下工作不仅会影响光源的寿命，而且光源的发射波长也会产生变化，以致影响光纤通信系统的正常工作，所以在光发射机电路中需要对激光器的温度进行控制。目前在光纤通信中，通常采取半导体制冷器对激光器进行自动温度控制(ATC)，使激光器工作在恒定温度下。

6) 其他保护、监测电路

光发射机除了上述各部分电路外，还有如下一些辅助电路：

(1) 光源过流保护电路。为了使光源不致因通过大电流而损坏，一般需采用光源过流保护措施，可在光源二极管上反向并联一只肖特基二极管，以防止反向冲击电流过大。

(2) 无光告警电路。当光发射机电路出现故障，或输入信号中断，或激光器失效时，都将使激光器“较长时间”不发光，这时延迟告警电路将发出告警指示。

(3) LD 偏流(寿命)告警电路。光发射机中的 LD 管，随着使用时间的增长，其阈值电流也将逐渐加大。因此，LD 管的工作偏置电流也将通过 APC 电路的调整而增加，一般认为，当偏置电流大于原始值的 3～4 倍时，激光器寿命完结，由于这是一个缓慢过程，因此发出的是延迟维修告警信号。

2. 光发射机的主要技术指标

光纤通信要求光发射机有合适的输出光功率、良好的消光比、好的调制特性。衡量光发射机的主要指标有平均发送光功率和消光比。

1) 平均发送光功率

光发射机的平均发送光功率是指在正常工作条件下，光发射机输出的平均光功率。平均发送光功率指标应根据整个系统的经济性、稳定性、可维护性及光纤线路的长短等因素全面考虑，并不是越大越好。在环境温度变化或器件老化过程中，输出光功率要保持恒定。

2) 消光比

消光比(EXT)定义为全“1”码平均发送光功率与全“0”码平均发送光功率之比，即

$$\mathrm{EXT}=10\lg\frac{P_{11}}{P_{00}}(\mathrm{dB}) \tag{3-22}$$

式中：P_{11} 为全“1”码时的平均发送光功率；P_{00} 为全“0”码时的平均发送光功率。

消光比的大小反映了光发射机的调制状态，并影响光接收机的接收灵敏度。消光比太大，表明光发射机调制不完善，电/光转换效率低。性能较好的数字光发射机的消光比应小于 10%。

3.3.3 光接收机

在整个光纤通信系统中，光接收机性能的优劣是起决定性作用的。光检测器接收光纤输出的光脉冲信号并将其转换为电流脉冲信号，再经过前置放大器和其他后续电路的放大、滤波、整形、判决等处理，最后从定时判决电路输出符合要求的电脉冲信号。光接收机分为数字式光接收机、模拟式光接收机两类。随着光纤通信技术的不断发展，对光接收机的性能要求越来越高。

1. 光接收机的组成

对于强度调制(IM)的数字光信号，在接收端采用直接检测(DD)方式时，光接收机主要由光接收机前端、线性通道、数据恢复部分组成，如图 3-33 所示，光接收机前端主要由光检测器和前置放大器组成；线性通道主要由主放大器、均衡滤波器和自动增益控制(AGC)电路组成；数据恢复部分主要由判决器、时钟恢复电路以及输出码型变换电路组成。

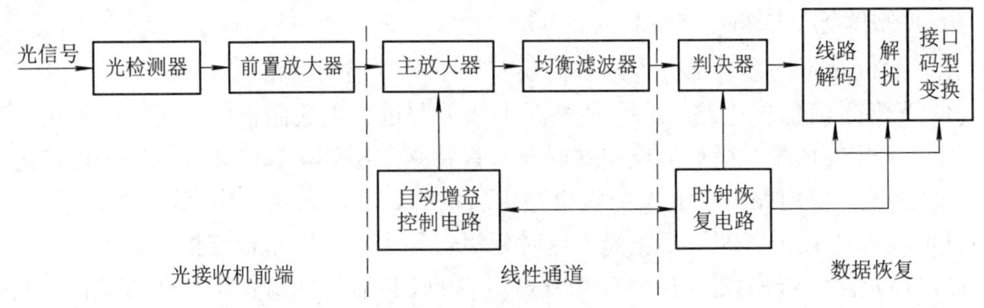

图 3-33　光接收机的组成框图

光/电变换的作用是利用光电二极管将发送光端机经光纤传输过来的光信号变换为电信号送入前置放大器。目前在光纤通信中主要采用 PIN 光电二极管或雪崩光电二极管。

前置放大器的基本功能是将光检测器件输出的微弱电流信号(通常为 10^{-5}～10^{-7}A)进行放大，以适合后续电路的需要。前置放大器的重要指标是低噪声和高灵敏度，以及合适的带宽、大的动态范围和良好的温度稳定性等。

主放大器的基本功能是将前置放大器输出的电压信号(通常为 mV 数量级)放大到适合于后级判决电路所需要的幅度范围(V 数量级)。主放大器的电压增益变化范围要大，以适应前端入射光功率动态范围大的特点，为此需要有自动增益控制。

自动增益控制电路可以控制主放大器的增益，使得输出信号的幅度在一定的范围内不受输入信号幅度的影响。

均衡滤波器的作用是对主放大器输出的失真脉冲信号进行调整，将输出波形均衡成升余弦频谱，从而有利于判决，以消除码间干扰。

判决器和时钟恢复电路对信号进行再生。由于在发送端进行了线路编码，因此在接收端需有相应的译码电路，对信号进行译码，使信号恢复到和光发射机输入端输入的电信号一样。

输出接口主要解决光接收端机和电接收端机之间阻抗和电压的匹配问题，而且要进行适当的码型变换，保证光接收端机输出信号顺利地送入电接收端机。输出接口如图 3-34 所示。

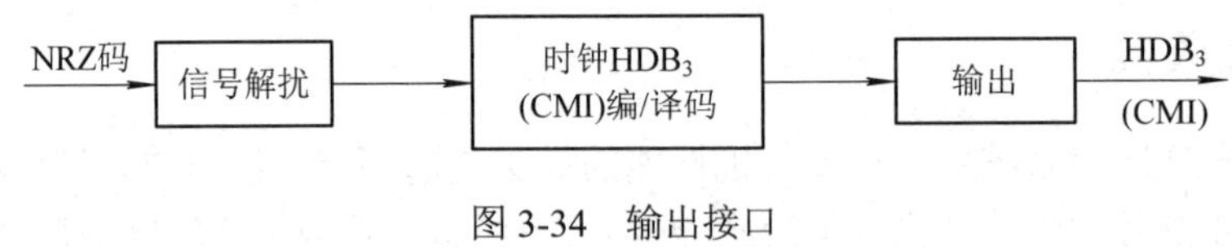

图 3-34　输出接口

2. 光接收机的性能指标

1) 接收灵敏度 P_r

数字光接收机的灵敏度 P_r 定义为在保证给定的误码率 BER(如 10^{-9})或信噪比条件下的最小接收信号光功率。

P_r 越小(也称为灵敏度高)，意味着数字光接收机接收微弱信号的能力越强。灵敏度越高，此时当光发射机输出功率一定时，保证通信质量(满足一定误码率的要求)的中继通信距离就越长。因此，提高数字光接收机的灵敏度，可以延长光纤通信的中继距离和增加通信容量。

光接收机灵敏度是以一定误码率为条件的，这里先对误码的产生和误码率概念进行介绍。接收机的误码由其总噪声引起，误码的多少及分布不仅与总噪声的大小有关，还与总噪声的分布有关。一般“0”码和“1”码的误码率是不相等的，但对于“0”码和“1”码等概率出现的码流，可认为误码率是相等的，此时误码率可能达到最小，误码率近似为

$$y=\frac{1}{2}\mathrm{BER}=\frac{1}{\sqrt{2\pi}}\int_{Q}^{\infty}\exp\left[-\frac{x^2}{2}\right]\mathrm{d}x=\frac{1}{2}\mathrm{erfc}\left(\frac{Q}{\sqrt{2}}\right)\approx\frac{1}{\sqrt{2\pi}}\frac{\mathrm{e}^{-Q^2/2}}{Q} \tag{3-23}$$

式中：Q 为信噪比参数，只要知道 Q 值，就可由式(3-23)计算出误码率。例如：$Q=6$ 时，$\mathrm{BER}=10^{-9}$；$Q=7$ 时，$\mathrm{BER}=10^{-12}$。

数字光接收机的灵敏度是在保证给定误码率条件下，光接收机接收微弱光信号的能力。它可用以下三种物理量来表征：

(1) 最低平均接收光功率 P_{r}；

(2) 每个光脉冲的最低平均接收光子数 n_0；

(3) 每个光脉冲的最低平均能量 E_{d}。

以上三种表示形式虽有不同，但本质上是一致的。对于“1”“0”码等概率出现的NRZ 码，三者之间的关系为

$$P_{\mathrm{r}}=\frac{E_{\mathrm{d}}}{2T_{\mathrm{b}}}=\frac{n_0 hf}{2T_{\mathrm{b}}} \tag{3-24}$$

式中：T_{b} 为脉冲码元周期；hf 为一个光子的能量，h 为普朗克常数，f 为光子的频率；P_{r} 的单位为 W 或 mW。

2) 动态范围

在实际的系统中，由于中继距离、光纤损耗、连接器及熔接头损耗的不同，发送功率随温度及器件老化等因素而变化，使接收光功率有一定的范围。数字光接收机的动态范围 $D_{\max}$ 定义为在保证给定的误码率 BER(如 10^{-9})条件下，最大允许的接收光功率 $P_{\max}$(单位为 dBm)和最小可接收光功率 P_{r}(单位为 dBm)之差，其单位为 dB，即

$$D_{\max}=P_{\max}-P_{\mathrm{r}} \tag{3-25}$$

宽的动态范围对系统结构来说更方便灵活，实际设备在 20 dB 以上。

3.3.4 光中继器

光中继器主要用于补偿信号由于长距离传送所损失的能量。由于光纤的损耗和带宽限制了光波的传输距离，因此当光纤通信线路很长时，要求每隔一定距离加入一个中继器。由于光纤损耗很低，因此光纤通信的中继距离要比有线通信甚至微波通信大得多。例如，2.5 Gb/s 单模光纤长波长通信系统的中继距离可达 153 km，已超过微波中继距离数倍，这就可以减少光纤通信线路中的中继器数目，从而提高光纤通信的可靠性和经济性。

自从掺铒光纤放大器(EDFA)问世以后，光中继实现了全光中继。

1. EDFA 的工作原理

掺铒光纤以石英光纤作基础材料，在光纤芯子中掺入了一定比例的铒粒子。如图 3-35 所示，这种特殊的光纤在一定的泵浦光激励下，处于低能级的铒粒子可以吸收泵浦光的

能量，向高能级跃迁。由于铒粒子在高能级上的寿命很短，很快以无辐射的形式跃迁到亚稳态，在该能级上有较长的寿命，从而在亚稳态和基态之间形成粒子数反转分布。当 1550 nm 波段的光信号通过这段掺铒光纤时，亚稳态的粒子以受激辐射的形式跃迁，并产生和入射光信号一样的光子，从而大大增加了光信号中的光子数量，实现了信号在掺铒光纤中的放大。

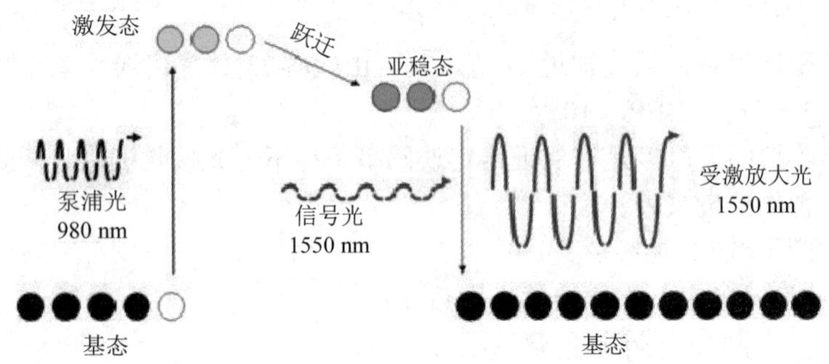

图 3-35　EDFA 的工作原理图

2. EDFA 的优点

EDFA 的优点有：工作波长正好落在光纤通信最佳波段(1500～1600 nm)；增益高，约为 30～40 dB；噪声指数小，一般为 4～7 dB；频带宽，在 1550 nm 窗口，频带宽度为 20～40 nm，可进行多信道传输，有利于增加传输容量。

3. EDFA 的应用

由于掺铒光纤放大器具有许多优点，因此其具有广泛的应用前景。如图 3-36 所示，EDFA 主要有以下应用：

(1) EDFA 作为线路中继器。同系统的光电中继器相比，EDFA 可用作数字和模拟系统的中继器。即如果线路上已采用 EDFA 作中继器，当由数字信号改为传输模拟信号时，EDFA 线路设备可不必改变。另外，EDFA 增益频谱宽，可传输不同的码速和同时放大多信道中的光信号，在系统增容时，EDFA 线路设备可不必改变，特别适用于波分复用通信。

(2) EDFA 作为接收机前置放大器。由于 EDFA 的信噪比优于电子放大器的信噪比，故可以将光放大器置于光电检测器前，将来自光纤的光信号放大后再由光电检测器检测，这样可以大幅度提高接收机的灵敏度。

(3) EDFA 作为光发射机后置放大器。将 EDFA 放在光发射机之后可使入纤光功率大幅度增加，使传输距离增长。

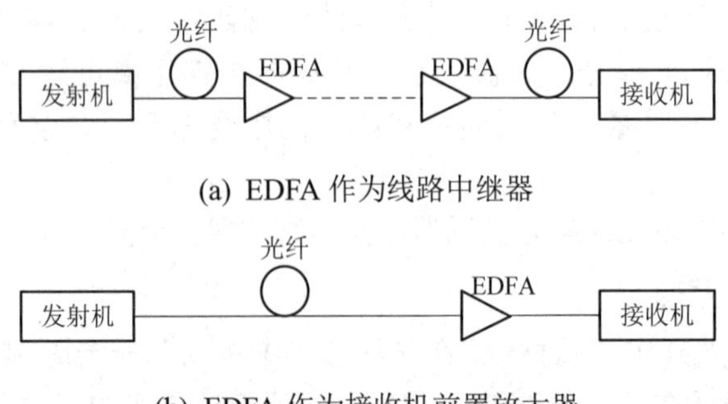

(a) EDFA 作为线路中继器

(b) EDFA 作为接收机前置放大器

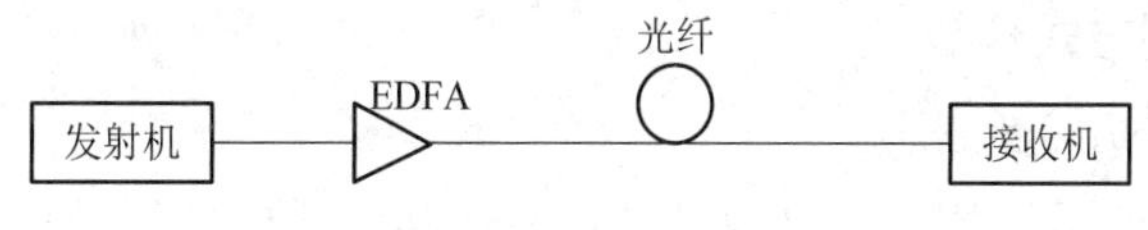

(c) EDFA 作为光发射机后置放大器

图 3-36 EDFA 的应用

3.3.5 光纤通信系统的分类

根据不同的分类方法，可以将光纤通信系统分为不同的类型。

1. 按传输信号分类

按传输信号的不同，光纤通信系统可以分为数字光纤通信系统和模拟光纤通信系统两类。

1) 数字光纤通信系统

数字光纤通信系统是光纤通信的主要通信方式。数字通信的优点是抗干扰能力强、使用再生技术使得噪声积累少、易于集成以减少设备的体积和功耗、转接交换方便以及利于与计算机连接等。数字通信的缺点是所占的频率宽，而光纤的带宽比金属传输线要宽许多，弥补了数字通信所占频带宽的缺点。光纤通信在接收和发送时，在光电转换过程中所产生的散粒效应噪声和非线性失真较大。但若采用数字通信，中继器采用判决再生技术，噪声积累少。因此，光纤通信采用数字传输成了最有利的技术。目前人类社会已进入信息社会时代，各国在公用通信网的长途干线和市内局间中继线路中均纷纷采用数字光纤通信系统作为主要传输方式，以便实现传输网的数字化。

2) 模拟光纤通信系统

在光纤通信系统中，输入电信号不采用脉冲编码信号的通信系统即为模拟光纤通信系统，这种系统的缺点是光电变换时噪声较大。在长距离传输时，采用中间增音站将使噪声积累，故只能应用在短距离传输线路上。在公用通信网中的用户部分，可用这种方式传输宽带视频信号。

模拟光纤通信最主要的优点是不需要数字通信系统中的模/数转换和数/模转换，故比较经济。而且一个电视信号如采用数字通信方式，可不用频带压缩，140 Mb/s 的系统只能通一路电视。在目前的技术情况下，为了在用户网中传送多路宽带业务(如 CATV)，常采用频率调制的频分多路复用的模拟光纤通信方式。如果只传输一个基带信号，则将此信号直接送到光发射机进行光强度调制即可，但传输距离只有几公里。如果希望传输较长距离，则要先采用脉冲频率调制(PFM)，然后再送到光发射机进行光强调制。由于采用 PFM 后，改善了传输信噪比，故中继距离可达 20 km 以上，而且可以加装中间再生中继器，其传输总长度可达 50～100 km。

数字和模拟光纤通信系统的传输特点如表 3-5 所示。

表 3-5 数字和模拟光纤通信系统的传输特点

类 别	特 点
数字光纤通信系统	传输数字信号；抗干扰能力强；可中继传输，传输距离长
模拟光纤通信系统	传输模拟信号；传输距离短；成本低

2. 按光源的调制方式分类

1) 直接调制光纤通信系统

直接调制光纤通信系统的工作过程是：在发送端，待传输信号直接控制光发射机光源的驱动电流，使光源发出的光功率大小随待传输信号的幅度而变化；在接收端，用光电检测器直接检测光纤中光信号的强弱变化，光电检测器产生的电流变化规律与发送端待传输信号的幅度变化规律相同。

2) 间接调制光纤通信系统

间接调制光纤通信系统的工作过程是：在发送端，将待传输信号和连续的光载波一起送到外调制器，待传输信号控制光发射机光源光波的某一参数(频率或相位)，接收端采用相干解调来还原被传输信号。间接调制光纤通信系统具有调制速率高等特点，所以是一种有发展前途的光纤通信系统，在实际中已得到了部分应用。

直接调制和间接调制光纤通信系统的特点比较如表 3-6 所示。

表 3-6　不同光调制方式的特点比较

类　别	特　点
直接调制光纤通信系统	简单、经济，但通信容量受限制
间接调制光纤通信系统	技术难度大，传输容量大

3. 按波长和光纤类型分类

按波长和光纤类型分类，光纤通信系统可分为以下四类。

1) 短波长(0.85 μm)多模光纤通信系统

该系统通信容量一般为 480 路以下(速率在 34 Mb/s 以下)，中继段长度为 10 km 以内，发送机的光源为镓铝砷(GaAlAs)半导体激光器或发光二极管，接收机的光电探测器为硅光电二极管(Si-PIN)或硅雪崩光电二极管(Si-APD)。

2) 长波长(1.31 μm)多模光纤通信系统

该系统通信速率一般为 34～140 Mb/s，中继距离为 25 km 或 20 km 以内，所用光源为铟镓砷磷(InGaAsP)半导体多纵模激光器或发光二极管，光电探测器为锗雪崩光电二极管(Ge-APD)、镓铝砷光电二极管(GaAlAs-PIN)或镓铝砷雪崩光电二极管(GaAlAs-APD)。

3) 长波长(1.31 μm)单模光纤通信系统

该系统通信速率一般为 140～565 Mb/s，中继距离可达 30～50 km(140 Mb/s)，光源为铟镓砷磷(InGaAsP)单纵模激光器，这种激光器在直流工作时为单纵模，但在高速调制时为多纵模。

4) 长波长(1.55 μm)单模光纤通信系统

该系统通信速率一般为 565 Mb/s 以上，由于调制速率高会产生模分配噪声，限制了大容量长中继距离的传输，因此要采用零色散位移光纤和动态单纵模激光器。

4. 其他类型的光纤通信系统

根据采用的信号处理技术的不同，还有其他类型的光纤通信系统，其类型和各自特点如表 3-7 所示。

表 3-7 其他类型的光纤通信系统

类 别	特 点
相干光纤通信系统	光接收灵敏度高；光频率选择性好；设备复杂
光波分复用通信系统	在一根光纤中传送多个单/双向波长；超大容量，经济效益好
光时分复用通信系统	可实现超速传输；技术先进
全光通信系统	传送中无光/电转换；具有光交换功能；通信质量高
副载波复用光纤通信系统	数、模混传；频带宽；成本低；对光源线性度要求高
光孤子通信系统	传输速率高，中继距离长；设计复杂
量子光通信系统	量子信息论在光通信中的应用

3.4 光纤通信系统的设计

3.4.1 总体设计考虑

对于数字光纤通信系统，目前普遍采用的是强度调制-直接检波(IM-DD)系统，也可以是 EDFA + WDM 系统。遵循相关建议规范，总体设计时以技术先进性与通信成本经济性的统一为准则，要合理地选用器件和子系统，明确系统的全部技术参数，以完成实用系统的合成。

对于光纤通信系统来说，一个合理可靠的设计基本要求应该包括：

(1) 系统的传输距离达到相应的标准；

(2) 系统的传输带宽或者码速率达到标准；

(3) 系统误码率(BER)、信噪比(S/N)及失真等在合理范围内；

(4) 系统可靠性和经济性达到要求。

系统设计首先要从这些考虑出发，根据光纤通信系统的总要求，进行初步方案的制定与确立，应该包括以下几个方面的内容：数字系列等级的选定，线路传输码型的选择，光缆线路传输距离的估算，光电设备的配置，系统辅助系统的设计与选用，等等。

光纤数字通信系统设计的任务是：根据用户的要求和实地情况，按照 IT-T 规范和国内技术标准，尽可能结合中、远期扩容的可能性，进行线路规划和系统配置的设计。

系统设计的一般步骤如下：

1. 选定传输速率和传输体制

根据系统的通信容量(即话路总数)选择光纤线路的传输速率。随着通信技术的日益提高和成本的下降，现在基本上有 SDH、MSTP、WDM 等传输技术。对于长途干线和大城市的市话系统，宜选用 SDH 体制。SDH 体制以 STM-16、STM-64 为主，主要支持语音业务，也能支持数据和互联网业务，目前大多数光缆都采用 SDH 传输体制。MSTP 是多业务传送平台，是指基于 SDH 同时实现 TDM、ATM、IP 等业务的接入、处理和传送，提供统一的多业务的传送平台。随着通信网向多业务方向发展，设计时需要更多地采用 MSTP，SDH 设备在应用时也要求支持 MSTP 技术。WDM 系统利用已经敷设好的光纤，使单根光纤的传输容量在高速率 TDM 的基础上成 *n* 倍地增加。WDM 能充分利用光纤的带宽，解决通信网络传输能力不足的问题，具有广阔的发展前景。

2. 选定工作波长

工作波长可根据通信距离和通信容量进行选择。目前 0.85 μm 波长已很少使用，中、短距离系统可选用 1.31 μm 波长，长距离系统可选用 1.55 μm 波长，这两个波长具有较低的色散和损耗。

3. 选定光源和光检测器件

根据工作波长及通信距离选择 LED 或 LD。通常，小容量、短距离系统选用 LED，虽然其光谱宽度大、色散大、输出光功率低，但电路简单。

长距离、大容量系统选用 LD 或 DFB-LD，因为其光谱宽度窄，使光纤色散小、输出光功率高，但电路复杂。

通常，低速率、小容量系统采用 LED-PIN 组合，而高速率、大容量系统可以采用 LD-APD 组合。

4. 选定光纤光缆类型

光纤按光在其中的传输模式可分为单模和多模。多模光纤的纤芯直径为 50 μm 或 62.5 μm，包层外径为 125 μm，表示为 50/125 μm 或 62.5/125 μm。单模光纤的纤芯直径为 8.3 μm，包层外径为 125 μm，表示为 8.3/125 μm。通常，低速率、小容量系统选用多模光纤，高速率、大容量系统须选用单模光纤。根据线路类型和通信容量确定光缆芯数。根据线路敷设方式确定光缆类型。在实际设计中，大型光缆网都采用单模光纤，多模光纤只适用于网络边缘的用户接入。目前可选的单模光纤类型有 G.652、G.653、G.654、G.655、G.656 等。

光纤的选择也与光源有关，对于 LED 光源，因其与单模光纤耦合率低，故一般用于多模光纤通信系统。

5. 选定路由、估算中继距离

根据线路应尽量短直、地段要稳定可靠、与其他线路配合为最佳、维护管理方便等原则确定路由。根据上、下话路的需要确定中继距离，或者根据影响传输距离的主要因素来估算中继距离。

6. 估算误码率

根据误码秒(ES)和严重误码秒(SES)的上限指标，来估算误码率的大小。

3.4.2 数字光纤通信系统的体制

数字传输体制有两种，即准同步数字复接(PDH)和同步数字复接(SDH)。PDH 在 1976 年就实现了标准化，在 1990 年以前，光纤通信一直沿用 PDH 体制。随着电信发展和用户需求不断提高，PDH 系统在运用中暴露出一些明显的弱点，SDH 解决了 PDH 存在的问题，目前已成为光纤通信主用的技术规范。

1. 准同步数字复接(PDH)系列

国际上主要有两大系列的准同步数字复接系列(PDH 系列)，经 CCITT 推荐，两大系列有 PCM 基群 24 路 T 系列和 PCM 基群 30/32 路 E 系列。

1) PDH 一次群

PDH 一次群作为第一级速率接口，通常称为 1.5M 和 2M 接口速率。两类速率复接系列如表 3-8 所示。

表 3-8 两类速率复接系列比较

系列	使用地区	一次群(基群)	二次群	三次群	四次群
T 系列 (24 路基群)	北美	24 路 1.544 Mb/s	96 路 (24 × 4) 6.312 Mb/s	672 路 (96 × 7) 44.736 Mb/s	4032 路 (672 × 6) 274.176 Mb/s
	日本	24 路 1.544 Mb/s	96 路 (24 × 4) 6.312 Mb/s	480 路 (96 × 5) 32.064 Mb/s	1440 路 (480 × 3) 97.728 Mb/s
E 系列 (30/32 路基群)	欧洲 中国	30 路 2.048 Mb/s	120 路 (30 × 4) 8.448 Mb/s	480 路 (120 × 4) 34.368 Mb/s	1920 路 (480 × 4) 139.264 Mb/s

2) 2.048 Mb/s 速率接口的(PDH)复接系列二次群及高次群

由于参加复接的各低次群(支路)采用各自的时钟，虽然其标称速率相同(2.048 Mb/s)，但由于时钟允许偏差 $\pm 50 \times 10^{-6}$(即 ±100 b/s)，而各支路偏差不相同，因此各支路的瞬时数码率会不相同。另外，在复接成高次群时还要有同步插入比特、对告信号比特等，因此在复接时首先要进行码率调整，使各支路码率严格相等(同步)后才能进行复接(汇接或称合成)。其方法如图 3-37 所示。

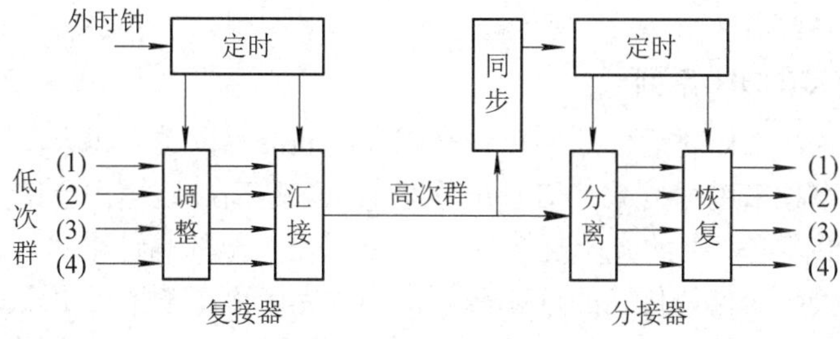

图 3-37 数字复接示意图

PDH 接口速率、码型如表 3-9 所示。

表 3-9 PDH 接口速率、码型

群路等级	一次群(基群)	二次群	三次群	四次群
接口速率/(kb/s)	2048	8448	34368	139264
接口码型	HDB_3	HDB_3	HDB_3	CMI

PDH 存在以下问题：

(1) PDH 主要是为话音业务设计的，而现代通信的趋势是宽带化、智能化和个人化。

(2) PDH 传输线路主要是点对点连接，缺乏网络拓扑的灵活性。

(3) 标准不统一，难以实现国际互通。PDH 存在相互独立的两大类、三种地区性标准(日本、北美、欧洲)，这三种地区性标准的电接口速率等级以及信号的帧结构、复用方式均不相同，这种局面造成了国际互通的困难，不适应通信的发展趋势。

(4) 异步复用，需逐级调整码速来实现复用/解复用。正因为 PDH 不是同步复用，导致无法从 PDH 的高速信号中直接分离/插入低速信号。例如，要想从 140 Mb/s 的信号中直接分离/插入 2 Mb/s 的信号，就需要经过一次一次的复用/解复用。这样会在复用/解复用过程中给信号带来损伤，使传输性能劣化。在大容量长距离传输时，此种缺陷是不能容忍的。

(5) 缺少统一的标准光接口，无法实现横向兼容。PDH 没有世界性统一的光接口规范，为了完成设备对光路上的传输性能进行监控，各厂家各自采用自行开发的线路码型。典型的例子是 mBnB 码，其中 mB 为信息码，nB 是冗余码，冗余码的作用是实现设备对线路传输性能的监控功能，这使同一等级上光接口的信号速率大于电接口的标准信号速率，不仅增加了光通道的传输带宽要求，而且由于各厂家的设备在进行线路编码时，在信息码后加上不同的冗余码，导致不同厂家同一速率等级的光接口码型和速率也不一样，致使不同厂家的设备无法实现横向兼容。这样在同一传输线路两端必须采用同一厂家的设备，给组网应用、网络管理及互通带来困难。

(6) 网络管理的通道明显不足，建立集中式传输网管困难。PDH 信号的帧结构里用于运行管理维护(OAM)的开销字节不多，这也就是为什么设备在光路上进行线路编码时，要通过增加冗余编码来完成线路性能监控功能的原因。由于 PDH 信号运行管理维护工作的开销字节少，故对完成传输网的分层管理、性能监控、业务的实时调度、传输带宽的控制、告警的分析和故障定位是很不利的，网络的调度性差，很难实现良好的自愈功能。由于 PDH 没有网管功能，更没有统一的网管接口，不利于形成统一的电信管理网。

2. 同步数字复接(SDH)系列

随着人们日常生活工作对通信的要求越来越高，通信容量越来越大，业务种类越来越多，传输的信号带宽越来越宽，数字信号传输速率越来越高。这样便会使 PDH 复接的层次越来越多，而在更高速率上的异步复接/分接需要采用大量的高速电路，这会使设备的成本、体积和功耗加大，而且使传输的性能恶化。为了完成更高速率、更多路数字信号的复接，国际 CCITT(后改为 ITU-T)提出了 G.707 协议，规范了国际上统一的同步数字复接(SDH)系列。根据数字信号传输的要求，SDH 有统一规范的速率，它以同步传输模块(STM)的形式传输。

以基本模块 155.520 Mb/s 速率的同步传输模块为第一级，即 STM-1。更高的同步数字系列信号为 STM-4(622.080 Mb/s)、STM-16(2488.320 Mb/s)以及 STM-64(9953.280 Mb/s)，即用 STM-1 信号以 4 倍的字节(一字节 8 位码)间插同步复接而成为 STM-N(N = 1，4，16，64，256，…)，这样大大简化了 PDH 系列的复接和分接，使 SDH 更适合于高速、大容量的光纤通信系统，便于通信系统的扩容和升级换代。

按 ITU-T 1995 年 G.707 协议规范，SDH 的数字信号传送帧结构安排尽可能地使支路信号在一帧内均匀地、有规律地分布，以便于实现支路的同步复接、交叉连接、接入/分出(上/下，Add/Drop)，并能同样方便地直接接入/分出 PDH 系列信号。为此，ITU-T 采纳了以字节(Byte)作为基础的矩形块状帧结构(或称页面块状帧结构)，如图 3-38 所示。

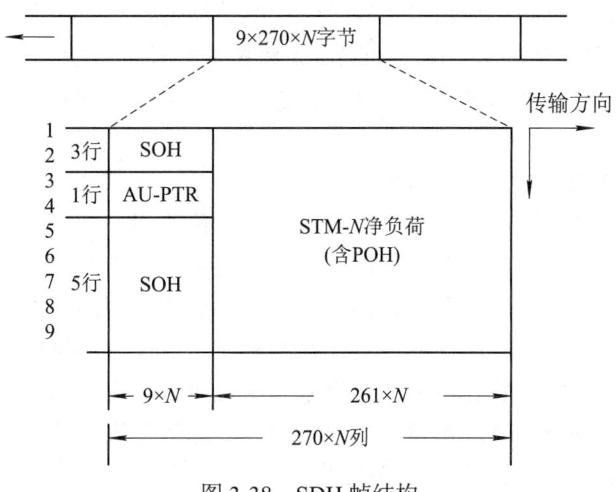

图 3-38 SDH 帧结构

STM-N 的帧是由 9 行 $270 \times N$ 列字节组成的码块，对于任何等级，其帧长(帧周期)均为 125 μs。从图中可以看出，其每帧比特数为：$9 \times 270 \times N \times 8 = 19440 \times N$ 比特。

以 STM-1 为例，帧结构每帧容量为 $9 \times 270 \times 1 = 2430$ 个字节，每帧比特数为 $9 \times 270 \times 8 = 19440$ 比特，1 帧周期为 125 μs，帧速率为 1/(125 μs) = 8000/s。因而 STM-1 传送码率为 $19\,440 \times 8000 = 155.520 \times 10^6$ b/s。

这种页面式帧结构好像书页一样，STM-1 只有一页，STM-4 有 4 页，依此类推。STM-1 因为只有一页，所以它的发送顺序就像读书一样从左向右至自上而下传送，每秒传 8000 帧(8000 页)。STM-4 的传送方式与 STM-1 有区别。因为 STM-4 的每帧由 4 个页面组成，其传送方式依次为第一页的第一个字，第二页的第一个字，第三页的第一个字，第四页的第一个字；再传送第一页的第二个字，第二页的第二个字，依次进行，从左到右由上而下传完一遍再传送完一帧，每秒传 8000 帧(32 000 页)，速率比 STM-1 高 4 倍，这种传送方式称为字节间插同步复接。

帧结构分为三个区域：信息净负荷(Payload)区域、段开销(SOH)区域和管理单元指针(AU-PTR)区域。

(1) 信息净负荷区域。

信息净负荷区域是帧结构中存放各种信息负载的地方。图 3-38 中横向$(270-9) \times N$，纵向第一行到第 9 行的 $2349 \times N$ 个字节都属于此区域。对于 STM-1 而言，它的容量大约为 150.336 Mb/s。其中，含有少量的通道开销(POH)字节，用于监视、管理和控制通道性能，其余用于荷载业务信息。

(2) 段开销区域。

段开销是 STM 帧结构中为了保证信息净负荷正常、灵活传送所必需的附加字节，是供网络运行、管理和维护使用的字节。帧结构的左边 $9\times N$ 列 8 行(除去第 4 行)分配给段开销。对 STM-1 而言，它有 $8\times9=72$ 个字节，即 $72\times8=576$ 比特。由于每秒传送 8000 帧，因此共有 4.608 Mb/s 的容量用于网络的运行、管理和维护。

(3) 管理单元指针区域。

管理单元指针用来指示信息净负荷的第一个字节在 STM 帧中的准确位置，以便在接收端能正确地分接出信息净负荷信号。在帧结构中第 4 行左边的 $9\times N$ 列分配给指针用。对于 STM-1 而言，它有 9 个字节(72 比特)，采用指针方式可以使 SDH 在准同步环境中完成复用同步和 STM-N 信号的帧定位。这一方法消除了常规准同步系统中滑动缓冲器引起的时延和性能损伤。

与 PDH 比较，SDH 具有以下优点：

(1) SDH 传输系统在国际上有统一的帧结构数字传输标准速率和标准的光路接口，使网管系统互通，因此有很好的横向兼容性，它能与现有的 PDH 完全兼容，并容纳各种新的业务信号，形成了全球统一的数字传输体制标准，提高了网络的可靠性。

(2) SDH 接入系统的不同等级的码流在帧结构净负荷区内的排列非常有规律，而净负荷与网络是同步的，它利用软件能将高速信号一次直接分插出低速支路信号，实现了一次复用的特性，克服了 PDH 准同步复用方式对全部高速信号进行逐级分解然后再生复用的过程，改善了网络的业务传送透明性。

(3) 由于采用了较先进的分插复用器(ADM)、数字交叉连接器(DXC)，网络的自愈功能和重组功能就显得非常强大，具有较强的生存率。因 SDH 帧结构中安排了信号的 5%开销比特，它的网管功能显得特别强大，并能统一形成网络管理系统，为网络的自动化、智能化、信道的利用率以及降低网络的维管费和生存能力起到了积极作用。

(4) SDH 并不专属于某种传输介质，它可用于双绞线、同轴电缆，但 SDH 用于传输高数据率则需用光纤。这一特点表明，SDH 既适合用作干线通道，也可作支线通道。

(5) SDH 对其高层没有严格的限制，便于在 SDH 上采用各种网络技术，支持 ATM 或 IP 传输。

(6) SDH 是严格同步的，从而保证了整个网络稳定可靠，误码少，且便于复用和调整。

(7) 标准的开放型光接口可以在基本光缆段上实现横向兼容，降低了联网成本。

与 PDH 比较，SDH 存在以下不足之处：

(1) SDH 频带利用率较 PDH 低。在 SDH 的信号——STM-N 帧中加入了大量的用于 OAM 功能的开销字节，大大增强了系统的可靠性，但必然会使在传输同样多有效信息的情况下，SDH 所占用的传输频带大于 PDH 所占用的传输频带。

(2) 指针调整机理复杂。SDH 体制可从高速信号中直接拆分出低速信号，省去了多级复用/解复用过程，而这种功能的实现是通过指针机理来完成的，指针的作用就是时刻指示低速信号的位置，以便在“拆包”时能正确地拆分出所需的低速信号，保证了 SDH 从高速信号中直接拆分出低速信号的功能的实现。可以说指针是 SDH 的一大特色，但是指针功能的实现增加了系统的复杂性。

(3) 软件的大量使用对系统的安全性带来影响。SDH 的一大特点是 OAM 的自动化程度高，这也意味着软件在系统中占有相当大的比重，这就使系统很容易受到计算机病毒的侵害。另外，在网络层上人为的错误操作、软件故障，对系统的影响也是致命的。因此，系统的安全性就成了很重要的一个问题。

3.4.3 光缆线路传输距离的估算

任何复杂的通信网络，其基本单元都是点到点的传输链路。光纤链路的设计是光缆网设计的基础。光纤通信系统的设计既可以使用最坏值进行设计，也可以使用统计设计方法来估算光纤链路的长度。使用最坏值法就是指所有考虑在内的参数都是以最坏的情况来考虑。虽然这样设计出来的系统可靠性高，但是这种方法的富余度较大，经济效益较差。统计设计方法则是按各参数的统计分布特性取值的，通过确定系统的可靠性来获得较长的中继距离。这种方法设计的系统性能可靠性不如最坏值算法，且各个参数的统计分布十分复杂，但成本相对较低。另一种方法是将两者进行综合，部分参数值计算按统计分布特性计算，比较复杂的按最坏值进行处理，这样计算出的系统相对成本适中，相对性能稳定，计算相对简单。

光传输中继段距离由光纤衰减和色散等因素决定。不同的系统，由于各种因素的影响不同，中继段距离的设计方式也不同。在实际的工程应用中，设计方式分为两种情况：第一种情况是衰减受限系统，即中继段距离根据 S 点(紧靠光发射机或中继器的光连接器后面的光纤点)和 R 点(紧靠光接收机或光中继器的光连接器前面的光纤点)之间的光通道衰减决定；第二种是色散受限系统，即中继段距离根据 S 点和 R 点之间的光通道色散决定。一般情况下，速率较低时受衰减限制，而速率较高时受色散限制。

光同步数字传输系统的中继段长度设计应首选最坏值设计法计算，即在设计时，将所有光参数指标都按最坏值进行计算，而不是按设备出厂或系统验收指标来计算。此种设计法的优点是可以为工程设计人员及设备生产厂家分别提供简单的设计指导和明确的元部件指标，不仅能实现基本光缆段上设备的横向兼容，而且能在系统寿命终了时所有系统和光缆富余度都用尽，且处于允许的最恶劣环境条件下仍能满足系统指标。

1. 衰减受限系统

衰减受限系统是指光纤线路的衰减较大，传输距离主要受衰减影响的系统。一般来说，二次群及其以下的多模光纤通信系统和五次群及其以下的单模光纤通信系统都属于衰减受限系统。

系统的线路允许总衰减可以写为

$$P_s - P_r = M_e + \sum A_c + A_f L + A_s L + M_c L \tag{3-26}$$

式中：L 为衰减受限系统中继段的长度，单位为 km；P_s 为 S 点入光纤光功率，单位为 dBm，即发送光功率，这里已经扣除了连接器的衰减和激光器耦合反射噪声代价；P_r 表示接收端灵敏度，单位为 dBm，这里已经扣除了连接器的衰减和色散的影响；M_e 为设备的富余度，单位为 dB，这里是为了预防光缆及光纤连接器性能变坏而预留一定的衰减指标，通常取 3～4 dB；$\sum A_c$ 为 S 和 R 点间除设备连接器以外的其他连接器的衰减，连接器衰减 A_c = 0.5～0.6 dB；A_f 为光缆光纤衰减常数，一般取厂家报出的中间值；A_s 为光纤固定接头的平均熔接衰减常数，由于市售光缆的长度仅为 1～2 km，因此一个中继段线路是由许多这样的光缆串联而接成的，通常使用电弧熔接法来连接两根光纤，这种连接属于固定连接，固定连接处的接头损耗与接续光纤的特性及接续操作技术有关，故一段线路上的各个固定接头损耗彼此存在差异，用其统计平均量即每千米平均固定接头损耗来描述这种损耗的大小，通常，多模光纤 $A_s = 0.1 \sim 0.3$ dB/km，单模光纤 $A_s = 0.05 \sim 0.1$ dB/km；M_c 为光缆富余度，这是为了应付光缆及光纤连接器性能变坏，或光缆长度及接头增加而预留的一定的衰减指标，通常取 0.1～0.3 dB/km。在一个中继段内，光缆富余度总值不宜超过 5 dB。

由式(3-26)解得

$$L = \frac{P_s - P_r - M_e - \sum A_c}{A_f + A_s + M_c} \tag{3-27}$$

式(3-27)是采用 ITU-T 建议 G.956 的最坏估计值法算出的最大中继距离，其值偏小一些，保守一些，不很经济，但简便可靠。

现实中，不是所有的设计都要去估计最大中继距离，若实际通信路由上，若干城镇已定，通信的站址就定了，不必再去计算最大中继距离，只需核算验证一下选用光缆衰耗量的范围，光器件的技术指标是否满足要求，光、电设备的各项指标是否与 ITU-T 的要求相符。

2. 色散受限系统

色散是光纤的传输特性之一，光纤的色散现象对光纤通信极为不利。光纤数字通信传输的是一系列脉冲码，光纤在传输中的脉冲展宽导致了脉冲与脉冲相重叠的现象，即产生了码间干扰，从而形成传输码的失误，造成差错。为了避免误码出现，就要拉长脉冲间距，这导致传输速率降低，从而减少了通信容量。另一方面，光纤脉冲的展宽程度随着传输距离的增长而越来越严重。因此，为了避免误码，光纤的最大中继传输距离有一定的限制。根据 ITU-T 建议，色散受限系统中的中继段长度可用下式估算：

$$L = \frac{\varepsilon \times 10^6}{D \times \Delta\lambda \times B} \tag{3-28}$$

式中：L 为色散受限系统中的中继段长度，单位为 km；ε 为与色散代价有关的系数，当光源为多纵模激光器时 $\varepsilon = 0.115$，为单纵模激光器时 $\varepsilon = 0.306$；B 为线路信号比特率，单位为 Mb/s；$\Delta\lambda$ 为光源谱宽，单位为 nm；D 为光纤色散系数，单位为 ps/(nm · km)。

设计中，应选择衰减受限距离和色散受限距离中较小的作为实际中继段长度。需要说明的是，对于低速率线路信号，在单模光纤传输系统中，一般可不考虑色散受限中继段距离。

例 3-1　设计一个 STM-4 长途光纤通信系统，工作波长选定为 1310 nm，使用 G.652 光纤，系统的设计参数为：平均光发送功率 $P_s = -5$ dBm；接收灵敏度 $P_r = -30$ dBm；活动连接器总损耗 $\sum A_c = 2 \times 0.5$ dB；光缆光纤衰减常数 $A_f = 0.4$ dB/km；光缆固定衰减常数 $A_s = 0.1$ dB/km；设备富余度 $M_e = 0$ dB；光缆富余度 $M_c = 0.2$ dB/km。请估计损耗受限系统的无中继段距离。

解　利用式(3-27)可估算出该系统的最大中继距离：

$$L = \frac{P_s - P_r - M_e - \sum A_c}{A_f + A_s + M_c} = \frac{-5-(-30)-0-2\times 0.5}{0.4+0.1+0.2} = 34.3 \text{ km}$$

即该系统最大中继段距离为 34.3 km。

3.4.4 光纤工作波长的选择

光纤通信可以接收的工作波长范围取决于所用光纤的传输特性。

首先要求光发射机的工作波长不得小于光纤的截止波长，以保证光纤为单模工作状态。其次，光发射机的工作波长范围还与光纤的衰减特性和色散特性有关。

表 3-10 给出了不同光纤种类、工作波长范围和相应波长范围内光纤衰减系数的最坏值。由于光纤色散系数随工作波长变化，因此，对于高速光纤通信系统，光纤的色散特性也对光发射机工作波长范围有所限制。

表 3-10 光纤衰减限定的工作波长范围

衰耗区	光纤种类	工作波长范围/nm	最大衰减系数/(dB/km)
C	G.652	1260～1360	0.65
D	G.652、G.653、G.655	1430～1580	0.65
A	G.652	1270～1340	0.40
B	G.652、G.653、G.654、G.655	1480～1580	0.25

在选择光纤工作波长时应注意以下几点：

(1) 光纤的衰减系数和色散系数指标都是相对一定的工作波长范围而言的。不明确具体波长范围的光纤衰减系数和色散系数指标在系统设计中没有实用意义。

(2) 将工作波长与光纤的低衰减和零色散波长完全对准是行不通的。这一方面是因为光设备和光缆是不同厂家生产的；另一方面是因为光源(尤其是多纵模激光器)的中心波长和光纤的最佳传输波长并非恒定不变的。

(3) 对于衰减受限系统，如果选用 G.652 光纤，在谋求长距离应用时，取 A 区工作波长范围(例如 1270～1340 nm)是合理的；如果要求更长的传输距离，可改选 B 区工作波长范围(例如 1510～1580 nm)，依靠进一步压缩工作波长范围来获取长距离则不会有明显的效果。

(4) 对于色散受限系统，在谋求长距离应用时，可以考虑适当地压缩工作波长范围，以减小光纤的色散系数指标。因为色散系数与衰减系数的谱线不同，后者是非线性的(A、B 区间内基本上平坦)，前者是线性的。

习 题 3

1. 什么是光纤通信？用于光纤通信的光波的频率或波长范围是多少？

2. 光纤由哪几部分组成？各部分有何作用？光纤是如何分类的？

3. 阶跃型多模光纤和渐变型多模光纤的数值孔径是怎样定义的？它们用来衡量光纤的什么物理量？

4. 简述光纤的导光原理。

5. 光纤的归一化频率是如何定义的？光纤单模传输的条件是什么？

6. 光纤的特性有哪些？

7. 光纤损耗产生的原因有哪些？光纤损耗的理论极限值是由什么决定的？

8. 光纤色散的原因有哪些？

9. 为什么单模光纤的带宽比多模光纤的带宽大得多？

10. 光缆的典型结构有哪几种？

11. 光缆是如何分类的？请以表格的形式进行总结。

12. 阶跃型光纤纤芯和包层的折射率分别为 $n_1 = 1.50$，$n_2 = 1.45$，光纤的芯径 $2a = 50\ \mu m$，光纤的长度 $L = 10\ km$，试求：

(1) 光纤的相对折射率差；

(2) 数值孔径(NA)；

(3) 子午光线的最大时延差。

13. 已知阶跃型光纤，纤芯折射率 $n_1 = 1.50$，工作波长 $\lambda_0 = 1.3\ \mu m$，$\Delta = 0.5\%$，试问：

(1) 保证光纤单模传输时，光纤的纤芯半径 a 应为多大？

(2) 若 $a = 5\ \mu m$，保证光纤单模传输时，n_2 应如何选择？

14. 某系统使用工作波长 $\lambda_0 = 1.31\ \mu m$，光源的谱线宽度 $\Delta\lambda_0 = 1.31 \mu m$，$n_1 = 1.458$，$\Delta = 1\%$，$L = 3\ km$，$D_m = 85\ ps/(km \cdot nm)$，$\tau_W = 0$ 的光纤。求总色散及总带宽(提示：先判断此光纤是单模传输还是多模传输)。

15. 已知阶跃型多模光纤纤芯的折射率 $n_1 = 1.49$，相对折射率差为 0.01，纤芯半径为 30 μm，工作波长为 1.31 μm。试求阶跃型光纤可传输的模式数。

16. 简述光发射机的结构组成。

17. 衡量光发射机的性能指标有哪些？

18. 衡量光接收机的性能指标有哪些？

19. 简述光纤通信系统设计的一般步骤。

20. 什么是衰减受限系统？什么是色散受限系统？

第 4 章 卫星通信系统

卫星通信是利用人造地球卫星作中继站转发无线电波，在两个或多个地球站之间所进行的通信。因卫星通信所用频率处于微波频段，所以它属于微波通信的一种特殊形式。卫星通信系统自诞生之日起便得到了迅猛发展，与光纤通信、移动通信并称为当代三大主力通信系统，成为当今通信领域最重要的通信方式之一。

目前，通信卫星可广泛用于数据、话音和视频传输等方面，并向固定、广播、移动、个人通信和专用网络用户提供服务。无论是城市还是农村随处可见的卫星天线，足以说明卫星通信现在已成为日常生活不可缺少的组成部分。

4.1 卫星通信系统概述

4.1.1 卫星通信的起源

卫星通信发展的历史最早要追溯到 1945 年 10 月，当时英国空军雷达军官阿瑟·克拉克在《无线电世界》杂志上发表了《地球外的中继站》一文。克拉克提出在圆形赤道轨道上空高度为 35 786 km 处设置一颗卫星，每 24 小时绕地球旋转一周，旋转方向与地球自转方向相同，该卫星与地球以相同的角速度绕太阳旋转，因此，对于地球上的观察者来说，这颗卫星是相对静止的。克拉克在文中还提到，用太阳能作动力，在赤道上空 360° 空间的同步静止轨道上配置 3 颗静止卫星，即可实现全球通信，如图 4-1 所示。

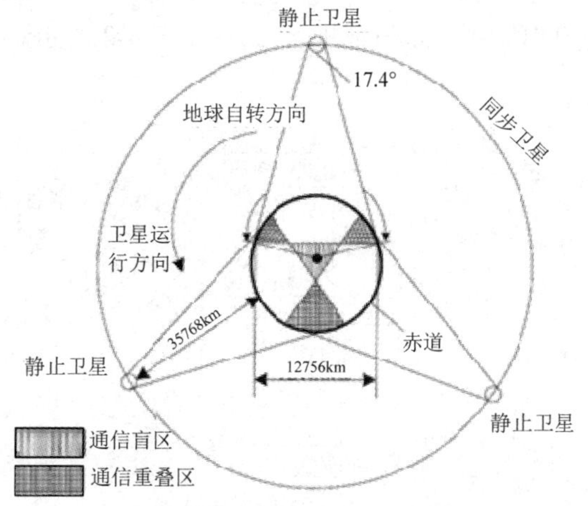

图 4-1 3 颗静止卫星实现全球通信示意图

1957 年 10 月，苏联成功发射了世界上第一颗低轨人造地球卫星 Sputnik。

1958 年，美国宇航局发射了“SCORE”卫星，并通过该卫星广播了美国总统圣诞节祝词。人类首次通过卫星实现了语音通信。

1962 年，美国电话电报(AT&T)公司发射了“电星”(TELSAT)，它可进行电话、电视、传真和数据的传输。

1964 年 8 月，美国发射了首颗静止轨道的通信卫星“辛康姆 3 号”(SYNCOM-3)，并利用它成功地进行了电话、电视和传真的传输试验。同年，国际电信卫星组织(International Telecommunication Satellite Organization，INTELSAT)成立。至此，卫星通信完成了早期的试验阶段而转向实用阶段。

1970 年 4 月 24 日，中国在酒泉卫星发射中心成功地发射了第一颗人造地球卫星“东方红一号”。

1976 年，第一代移动通信卫星发射(3 颗静止卫星 MARISAT)，开始了移动卫星业务阶段。

1979 年，国际海事卫星(International Maritime Satellite，INMARSAT)组织宣告正式成立，它是一个提供全球范围内移动卫星通信的政府间合作机构。

1982 年，国际海事卫星通信进入运行阶段。

1984 年 4 月 8 日，中国首次成功发射了由中国空间技术研究院研制的“东方红二号”卫星，该卫星是一颗静止轨道卫星，是国内当时用于远距离电视传输的主要卫星。“东方红二号”卫星的成功发射翻开了中国利用本国的通信卫星进行卫星通信的历史，使中国成为世界上第五个独立研制和发射静止轨道卫星的国家。

1990 年，INMARSAT 启用了第一个商用航空地球站系统。

1998 年，通过 LEO 星座引入手机通信业务，非静止轨道卫星进入了实用运行阶段。

近些年来，卫星通信技术及其推广应用获得了长足的进步。卫星宽带个人移动通信业务逐渐得到认可；高频频段(Ka 段)系统获得迅速发展；多个低轨道和中轨道星座系统投入运行。与此同时，卫星通信的发展也面临着一系列的问题，例如卫星残骸问题、可用空间拥挤问题等。

4.1.2　系统组成

卫星通信系统分为空间段和地面段(或地球段)，如图 4-2 所示。

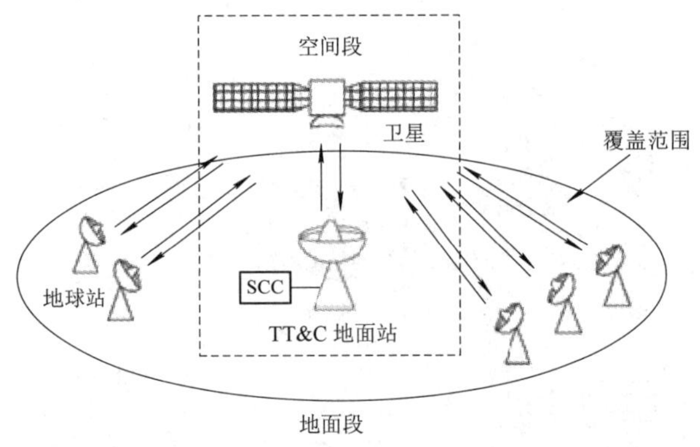

图 4-2　卫星通信基本组成

卫星通信系统的空间段由在轨卫星(或星座)和保持卫星运行所必需的地面卫星控制设施组成。卫星通信系统的地面段(或地球段)由发射和接收卫星信号的地球站以及与用户网络相连的相关设备组成。

1. 空间段

卫星通信系统空间段的组成如图 4-3 所示。空间段包括在轨卫星(或星座)和对在轨卫星进行操作控制的地面站。

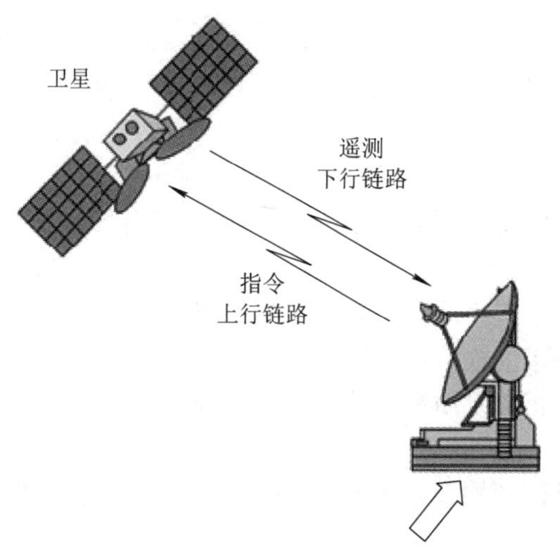

图 4-3 卫星通信系统的空间段

星载的空间段设备可以分为两个功能领域：平台和有效载荷，如图 4-4 所示。

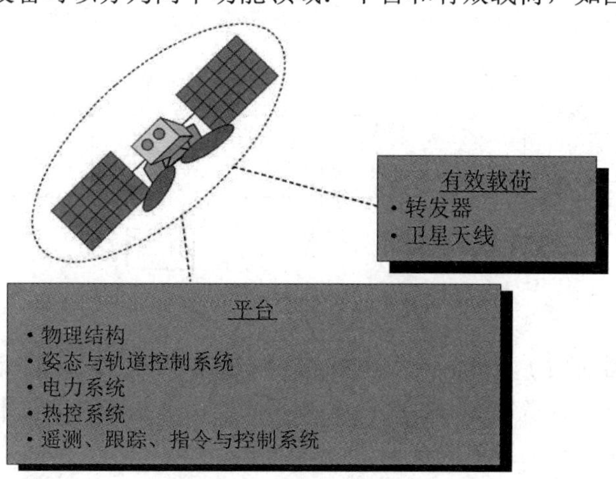

图 4-4 星载的空间段设备

平台是指基本的卫星本体结构和支持卫星的子系统。平台包括物理结构、姿态与轨道控制系统、电力系统、热控系统和遥测、跟踪、指令与控制系统。

星上有效载荷是指提供具体业务的设备，可以进一步分为转发器和卫星天线。

1) 转发器

在通信卫星中，转发器是一组提供上行链路信号与下行链路信号间通信信道或链路的部件，其中上行链路信号由上行链路天线接收，下行链路信号由下行链路天线发射。典型通信卫星包括若干个转发器，并且部分部件是不止一个转发器共用的。

通常每个转发器都工作在不同的频段上，所分配的频段可以分成多个通道，每个通道都有一个规定的中心频率和工作带宽。例如，C 频段固定卫星业务(Fixed Satellite Service，FSS)分配的带宽是 500 MHz。

典型的通信卫星通常包括 12 个转发器，每个转发器的带宽为 36 MHz，转发器间有 4 MHz 的保护频带。目前，典型的商业通信卫星可以有 24～48 个转发器，分别工作在 C 频段、Ku 频段、Ka 频段。

利用极化频率复用，可以使转发器的数量加倍。对于极化频率复用，两个载波工作在同一频率上，并且采用正交极化，线极化(水平和垂直方向)和圆极化(右旋和左旋)也都可以使用。

另一种频率复用是以窄点波束的形式通过信号的空分实现的，这使得可以针对物理上分离的地面位置重用相同频率的载波。

在先进的卫星系统中，极化复用和点波束可以结合起来提供 4 倍、6 倍、8 倍甚至更高的频率复用系统。

通信卫星转发器通常有两种构型：频率转换转发器和星上处理转发器。

(1) 频率转换转发器。

通信卫星转发器的第一种类型就是频率转换转发器，自卫星通信出现以来，它一直是主导的转发器构型。频率转换转发器也称为非再生转发器或弯管，它接收上行链路信号，放大后再发射出去，仅进行载波频率的转换。

图 4-5 给出了一个两级变频的频率转换转发器的典型实现，这里将上行链路频率 f_{up} 变成一个较低的中频 f_{if}，进行放大后再变为下行链路频率 f_{down}，向地球发射。

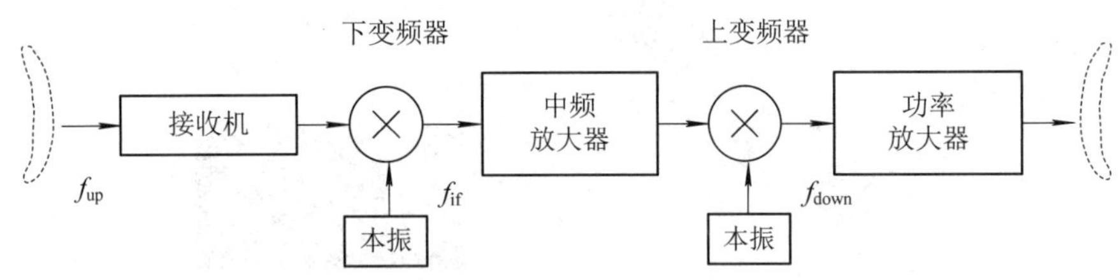

图 4-5　频率转换转发器

频率转换转发器应用于 GSO(同步轨道)和 NGSO(非同步轨道)固定卫星业务、广播业务和移动卫星业务。上行链路和下行链路是互相关的，这意味着上行链路任何性能的降低都会传递到下行链路，从而影响整个通信链路。

(2) 星上处理转发器。

图 4-6 给出了第二类通信卫星转发器——星上处理转发器，也称为再生解调/再调转发器或智能卫星。频率为 f_{up} 的上行链路信号被解调到基带 $f_{baseband}$。

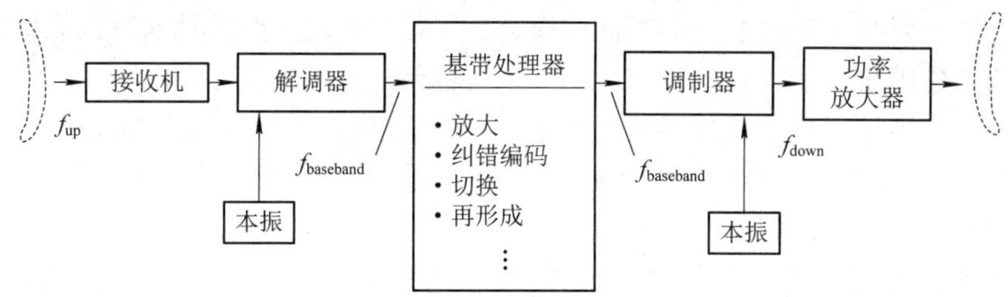

图 4-6　星上处理转发器

星上处理卫星往往比频率转换卫星更加复杂且成本更高，但它具有重要的性能优势，尤其是对小终端用户或各种大型网络。

2) 卫星天线

航天器上的天线系统用于发射和接收构成通信信道空间链路的射频信号。天线系统是卫星通信系统的关键部件，因为它是增强发射信号或接收信号强度的基本单元，可以对信号进行放大、处理和最终的转发。

3) 地面站

地面站有时称为跟踪、遥测和遥控(TT&C)站或跟踪、遥测、遥控和监控(TTC&M)站。TTC&M 站提供必要的卫星管理与控制功能，以保持卫星可以安全地在轨运行。

卫星与地面间的 TTC&M 链路通常与用户通信链路是相互独立的。TTC&M 可以工作在与通信链路相同的频段上，也可以工作在其他频段上。TTC&M 通常是通过一个独立的地球终端设施来实现的，该设施专门设计用来完成卫星在轨运行所需的复杂操作。

图 4-7 给出了通信卫星应用的典型卫星和地面设施 TTC&M 功能单元。

卫星 TTC&M 子系统由天线、指令接收机、跟踪和遥测发射机组成，并可能包括跟踪传感器。

地面部分包括 TTC&M 天线(包括发射天线和接收天线)、遥测接收机、遥测发射机、跟踪子系统和相关的处理与分析部分。卫星的控制和监视是通过监视器和键盘接口完成的。TTC&M 的主要操作是自动完成的，需要少量人机接口。

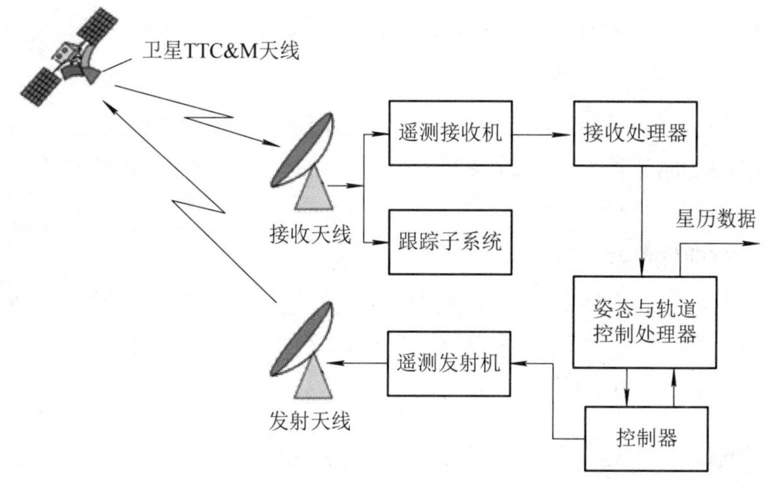

图 4-7　跟踪、遥测、遥控和监控站组成

跟踪功能主要是指确定航天器当前的轨道、位置和运动。跟踪功能可以利用很多技术来实现，通常使用 TTC&M 地球站接收的卫星信标信号进行跟踪。

遥测功能包括采集星上各传感器的数据并将该信息传到地面。遥测数据包括能源系统的电压和电流、关键子系统的温度、通信和天线子系统的开关和继电器的状态、燃料箱的压力、姿态控制传感器的状态等参数。

遥控与遥测是互补的，遥控系统把具体的控制和操作信息从地面传送到航天器上，这些指令通常是对下传的遥测信息的响应。

2. 地面段

卫星通信系统的地面段由利用空间段通信能力的地球表面终端组成。地面段不包括 TTC&M 地面站。地面段终端有四种基本类型：固定终端、机动终端、移动终端、动中通终端。

1) 固定终端

如图 4-8(a)所示，固定终端是固定在地面接入卫星的地球站，它们可以提供不同的业务类型，在与卫星进行通信期间，它们不运动。固定终端包括私营网络中所使用的小型终端(VSAT)、安装在居民楼顶用来接收广播卫星信号的终端等。

(a) 固定终端

(b) 机动终端

(c) 移动终端

(d) 动中通终端

图 4-8　卫星地球站

2) 机动终端

如图 4-8(b)所示，机动终端是可移动的，但在与卫星通信时，它固定在某一位置。卫星新闻采集车(SGN)就是这样一种终端，它移动到位置后停止不动，随后展开天线以建立卫星链路。

3) 移动终端

如图 4-8(c)所示，移动终端用来在运动中同卫星进行通信，一般采用 L、S 频段，通信速率低。根据终端在地球表面或邻近表面的位置，可进一步分为陆地移动终端、航空移动终端和海上移动终端。

4) 动中通(SOTM)终端

如图 4-8(d)所示，动中通终端用来在运动中或行进中同卫星进行通信，通常采用 Ku、Ka 频段，通信速率大于 512 kb/s。根据终端在地球表面或邻近表面的位置，可进一步分为陆地动中通终端、航空动中通终端和海上动中通终端。

4.1.3　通信过程

卫星通信，也就是说通信过程要依赖于卫星，即从地球上发射信号到卫星，然后在地球上的不同位置接收卫星转发的信号。将信号发射到很高的中继点上，这样无论我们在世界上的什么位置，只要能看到中继点或卫星，就可以接收中继点转发的信号。这种大范围的广播能力产生了应用于各种业务类型(例如卫星电话、电视转播、互联网业务、军事通信等)的卫星。但是，这个过程是怎样实现的呢？这是一个非常复杂的问题。为简化问题，我们用手电筒打个简单的比方(如图 4-9 所示)。

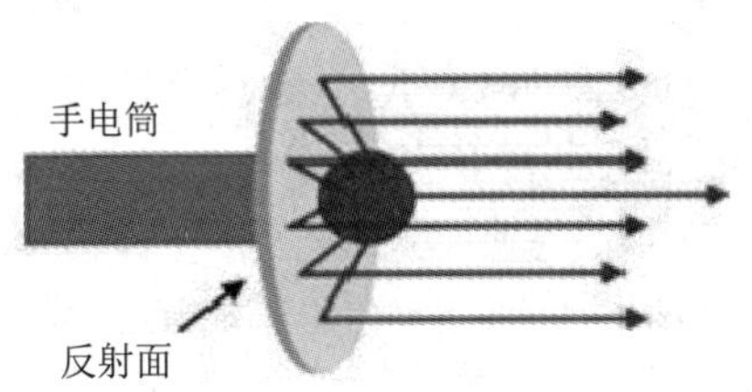

图 4-9　手电筒

打开手电筒开关，电灯泡就类似于信号发生器，它可以是声音、数据或者任何你想发送的内容，将这些信号都想象为电灯泡发出的光。电灯泡后面的反射面就类似于天线。

对于一个比较好的手电筒，你会发现手电筒发出的光并不是射向四周的，而是集聚为一个光柱。光柱就类似于向卫星发射的电磁波波束。

下一步，找一堵白色的墙，或者一块 10 cm × 10 cm 的白色小卡片更好。在房间中高举卡片或将卡片放置在墙上，并使手电筒的光束对准墙壁或卡片，如图 4-10 所示，墙壁或卡片就类似于我们的卫星。

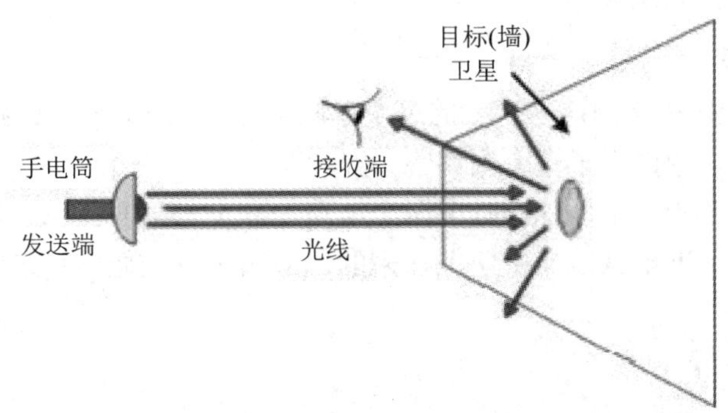

图 4-10　光的传播过程

如果你能够看到卡片上反射的光，那么你就能看到卫星。

将人的眼睛类比为接收机，光从手电筒传播到卡片上，然后反射回来并扩散到一片很大的区域。不管你站在哪里，只要能看到卡片，眼睛就能接收到手电筒发出的光。

卫星通信的过程就类似于上述光传播的过程。

通信卫星链路可由几个基本参数确定，其中一些参数可以沿用传统通信系统的定义，而另一些则是卫星通信专用的。

图 4-11 归纳了卫星通信链路评估中所用的参数，给出了地球站 A 和 B 之间的两个单向自由空间或空中链路。

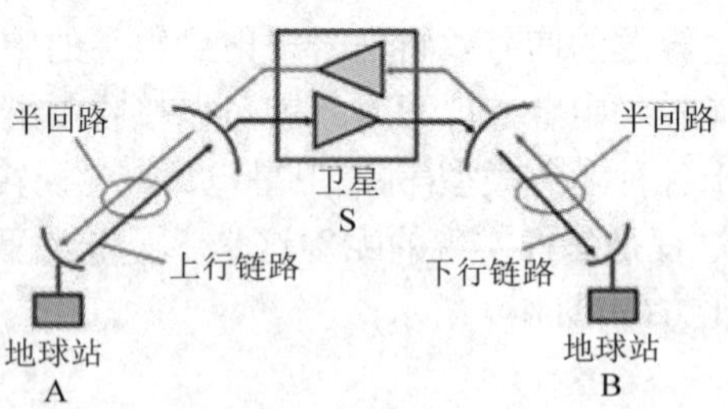

信道：A→B或B→A单向链路
回路：全双工链路，A⇄B
半回路：双向链路，A⇄S，S⇄B
转发器：基本卫星中继电子设备，通常为单信道

图 4-11　卫星通信的基本链路参数

1. 上行链路与下行链路

从地球站到卫星的链路称为上行链路，从卫星到地球站的链路称为下行链路。任一双向地球站都有一个上行链路和一个下行链路。

2. 转发器

星上接收上行链路信号，对信号进行放大并有可能进行处理，随后以新的格式将该信号发送回地面的电子设备称为转发器。图 4-11 中，转发器用三角形放大器符号表示(三角形的方向对应了信号传输的方向)，对于两个地球站之间的任何一个双向链路，卫星上都需要两个转发器。

卫星上接收和发射信号的天线通常不作为转发器电子设备的一部分，它们被定义为卫星有效载荷的一个独立组成部分。

3. 信道与回路

信道是指 A→S→B 或 B→S→A 的整个单向链路。双工(双向)链路 A→S→B 及 B→S→A 在两个地球站之间建立了一个回路。

半回路定义为其中一个地球站处的两个链路，即 A→S 和 S→A，或者 B→S 和 S→B。回路这个称谓是从标准电话定义中延续而来的，应用于卫星通信系统的卫星端。

4.1.4　系统噪声

由于通信距离比较远，卫星接收到的上行链路信号和地球站接收到的下行链路信号都比较弱，这使得卫星链路中的接收功率相当小，从而导致卫星通信系统对噪声特别敏感。

噪声包括自然的和人工的噪声，以及地球站和卫星设备内部产生的噪声。从卫星通信的观点来看，自然的和人工的噪声并不重要，而设备产生的噪声是噪声源的主体并且需要加以考虑。

在下面的内容中，将简要讨论一些参数，这些参数用来描述各个基本组成部分的噪声性能以及这些组合部分级联构成的系统的噪声性能。

1. 热噪声

热噪声产生于任何电阻器或者任何阻抗器件中，原因在于分子、原子和电子的随机运动。之所以称之为热噪声，是因为物体的温度就是上述这些粒子运动速率的统计均方根

(RMS)值。

由于这些粒子的随机运动，噪声功率几乎散布在所有的频率范围，因此这种热噪声又称作白噪声。

根据动力学理论，这些粒子的运动在绝对零度(即开尔文零度)时停止。因此，产生于电阻器或阻抗器件中的噪声功率直接与它的绝对温度成正比，并且与测量的带宽成正比，即

$$P_N = kTB_N \tag{4-1}$$

式中：T 为绝对温度(单位为 K)；B_N 为感兴趣的带宽(单位为 Hz)；k 为玻尔兹曼常数，$k = 1.38\times10^{-23}\,\mathrm{J/K}$；$P_N$ 为电阻器或阻抗器件输出的噪声功率(单位为 W)。

另外一种描述噪声的术语通常定义为噪声功率谱密度，由下式给出

$$P_{N0} = kT \tag{4-2}$$

式中：P_{N0} 为噪声功率谱密度，单位为 W/Hz。

这意味着噪声功率谱密度随着元器件物理温度的增加而增加。同样，要减少元器件产生的热噪声，可以通过降低其物理温度或噪声测量带宽，或二者结合的方法实现。

2. 噪声系数

一个元器件的噪声系数 NF 可以定义为输入信噪比与输出信噪比的比值，即

$$\mathrm{NF} = \frac{S_i / N_i}{S_o / N_o} = \frac{N_o}{(S_o / S_i)N_i} = \left(\frac{N_o}{N_i}\right)\left(\frac{1}{G}\right) \tag{4-3}$$

式中：S_i 为输入信号功率；N_i 为输入噪声功率；S_o 为输出信号功率；N_o 为输出噪声功率；G 为在特定带宽内的功率增益，$G = S_o/S_i$。

由于 $N_i = kT_iB_N$，其中 T_i 为环境温度(单位为 K)，因此，噪声系数 NF 可表示为

$$\mathrm{NF} = \frac{N_o}{GkT_iB_N} \tag{4-4}$$

然而，实际中的放大器也会引入一些噪声，这也会叠加到输出噪声功率上。如果引入的噪声功率为 ΔN，则

$$N_o = GkT_iB_N + \Delta N \tag{4-5}$$

$$\mathrm{NF} = \frac{GkT_iB_N + \Delta N}{GkT_iB_N} = 1 + \frac{\Delta N}{GkT_iB_N} \tag{4-6}$$

因此，噪声系数指的是实际输出噪声与器件没有引入任何噪声时的输出噪声之比。对无噪声器件来说，$\Delta N = 0$，此时 NF = 1，也即无噪声器件的噪声系数为单位 1。如果噪声系数高于 1，就意味着该器件为一个噪声器件。

3. 噪声温度

1) 有源器件

等效噪声温度 T_e 是器件噪声特性的另一种表达形式。当在理想器件前输入一个温度为 T_e 的噪声源时，理想器件输出与真实器件相同的噪声功率。

器件产生的噪声为$\Delta N = GkT_{e}B_{N}$，将其代入式(4-6)即可得到

$$\mathrm{NF} = 1 + \frac{T_e}{T_i} \quad 或 \quad T_e = T_i(\mathrm{NF} - 1) \tag{4-7}$$

噪声系数和噪声温度这两个参数常用于度量器件的噪声特性。

2) 无源器件

下面将讨论当器件为一个带有特定衰减系数的纯电阻衰减器时，如何对有效噪声温度的表达式予以修正。

如果 L 为衰减系数，那么此衰减器的增益 G 可表示为 $G=1/L$。衰减器输出端总的噪声功率表达式可写为

$$N_o = GkT_iB_N + GkT_eB_N = \frac{kT_iB_N + kT_eB_N}{L} \tag{4-8}$$

如果该衰减器等效噪声温度 T_e 与电阻馈入的温度 T_i 相同，则输出噪声值 N_o 可表示为

$$N_o = kT_iB_N \tag{4-9}$$

进一步，可得到

$$\frac{kT_iB_N + kT_eB_N}{L} = kT_iB_N \tag{4-10}$$

或者

$$\frac{T_i + T_e}{L} = T_i \tag{4-11}$$

从而可以得到

$$T_e = T_i(L-1) \tag{4-12}$$

此表达式给出了噪声源在温度 T_i 时，衰减系数为 L 的电阻衰减器的等效噪声温度。

4. 全系统的噪声温度

全系统是天线、连接天线输出端到接收机输入端的馈线以及接收机三者的级联，如图 4-12 所示。

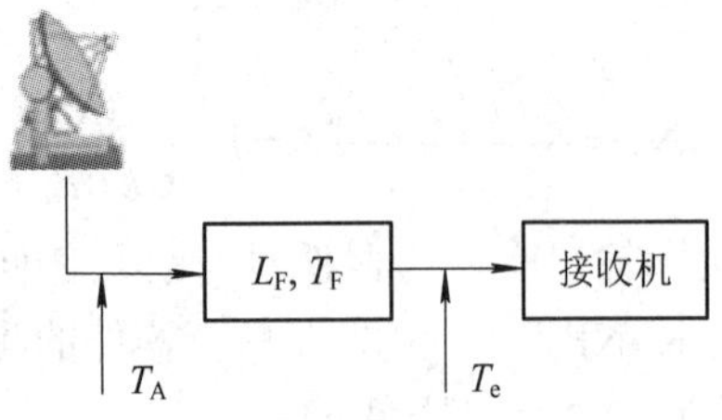

图 4-12　全系统噪声温度的计算

噪声温度表达式可以在两个位置给出：一是天线的输出端，即馈线的输入端；二是接收机的输入端。以天线输出作为参考的系统噪声温度 T_{SAO} 可写为

$$T_{SAO} = T_A + T_F(L_F - 1) + T_eL_F \tag{4-13}$$

式中：T_A为天线噪声温度；T_F为馈线热力学噪声，通常被当作环境温度；L_F为馈线衰减系数；T_e为接收机有效输入噪声温度。

以接收机输入作为参考的系统噪声温度 T_{SRI} 可以写为

$$T_{SRI} = \frac{T_A}{L_F} + \frac{T_F(L_F - 1)}{L_F} + T_e \tag{4-14}$$

式(4-13)和式(4-14)两个噪声温度表达式将天线、馈线、接收机的噪声均考虑在内。这两个噪声温度表达式强调了一个重要观点，即天线输出的噪声温度高于接收机的噪声温度，两者相差一个因子 L_F。这强调了在接收机射频前端要使损失最小的重要性。

5. 品质因数

卫星通信链路中接收机部分的品质或效率通常规定为品质因数(常用 G/T 表示)，定义为接收机天线增益 G_R 与接收机系统噪声温度 T_S 的比值，即

$$M = \frac{G}{T} = \frac{G_R}{T_S} \tag{4-15}$$

或者，可以表示为 dB 的形式：

$$M = G_R - 10\log(T_S) \tag{4-16}$$

G/T 是衡量接收机系统性能的唯一参数，类似于 EIRP 是衡量发射链路性能的唯一参数。

在运营的卫星系统中，G/T 值的范围很宽，也包含负数(即在 0 dB 以下)。由于仰角不同，T_S 会有所变化，G/T 值也会随之变化。运营的卫星链路中 G/T 值可以高至 20 dB/K，也可以低至 −3 dB/K。较低的 G/T 值经常出现在带有宽波束天线的卫星接收机(上行链路)中，此时增益可能比系统噪声温度要低。

4.1.5 电波传输效应

卫星通信信号通常要穿越大气层才能够与外太空中的卫星建立联系，实现卫星对信号的转发通信，因此电磁波的大气层传输特性对卫星通信的链路设计有显著影响。对通信信号造成主要影响的是大气层最低层的对流层和延伸至80公里到1000公里高度的电离层。

大气层对信号的影响主要有以下几种形式：大气层的气体吸收、云层衰减、对流层闪烁引起的折射、电离层极化旋转、电离层闪烁、雨衰以及去极化效应。

造成衰减以及去极化效应的原因来自电磁波与大气层不同组成部分的交互作用。衰减的定义为：在给定时间里，理想情况下应该接收到的信号能量与实际接收到的信号能量之差。去极化效应是指能量从有用信道到无用信道的转换。这里的有用信道是指同极化信道，而无用信道是指交叉极化信道。对于双极化卫星链路，去极化效应会造成同信道干扰以及串扰。

传播损耗可进一步分为两种类型，即近似恒定且可预测的损耗以及随机不可预测的损耗，第二种类型的损耗只能通过统计方法估计。自由空间损耗属于前一种，雨衰在很大程度上是不可预测的。这两种传播损耗共同作用引起接收信号强度的衰减。

由于某些损耗的随机特性，使接收信号强度随着时间起伏改变。在严重衰落期间，信号强度甚至会降到可接受的最低门限以下，并且总的持续时间占到总时间的1/24。

1. 自由空间损耗

自由空间损耗是指仅仅由离发射机的距离引起的信号强度损失，它是电磁能量损耗的首要因素。

在没有任何物质的情况下(真空情况下)，电磁波信号的衰减是按照辐射能量与传播距离的平方呈反比的关系减小的，截面积为 1 m^2 的天线接收到的能量仅为 $P_T/(4\pi r^2)$，这里的 P_T 为发射能量，r 为天线与发射机之间的距离。

在上行链路中，地球站的天线作为发射机，卫星的转发器作为接收机，下行链路情况相反。

自由空间路径损耗部分 L_p(dB)能够通过下式计算：

$$L_p(\text{dB}) = 20\log f + 20\log r + 32.44 \tag{4-17}$$

式中：f 为系统的工作频率。

2. 大气吸收

电磁波在通过对流层时，其能量会被吸收并且转化为热量。原因主要是由于大气中氧分子和水蒸气的存在，但是在 1～15 GHz 频段内吸收作用并不明显。至于其他的气体，如氮气几乎没有吸收峰值，而二氧化碳则在 300 GHz 附近有一个明显的吸收峰值。

大气中的自由电子同样会造成吸收，原因在于电磁波与这些电子的碰撞。但是，自由电子吸收只有在频率低于 500 MHz 时才表现得比较明显。

图 4-13 表明了天顶路径大气吸收情况，也就是当仰角为 90° 时的吸收损耗关于频率的函数。从图中可以看到吸收损耗最大的位置对应的频段。

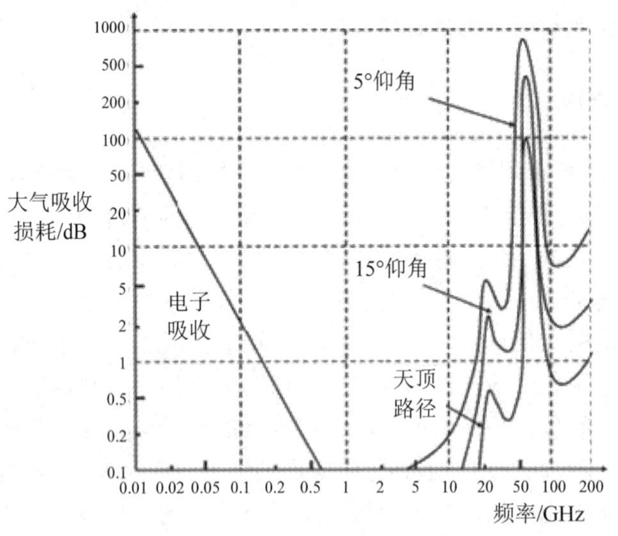

图 4-13　大气吸收与频率和仰角的关系

第一个吸收带是由于水蒸气的谐振吸收，发生在 22.1 GHz 处。第二个吸收带是发生在 60 GHz 附近的氧分子谐振吸收。

因此，这些吸收带所处的频率不能用于卫星通信的上行链路或者下行链路，但是它们可以用于卫星间链路。

同时，需要注意的是大气吸收不仅与频率有关，还与温度、压强、相对湿度以及仰角等有关。

低仰角对应的传输路径较长。小于 90° 的任意仰角的大气吸收可以通过在天顶吸收的基础上乘以吸收系数 1/sin*E*(*E* 为天线仰角)来校正。通过这个校正，我们可以看到在 1～15 GHz 频段内，单路吸收系数的范围从 90° 仰角的 0.03～0.2 dB 增长到 5° 仰角的 0.35～2.3 dB。

大气吸收同样随着湿度的增加而增大。对于 22.1 GHz 附近的水蒸气谐振吸收，其损耗从相对湿度为 0%的 0.05 dB 增加到相对湿度为 100%的 1.8 dB。同时需要提到的是，图 4-13 给出的数据只适用于海平面位置地球站，如果地球站的高度增加则相应的损耗会减少。

从图 4-13 中可以明显发现两个传播窗口，即吸收作用很小或者有局部极小值的频道。第一个窗口在 500 MHz 到 10 GHz 之间，第二个窗口在 30 GHz 附近。这就是为什么 6/4 GHz 频段应用广泛的原因，而 30/20 GHz 频段日益受到关注的原因就是该频段处于第二个窗口，在 30 GHz 附近大气损耗存在一个极小值。14/11 GHz 频段的损耗在卫星通信的可接受范围内，其在 5° 仰角时损耗为 0.8 dB，而在 15° 仰角时为 0.2 dB。

3. 雨衰

降雨是造成电磁波能量损失的又一个主要因素，雨衰是由电磁波在雨中传播时雨滴吸收和散射引起的能量衰减。需要注意的是前文提到的大气吸收损耗一般认为是近似常数且可预测，然而，由于降雨、雾、云层、降雪等引起的损耗是变化的且难以预测。但是，这些损耗能够估计，用于在可能需要的情况下提供链路设计余量的参考。

雨衰随着频率的增大而增大，随着仰角的增大而减小，如图 4-14 所示。

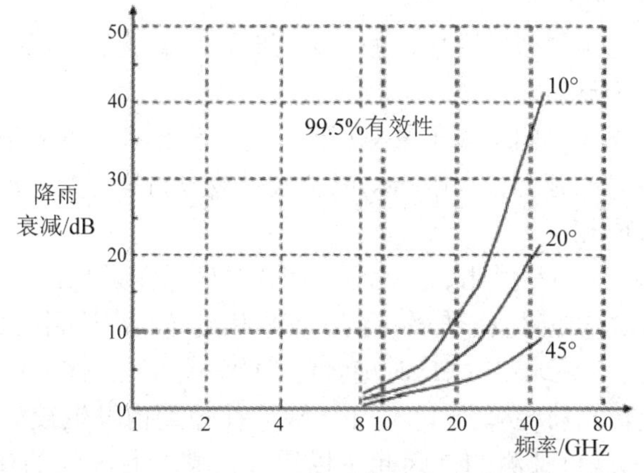

图 4-14　雨衰与频率和仰角的关系

从图 4-14 中可以看出，显然雨衰对 C 波段(4/6 GHz)卫星链路影响很小。但是，当频率上升至 10 GHz 以上时，雨衰开始严重影响链路。因此，当卫星链路的频率选择为 10 GHz 以上时，必须对雨衰进行估计，通常在卫星系统覆盖区域内的多个地点进行大量测量来得到雨衰估计。

降雨不仅会带来能量的衰减，还会引起去极化效应。去极化效应会降低卫星通信系统的交叉极化隔离度。观测结果表明，圆极化波受到的去极化效应比线极化波更为严重。

降雨引起的去极化效应是由大气阻力引起圆形雨滴被压扁(非对称性)而造成的。去极化效应对于 C 波段和 Ku 波段的低频部分没有多大的危害，主要是对 15 GHz 以上的电磁波产生影响。

4. 云层衰减

云层衰减对于低频段(L、S、C 和 Ku 频段)来说基本无影响，但是对采用 Ka 和 V 频段(50/40 GHz)的卫星通信系统来说就成了一个重要的影响因素。

水滴构成的云造成的衰减值要远远大于冰晶构成的云引起的衰减值。冰晶构成的云引起的衰减基本可以忽略。在温带纬度区，频率为 30 GHz 附近，仰角为 30° 时，水滴构成的云引起的衰减典型值为 1～3 dB。但是，衰减值随着云层的厚度以及出现概率的增加而增加。同大多数的传播效应一样，仰角越低，云层衰减也越大。

5. 电离层影响

电离层是地球大气空间中的电离区，是由于大气中的不同气体成分与太阳辐射之间的相互作用引起的，延伸范围为距离地面约 80～90 公里到 1000 公里。电磁波穿过电离层时会受到多种影响，从卫星通信的角度来说，仅有某些效应占据主导，例如极化旋转(也称为法拉第效应)和电离层闪烁(即电磁波的幅度、相位、极化和到达角的快速起伏变化)。

电离层还会对电磁波造成其他影响，如吸收、传输延迟、散射等。但是这些影响在卫星通信的主要有用频段可以忽略，除非发生强烈的太阳活动，如太阳耀斑。

同样，大部分的电离层效应，比如极化旋转和电离层闪烁，会随着频率的增大而减小，与频率的平方呈反比。

这里仅简要介绍两个主要效应。

1) *极化旋转——法拉第效应*

当电磁波通过一个高电子密度区域，如电离层时，电磁波的极化面会因为电磁波与地球磁场的相互作用而发生旋转。

极化面的旋转角与电离区的总电子量呈正比，与工作频率的平方呈反比。同时，旋转角也与电离层的状态、时间延迟、太阳活动以及入射波方向等有关。极化的旋转方向与发射和接收信号的极化方向相反。

由于旋转角与频率的平方呈反比，因此据观测该效应只在频率低于 2 GHz 时比较显著。最差情况下，对于 1 GHz 的电磁波，在特定情况下极化旋转角会达到 150°。根据旋转角与频率平方的反比关系，我们得到在 4 GHz 时旋转角可能只有 9°，在 6 GHz 时旋转角仅有 4°。对于 Ku 频段来说，旋转角将会降到 1° 以下。除非在短期内发生较大的太阳活动，如磁暴等，法拉第效应基本是可预测的，因此可以通过调整接收天线的极化来补偿该效应。

圆极化基本不受法拉第效应的影响，因此采用圆极化将会使该效应的影响降到最小。

2) *电离层闪烁——闪烁效应*

如上所述，闪烁是指信号幅度、相位、极化以及到达角的快速无规则变化。在电离层中，由局部电子浓度起伏变化引起的小范围的折射率变化会造成闪烁。

来自太阳的能量使得电离层在白天的总电子浓度密度(面积为 1 m^2 的从地面穿过地球大气层的垂直柱体中存在的总电子数)比夜间多 2 个数量级。总电子浓度从日间到夜间的快速变化引起了电离层的不规则性，该不规则性主要发生在具有最高电子浓度的 F 区。

电离层的不规则性引起折射，造成信号幅度和相位的快速变化，这就导致了称为电离层闪烁的信号的快速波动变化。

因此，信号通过两个路径到达接收天线，即直接路径和折射路径，如图 4-15 所示。多径信号会同时导致信号增强和信号抵消，取决于这些多径信号到达接收天线的相位关系，最后的合成信号是直接信号和折射信号的矢量和。在极端情况下，当折射信号的强度与直接信号的强度相当时，如果二者的相位相差 180°，则会导致信号抵消；另一方面，两个信号的同相瞬时合成会使得信号能量增大 6 dB。

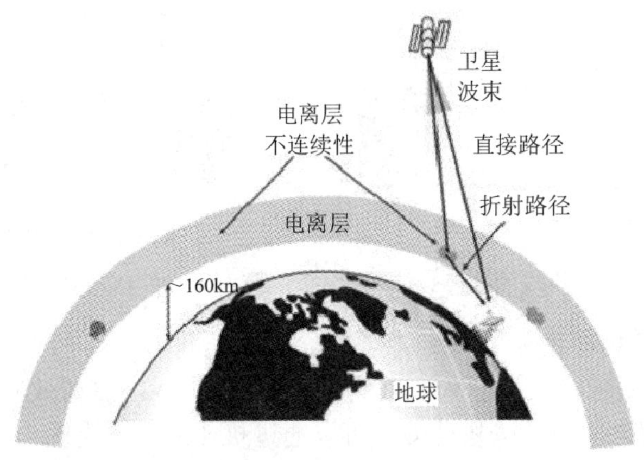

图 4-15 电离层闪烁

闪烁效应与工作频率的平方呈反比，且主要针对低频部分，通常低于 4 GHz。但是，闪烁效应在较强的太阳活动期间和其他极端条件下(如磁暴)会增强。同时，在赤道以内 25% 区域内闪烁效应最为严重。在这些恶劣的情况下，闪烁也会对工作频率为 6/4 GHz 的卫星通信造成影响。

但是，在 Ku 波段及其以上波段，该效应可以忽略。同时，与对流层闪烁不同的是，电离层闪烁与俯仰角无关。

在闪烁可能造成影响的区域内，需要增加额外的传输能量作为链路裕量以应对闪烁效应，维持链路的可靠性。

6. 多径衰落

如前所述，电离层闪烁会导致多径效应，其中间接信号的产生来自电离层 F 区的小范围离子浓度变化引起的折射。同时，信号受到遮挡造成的反射和散射也会引起多径效应，这些遮挡可能是建筑物、树木、山以及其他的人造和自然物体。对于固定卫星通信终端，只要卫星相对于卫星终端的位置保持不变，则多径效应基本保持不变，并且不随时间变化(如图 4-16 所示)。

但是，对于移动卫星终端，多径效应则为时变的。典型的情况为移动终端会接收到直接信号和通过高速公路、建筑物以及附近的山和树木反射回来的信号。这两种信号的相对相位差会带来信号增强或衰落(如图 4-17 所示)。

另外，衰落信号还会随着卫星相对于反射点位置的变化而变化。因此，相比于固定接收站，移动卫星服务(MSS)终端受到的多径效应的影响更为严重和不确定，原因在于移动的星-地路径随着移动终端的移动而不断变化。同时，移动终端通常采用宽波束接收天线，不能提供足够的分辨率来区分多径信号。

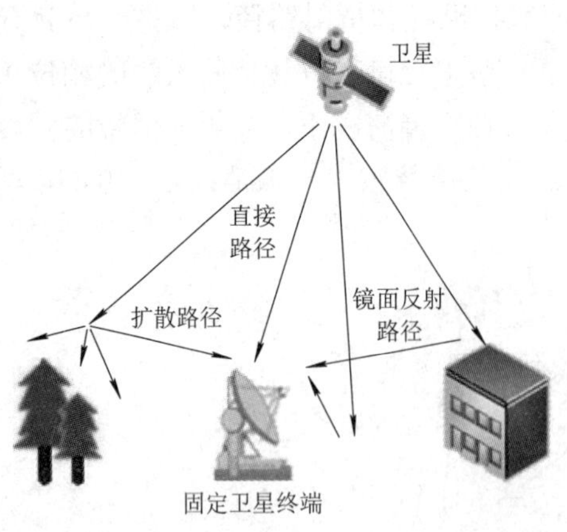

图 4-16　固定卫星通信终端的多径衰落

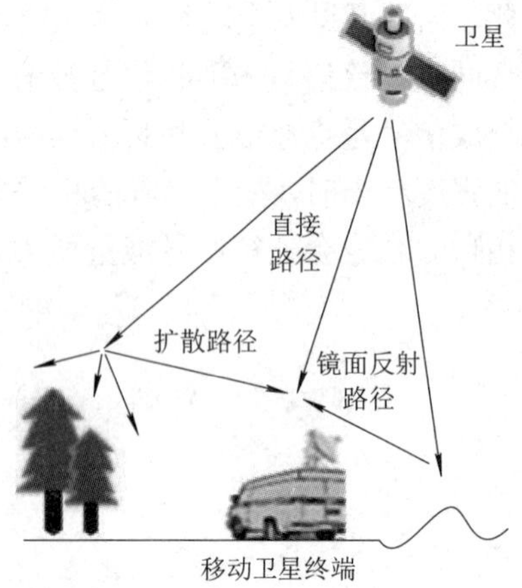

图 4-17　移动卫星通信终端的多径效应

7. 应对传播效应的对策

如前所述，传播效应广义上分为衰减效应和去极化效应。衰减效应可以通过功率控制、信号处理和分集技术来应对。去极化效应可以通过极化补偿来克服。

下面简要介绍这些技术。

1) 衰减补偿技术

衰减补偿技术分为以下三个方面。

(1) 功率控制。

功率控制是指改变信号的 EIRP 来增强载波噪声功率比 C/N。为了补偿传输路径信号衰减的变化，可采用自适应功率控制对发射机功率进行调整，该方法称为上行功率控制(ULPC)，它能够增强总连接可用性。

ULPC 可以用开环或者闭环模式实现。在开环模式中，下行信号的衰落用以预测可能的上行信号衰落水平，并且相应地增加信号功率。在闭环模式中，信号功率在卫星上检测，并且发送一个控制信号给地面站，用于实时调整传输功率。

显然，闭环控制比开环控制更为精确，但是造价也更高。

(2) 信号处理。

信号处理是指采用星上处理技术将地球发送的上行信号转换到基带上处理并转发回地球。卫星转发器解调到达卫星的上行信号，解复用并且解码。每一个单独的业务分组都在基带上进行处理，因此大部分的比特误码都可以去除。

另外，每一个分组的信号强度都可以检测出来，如果接收分组的能级降低到一定阈值，则还能够向发射地球站发出告警。这些分组随后进行编码、复用以及调制，最后传回地球。

(3) 分集技术。

目前，业已提出许多分集方案用于增强信号强度，但是由于费用问题，该技术并没有实际投入使用。分集技术分为时间分集、频率分集以及位置分集。位置分集由于能提供最大的增益而成为最有潜力的一种技术。

在时间分集技术中，TDMA 中额外的时隙分配给受到降雨影响的链路，使得相同的信号通过一个更低的比特率发送，从而减小带宽，提高 C/N。

在频率分集中，信号的频段可以从有较大衰减的波段切换至衰减小的波段。例如，受降雨影响的 Ku 频段链路就可以切换到不会受到明显雨衰的 C 波段，这需要地球站配备额外的 C 波段发送和接收能力。

位置分集是这样一种技术，它通过将两个或者多个地球站从位置上分开足够远来保证各个地球站接收到的信号的雨衰以及其他衰减互不相关。各个地球站之间互相连接，以便使得任意一个地球站都可以在另外的一个或者多个地球站遭受衰减时用来支持业务流。

2) 去极化补偿技术

去极化补偿技术是补偿信号通过大气层时产生的去极化效应的技术。可以通过调节天线的馈电系统来达到去极化效应。

另一个补偿技术是在接收机中交叉耦合正交极化信道，从而计算出去极化信号，然后在接收信号中减去该去极化信号。由于花费较高，只有很少的地面站采用了去极化补偿技术。

4.2 卫星通信地球站

卫星通信网络或系统包括三个关键的要素：一是地面段；二是空间段；三是地面段和空间段之间的上/下行链路。本节主要介绍地面段的有关知识，首先根据结构不同对地球站进行分类，接着讨论地球站的组成以及各子系统的功能，之后学习地球站天线指向角的计算方法以及改变天线指向的天线座，最后介绍卫星动中通和地球站设计基础。

4.2.1 地球站的分类

地球站是指位于地球陆地、空中或海上的卫星终端站。地球站可以与一个或多个人工、非人工的空间站进行通信(如图 4-18 所示)，也可以通过一个或多个宇宙空间中的卫星或其他物体反射，与其他的地球站进行通信(如图 4-19 所示)。在卫星通信中，大多数地球站都能够同时发送和接收信息，但在某些特殊的应用中，地球站只具有发送或者只具有接收功能。仅具有接收功能的地球站主要用于广播卫星的信息接收，仅具有发送功能的地球站则主要应用于数据采集系统。

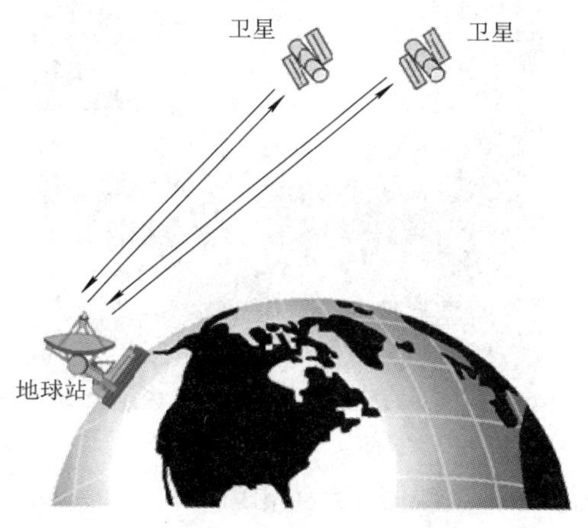

图 4-18 地球站与卫星的通信

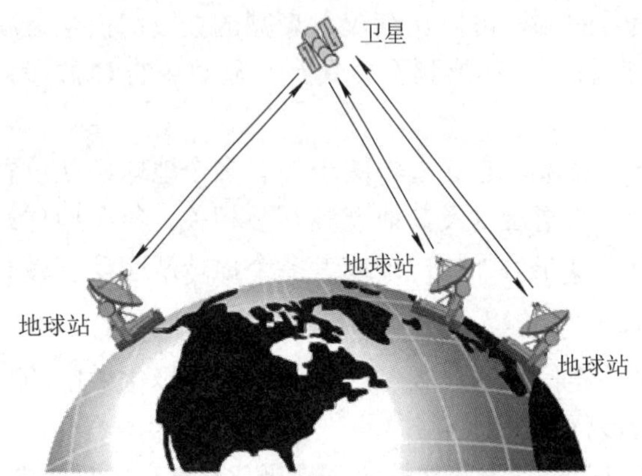

图 4-19　地球站之间的通信

根据提供业务或使用功能的不同，地球站可以分为不同的种类。

根据提供业务的不同，地球站可以划分为以下三种类型：固定卫星业务(Fixed Satellite Service，FSS)地球站，简称为固定站；广播卫星业务(Broadcast Satellite Service，BSS)地球站，简称为广播站；移动卫星业务(Mobile Satellite Service，MSS)地球站，简称为移动站。

根据使用功能的不同，地球站可以划分为以下两种类型：单功能站(Single Function Stations)；关口站(Gateway Stations)。

下面将对上述各种类型的地球站进行简要的说明。

1. 固定站

1) 固定站的种类

根据品质因数的大小，固定卫星业务地球站还可以细分为以下几类：

(1) 大型站。大型站的品质因数 $G/T \approx 40$ dB/K，图 4-20 所示为一个大型站的实例。

图 4-20　大型站

(2) 中型站。中型站的品质因数 $G/T \approx 30$ dB/K。

(3) 小型站。小型站的品质因数 $G/T \approx 25$ dB/K。

(4) 收发微型站。收发微型站的品质因数 $G/T \approx 20$ dB/K，图 4-21 所示为一个收发微型站的实例。

图 4-21　收发微型站

(5) 单收微型站。单收微型站的品质因数 $G/T \approx 12$ dB/K，图 4-22 所示为一个单收微型站的实例。

图 4-22　单收微型站

2) 固定站的特点

固定卫星业务地球站一般和静止轨道卫星进行通信，其主要业务包括语音、数字以及电视广播等。FSS 卫星工作于 C 波段(3.7～4.2 GHz)或 Ku 波段(欧洲为 11.45～11.7 GHz 和 12.5～12.75 GHz，美国为 11.7～12.2 GHz)。

相对于下面要介绍的广播站来说，固定站的功率要低一些，所以其天线口径都比较大。另外，固定站卫星转发器通常使用线极化波，而广播站则使用圆极化波。

2. 广播站

1) 广播站的种类

根据品质因数的大小，广播站可以分为以下几类：

(1) 大型站。大型站的品质因数 $G/T \approx 15$ dB/K，主要用于社区信号接收。

(2) 小型站。小型站的品质因数 $G/T \approx 8$ dB/K，主要用于个人信号接收。

2) 广播站的特点

国际电信联盟(International Telecommunication Union，ITU)为广播站的业务分配了特定的频段，在 1977 年 ITU 的规划中，每个不同区域使用不同的频段提供广播业务。其中，中国位于区域 3，分配的频段为 11.7～12.2 GHz。

广播业务又被称作直播业务(Direct Broadcast Service，DBS)或者直接到家(Direct-To-

Home，DTH)业务，当使用小口径天线接收数字和模拟视频或话音业务时，DBS 和 DTH 的涵义是一样的。

3. 移动站

1) 移动站的种类

根据品质因数的大小，移动站可以分为以下几类：

(1) 大型站。大型站的品质因数 $G/T \approx -4$ dB/K，需要通过卫星跟踪来保持波束指向。

(2) 中型站。中型站的品质因数 $G/T \approx -12$ dB/K，也需要通过卫星跟踪来保持波束指向。

(3) 小型站。小型站的品质因数 $G/T \approx -24$ dB/K，不需要进行卫星跟踪。

2) 移动站的特点

移动站主要提供电话业务，但与地面蜂窝网不同的是，此时不再是通过基站而是通过卫星为用户提供通信连接，而且既可以是静止轨道卫星，也可以是低轨卫星。

(1) 静止轨道卫星。若采用静止轨道卫星，3 到 4 颗卫星就可以保证对全球的连续覆盖，不过这些卫星的重量大，所以建造和发射的成本很高。静止轨道卫星的时延比较大，影响电话和数据传输服务的质量，而且通信容易受地面障碍物的遮挡。

(2) 低轨卫星。低轨卫星可以克服静止轨道卫星的缺点：首先，低轨卫星比静止轨道卫星轻；其次，低轨卫星的时延比静止轨道卫星小很多；最后，如果在卫星和地球站之间有障碍物，则可以很快地由其他卫星代替被遮蔽卫星与用户继续通信。低轨卫星通信系统最重要的一个优点是可以实现全球的无缝覆盖。“铱”系统和“全球星”系统是目前两个最主要的提供移动卫星业务的低轨系统，其中“全球星”系统包含 44 颗卫星，轨道为 52° 的倾斜卫星轨道，覆盖除了两极以外的所有地区；“铱”系统包含 66 颗运行于极地轨道上的卫星，覆盖包括两极在内的全球所有地区。如图 4-23 所示，“铱”系统中存在星际链路，地球站向最近的卫星发送信号，然后通过星际链路传递到离目的站最近的卫星，最后由目的站进行接收。

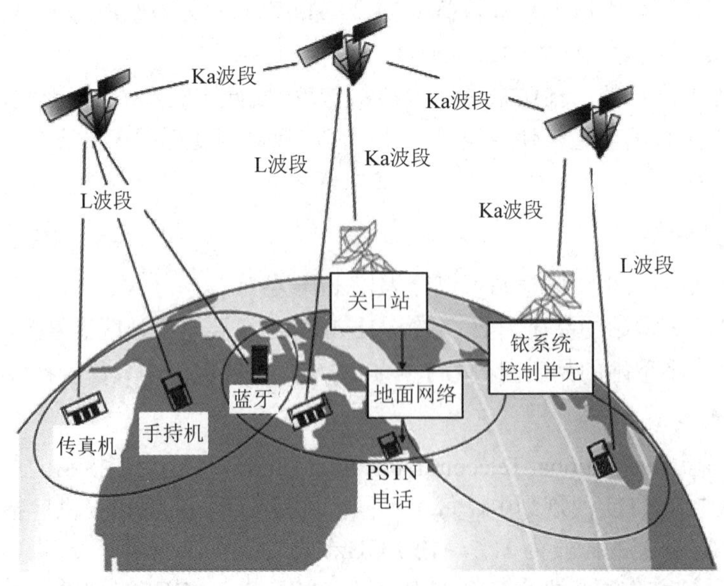

图 4-23 “铱”系统

4. 单功能站

单功能站的主要特点是它和卫星或卫星星座之间只存在某一种类型的链路，可以是单发站或单收站。例如用于个人用户的单收电视接收终端(TeleVision Receive-Only，TVRO，如图 4-24 所示)、广播电视发射站、手持卫星电话终端等。

图 4-24 TVRO 终端

5. 关口站

关口站可以作为卫星和地面网络之间的接口，也可以作为卫星之间的中继节点。这类地球站通过有线或无线的方式与地面网络相连，其中有线方式包括同轴电缆和光纤等，而无线方式主要是微波接力。

单功能站的主要功能是上/下行的链路传输，而关口站的主要功能是信号处理。

在任何时刻关口站都可能收到地面网络的大量数据，例如电话、电视、数据流等，而且这些数据的传输格式、复用和通信标准也不尽相同。

4.2.2 地球站的组成

地球站根据功能主要由以下分系统组成：

(1) 发送系统：其复杂度主要由载波数量以及同时与地球站通信的卫星数量决定。

(2) 接收系统：类似于发送系统，其复杂度主要由载波数量以及同时与地球站通信的卫星数量决定。

(3) 天线系统：通常采用一副天线发送和接收信号，而且通过复用技术允许地球站同时连接到多个发送和接收链路中。

(4) 跟踪系统：主要用于保证天线时刻对准卫星。

(5) 地面接口系统：地球站和地面网络之间的数据接口。

(6) 供电系统：提供维持地球站运行需要的电力。

地球站根据空间分布，主要由以下部分构成：射频(Radio Frequency，RF)部分、基带设备(Baseband Equipment)、地面接口(Terrestrial Interface)。另外，地球站还有下列辅助设备：主用电源以及备用电源、监控设备、环境控制单元(例如空调等)。

地球站的复杂程度取决于具体的应用，例如一个处理大量数据的中心固定站比一个单收的电视接收站要复杂得多。虽然地球站的实际结构取决于应用类型，但基本框架是类似的，图 4-25 给出了一个典型地球站的结构。

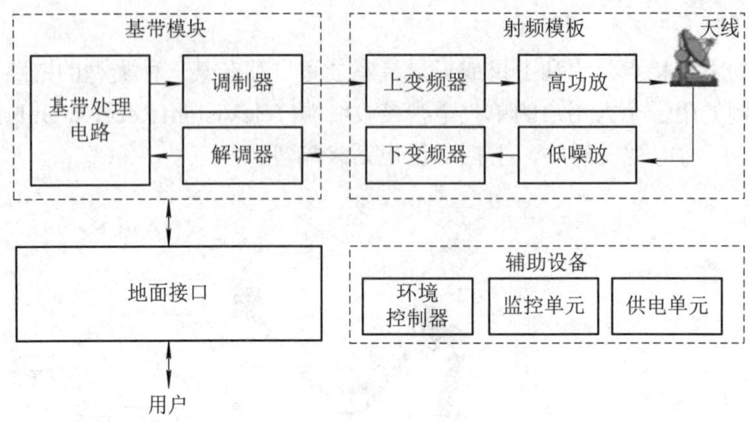

图 4-25　典型地球站的结构

1. 射频设备

图 4-26 是一个典型的地球站射频部分的组成框图，其中天线、低噪声放大器(LNA，简称低噪放)和下变频器构成了接收链路，而上变频器、高功率放大器(HPA，简称高功放)以及天线构成了发射链路。需要注意的是，地球站一般会使用一副天线进行接收和发送。

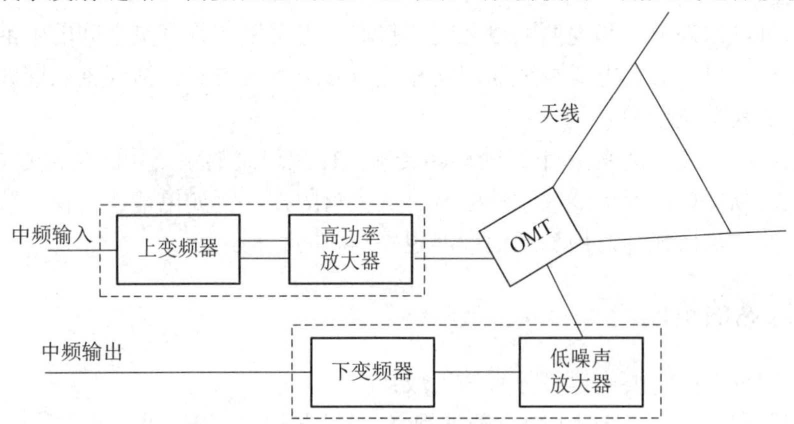

图 4-26　地球站射频部分的组成

低噪放模块(LNB)和高功放可通过正交模耦合器(OMT)连接到同一个馈源喇叭上，正交模耦合器可以为天线传输水平极化波和垂直极化波。

上变频器和下变频器与地球站的中频设备相连，中频信号频率通常为 70 MHz、140 MHz 或 L 频段。为减小线路损耗，往往将上变频器(将信号从 70 MHz 变频为 L 波段)和高功放合并为一个模块，而将下变频器与低噪放合并为一个模块。上变频器可为上行链路将信号从中频(通常为 70 MHz)变换到所需的射频频率上，而下变频器的作用刚好相反。

1) 天线

天线分系统是地球站中最重要的组成部分之一。一般来说，天线的尺寸越大，其增益越高。下面介绍几种地球站中常见的反射面天线。

(1) 主焦馈电抛物面反射天线。

主焦馈电抛物面反射天线的直径一般小于 4.5 m，如图 4-27 所示。这类天线存在另一种形式，即将连接到馈源喇叭的钩状行波管从抛物反射面的顶部延伸出来，而且与低噪模块相连。此时低噪模块位于抛物反射面的后部，这样不仅减少了对主波束的遮挡，而且损耗更小。

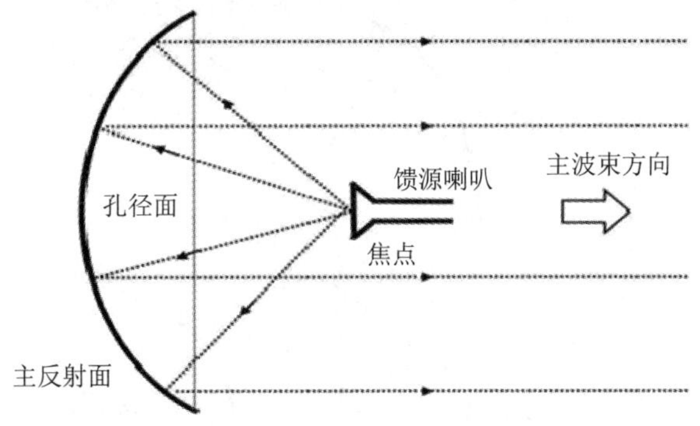

图 4-27 主焦馈电抛物面反射天线

(2) 偏移馈源分段抛物面反射天线。

偏移馈源分段抛物面反射天线的直径一般小于 2 m，如图 4-28 所示。偏馈的结构消除了馈源及其辅助装置对主波束的遮挡，从而提高了天线的效率并且降低了旁瓣的电平。

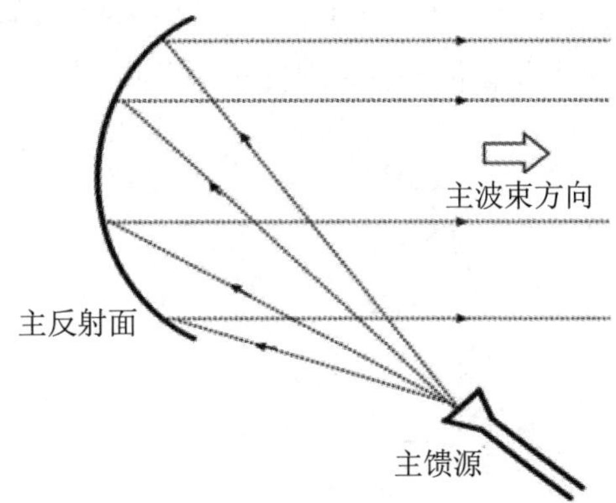

图 4-28 偏移馈源分段抛物面反射天线

(3) 卡塞格伦天线。

卡塞格伦天线克服了前馈馈电抛物面反射天线的大部分缺点，它利用一个位于焦点和主反射面之间的双曲面反射电磁波，如图 4-29 所示。在这种天线中，馈源位于主反射面的中心，它发出的电磁波被双曲反射面反射回主面，然后形成波束发送到卫星。

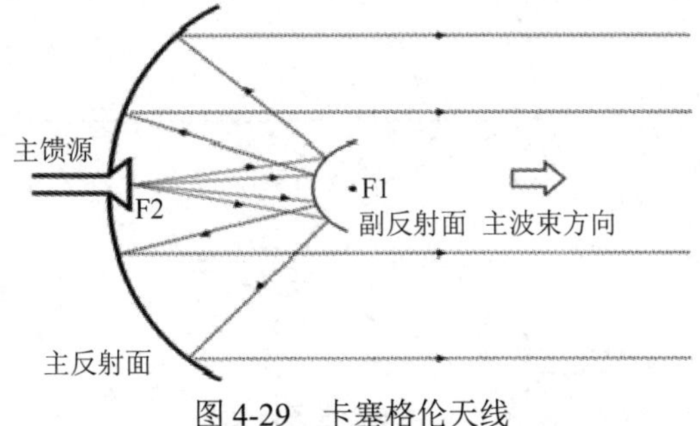

图 4-29 卡塞格伦天线

可以看出，卡塞格伦天线的前端电子装置不再位于主焦点上，而是处于天线面之上，甚至天线面的后部。另外，卡塞格伦天线也存在偏馈形式，如图 4-30 所示。

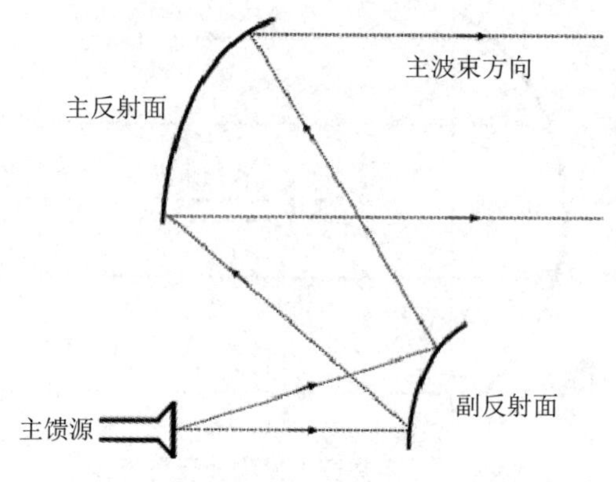

图 4-30　偏馈卡塞格伦天线

(4) 格里高利天线。

另一种常见的反射面天线是格里高利天线，如图 4-31(a)所示。这类天线有一个位于主馈源后面的凹形副反射面(卡塞格伦的是凸形)，其目的也是将电磁波反射回天线主反射面。在格里高利天线中，前端电子装置位于主、副反射面之间。另外，图 4-31(b)是偏馈形式的格里高利天线。

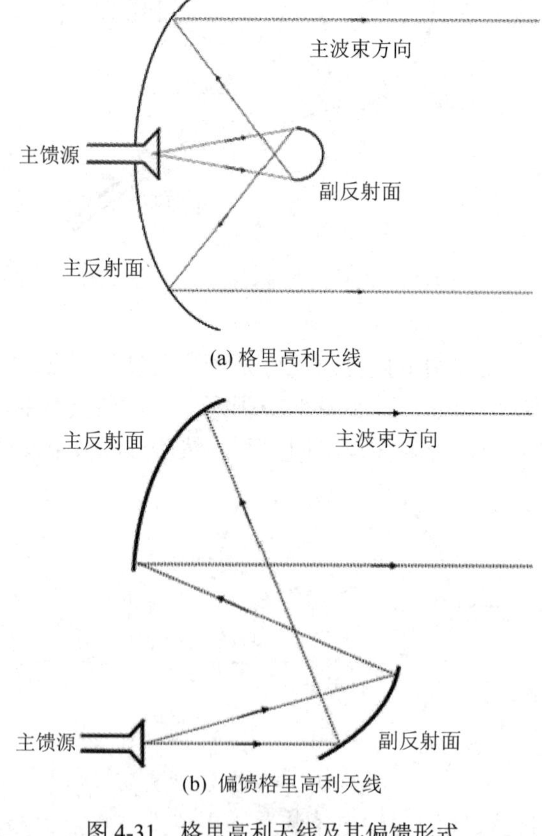

图 4-31　格里高利天线及其偏馈形式

2) 正交模耦合器

正交模耦合器(OMT)是一个三端口的波导器件，如图4-32所示。它为收发一体的天线传输线性的水平极化波和垂直极化波，即利用OMT可以实现发送和接收共用一副天线。其原理是OMT能够将两种相反极化模式的电磁波隔离开，因此如果接收和发送天线使用不同的极化方式就能够保持互不干扰或干扰很小。

在发送模式中，高功放模块输出的信号由馈源辐射到主反射面上，然后形成一个窄波束并被反射到空间中。而在接收模式中，主反射面接收到的信号则会聚于主焦点(馈源)，并被传递给低噪放。

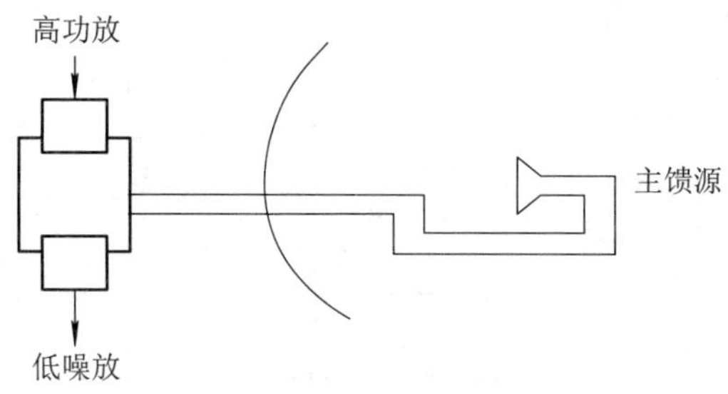

图4-32 三端口的OMT装置与主馈源

3) 高功率放大器(高功放)

等效全向辐射功率(EIRP)是决定地球站性能的一个关键参数，而高功放与EIRP密切相关，高功放的输出功率和发射天线增益的乘积再减去馈线损耗即为EIRP。

地球站为了获得特定的EIRP，可以使用一个输出功率适中的高功放和高增益天线，或者使用一个输出功率相对较高的高功放和一个增益大小适中的天线。

这种关系可以通过曲线直观地了解，图4-33中展示了当EIRP为80 dB时所需的高功放输出功率与天线直径参数的关系。由图可知，对于C波段转发器，直径为6 m的天线需要800 W的高功放，而对于10 m的天线只需要300 W的高功放。

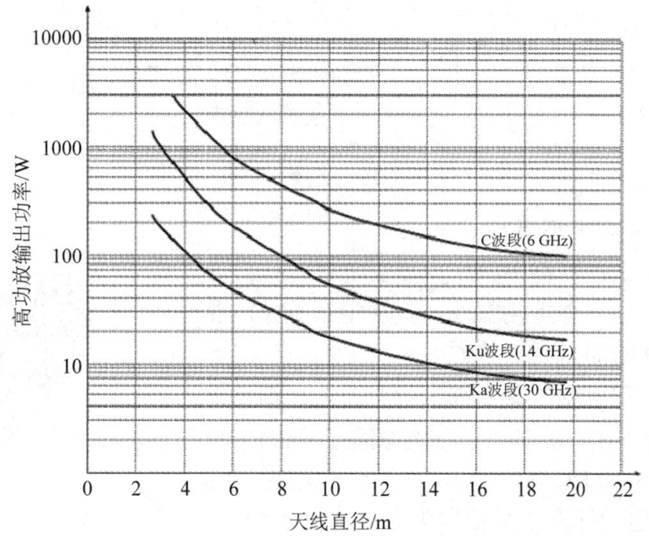

图4-33 特定EIPR下高功放输出功率与天线直径的关系

地球站的高功放主要有以下两种：

(1) 行波管放大器(Traveling Wave Tube Amplifiers，TWTA)。行波管放大器可以提供带宽大于500 MHz、功率从几瓦至几千瓦的输出信号。

(2) 固态功率放大器(Solid State Power Amplifiers，SSPA)。固态功率放大器提供的功率相对行波管放大器要小，但更加便宜也更加可靠。

对于多载波的情况，高功放有单级放大器和多级放大器之分。

(1) 单级高功放的结构。如图4-34所示，单级高功放将不同的载波在进入放大器之前进行合并，而放大器将输入的合成信号进行线性放大，以避免出现交调噪声。在图中，冗余的高功放用于备份，并接匹配负载。

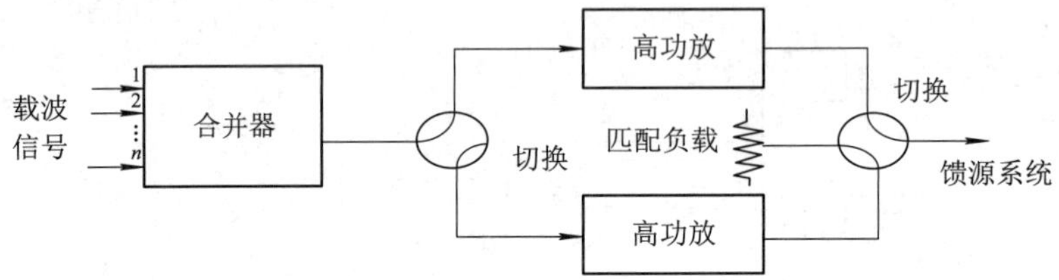

图4-34　单级高功放

(2) 多级高功放的结构。如图4-35所示，在多级高功放中，每个放大器放大一个或一组载波，而且放大的信号在高功放的输出端进行合并。这种配置可以使得高功放工作在几乎最高的额定功率，从而提高地球站的整体效率。当然，这种放大器需要更多的功率放大器件。

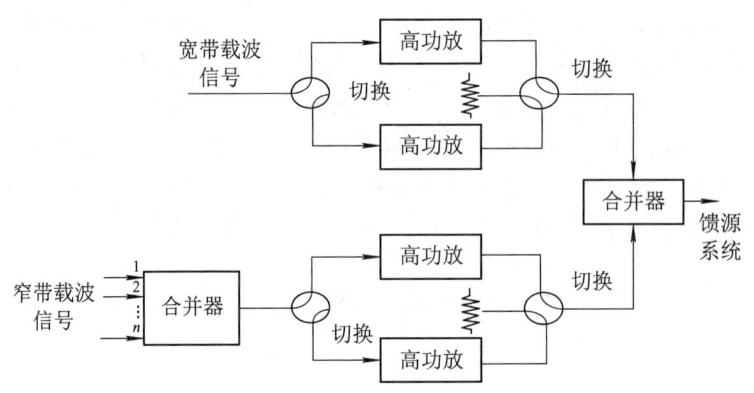

图4-35　多级高功放

4) 低噪声放大器(低噪放)

就像高功放是上行链路中的一个重要部件一样，低噪放是下行链路中的一个重要部件，它决定系统噪声温度，从而影响地球站的品质因数 G/T。

如果将低噪放和下变频器合成为一个模块，则该模块称为低噪模块(LNB)。它通过同轴电缆将天线的信号传递给内部设备，例如Ku频段输出的标准中频信号为L频段，Ka频段输出的标准中频信号为S频段。

图4-36　DTH天线和共置LNB

低噪模块一般与天线位置非常接近，而且直接与馈源相连，图 4-36 就是一个 DTH 天线和共置 LNB 的实例。

5) 上变频器

上变频器的作用是将调制器的中频信号转化为 C、Ku 或 Ka 波段的射频信号。单级频率转换上变频器的原理框图如图 4-37 所示。中频输入信号首先经过一个放大器和带通滤波器，产生较高功率、较低噪声的信号，然后与本地振荡器产生的高频信号进行混频，得到卫星上行链路需要的信号频率。

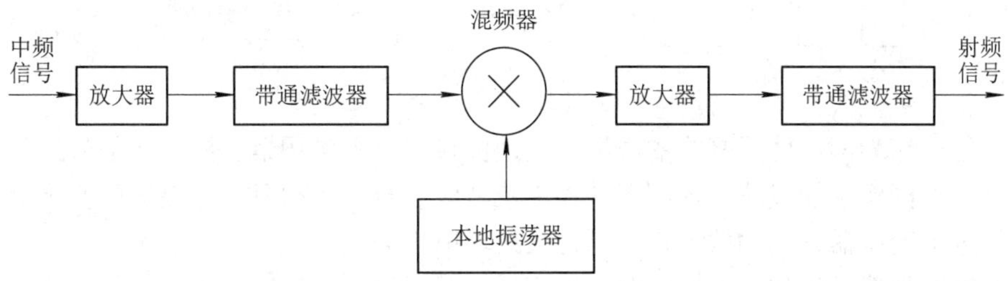

图 4-37 单级频率转换上变频器原理框图

频率合成器可为本地振荡器产生卫星上行链路频带内的任意频率信号。混频后的信号在进入高功放之前还要进一步放大。

混频器输出端的带通滤波器可以消除信号中上行链路频带范围内的本振频率和谐波分量，但滤波器的插入损耗会降低系统的 EIRP。需要说明的是，系统中的放大器主要用来提供增益以及降低中频设备和混频器给信号带来的噪声。

6) 下变频器

下变频器的信号流程与上变频器正好相反，它将接收到的 C、Ku 或 Ka 波段的射频信号转化为中频信号并输出给解调器。

单级频率转换下变频器的原理框图如图 4-38 所示，可以看出其结构与图 4-37 所示的单级频率转换上变频器的结构完全相同，只是信号的方向正好相反。

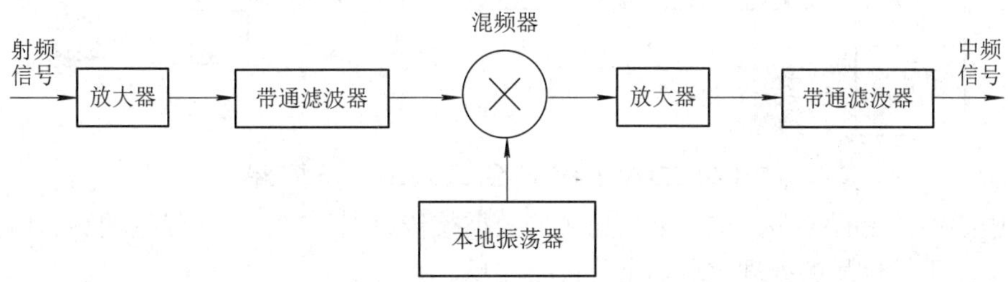

图 4-38 单级频率转换下变频器原理框图

2. 中频和基带设备

中频和基带设备主要包括基带处理电路、调制/解调器、复用和解复用器。其作用是进行信号的调制和解调，其复杂度取决于采用的调制方式和多址技术。

下面通过频分多址(Frequency Division Multiple Access，FDMA)和时分多址(Time Division Multiple Access，TDMA)两个类型实例进行说明。

1) 实例 1

全双工多载波 FDMA 地球站的原理如图 4-39 所示。

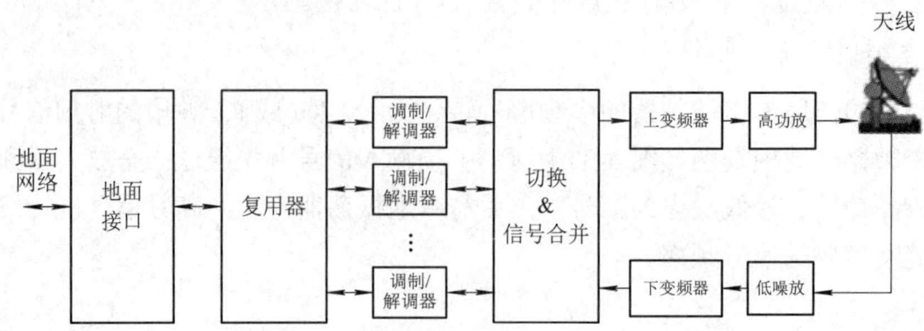

图 4-39　全双工多载波 FDMA 地球站

以上行链路为例，地面网络的数据通过地面接口进入复用器得到合成信号，然后经由调制器得到不同频率的载波。调制器的输出载波经过合并后得到一个高速的宽带信号，然后依次经过上变频器、高功放，最后通过天线辐射出去。

下行链路的信号流程与上行链路刚好相反，不再进行阐述。另外，为提高可靠性，所有或部分关键设备都有冗余。

2) 实例 2

TDM/TDMA VSAT 终端的工作原理图如图 4-40 所示，它主要由中心站、卫星和远端站组成。

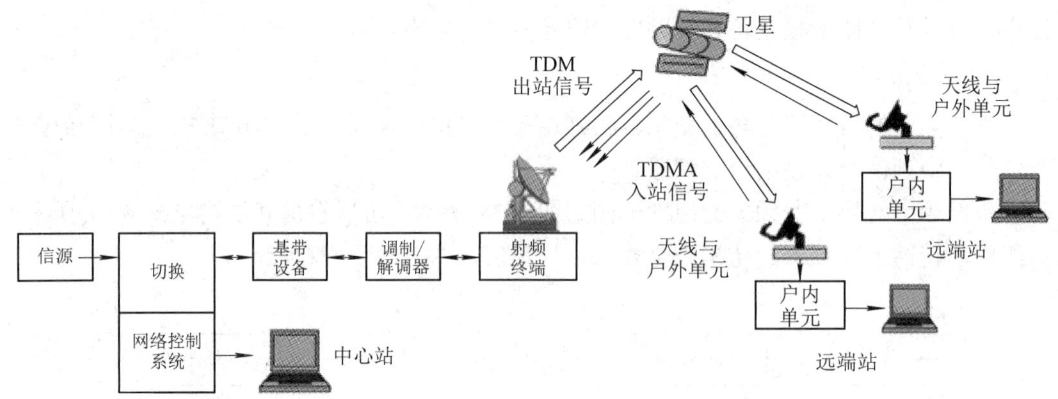

图 4-40　TDM/TDMA 交互式 VSAT 终端原理图

以中心站的上行链路为例，来自信源的数据被传递到基带设备，经过调制后由天线发送至卫星。下行信号的处理过程与上行链路相反。

在这个过程中，发送到不同远端站的信号共享一个载波，但是发送的时间不一样，即各远端站只在特定的时隙内接收(属于自己的)信号。这样在每一个地球站只需要一个调制/解调器，而远程终端只需要接收分配给它的时隙信号。

反过来，远端站也只在特定的时隙发送相同频率的载波信号，而且在时间上互不干扰，因此中心站通过区分不同时隙可以判断当前信号是来自于哪个远端站。

3. 地面接口

地面接口是地球站与用户的连接部分，如果设计不合理就会影响到系统的整体服务质量，而地球站提供的业务和功能决定着地面接口的复杂度。地面接口主要由地面引接和接口两部分组成。

1) 地面引接

地面引接把地球站和一个或多个远端用户相连接，可以通过微波或光纤实现，长度从几米到几百公里不等。

地球站通过地面引接与地面数据中心相连的示意图如图 4-41 所示。射频部分和地球站的主要单元通过光纤相连，而地球站利用微波链路将数据传递到交换局，最后交换局通过公共或专用线路与用户进行通信。

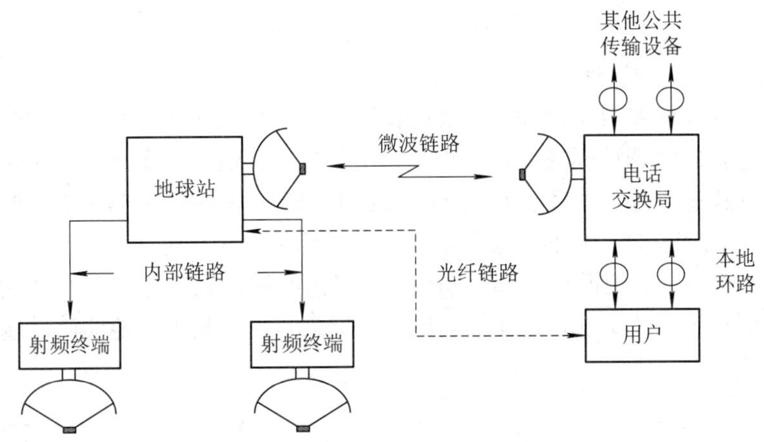

图 4-41 典型的地面引接示意图

光纤和微波链路都具有较高的有效性和可靠性。光纤的电磁干扰极小，更多地应用于较短线路的传输，例如地球站与其他处理设施的连接、VSAT 与用户之间的连接等。微波中继也是一种较好的短距离线路连接方式，但它更多地应用于较长距离的线路连接。一般来说，光纤相对微波链路成本更高，特别是在大城市等比较拥挤的地区。

2) 接口

地球站与地面网络之间的接口主要有电话接口(话音)、数据传输接口(数据)和电视接口(视频)。

(1) 上行链路的地面接口。

大型的商业地球站需要处理大量的话音、数据和视频业务，它们通过微波或光纤信道采用时分或频分复用的方式从地面网络传递到地球站。

由于这些业务采用时分或频分的信号体制进行传输，因此地球站需要对这些信号进行解复用，并转化为适合卫星链路传输的格式，如图 4-42 所示。解复用后，信号进入地球站的上行链路处理，经过复用、调制、上变频和高功放单元后被天线辐射到空间中。

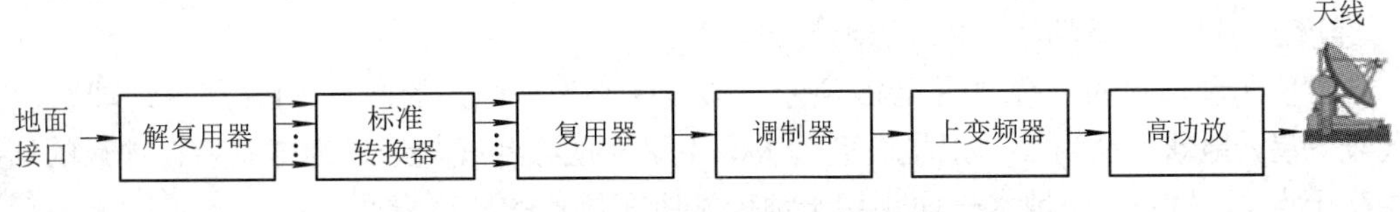

图 4-42 上行链路的地面接口

(2) 下行链路的地面接口。

地面接口在下行链路中的信号处理流程与上行链路的正好相反。在下行链路中，来自卫星的接收信号经下行链路回路处理后，被送入信号标准转换器中，经重定格式和复用后，将信号传输给地面网络，如图 4-43 所示。

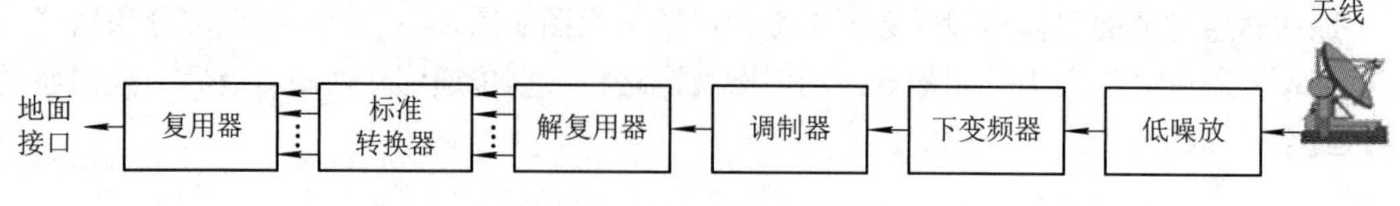

图 4-43　下行链路的地面接口

(3) 数据传输速率的调整。

卫星轨道在一个恒星日里会发生轻微的偏移，这会导致卫星信号的传输时延发生变化，相应地，卫星通信的数据传输速率也不再是一个恒定值。例如一个速率为 9.6 kb/s 的数据流，1.1 ms 的时延就会造成峰峰值为 10.56 b/s 的速率差，而对于 1.544 Mb/s 的数据流则会造成 1.6894 kb/s 的速率差，这将非常不利于地面网络的同步传输。

为了解决这个问题，地面接口部分采用一个灵活的缓存来调整数据速率，如图 4-44 所示。该缓存通过一个先入先出(FIFO)的随机存储器来实现，其大小能够满足速率差别最大时的两种数据量之差。

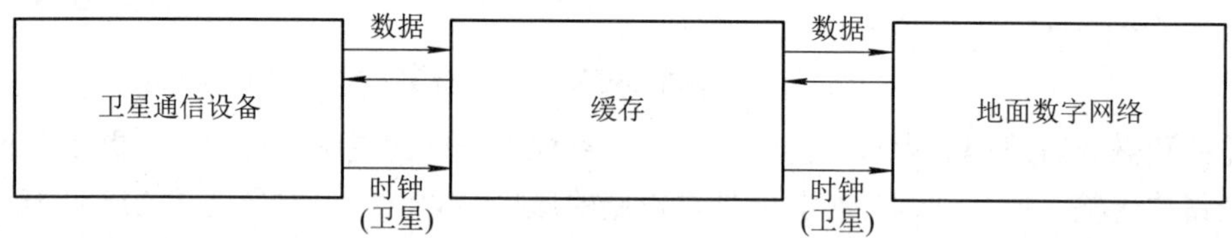

图 4-44　调整数据速率的缓存

例如，峰峰值差别为 10.56 b/s 时，存储器的缓存至少有 16 位。当然，缓存的空间也不能太大，否则会带来很大的时延。

4.2.3　天线指向与跟踪

为了获得最佳的通信效果，地球站的天线必须通过一定的角度调整来对准卫星，这些角度包括方位角、仰角和极化角。

1. 天线指向

地球站的天线指向卫星的方向由方位角和仰角决定，而极化角则决定了获得最佳接收效果时射频天线的极化特性。

天线的指向由方位角和仰角共同决定，分别设为变量 A 和 E，它们都是地球站的纬度 l、经度 L_{ES} 以及卫星的经度 L_{SL} 的函数。

方位角和仰角的位置如图 4-45 所示。假设地心为坐标系的原点，ES 代表地球站，SL 代表卫星，地球半径为 R_E，卫星高度为 R_0，卫星和地心连线与经过地球站所在地点的切线相交于点 y。另外，当地水平面正切于地球站所在位置的地球表面。

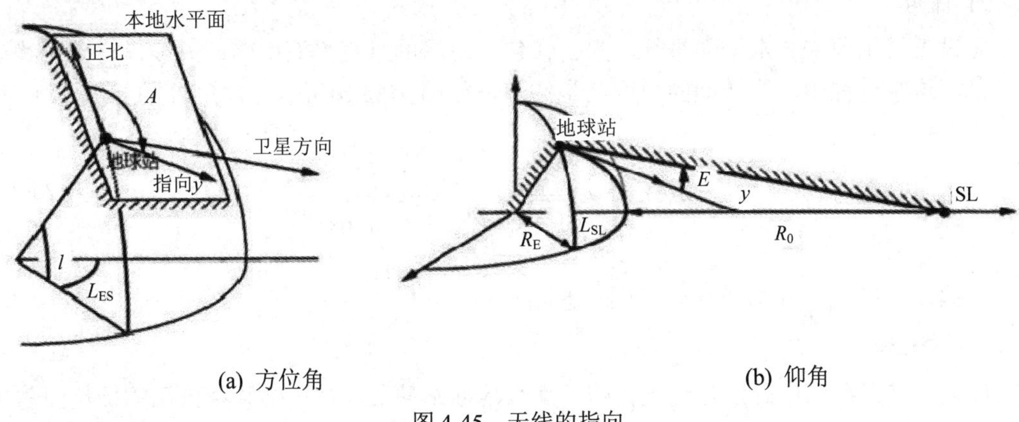

(a) 方位角　　　　(b) 仰角

图 4-45　天线的指向

1) 方位角

天线围绕垂直轴沿顺时针方向(从地理上的北方来看)转动，直到天线轴进入一个包含地心、地球站和卫星的垂直面为止，这个过程中天线转动的角度就是方位角。方位角 A 的取值范围为 0° 到 360°，顺时针为方位角增大方向，表 4-1 给出了方位角 A 的取值方法。

表 4-1　方位角与地球站纬度及经度的关系

	卫星在地球站以东	卫星在地球站以西
地球站位于北半球	$A = 180° + \arctan(\tan(L_{SL} - L_{ES})/\sin l)$	$A = 180° + \arctan(\tan(L_{SL} - L_{ES})/\sin l)$
地球站位于南半球	$A = \arctan(\tan(L_{SL} - L_{ES})/\sin l)$	$A = 360° + \arctan(\tan(L_{SL} - L_{ES})/\sin l)$

图 4-45(a)从整体系统的视角给出了方位角的定义，而事实上，方位角调整的是地球站天线的指向，所以从天线本身的视角可以更加清楚地看到方位角的物理意义，如图 4-46 所示。图中卫星最开始指向正北方，通过调整后向东南方转动，并指向卫星，那么这两个方向之间的角度就是方位角。

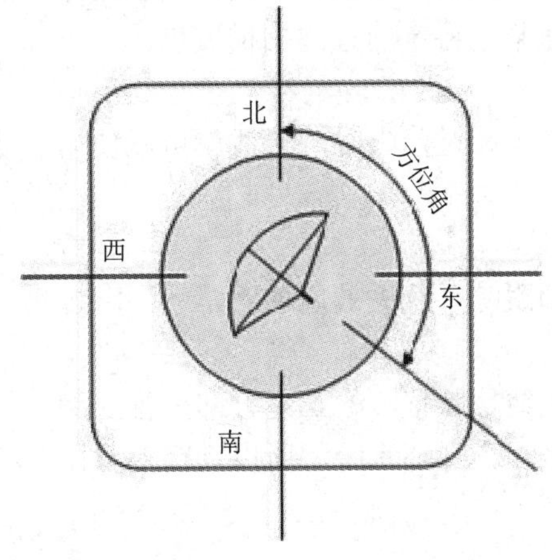

图 4-46　从地球站天线视角看到的方位角

2) 仰角

假设天线轴原来与水平面平行，那么在包含卫星的垂直平面中转动天线，直到天线对准卫星，这个过程中天线转动的角度就是仰角，如图 4-45(b)所示。仰角 E 的计算式如下：

$$E = \arctan\left[\frac{\cos(L_{SL} - L_{ES})\cos l - \dfrac{R_E}{R_E + R_0}}{\sqrt{1 - [\cos(L_{SL} - L_{ES})\cos l]^2}}\right] \tag{4-18}$$

其中：地球半径 $R_E = 6378$ km，卫星高度 $R_0 = 35\ 786$ km。

3) 极化角

如果卫星发出的电磁波是线极化的，那么地球站的天线馈源必须将自己的极化面与接收电磁波的极化面保持一致，该极化面包含电磁波的电场方向。对准卫星时的极化面包括卫星天线的视轴方向和参考方向。此处参考方向定义为：垂直于赤道面的方向为垂直极化(V 方向)，平行于赤道面的方向为水平极化(H 方向)。地球站的本地垂线与天线轴组成的平面与极化面之间的夹角就是极化角，设为 ψ。$\psi = 0$ 意味着地球站接收或发送的线性极化波平面包含本地垂线。极化角的计算公式如下：

$$\psi = \arctan\left[\frac{\sin(L_{ES} - L_{SL})}{\tan l}\right] \tag{4-19}$$

2. 卫星跟踪

当地球站天线波束宽度略大于卫星漂移时，地球站需要跟踪卫星。一般来说，卫星每天大约会漂移 0.5°～3°，因此波瓣较宽的地球站(例如 DBS)不需要进行卫星跟踪，但当波束宽度较窄时，地球站就需要跟踪卫星，以保证通信质量。

1) 卫星跟踪的任务

卫星跟踪包含以下几个方面的内容：

(1) 卫星捕获。

捕获系统可以通过两种方式捕获卫星：一是通过手动方式使天线指向预期的卫星方向；二是通过程序方式使天线在某个特定的方向扫描卫星。

(2) 自动跟踪。

当地球站接收的信标电平超过门限时，天线就可以使用自动跟踪方式来锁定信标。这种方式可以实现连续跟踪。

(3) 手动跟踪。

手动跟踪方式是在自动跟踪系统失效后使用。

(4) 程序跟踪。

在程序跟踪模式中，天线按照预测的卫星方向进行跟踪，与自动跟踪不同的是，前者是一个闭环系统，而后者是一个开环系统，所以其精度要比自动跟踪的精度低。

2) 卫星跟踪的原理

卫星跟踪的原理如图 4-47 所示，地球站的天线使用信标信号来确定方位角和仰角，并进行调整。

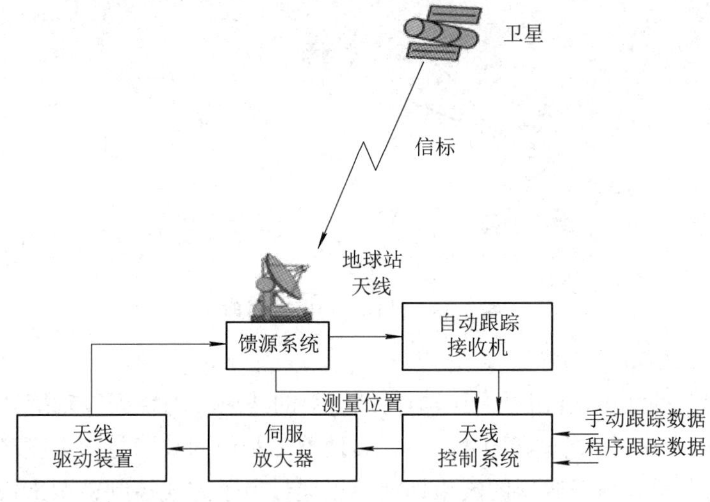

图 4-47 卫星跟踪的原理

在自动跟踪模式中，接收机利用跟踪误差信号来估计卫星位置，然后与控制分系统的测量数据进行比较，输出结果用来驱动伺服机构并调整天线的指向角。

在手动和程序跟踪模式中，控制指向角的两个正交轴分别由操作员和电脑控制，天线位置的实际值和预期值之差被作为误差信号来控制天线调整角度。

3) 跟踪技术的分类

跟踪技术是根据其产生角度误差信号的方式进行分类的，一般可以分为以下几种：波瓣切换跟踪、顺序波瓣跟踪、圆锥扫描跟踪、步进跟踪和单脉冲跟踪。在上述技术中，后面 3 种在卫星跟踪领域应用更广泛，快速切换顺序波瓣跟踪也有一定的应用。下面将对各种跟踪技术的优缺点进行简要的介绍。

(1) 波瓣切换跟踪。

在波瓣切换跟踪法中，天线的波束在天线轴附近的某个平面上快速地切换，如图 4-48 所示。地球站接收到的回波幅度在两个波瓣中并不相同，那么这个误差信号就用来表示卫星与天线视轴之间的位置误差。

当天线视轴对准跟踪的卫星时，两个位置的波瓣回波幅度是相同的；当被跟踪的卫星偏离天线视轴时，则误差信号可以给出卫星位于天线轴的哪一边、偏离位置的大小等信息。该误差信号还可以作为参数输入到伺服装置，并控制天线调整指向角度，直到对准卫星为止。从天线角度看到的卫星可能会在一次扫描间隔内产生相对运动，因此波瓣切换跟踪法的精度比较低。

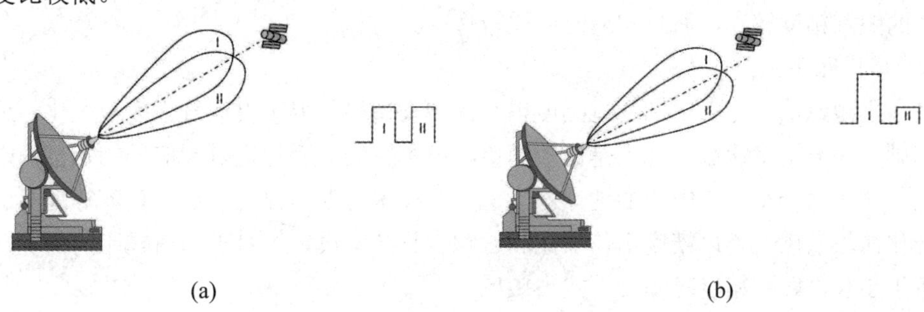

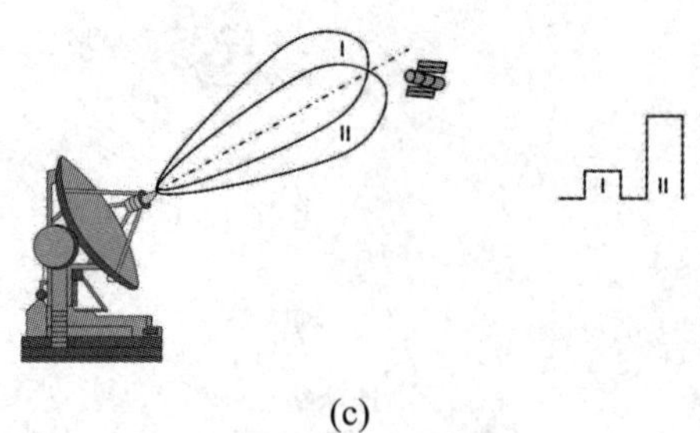

(c)

图 4-48　波瓣切换跟踪原理

(2) 顺序波瓣跟踪。

在顺序波瓣跟踪法中，(相对天线轴)轻微倾斜的波束轴围绕天线轴旋转，但其方向数量是有限的，一般来说是 4 个，如图 4-49 所示。地球站利用回波信号的幅度产生误差信息，并调整天线的指向角。由于倾斜的波束切换可以通过电子方式控制馈源来快速实现，因此该方法可以近似地看作连续的波束切换。

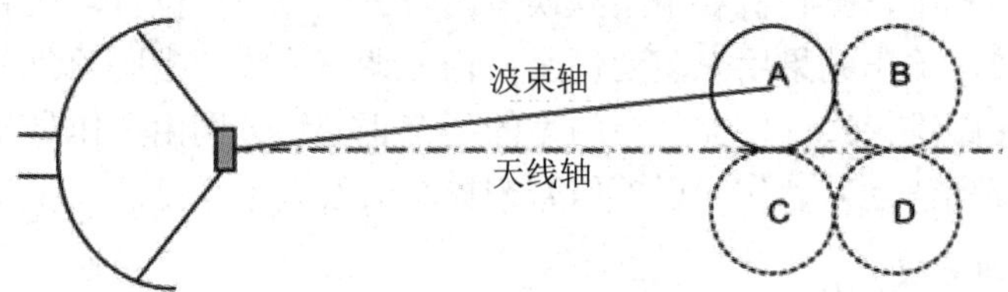

图 4-49　顺序波瓣跟踪原理

(3) 圆锥扫描跟踪。

圆锥扫描跟踪法与顺序波瓣跟踪法非常类似，区别只是这种方法中倾斜波束沿着一个圆形路径进行连续的扫描，如图 4-50 所示。

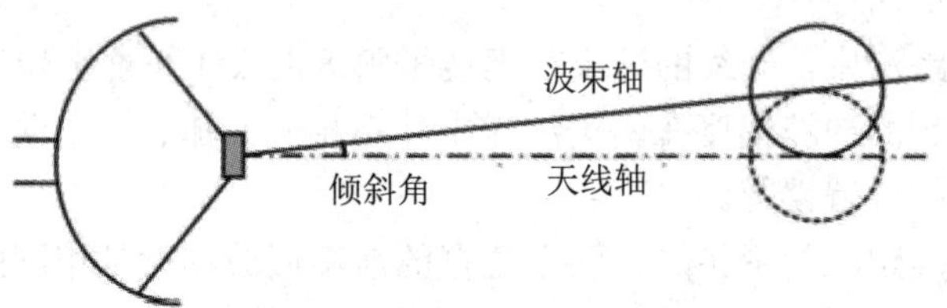

图 4-50　圆锥扫描跟踪原理

如果被跟踪的卫星不在天线轴上，那么回波信号的幅度将会随着扫描路径而发生改变。跟踪系统检测信号幅度变化和相位时延，并把它们作为误差指示信号调整天线的指向角。该方法的跟踪精度较高，而且响应时间比较适中。

(4) 步进跟踪。

在步进跟踪法中，天线轴通过幅度很小的步长调整使得接收信号强度最大化。这种方法的基础是信号幅度探测，优点是比较简单，成本较低，而且对射频信号的相位稳定性要求不高，非常适合小型或中型的地球站。但是该技术对太阳辐射、信号衰落等因素引起的幅度变化比较敏感，所以精度由信噪比和跟踪步长共同决定。对于高信噪比的情况，跟踪误差等于步长，跟踪精度对幅度干扰很敏感。

(5) 单脉冲跟踪。

波瓣切换、顺序波瓣以及圆锥扫描跟踪法都存在一个严重的不足，那就是如果一个扫描时间内被跟踪的卫星发生了运动会导致跟踪精度下降。单脉冲跟踪可以克服这些缺点，因为它是利用同时接收到的信标来产生误差信号。单脉冲跟踪可以分为幅度比较(即比幅)和相位比较两种方法。

在比幅单脉冲跟踪中，天线使用 4 个对称分布于焦点的馈源接收回波信号，如果卫星位于天线轴上，那么接收信号的波阵面将会聚焦在天线轴上，如图 4-51(a)所示；反之则接收信号波阵面将会产生偏移，如图 4-51(b)所示。

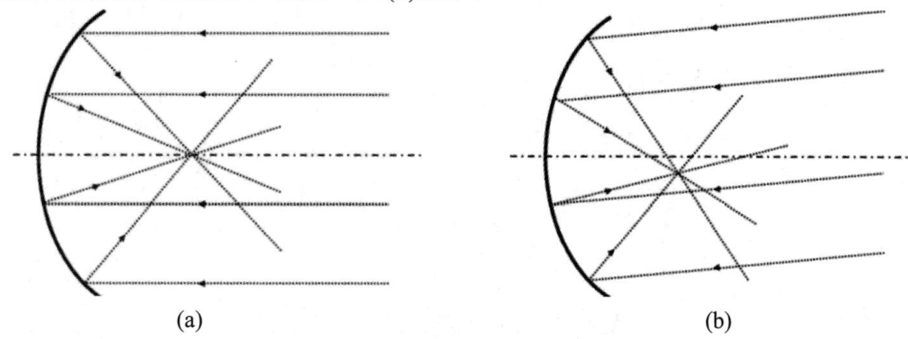

图 4-51 比幅单脉冲跟踪的接收信号波阵面

设 4 个馈源分别代表坐标轴上的 4 个象限 A、B、C 和 D，如图 4-52 所示，如果卫星位于天线轴上，那么上述 4 个象限接收的信号能量是相同的，反之，则接收能量不同。

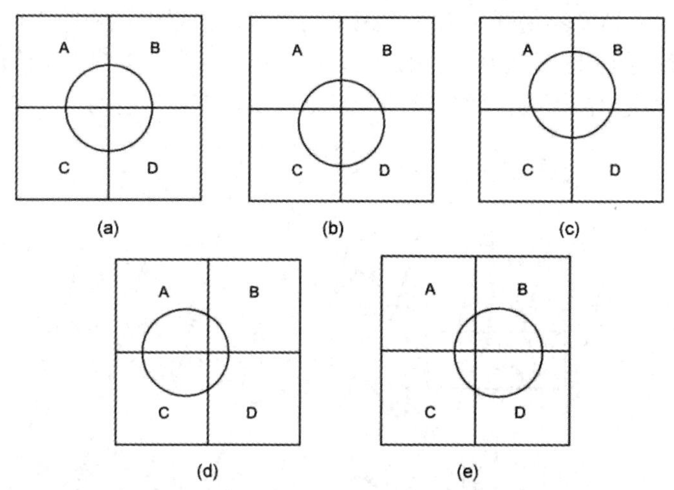

图 4-52 比幅单脉冲跟踪中不同角度接收信号的焦点

图 4-52 中的(a)至(e)分别表示了卫星相对天线轴的 5 种不同位置，图(a)表示卫星刚好位于天线轴的中心位置，图(b)表示相同方位角前提下卫星位于天线轴的下方，图(c)表示相同方位角前提下卫星位于天线轴的上方，图(d)表示相同仰角前提下卫星位于天线轴的右边，图(e)表示相同仰角前提下卫星位于天线轴的左边。4 个馈源接收到的信号幅度经过恰当的处理后成为误差信号，用来调整方位角和仰角。

需要注意的是，在比幅单脉冲跟踪法中，不同馈源接收的信号应该是同相的，这对于小的反射面天线来说不存在问题，因为天线尺寸只有几个波长；但对于天线阵来说，天线阵面很大，容易造成相位模糊，这就需要先通过相位补偿，再产生误差信号。

在相位比较单脉冲跟踪中，将不同天线接收的信号相位之差作为误差信号来调整天线指向角，如图 4-53 所示。

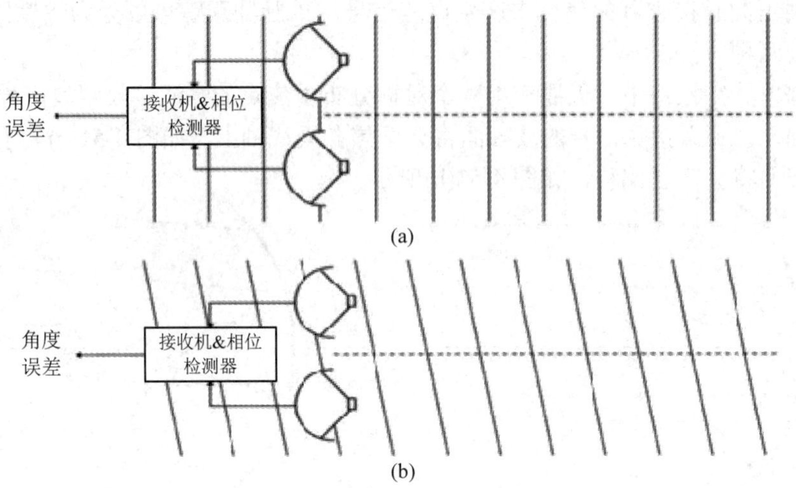

图 4-53　相位比较单脉冲跟踪技术

从接收信号的波阵面可以看出，当天线视轴对准卫星时，两个天线接收的信号相位是相同的，如图 4-53(a)所示；当卫星不再在天线视轴上时，两个天线接收的信号相位不同，如图 4-53(b)所示。

这种技术的跟踪精度容易受到天线间距离的影响，如果天线相距太远，那么偏离天线轴的信号被接收时可能会产生相位模糊，所以实际中都采用图 4-54 所示的两组天线的结构，其中内部的一对解决相位模糊，而外部的一对则产生误差信号。

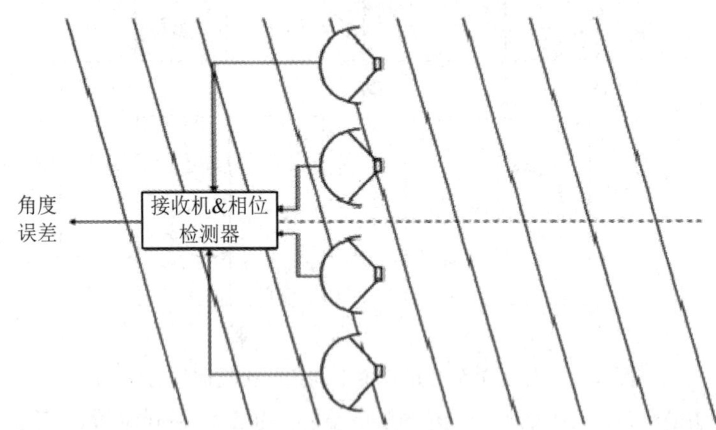

图 4-54　可以克服相位模糊的相位比较单脉冲跟踪技术

单脉冲跟踪技术的精度非常高，响应时间很短，而且因为不需要额外的机械装置，所以馈源系统需要的辅助设备也非常少。但这种方法的成本较高，馈源系统比较庞大和复杂，并且需要良好的射频相位稳定度和至少两个相干接收机。单脉冲跟踪技术主要应用于大型地球站和那些需要精确跟踪非静止轨道卫星的地球站。

4.2.4 卫星动中通

20 世纪 80 年代初，INMARSAT 开始了全球海事卫星通信的运营。为了解决海上、空中和陆地载体运动中话音、传真和用户电报等低速业务需求，INMARSAT 开始了基于移动通信频段的运动中的窄带卫星移动通信(Communication On-The-Move，COTM，俗称动中通)的研究。

1. 卫星动中通的发展

20 世纪 80 年代初，窄带 COTM 采用移动卫星频段，通信业务简单，通信速率低，天线增益低，波束宽，因此控制精度要求低，控制系统相对简单。由于船上不受空间的限制，故船上天线系统多采用简单反射面天线和背射式天线。由于移动车辆和飞机受空间限制，故多采用各种小型相控平板天线阵列。这些研究工作是动中通研究与应用的开始。

到 20 世纪 80 年代末 90 年代初，为了在运动中收看电视，日本的 NHK 公司开展了平板动中通研究，采用了多板天线合成的方法，小板之间的距离保持不变，俯仰上采用的是机械和电子扫描体制，使用陀螺稳定，采用了 Ku 频段。

由于窄带 COTM 和移动电视接收系统(国内俗称动中跟)本身造价高，另外由于卫星资源匮乏，使用费用也较高，因此，COTM 并没有得到广泛的推广和应用，相当长时间内动中通研究处于停滞状态。

20 世纪末，民用移动通信开始加速发展，在 ITU 倡导和组织下，由各个国家参与，提出并制定了第三代移动通信标准。为了“5W”美好梦想，实现全球的无缝连接，卫星移动通信和卫星多媒体广播成为第三代移动通信发展的一个重要内容，同一时期卫星电视直播在发达国家蓬勃发展。

从 20 世纪末到 21 世纪初，为了在运动中收看电视和便于移动多媒体接收，韩国的 ETRI 公司率先全面开展低轮廓平板动中通研究，采用了多板天线合成的方法，小板之间的距离保持不变，俯仰上采用的是电子扫描。

继日本的 NHK 公司和韩国的 ETRI 公司之后，国外许多国家的通信与军事电子公司、高校和研究所相继开展了动中通研究，主要应用于娱乐消遣、抢险救灾、公安消防、森林防火、突发事件等方面。

这一时期，动中通研究按照天线形式可分为平板天线动中通和反射面动中通两大类。平板阵列天线在高度、强度、重量等方面的性能优势，使得国外动中通技术的研究均基于这种天线形式，这种动中通通常采用两维机扫、两维相控或机扫加相控的方案，美国、英国、日本、韩国、以色列、法国和德国等发达国家均开展了这方面的研究工作。

伊拉克战争是大兵团作战理论的终结和信息化战争的开始。美军在伊拉克战争的准备过程中，对海用卫星电视接收系统进行了紧急改造，使卫星电视系统具有发射功能并适合陆地使用，2003 年伊拉克战争爆发，美军采用动中通技术首次实现了战争的现场直播，整个世界为之震惊。在伊拉克战争期间，美军尽管装备了部分 FBCB2-BFT 系统，但是美军蛙跳式作战遇到了态势感知中断的经历，刺激了动中通的研究和发展。研究的重点是为军事部门开发宽带移动卫星通信设备，于是国外多家厂商生产了多种型号的动中通和动中跟产品，并成功应用于政府、军事和民用。军事领域主要应用于战场直播、后勤、C4ISR、GBS 和 JTIDS 等方面。美国的 ViaSat 公司、Ball Space 公司、Thinkom 公司、Boing 公司、通用动力公司、雷声公司，法国的泰利斯公司，英国的 ERA 公司，瑞典的 SWE-DISH 公司，以色列的 ELTA 公司，德国的 QEST 公司等纷纷投入动中通研究，尤其是美国军方，提出了多项动中通研究计划，对动中指挥(BCOTM)和移动指挥(MBCOTM)展开了全面的研究。美国及其盟国成功研制了多种体制和型号的动中通设备，并应用到了机动后勤保障、侦察情报、综合电子信息系统、目标识别、全球广播系统(Global Broadcasting System，GBS)等方面。

在美国军方的推动下，2008 年动中通研究全面向低轮廓、多频段、多波束的方向发展。

由于平板天线高度低、重量轻，比反射面动中通有明显优势，在 20 世纪末 21 世纪初，尤其是伊拉克战争后，国外掀起了低轮廓平板动中通研究热潮。高度在 25 cm 以下的动中通，典型代表有美国的 KVH、RaySat 及以色列的 Starling 等公司。美国 KVH 公司的 A5 天线，采用整板预倾斜的方式设计，只能接收卫星电视。而美国的 Raysat 公司和以色列的 Starling 公司，采用多板天线，可双向也可单向工作。

国内，对平板天线的研究较少，在动中通方面，绝大部分都是采用反射面天线。但是在 2006 年到 2009 年期间，美国 RaySat 公司和以色列 Starling 公司低轮廓动中通以及美国 TracStar 公司的中等轮廓动中通产品在中国的出现，给中国的动中通注入了新的活力。2006 年美国 RaySat 公司的低轮廓动中通 SpeedRay3000 和动中跟 SpeedRay1000 进入中国市场，尽管在天线增益方面并不符合中国的国情，但给中国动中通研究带来了惊喜和启发，国内多家公司购买样机，开始仿造 RaySat 产品，均因未掌握该产品核心技术，以失败而告终。2008 年和 2009 年，以色列 Starling 低轮廓 MiJET 产品分别在上海杰盛无线通讯设备有限公司和西安航天航星公司进行了测试，由于其产品的测控系统不适用车载应用环境，天线增益不能满足传输图像业务的需求，因此没有达到谋求开拓中国市场的愿望。但是，其先进的天线技术令国人耳目一新。另外，值得一提的是美国 TracStar 公司的中等轮廓柱面天线动中通产品，在中国民用和半军事化单位广泛使用，打开了中国市场。

受国外低轮廓和中等轮廓动中通的冲击以及 2007 年底 2008 年年初的雪灾和 2008 年 5 · 12 汶川大地震等突发事件的影响，中国政府部门开始重视动中通的研究与应用，开创了动中通研究和应用的新局面。

在消化吸收国外卫星动中通产品技术的基础上，国内推出了很多型号的产品。特别是在民航客机上的应用，解决了飞机飞行期间无法上网办公的难题。2011 年 11 月，国航率先测试了机上 WiFi 服务，当时国航在北京－成都的一架空客 A320 飞机上安装了卫星动中通，进行了机上局域网航班测试。乘客在万米高空中，连接客舱内的 WiFi 网络信号，登录国航客舱内的网络服务页面，然后通过卫星动中通设备，将信号发送到同步轨道通信卫星，卫星将信号落地后，乘客就可以观看影片或听音乐等。

2013 年 7 月，国航又在北京飞往成都的空客 A330－300 飞机上尝试空地互联，当时测试的是在万米高空中发微博。此时飞机上的 WiFi 服务有了更多功能，如可以收发邮件、更新微博、查询股票等。2014 年 4 月 16 日，同样是国航北京－成都的 A330－300

客机上，乘客可通过个人电脑、iPad 等电子设备，搜索中国移动的 4G 网络在客舱内转化的 WiFi 信号，连接后可登录国航的合作伙伴如新浪、银河证券等网页，看新浪微博，发送邮件，进行股票交易，甚至举行地空视频会议，其传输速度流畅，图像和声音都比较清晰。2014 年 7 月上旬，东航顺利完成飞机空中上网地面静态测试，可以实现微信微博互动、网页浏览等多种功能，为开启首个空中互联航班奠定了基础。

随着空中互联网时代的到来，空中 WiFi 业务正在全世界范围内快速普及并逐渐成熟。截至 2016 年 9 月，中国航空公司的空中 WiFi 业务还处于起步阶段，仅有中国国航、东方航空、南方航空、海南航空等 9 家航空公司的客机上拥有空中 WiFi 业务。其中，祥鹏航空为全国首家实现空中 WiFi 全机队规模化运营的航空公司，而另外 8 家航空公司 WiFi 航班覆盖率均在 5%以下。

2021 年 5 月 14 日，中国民用航空局针对飞机上无线网速慢的问题进行了回应。目前，飞机上的无线网络速率相对较慢，主要是受到通信技术体制的限制。为解决此问题，民航局将会同有关部门，共同加快推进网络基础设施演进升级，有效提升通信速率。具体举措包括：一是将传统卫星通信技术升级为高通量卫星通信技术；二是优化现有网络结构，增强网络覆盖。相信在不久的将来，空中 WiFi 的上网体验会更好。

2. 卫星动中通的工作原理

实现运动中的卫星通信，即卫星动中通，目前主要有两种方式，一种是利用移动卫星通信服务频段，另一种是利用固定卫星通信服务频段。

众所周知，目前移动卫星通信系统的频段低、频谱资源少，传输高速率信息要占有大量的资源，而且要用大天线，因此利用移动卫星通信服务频段实现宽带通信既不经济也不实用。固定卫星服务频段一般采用 SHF 或 EHF 频段，频段高，资源丰富，天线也做得小，实现动中通是可能的，而且经济。因此，西方发达国家纷纷利用 X、Ku 和 Ka 等同步轨道 FSS 频段资源来实现动中通，并得到了广泛应用。若无特别说明，后文中的动中通指利用固定卫星服务频段资源、反向通信速率大于 512 kb/s 的卫星运动通信。

1) 固定卫星通信地球站工作原理

同步轨道通信卫星位于距地球表面约 36000 公里的赤道上空，其上有转发器和天线，它接收地面站发来的信号，经过放大和下变频等处理后，由转发器发回地面。为防止收发之间的相互影响，收发采用不同频率和不同极化(极化正交)。显然，卫星地球站也必须具备这些功能，才能与转发器相匹配。受转发器的接收灵敏度和发射功率的限制，地球站还必须具有一定的增益(发射增益和接收增益)。对线极化 Ku 或更高频段的卫星资源，地球站天线必须在方位、俯仰和极化三维上对准卫星。

2) 卫星动中通基本工作原理

卫星动中通是将固定卫星通信地球站搬移到运动载体上，并能够在载体运动过程中建立和保持载体与卫星之间通信链路(信道)的地球站。与固定卫星通信地球站相比，卫星动中通是安装于运动载体(如火车、汽车、飞机等)上的，所以要实现可靠的卫星通信，卫星动中通地球站必须要能够在运动中满足固定卫星通信的基本要求，也就是必须像静止状态的地球站在方位、俯仰和极化三维上时刻对准卫星一样，才能正常工作。因此，卫星动中通天线在运动过程中，必须具有波束稳定和自动跟踪卫星的能力和精度。

在工作频率一定的条件下，天线孔径越大，增益越高，波束越窄，而卫星动中通地球站要在运动中进行卫星通信，天线波束必须时刻保持对卫星三维对准，对波束稳定和自动跟踪卫星的能力和精度要求更高，技术难度更大。

如图 4-55 所示，动中通卫星通信系统主要由固定地球站、通信卫星、动中通地球站、移动载体等组成，其中固定地球站技术成熟，仅是动中通卫星地球站工作的辅助部分。动中通地球站安装于移动载体之上，介于通信卫星和移动载体之间。一个能正常工作的动中通系统必须兼顾好移动载体、通信卫星和动中通天线系统三者之间的性能。对移动载体必须考虑载体动态特性、载体高低大小与安装空间、载体的行车环境、载体上的电源等。对有效载荷卫星要考虑卫星发射功率大小、*G*/*T* 值、工作频段、极化方式、信标配置等。最后是安装于载体上的卫星动中通地球站，载体的特性和卫星的性能决定动中通地球站的技术体制和造价。例如 Ku 频段的卫星资源，要求天线具有双频双极化任意变极化的功能，要求测控系统控制天线波束在方位、俯仰、极化三维上对准卫星。

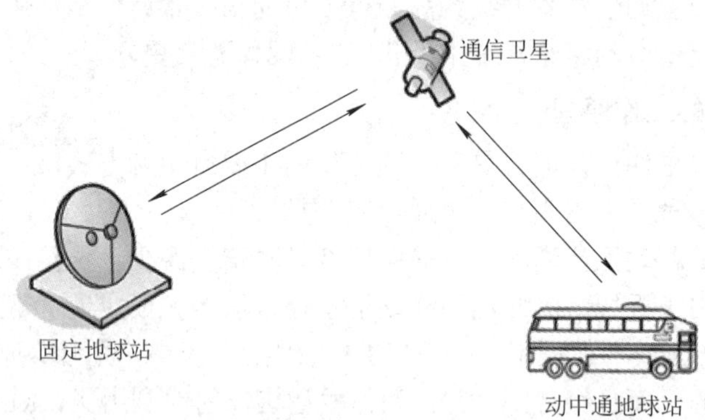

图 4-55　动中通卫星通信系统

卫星动中通由车辆或舰船等移动平台装载的天线、跟踪与稳定子系统、信道设备、应用终端等组成。其中，天线用于接收卫星转发器发回地面的卫星信号，跟踪与稳定子系统用于保证卫星天线在车体运动时准确指向卫星，信道设备可保证信号可靠传输。

卫星动中通的基本工作过程如下：在静止状态或运动状态下，由 GPS、电子罗盘、惯性测量元件等测量出车体所在位置的经纬度、车体的姿态角以及姿态角变化速率，然后根据其姿态及地理位置、卫星经度自动确定以水平面为基准的天线仰角，在保持仰角对水平面不变的前提下转动方位，并以信号极大值方式自动对准卫星，完成卫星的初始捕获并转入稳定跟踪状态。在车体运动过程中，系统不断测量出车体的姿态变化，并根据跟踪信号计算出天线的误差角，再通过伺服机构调整天线方位角、俯仰角及极化角，以保证车体在运动过程中能够对卫星进行持续跟踪。一旦由于遮挡或其他原因引起信号中断，系统就会自动切换到滑行模式。当载体驶出阴影时，动中通系统能自动完成卫星的再捕获，捕获完成后自动转入正常工作模式。

由此可见，动中通设备的特别之处在于通信设备是置于无规则不停运动的载体上，要实现不间断的通信就必须使通信设备的天线波束始终对准卫星，而当天线波束被遮挡时能够保持天线的波束指向，遮挡消失后能够迅速恢复通信。这就形成了在运动状态下对目标卫星的初始捕获、稳定、跟踪和阴影后再捕获的复杂信息处理与智能控制过程。

3) 动中通总体技术

如上所述，动中通设备的特点首先是安装于载体上；第二是在运动中使用；第三是利用了固定卫星服务频段资源。根据以上三个特点，卫星动中通在应用层面应满足以下要求：

(1) 高度低，满足过涵洞的要求且通过性好，可以减小暴露目标以降低被摧毁的概率；

(2) 造价低，以便于推广；

(3) 嵌入式，使用方便，对载体改动小，不干扰载体上的其他设备；

(4) 功耗低，对载体电源要求小；

(5) 重量轻，对载体结实程度要求低，不需要加固改装车体；

(6) 无人值守，人机分离，有完善的监控，操作傻瓜化，方便用户使用。

卫星动中通在技术层面应满足以下要求：

(1) 天线应满足双频双极化要求，同时要能任意变极化，并且有宽的波束带宽；

(2) 逻辑上具有三维支撑结构，可以承载天线系统、测控系统和通信系统，方便系统集成；

(3) 逻辑上具有三维驱动传动机构，可以驱动方位、俯仰和极化指向；

(4) 逻辑上具有三维测控功能，可以实现天线的稳定和跟踪；

(5) 智能算法可以综合协调稳定、跟踪、指向和处理阴影等几个过程；

(6) 符合卫星应用网络要求，能够适应扩频和非扩频调制波形。

综合应用层面和技术层面的要求就构成了卫星动中通的总体技术，主要包括：

(1) 应用背景与环境，主要考虑载体的机械和电气特性、载体的应用环境、动中通通信容量与质量要求等，应用环境是动中通研究的起点和应用的终点；

(2) 卫星资源，重点考虑卫星资源的频段、极化方式、可用带宽、卫星的发射能力(EIRP值)和卫星的接收能力(G/T值)；

(3) 天线与测控，天线和测控是动中通的核心组成部分，应根据应用背景和环境以及所用的卫星资源，在满足链路预算要求的条件下，综合考虑天线和测控复杂程度与造价；

(4) 法规，动中通本质上也是一种特殊的卫星地球站，必须满足卫星通信对地球站的各项要求，但是动中通天线一般较小，很难满足卫星通信组织指定的对地球站各项要求；

(5) 信号，卫星通信中可以采用 TDMA、FDMA、CDMA 和 SDMA 多址方式，可以采用多种调制方式，信号可以扩频或非扩频，因此动中通要有很强的调制波形与频谱的适应性；

(6) 网络，卫星通信网络形式与网络结构差异很大，动中通要能适应各种不同的网络形式与网络结构。

4) 卫星动中通功能组成

如图 4-56 所示，动中通系统在功能上可以划分为天馈线系统、测控系统、通信系统、综合集成平台、系统集成综合四大部分。

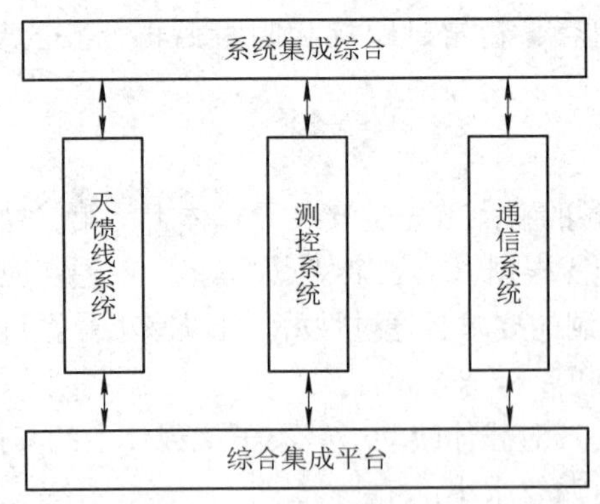

图 4-56　动中通系统功能组成

(1) 天馈线系统。

天馈线系统包括天线系统和馈线系统。天线系统的作用是实现地面站和卫星之间的信息交换，用来发射或接收无线电波。馈线系统是连接天线和通信终端的桥梁，是天线与接收机和发射机之间传输和控制射频信号的各种射频装置的统称，主要由射频传输线和各种射频元件构成，基本功能是把天线接收到的射频信号送往接收机，或者把发射机发出的射频信号送给天线。动中通天馈线系统不仅要有足够的增益，还希望能够做到小巧灵活，以方便系统的装载和载体的运行。

(2) 测控系统。

测控系统用于保证波束对准卫星，是实现通信的关键，在整个动中通系统中起着承上启下的作用。动中通测控系统的工作主要分为两个方面：一方面是通过对陀螺仪、加速度计、倾角仪等惯性器件的测量来感知车体、天线的位置和姿态，进而实现对天线波束指向的控制；另一方面是根据当前接收卫星信号的强度获取当前天线波束指向与目标卫星的偏差角，进而驱动天线波束指向卫星。

(3) 通信系统。

通信系统是实现动中通的根本保证，由收发信机、信道设备和终端设备组成。动中通的通信系统与普通地球站的通信系统没有原则性区别，但要求小型化，安装方式要灵活等。

(4) 综合集成平台。

综合集成平台是用于承载天馈线系统、测控系统和通信系统的装置，主要包括室外的天线罩、天线座以及室内的机柜等。

(5) 系统集成综合。

系统集成综合是指实现各系统之间互连、互通、互操作的器件及设备，主要包括微波与射频器件、传输线、电路等。互连是指物理上连接，互通是指软、硬件的协议匹配，互操作是指各分系统之间互相提供所需服务(功能)。

4.2.5　地球站设计基础

地球站的设计一般有两个步骤：第一步需要确定地球站的设计规范，用于指导系统参数的选择；第二步根据期望的设计要求来确定成本效率最佳的系统结构。

设计规范对地球站的设计有一定的影响，其主要内容包括提供的业务种类(固定卫星业务、广播卫星业务或移动卫星业务)、通信需求(电话、数据、电视等)、目的地要求的基带质量、系统能力和可靠性。与地球站设计相关的系统主要参数有发射机有效全向辐射功率、接收机品质因数、系统噪声和干扰、允许的跟踪误差等。

在设计卫星通信系统时，总是最小化整个系统的成本，这些成本包括地面段和空间段的建设成本和未来的扩展成本。但是其中一部分成本的降低总是以另一部分成本的增加为代价的，因此需要在地面段和空间段之间进行折中。

1. 关键性能参数

地球站设计的关键性能参数包括有效全向辐射功率(EIRP)和品质因数(G/T)。前者是发射端参数，而后者可以标识接收机敏感度方面的性能和接收信号的质量。

1) 有效(或等效)全向辐射功率(EIRP)

EIRP可以表征高功率放大器(HPA)和发射天线的综合性能，它是天线端HPA的输出功率和发射天线增益的乘积。当采用分贝表示时，EIRP是HPA输出功率(dB)和发射天线增益(dB)之和。

若HPA和发射天线综合后的EIRP为60 dBW，则采用全向辐射源在相同方向达到相同的接收信号强度所需的输入功率是原发射天线输入功率的百万倍。

EIRP的定义既可用于地球站发射天线，也适用于卫星发射天线。需要注意的是，EIRP总是在天线端进行测量的。

卫星特定转发器的EIRP覆盖图数据可以显示到达卫星地球站的下行功率的大小，其数值是在卫星下行天线端测量的。

在为用户提供EIRP覆盖图时，部分卫星运营商还会考虑到空间损耗。他们给出的数据是按照频率经空间损耗校正后地面所接收的信号强度值。这种数据被称为“照明强度”，通常以EIRP-空间损耗的形式给出。

还有些运营商以单位带宽的方式给出接收信号功率。带宽的单位通常为4 kHz，刚好是一路模拟电话信道的带宽。以这种方式给出的接收信号功率被称为“功率通量密度”(Power Flux Density，PFD)，通常以EIRP-空间损耗-带宽的形式给出。需要说明的是，功率通量密度通常以分贝为单位。

2) 接收机品质因数

接收机品质因数用于表征接收天线接收电磁波产生有用信号的性能。EIRP是发射天线和高功率放大器的联合性能，而接收机品质因数给出的是接收天线和低噪声放大器(LNA)对接收信号衰减的灵敏度。由于它可以有效地测量接收天线对信号的衰减灵敏度，因此接收机品质因数的数值越大，系统性能越好。

接收系统增益和整个系统的噪声在很大程度上决定了接收系统对弱信号的处理能力。品质因数因此也被定义为增益-噪声比(G/T)，也就是接收天线增益G和系统噪声温度T的比值。G/T的单位是dB/K。地球站G/T值的提高可以通过增大接收天线增益或降低系统噪声温度来实现。

在实际的通信链路中，卫星发射天线的EIRP和地球站接收天线的G/T，以及地球站发射天线的EIRP和卫星接收天线的G/T需要同时考虑才能够获得期望的通信质量。较低的

G/T 值必然要求较高的 EIRP，反之亦然。

2. 地球站设计优化

如前所述，发射端的 EIRP 和接收端的 G/T 值共同决定了通信系统的性能。因此，在设计优化过程中，这两个参数之间可以相互折中。

在卫星技术发展的早期阶段，卫星上可利用的 EIRP 非常低，为实现正常的卫星通信，就必然要求复杂和昂贵的地球站，如地球站的天线口径可达几十米，造价几百万美元。

而当前的发展趋势是以复杂的空间段为代价来简化地球站的结构，在卫星直播、商业消费和移动通信等涉及大量用户群的应用中，这种发展趋势更明显。

借助于地球站 G/T 的表达式可以更容易地理解上述内容。G/T 的通用表达式如下：

$$\frac{G}{T}=\frac{C}{N_0}-\mathrm{EIRP}+(L_\mathrm{p}+L_\mathrm{m})+k \tag{4-20}$$

式中：C/N_0、EIRP、L_p、L_m 和 k 分别表示载噪比、卫星有效全向辐射功率、路径损耗、链路余量和玻尔兹曼常数。对于一个小型、低成本的地球站，G/T 值很小，为实现正常的卫星通信，可采用 EIRP 相对很高的卫星或者能够提供较低的载噪比的卫星。为获得期望的基带信号质量，可采用那些对噪声抑制较好的调制方式；若采用数字通信，编码技术可允许接收端采用更低的 G/T。

决定地球站复杂性和成本的其他因素包括地球站的 EIRP、天线跟踪要求、通信处理能力以及地面网络接口规范。

早期提供固定通信业务(FSS)的卫星采用与地面系统相同的频段，为保证两者都能正常工作，国际电信联盟(ITU)对 FSS 卫星发射的 EIRP 值进行了限制。在电视直播、移动通信等采用小尺寸终端的卫星应用中，限制卫星发射的 EIRP 将会放宽对蝶形天线尺寸的要求，这也意味着接收机的 G/T 值不能低于某一门限。

采用小尺寸天线不仅会降低 G/T，尺寸的减小还会抬升天线的旁瓣电平，从而会引入更多的噪声，并干扰相邻卫星系统。

卫星 EIRP 还受到卫星上可用的直流电源、星上高功率放大器产生的最大功率以及卫星天线尺寸限制的天线增益的约束。对于给定的天线尺寸，天线增益随频率的降低而减小(而所需的发射功率相应增大)。这也是移动通信中卫星 EIRP 在 L 波段的限制更苛刻的原因。

当 EIRP 和 G/T 值确定后，下一步是选择天线、高功率放大器和低噪声放大器达到期望通信质量所需的最佳设置。特定的 EIRP 和 G/T 值可以通过许多不同的设置来实现。一个低成本的、小尺寸的天线和一个昂贵的、性能较好的低噪声放大器相互搭配就是一种选择。天线尺寸也会影响 EIRP，小尺寸天线可能需要大型高功放。

3. 环境因素

在卫星地球站的选址上一定要慎重考虑许多环境和区位因素。重要的环境参数包括外部温湿度、降雨量、雪/风天气情况、发生地震的概率以及大气层侵蚀情况等。

最小化射频干扰(RFI)和电磁干扰(EMI)也是必须考虑的要素。地球站产生的射频干扰和电磁干扰会影响其他射频设施；当然，来自外部信号源的射频干扰和电磁干扰也会严重地影响地球站的性能。因此，在最终确定地球站的位置之前，一定要调查清楚所有备选地址处的无线电频率状况。

还有一个必须要考虑的条件是卫星和地球站之间必须无遮挡。另外，可容纳地球站设备的充足地理空间、便利的交通和可靠的电力供应也是地球站选址必须要考虑的。

4.3 卫星通信系统的应用

商业卫星通信工业开始于20世纪60年代中期，到现在已经从一种常规的备选技术发展为主流传输技术，并渗透到全球电信基础设施的方方面面。

4.3.1 卫星广播电视

卫星广播电视是将电视节目通过通信卫星转发，由室外天线接收的广播形式，家庭使用的室外天线通常是抛物面反射天线。卫星接收机一般为机顶盒或一体机。

卫星广播电视在世界许多地区提供了宽带的频道和服务，这些地区往往是地面或有线电视运营商不能服务的地区。各国几乎全部采用Ku波段(10.95～12.75 GHz)传输卫星广播电视信号。

1. 直播卫星

由于卫星的天线波束可以覆盖地球上非常广泛的区域，使得卫星可以以近乎完美的方式提供广播服务。通过卫星向家庭提供直接传输的想法已经实现好多年了，这种业务通常称为直播卫星(DBS)业务，其业务包括音频、电视和因特网。直播卫星(DBS)是直接到户(DTH)的发展。

2. 卫星电视系统

卫星电视像通过卫星中继的其他通信一样，始于上行天线设施，其上行卫星天线非常大，直径达 9 米至 12 米。天线直径的增大，可提高天线的指向精度并增强接收信号的强度。

1) 上行链路

上行链路天线指向一个特定的卫星，上行信号被转换到特定的频率，以便被卫星上的转发器接收并调制到卫星上的频带。

在DBS系统中，用于向卫星提供上行信号的地球站是一个非常复杂的系统，它使用了众多接收、记录、编码和传输设备。

上行链路(见图4-57)由3部分组成：节目源(包括新闻采访车、记者站或电视频道供应商)、广播中心和电视广播卫星。

信号可能来自许多不同的信源。一些可能是从回传卫星接收到的实时电视信号，一些可能直接来自电视演播室，还有一些可能是通过电缆和光纤回传的信号。这些信号中可能还包括数据和音频广播信号。所有这些信号都必须转换为统一的数字格式，并被压缩和时分复用。在复用数字流中还必须增加必要的业务，如节目预告和有条件的通道等。该数字流使用前向纠错技术，并用来以QPSK方式调制一个转发器的载波。当然，每个转发器的载波都要重复这一过程。

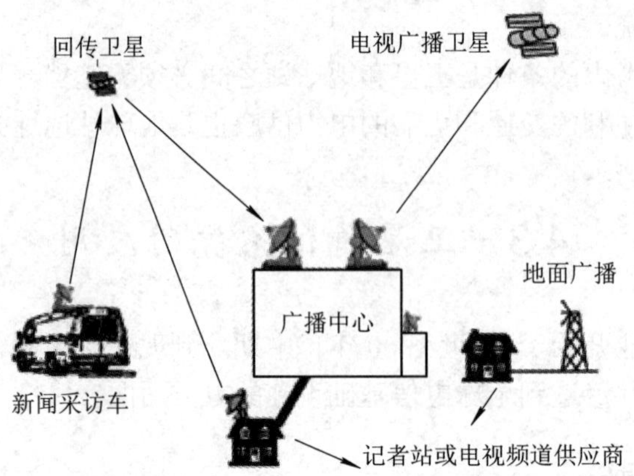

图 4-57　卫星电视上行链路示意图

2) 下行链路

星上转发器在不同的频带转发上行信号(这个过程被称为变频，以避免干扰上行链路的信号)，通常在 C 波段或 Ku 波段或两者兼有。从卫星到接收地球站的无线连接被称为下行链路。

下行卫星信号经历很远的距离后，强度相当弱，可以使用抛物面天线接收，弱信号被反射到抛物面天线的焦点。抛物面天线的焦点处安装了馈源，馈源本质上是一节波导的喇叭口，是在卫星天线的焦点处设置的一个汇集卫星信号的集波器，它将信号收集后送往低噪声下变频器(即 LNB)。

LNB 放大较弱的下行信号，过滤卫星电视信号的载波，并将其下变频到 L 波段，如图 4-58 所示。

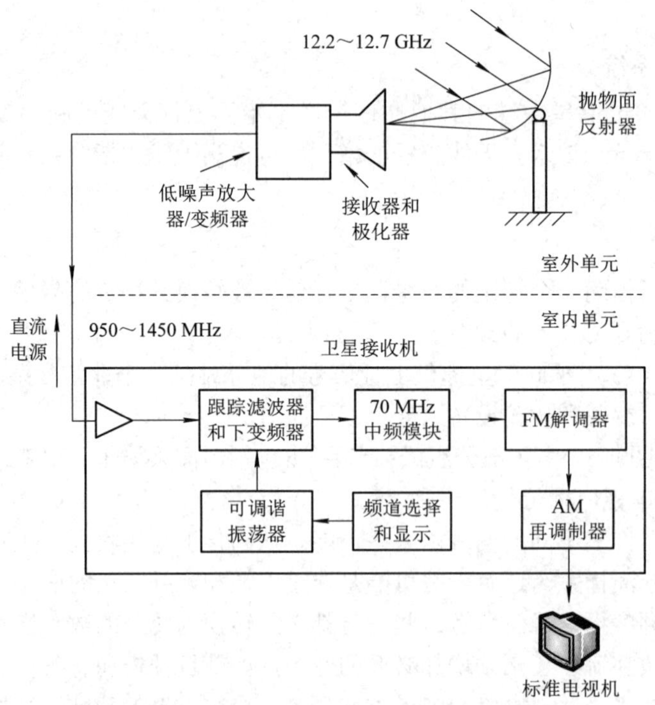

图 4-58　家用电视接收系统组成示意图

3. 家用卫星接收系统

直播到户的电视接收机工作在 Ku 频段(12 GHz)，这个业务被称为直播卫星业务。具体分配给不同地理区域时，用于直播卫星业务的频段可能会有所不同，例如对于美洲，其下行频段为 12.2～12.7 GHz。Ku 波段与 C 波段单收系统的主要区别在于室外单元的工作频率及用于直播卫星业务的卫星要有高得多的 EIRP。

1) 室外单元

室外单元由一副接收天线和直接连接到天线的低噪声放大器/变频器模块组成。室外单元通常使用一个抛物面天线，其接收喇叭安装在该抛物面反射器的焦点上。通常设计中使焦点直接位于反射面的前方，但是为了更好地减小干扰，也可使用偏馈方式。

下行链路的频率范围为 12.2～12.7 GHz，总带宽为 500 MHz，电视频道载波的极化方向可交替使用左旋圆极化和右旋圆极化或者垂直/水平极化，通过极化隔离可将频道间干扰降低到可接受的水平，这种方式被称为极化交错方式。采用极化交错方式的系统必须要在接收喇叭上安装一个极化器，该极化器在室内控制单元的控制下可以切换到希望接收的极化方式上。

接收喇叭将接收到的信号送给低噪声变频器(LNC)或由低噪声放大器(LNA)和变频器组成的一个组合单元，这个组合单元通常称为低噪声模块(LNB)。LNB 对 12 GHz 的宽带信号进行放大，并将放大后的信号变换到一个较低的频率，以便使用低成本的同轴电缆将信号输入到室内单元。如图 4-58 所示，这个下变频后信号的标称频率范围为 950～1450 MHz。在这种结构中，使用同轴电缆或者附属线缆向室外单元提供直流电源，同时还需要极化切换控制电缆来控制极化方式的选择。

低噪声放大器必须放在馈线的输入端，以保持较高的信噪比。如果将低噪放大器放在室内单元馈线的出口，将起不到应有的作用，因为它会将馈线产生的热噪声放大。当然，将 LNB 置于室外意味着它必须能够在更宽的气候条件下工作，另外还得面对由此带来的防毁坏和防盗等问题。

2) 室内单元

如图 4-58 所示，输入到室内单元的信号通常是宽带信号，频率范围为 950～1450 MHz，这个信号被放大后送到一个跟踪滤波器，通过这个滤波器来选取想要的频道。如前面所述，由于采用了极化交错方式，对于接收天线极化器的任一方式，只有一半电视节目信号可以输入到室内单元，这样使得跟踪滤波器更容易实现，因为在频谱上按不同极化方式交替排列的频道在频率上有更大的间隔。

一个 DBS 接收机可提供众多的功能，这些功能并没有在图 4-58 简化的方框图中全部画出。解调后的视频信号和音频信号通常也通过输出插孔输出。为了降低来自地面电视网的干扰，需要在终端插入中频滤波器；为了接收某些加密的节目，还可能需要有反倒频器。

4.3.2 甚小孔径地球站(VSAT)

最初，VSAT 是美国 Telcom 公司于 20 世纪 80 年代在市场上销售的一种小型地球站的商标。

自 20 世纪 60 年代中期第一颗通信卫星发射以来，人们已注意到卫星通信中地球站的体积在不断减小，而 VSAT 是这个总趋势中的一个中间步骤。实际上，地球站已经从具有 30 m 大天线的大型标准地球站演变至当前的小至只有 60 cm 天线的接收直播卫星电视信号的单收地球站。因而，VSAT 是提供各种通信业务的较低端产品系列，而较高端产品是提供大容量卫星链路的大型站。在较低端使用的是一些天线直径小于 2.4 m 的小型地球站，因此，“甚小孔径终端”中的“小孔径”指的是天线的面积，这样的地球站不能提供承载大容量业务的卫星链路，但价格便宜，其生产成本低，易于安装在任何地方，并能以灵活方式快速地建立起小容量卫星链路，其容量约为几十 kb/s 量级，典型值为 56 kb/s 或 64 kb/s。

1. VSAT 网络

如图 4-59 所示，VSAT 之间是通过射频(RF)链路与一颗卫星连接的。

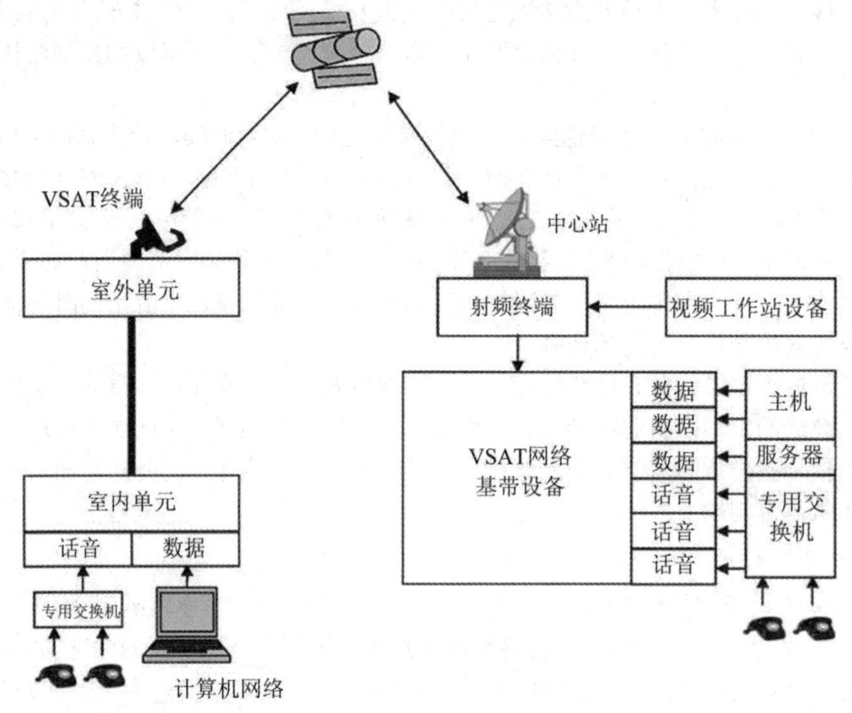

图 4-59　典型 VSAT 网络

从 VSAT 到卫星的链路称之为“上行链路”；从卫星到 VSAT 的链路称之为“下行链路”。站与站间的链路有时统称为“跳”，它由一条上行链路和一条下行链路组成。

一条射频链路是一个传递信息的已调载波。其基本过程是：卫星接收并放大在其接收天线视界之内的地球站的上行链路载波，并把它们的频率变换到较低的频段，以防止可能的输出/输入干扰，并把已放大的载波发送到位于其发送天线视界之内的地球站。

目前 VSAT 网使用的都是静止卫星，这些卫星的轨道位于地球赤道平面上，高于地球表面 36 000 km。位于这个高度的轨道周期等于地球的旋转周期。当卫星在圆形轨道上按地球旋转的方向运动时，从地面上任何一个地球站看该卫星就好像是一个固定在天空中的中继站。

应注意的是，无论是上行链路还是下行链路，都会产生由地球站到静止卫星之间的距离引起的典型值为 200 dB 的射频载波功率衰减，以及从地球站到地球站约为 260 ms 的传输时延(一跳时延)。

卫星在天空中的位置是固定的，它能够在一天 24 小时中都被用作上行链路射频载波的中继站，这些载波通过下行链路与卫星能看到的所有地球站相连。由于卫星在天空中看起来好像是固定的，因此无需跟踪，这就简化了 VSAT 设备及其安装。

1) 网格状 VSAT 网络

在网格状 VSAT 网络中，因为卫星能看到所有的 VSAT，所以载波可以通过卫星从网络中任一 VSAT 中继到任何其他 VSAT，如图 4-60 所示。

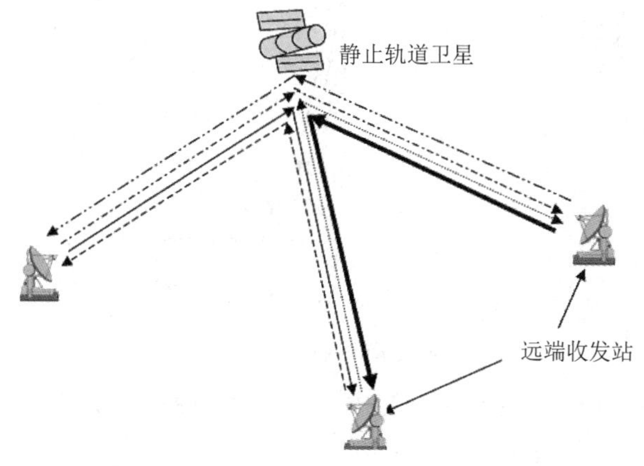

图 4-60 网格状网络

关于网格状 VSAT 网络，必须考虑到以下限制：

(1) 由于地球站和静止卫星的距离，导致在上行链路和下行链路上载波会有典型值为 200 dB 的功率衰减。

(2) 卫星应答器的射频功率有限，典型值为几十瓦。

(3) 小尺寸的 VSAT 限制了它的发射功率和接收灵敏度。

由于上述限制，很可能在接收端的 VSAT 接收到的解调信号不能满足用户终端所要求的质量，因此从 VSAT 到 VSAT 之间的直接链路可能并不实用。

2) 星型 VSAT 网络

解决 VSAT 之间无法直联问题的办法是在网络中安装一个比 VSAT 大的主站。主站具有比 VSAT 更大尺寸的天线，直径约为 4～11 m，因此其增益比典型的 VSAT 天线要高，且配有大功率的发射机。

由于性能的改善，主站足以接收由 VSAT 发送的所有载波，并能用所发送的载波把需要的信息发送到所有 VSAT 站。这时网络的结构变成了星型结构，如图 4-61 和图 4-62 所示。从主站到 VSAT 站的链路叫“出站链路”；从 VSAT 站到主站的链路称为“入站链路”。入站链路和出站链路都由到达和来自卫星的上行链路和下行链路两条链路组成。

有两种可供选择的星型 VSAT 网络：

(1) 双向网络(见图 4-61)。在这种网络中，VSAT 既可接收又可发送。这样的网络支持交互式业务。

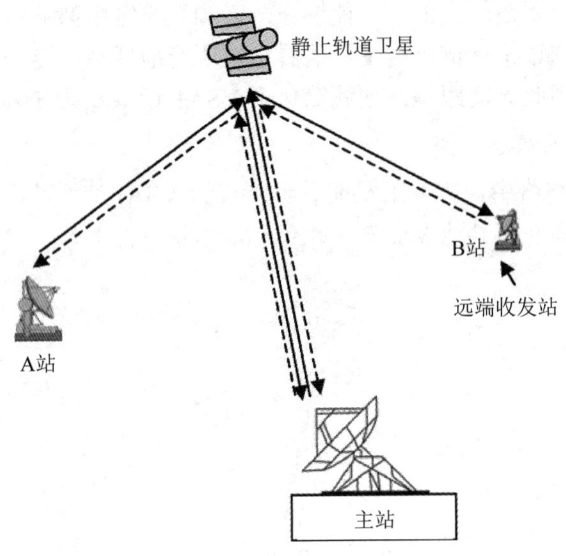

图 4-61　双向网络

(2) 单向网络(见图 4-62)。在这种网络中，主站向单收的 VSAT 发送载波。这种配置由主站向单收 VSAT 的远端站提供广播业务。

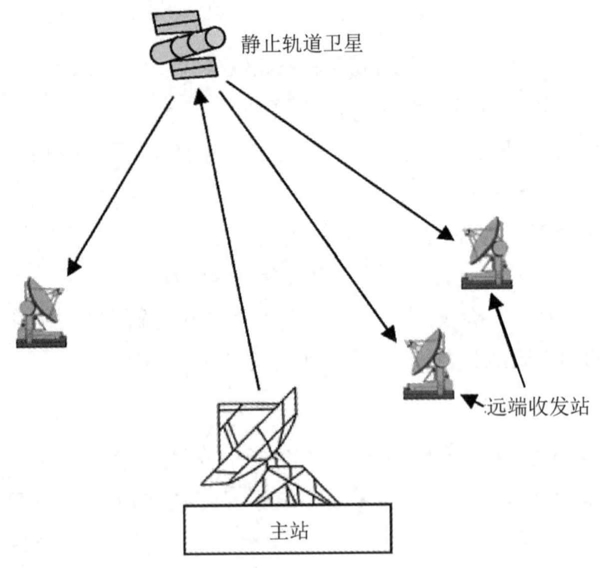

图 4-62　单向网络

综上所述，星型网络结构能够克服小尺寸 VSAT 和卫星转发器的功率限制，对于需要低成本 VSAT 的场合更是如此。

2. VSAT 地球站系统

1) VSAT 地球站的结构

VSAT 网络由一个主站和成百上千个用户站组成。图 4-63 是一个 VSAT 站的结构图。由图可知，一个 VSAT 由两个独立的单元组成：室外单元(ODU)和室内单元(IDU)。室外单元是 VSAT 至卫星的接口，而室内单元是 VSAT 至用户终端或局域网的接口。

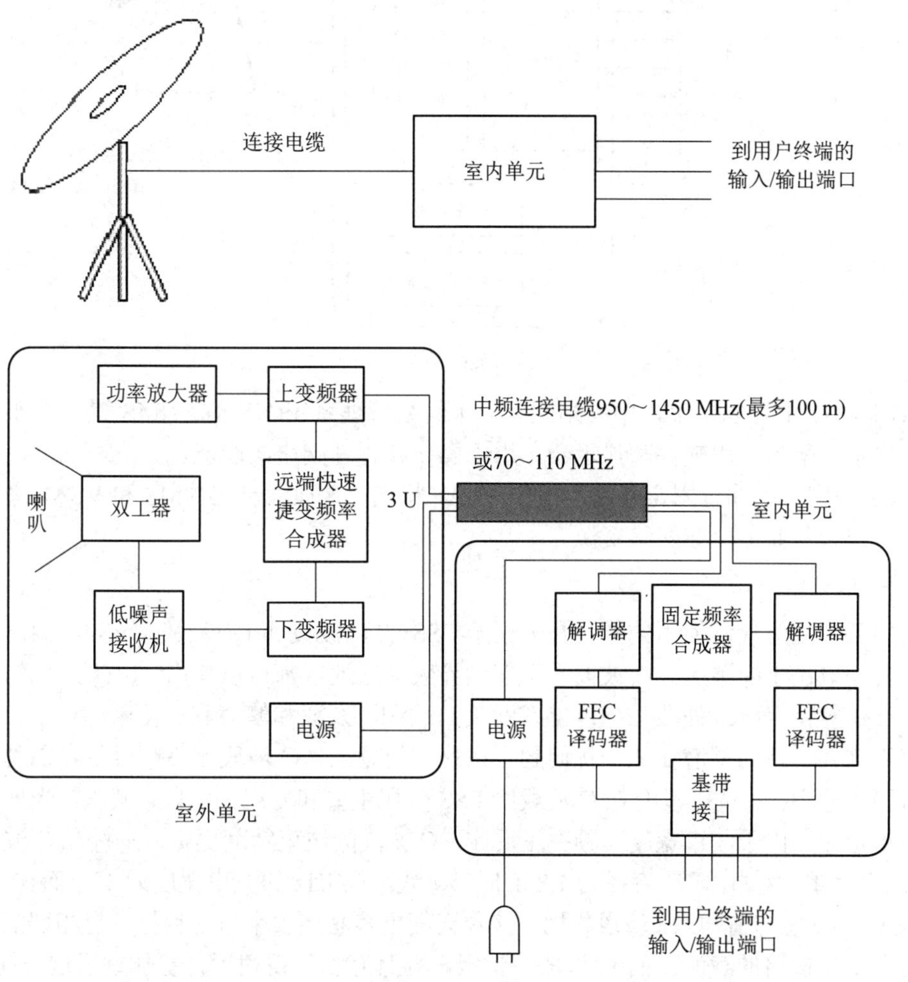

图 4-63　VSAT 站

图中左侧部分为室外设备结构，包括天线和含有功率放大器、低噪声接收机、频率合成器等的成套电子设备。

图中右侧部分为室内设备结构，包括基带接口和含有解调器、编/译码器、频率合成器等的成套电子设备。

2) 中心站

图 4-64 显示了中心站及其设备的结构。除了体积和子系统的数量以外，中心站与 VSAT 之间在功能上区别很小，主要区别在于是单用户使用还是共享使用。中心站的室内单元与

一个主计算机、公共交换网或专用线路相连，是共享使用的。

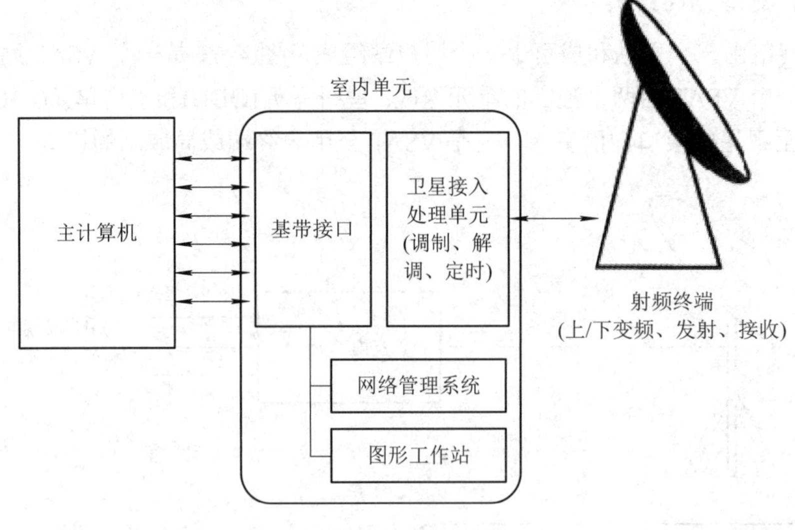

图 4-64　中心站

从图 4-64 中可以看出，中心站配有一个网络管理系统(NMS)。NMS 是一个小型的电脑或工作站，配备专用软件和显示器，用于操作和管理网络的职能。

NMS 在网络中通过固定线路与每个 VSAT 相连。管理消息在 NMS 和 VSAT 之间不断地交换并与正常业务争夺网络资源。

3) 通信频段

商用卫星通信最常使用的频段是分配给 FSS 的 C 波段和 Ku 波段。VSAT 网络频段的选择，首先取决于能覆盖。C 波段卫星在世界大多数地区都可以使用(只有约 7%的高纬度地区不能覆盖)，而 Ku 波段卫星能够在北美、欧洲、东亚和澳大利亚使用。

接下来要考虑的是潜在的干扰问题。在这一问题上，C 波段比高频段更容易受到干扰主要有两个原因。首先，没有在 C 波段给 FSS 分配主要和专用的波段。其次，当地球站天线口径给定后，由于波束宽度与频率呈反比，C 波段的波束宽度更宽，干扰在 C 波段比在 Ku 波段更严重。例如，天线直径为 1.8 m 时，频率为 4 GHz 的波束宽度为 3°，而在 12 GHz 时仅为 1°。这意味着与 Ku 波段相比，接收天线更容易接收来自与目标卫星相邻的其他 C 波段卫星下行链路的载波。而 C 波段卫星很多并且互相靠得很近，更加重了这一问题。C 波段卫星典型角距为 3°，与 VSAT 天线波束宽度相当。

在上行链路也会出现同样的问题，小型 VSAT 天线发射载波的角度在 C 波段比 Ku 波段大，因此会在相邻卫星系统的上行链路上产生更多干扰。然而，当 VSAT 的发射功率较弱时，这不是一个主要问题。

最后一点，C 波段和部分 Ku 波段与陆上微波中继是共用的，因而这可能是另一个干扰源。与 C 波段情况不同，Ku 波段提供的专用波段与任何陆上微波传输无关，因此简化了 VSAT 和中心站的站址选择。

在特别需要小型天线的地方，如果干扰太大，可以采用把载波扩展在一个比基本传输所需的频带要宽得多的频带内的扩频调制技术来应对。

4) 多址方式

由于多址技术不仅能提供对干扰的防护，还能对一个卫星信道提供码分多址(CDMA)资源，因此多址技术引起了人们的广泛兴趣。然而，由于使用较宽的带宽，与其他适用于干扰并不特别严重的场合的多址技术(如频分多址(FDMA)、时分多址(TDMA))相比，它的带宽利用率较低。

最常用的接入方式是 FDMA，它允许用户使用相对较低功率的 VSAT 终端。也可以采用 TDMA 方式，不过对上行链路密度较低的 VSAT 来讲效率较低。

一个 VSAT 网络中的业务大多数都是突发型数据业务，例如存货控制、信用卡验证、随机发生的预定请求或是可能很少出现的间断，因此利用通常的 TDMA 方式进行时间分配会导致信道利用率较低。

在一些根据网内 VSAT 变化的请求来动态分配信道宽度的系统中，可采用称为请求指定多址方式(DAMA)的形式。DAMA 既可以同 TDMA 一起使用，也可以同 FDMA 一起使用，但是这个方法的缺点是必须要有一条反向信道，使得 VSAT 站可通过该信道发起信道分配请求。

目前 VSAT 系统最主要的缺点是初期投资较高，因此需要较大的网络才能获得优化的系统(一般要超过 500 个 VSAT 小站)，并且没有 VSAT 站与 VSAT 站之间的直接链路。随着技术的不断发展，尤其是微波技术和数字信号处理技术的发展，新一代 VSAT 系统中的这些缺点将逐渐得到克服。

4.3.3 移动卫星业务

移动卫星业务(MSS)是指可使用移动和便携式无线电话机提供服务的卫星通信网络。移动卫星业务主要有三种类型：航空移动卫星业务(AMSS)、陆地移动卫星业务(LMSS)、海上移动卫星业务(MMSS)。

MSS 的电话链路与蜂窝电话链路相似，不同之处在于中继器是在环绕地球的轨道上，而不是在地球表面上。MSS 卫星可以运行在静止轨道、中轨道(MEO)和低轨道(LEO)上。

1. 铱星通信系统

“铱星通信”是一家美国公司，总部设在弗吉尼亚州麦克林，其运营的铱星卫星星座系统拥有 66 个卫星，可为卫星电话和其他手持收发器单元提供全球语音和数据通信。铱星网络是唯一能够完全覆盖整个地球的网络，包括两极、海洋和天空。

铱星移动通信系统是摩托罗拉卫星通信部门于 1987 年提出的第一代卫星移动通信星座系统。其每颗卫星的质量为 670 kg 左右，功率为 1200 W，采用三轴稳定结构，每颗卫星的信道为 3480 个，服务寿命为 5～8 年。

铱星移动通信系统最大的技术特点是通过卫星与卫星之间的接力来实现全球通信，相当于把地面蜂窝移动电话系统搬到了天上。

铱星系统的卫星星座共有 66 颗，这些卫星均匀分布在大致南北方向的 6 条轨道上，每条轨道上均匀分布 11 颗卫星。极地圆轨道高度约 780 km。每个卫星与其轨道上的相邻星以及两侧轨道上的相邻星之间都存在双向通信链路，如图 4-65 中的虚线所示。

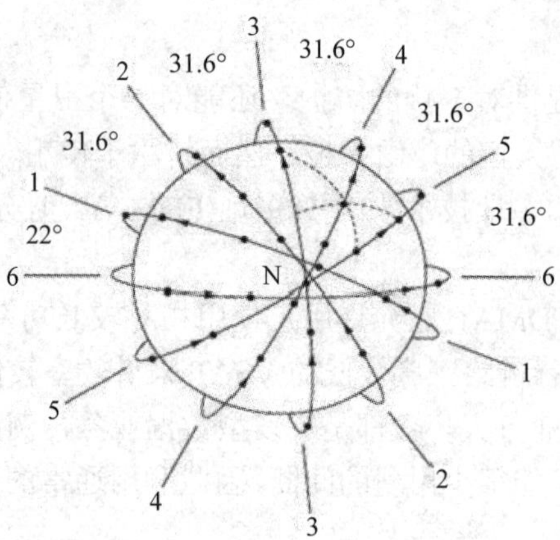

图 4-65　铱卫星轨道示意图

卫星和用户之间的上/下行链路使用 L 波段。每个卫星可使用 48 个可分别控制的波束，波束切换被称为单元管理。波束类似于蜂窝通信中的单元，但是与蜂窝通信不同，波束相对于用户是移动的。48 点波束单元结构示意图如图 4-66 所示。

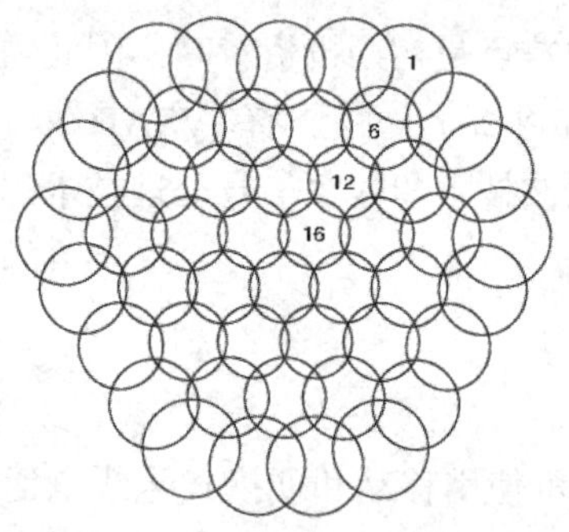

图 4-66　48 点波束单元结构示意图

铱星系统主要由 3 部分组成：卫星网络、地面网络和用户网络，如图 4-67 所示。

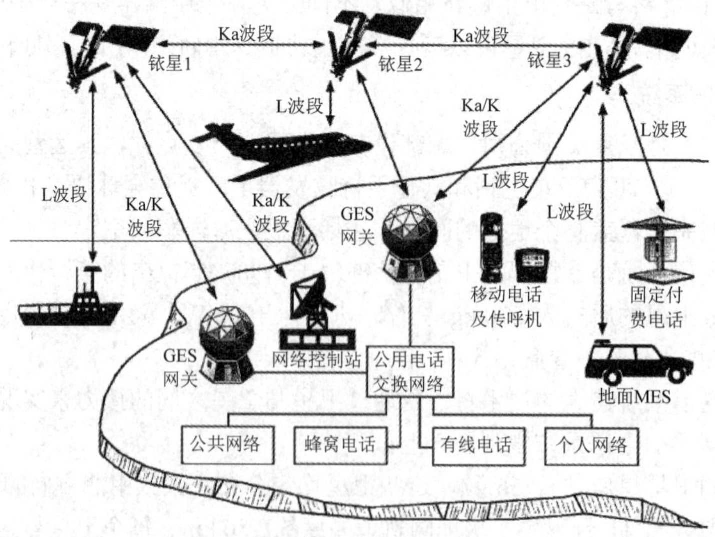

图 4-67　铱星系统组成示意图

(1) 卫星网络：由分布在 6 个极地圆轨道面的 66 颗卫星组成的星座。该星座能保证在任何时间、在地球上的任何区域都至少能看见一颗铱星。

(2) 地面网络：地面网络除了有与陆上电话网络相连的电话网关(GES)外，还包含系统控制系统(SCS)。SCS 是铱星系统的控制中心，除了向关口站提供跟踪信息和信息控制外，还对星座的运行进行维护和控制。

(3) 用户网络：用户网络包括三种不同类型的移动终端单元(MTU)，即手持单元、移动单元和固定单元。用户终端采用全向天线，除了支持报文寻呼外，还可支持 2.4 kb/s 的数据传真。

铱星电话的呼叫是非常昂贵的。特殊用户终端(数据终端单元，DTU)可以用来发送和接收短突发数据(SBD)，每次不超过 2 KB，该服务通常用于资产跟踪和远程监控。发送 SBD 消息时，消息被转换为电子邮件格式或通过 HTTP 发送到一个预置的地址，每条消息还含有粗略的定位信息。

在铱星系统中，用于将卫星、用户终端和关口站相互连接起来的链路有用户链路、馈送链路和星际链路。

(1) 用户链路工作在 L 频段，采用双向 TDMA 技术，上、下行频率均为 1610～1626.5 MHz。每颗卫星总容量为 3840 路全双工话音频道，卫星有效全向辐射功率(EIRP)为 12.4～31.2 dBW，*G*/*T* 值为 19.6～5.3 dB/K；用户终端 EIRP 的平均值为 4.7 dBW，接收机 *G*/*T* 值为 23.8～21.8 dB/K。

(2) 馈送链路又称关口站链路，工作在 Ka 频段，上行频率为 27.5～30.0 GHz，下行频率为 18.8～20.2 GHz，总容量为 2000 条全双工频道，EIRP 值为 14.5～27.5 dBW，*G*/*T* 值为 10.1 dB/K。

(3) 星际链路工作在 Ka 频段，频率为 22.55～23.55 GHz。每颗卫星有 4 条 15 MHz 带宽的信道，分别连接到同轨道平面内的相邻卫星和两侧相邻轨道面内的各一颗卫星，每条星际链路可提供 600 路全双工话音频道，总容量为 2400 条全双工话音频道。卫星间的 EIRP 为 39.5 dBW，天线增益为 36 dBi，*G*/*T* 值为 8 dB/K。

2. 国际海事卫星组织

国际海事卫星组织，简称 INMARSAT，目前它已是一个有 85 个成员国的国际组织，它已经成为全球移动通信服务的提供者。

INMARSAT 运营的全球卫星系统被独立服务供应商用来向移动中或偏远地区的客户提供话音和多媒体通信服务。其主要的用户来自多种领域，包括商船航运、渔业、航空公司和商用喷气式飞机、陆路运输、石油和天然气部门、新闻媒体等，这些领域中客户的旅行常常超出了常规地面通信服务的范围。

INMARSAT 系统由以下部分组成：

(1) 空间部分：由 4 颗主要的同步轨道卫星组成。这些卫星分别位于 4 个主要大洋区以实现全球覆盖，如图 4-68(a)所示。4 个卫星覆盖区分别是大西洋东区、大西洋西区、太平洋区和印度洋区，如图 4-68(b)所示。

(2) 地面部分：包括大量的固定地球站(网关)和移动地球站(MES)。在海事通信中称网关为陆地站(LES)或海岸站(CES)，在航空通信中称网关为地面站(GES)，网关与地面公用网的接口相连。

地面部分还包括 INMARSAT 网络控制中心(NCC)和 3 个卫星控制中心(SCC)。NCC 位于英国，监视和控制整个网络的 LES、MES 和卫星；SCC 负责管理卫星的飞行状态。

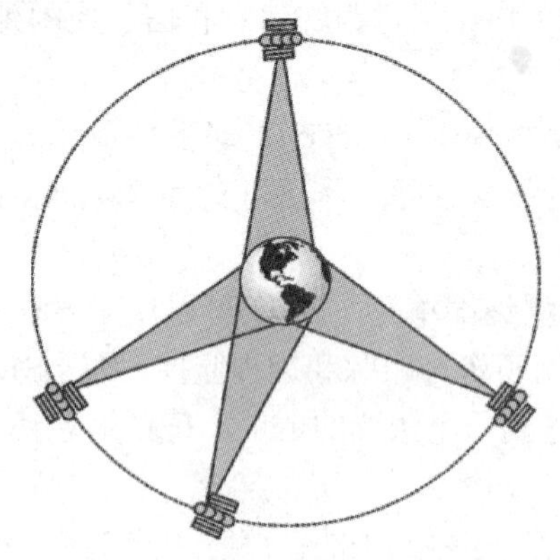

(a) INMARSAT 空间部分

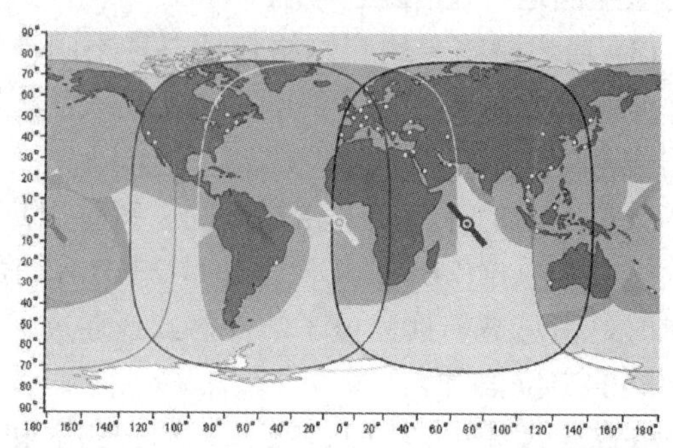

(b) INMARSAT 卫星全球覆盖示意图

图 4-68　INMARSAT 系统的空间部分

(3) 用户单元：包括卫星电话、传真、数据和电报终端。图 4-69 显示了一个典型的使用 INMARSAT 卫星的通信网络。两个移动用户之间和移动用户与地面电话之间可以进行通话。

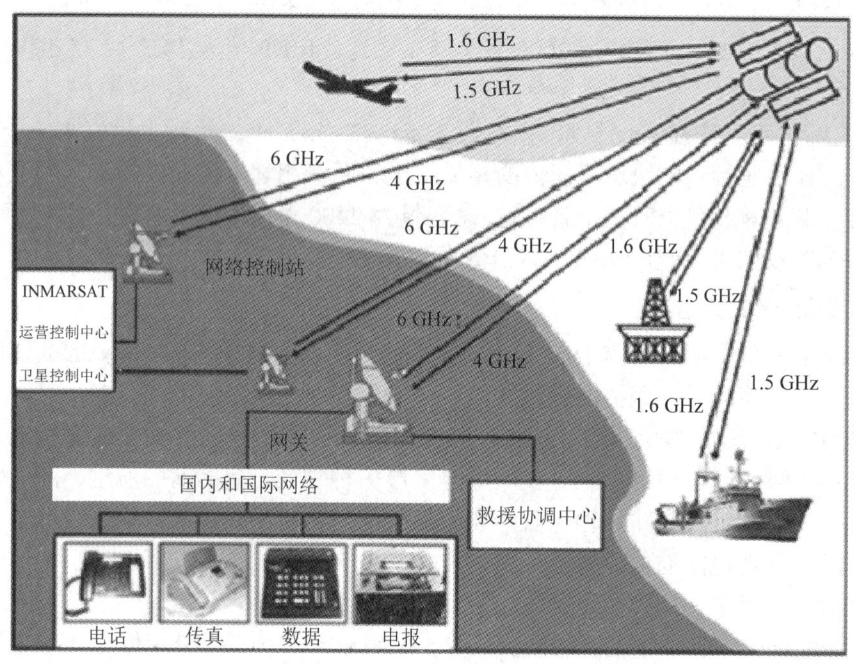

图 4-69　典型的使用 INMARSAT 卫星的通信网络

标准的 INMARSAT 电话和电报终端可使用 INMARSAT 卫星网络拨打和接听电话。所有向地面电话的呼叫被卫星转至网关站，然后被直接发送到地面公用网。被称为馈送链路的卫星网关链路，在上行链路采用 6 GHz 频带，在下行链路采用 4 GHz 频带。

移动链路使用的上/下行链路分别使用 1.6/1.5 GHz 频带。INMARSAT 卫星提供各种服务，包括 INMARSAT-A、INMARSAT-B、INMARSAT-C、INMARSAT-D、INMARSAT-D+、INMARSAT-M、INMARSAT-mini-M 及 GAN 和航空服务，每个服务面向一个特定的市场。

INMARSAT-A：是 1975 年由美国的 COMSAT 公司投入使用的第一个系统，主要提供模拟调频电话、传真和高速数据(56 kb/s 或 64 kb/s)等业务，这项服务于 2007 年年底撤销。

INMARSAT-B：该系统提供了话音、电传等业务，以及中速率的 9.6 kb/s 的传真/数据业务、56/64/128 kb/s 的高速数据业务。

INMARSAT-C：实际上是一个具备存储转发、轮询和强化群呼功能的卫星电传机，部分可以与 GPS 系统相连。

INMARSAT-D/D+：是比地面版本的寻呼机大很多的卫星版寻呼机。某些产品配有 GPS。INMARSAT-D 可对移动用户单路寻呼，INMARSAT-D+是双路寻呼。

INMARSAT-M：该系统提供了 4.8 kb/s 的话音业务，以及中速率的 2.4 kb/s 的传真/数据业务。

INMARSAT-mini-M：该系统提供的服务与 INMARSAT-M 一样，由于只能应用于铱星卫星的点波束覆盖范围内，故采用的是更小、更轻便且更紧凑的终端。一些 mini-M 地球站同时可以支持空中 mini-M 系统。

全球区域网络(GAN)：可供选择的有 4.8 kb/s 话音业务和 2.4 kb/s 传真/数据业务，以及 64 kb/s 的综合服务数字网络(ISDN)级别服务(称为移动 ISDN)和共享信道的 64 kb/s IP 报文分组转接数据服务。

航空服务：为飞机提供话音/传真/数据服务。它有三个级别的终端：航空-L(低增益天线)主要提供分组数据服务；航空-H(高增益天线)主要提供中等质量的话音和高达 9.6 kb/s 的传真/数据服务；航空-I(中级增益天线)主要提供低品质的话音和高达 2.4 kb/s 的传真/数据服务。

4.3.4 宽带卫星业务

到 20 世纪末，卫星通信的设计主要是围绕广播电视业务进行的，设计的关注点是覆盖范围，而不是通信容量。卫星通信最开始的十年，通信卫星主要工作在 C 波段(4～6 GHz)。随着时间的推移，20 世纪 80 年代出现了更高频率的 Ku 波段(10～14 GHz)卫星。直到近十年，Ku 波段卫星仍占全球卫星通信的主导地位。

近年来，受高清电视、高速互联网接入等需求的推动，许多地区对卫星带宽的需求量已超过 Ku 波段所能够提供的极限，促使卫星工业使用更高的 Ka 波段，这也使全球卫星通信进入了应用高吞吐量卫星(HTS)的新技术阶段。

新一代高吞吐量卫星的设计不仅使用了更高频的 Ka 波段，而且采用了多点波束结构，通过重复使用有限的频率资源来获得更大的通信容量。HTS 采用类似于地面蜂窝网的技术，各个点波束采用不同频率和极化的组合而彼此独立工作。

国际上 Ka 波段卫星传输技术已经达到很高的成熟度，卫星网络的性能、可靠性和可用性都能与 Ku 波段网络相媲美。为提高射频部件的可靠性，降低其体积、重量、耗电量和成本，美国休斯公司甚至专门设计并委托美国芯片设计制造商生产高性能 BUC(上变频功率放大器)用 MMIC(单片微波集成电路)芯片组，并在 Shady Grove 工厂生产 Ka 波段的射频单元。

1. 点波束设计

设计高吞吐量卫星的波束大小时需要权衡卫星的容量与覆盖区域。小波束可以做到较高的容量，因为小波束会有较好的链路特性，从而有更高的频谱效率和通信容量。

当今卫星工业的技术水平有能力制造容量超过 200 Gb/s 的高吞吐量卫星。目前全球 50 多个启动的 Ka 卫星项目(无论是已在轨还是计划发射)，大部分卫星都采用部分载荷为 Ka 频段波束的方式。2013 年发射的 Hispasat 亚马逊 3 号卫星有以下负载：33 个 Ku 转发器，19 个 C 转发器，9 个 Ka 点波束。其每个 Ka 点波束容量是上、下行各 500 MHz，则该卫星具有 9 GHz(相当于 20 Gb/s)的 Ka 波段数据通信能力。

目前，欧洲、非洲、中东、拉丁美洲地区的 HTS 服务提供商倾向于选择部分 Ka 波段载荷卫星或小容量的全 Ka 波段卫星，主要原因是：

(1) 小地域覆盖，目标覆盖区域可能仅是一个中等大小的国家和地区。

(2) 预期填充率较缓慢，发展中国家的填充率可能比北美或欧洲等发达地区慢，立即部署大载荷的 HTS 不具备经济性方面的好处。

(3) 成本低，在卫星上安装部分载荷的费用远小于发射一颗全 Ka 波段的 HTS。

2. 宽带地面系统

从沃尔玛应用全球第一个 VSAT 网络开始，VSAT 技术在各方面都有了很大的进步。20 世纪 80 年代，一套 VSAT 终端成本超过 1 万美元，数据传输能力为 9.6～64 kb/s。今天 Ku 或 Ka 波段的 VSAT 小站成本小于 1000 美元，却拥有 10～20 Mb/s 的吞吐能力。但是，VSAT 系统的基本架构并没有明显改变，这种架构为传统的 36 MHz 的 C/Ku 卫星网络而设计，也同样可以很好地应用于采用点波束架构的高吞吐量卫星。

高吞吐量卫星与传统卫星有一些关键性的区别：高吞吐量卫星有超过 100 MHz 的高容量波束；每个关口站支持多达 10～20 个点波束，拥有超过 5 Gb/s 的通信容量。

高吞吐量卫星的出现对地面 VSAT 系统有了更高要求。应用于 Ka 波段高吞吐量卫星的地面通信系统应该支持空间段和关口站资源的高效利用，同时拥有高性能、高性价比的应用小站终端。

1) DVB-S2 标准扩展

DVB-S2/ACM(自适应编码和调制)为现在主流 VSAT 系统所采用，但是 DVB-S2 标准当初是为 36 MHz 和 54 MHz 转发器解决覆盖应用而设计的，最高才支持 45 Mb/s 的传输速率、16APSK 调制的技术体制。新一代高吞吐量卫星的每个波束都为大容量，只有采用 DVB-S2 扩展载波才能实现更高的容量以及更好的链路性能。比如，美国休斯公司的 Jupiter 系统已经对其 DVB-S2 标准进行了多项扩展，其出向载波可以支持最高达 200 Mb/s 的符号率、32APSK 或者更高的调制方式，这样一个出向载波最高可以支持近 1 Gb/s 的信息速率。

2) 高效率、高可靠的关口站

VSAT 应用需求的提升对主站及关口站的容量有了更高的要求，这与上面所提及的信道容量相关，但最后还要体现在设备硬件的支持能力上。使用一个传统的 36 MHz 转发器，

VSAT 主站容量要达到 80～100 Mb/s，在大多数 VSAT 系统中其主站设备需要占用一个或一个半机柜，但使用多点波束结构的高吞吐量卫星，地面关口站需要支持 1～10 Gb/s 的容量。考虑建设一个 5 Gb/s 的关口站，若采用一个半机柜仅支持 10 Mb/s 吞吐量的传统 VSAT 系统，则总共需要多达 25 个设备机柜，还不包括流量管理设备、路由器、交换机和其他应用终端。关口站体积庞大、耗电量高，对空调要求也高，这些都意味着高昂的建设和运营费用。

3) 高性能小站终端

据统计，截至 2018 年，每个美国家庭互联网连接设备的数量已经增长到 5.7 台，由于连接设备数量的增加，远端卫星小站需要面对更大的工作压力，要求地面通信系统的用户端卫星终端支持很高的传输容量和强大的处理能力。现在，美国休斯公司的卫星终端支持高达 100 Mb/s 的 IP 包吞吐量，可以满足高端企业和政府机构的使用要求。

4) Ka 波段雨衰的挑战

雨衰是 Ka 波段卫星通信系统面临的最大挑战。对于关口站和数以万计的小站用户，整个系统如何克服雨衰对上、下行链路传输可用度的影响，是需要重点关注的技术问题。

5) Ka 波段同频干扰的挑战

由于 HTS 采用点波束、频率复用的方式增加容量，同频干扰问题便成为困扰 HTS 系统正常运营的主要因素，在数万个小站对准一个卫星同频工作时，必须有效控制每个小站的上行频谱密度，否则，同频上行干扰将成为 HTS 运营商和所有用户的噩梦。因此，采用系统和链路提供雨衰储备余量而不是增加小站硬件配置的方式应是 Ka 波段 HTS 克服雨衰问题的主要方向。

3. 高吞吐量卫星的应用

1) 宽带互联网接入

讨论高吞吐量卫星的应用要从互联网接入开始，因为这是当今卫星行业增长最快的应用，也是维系卫星工业生存发展的关键应用。对于卫星互联网接入业务，服务提供商要针对不同的应用市场制定系列服务套餐计划。

在提供卫星宽带互联网接入服务时，最重要的是在流量高峰期间，地面网络系统要有能力对卫星带宽进行有效的管理和分配，以使得所有在线用户均获得平等、公正的互联网接入服务。此外，地面网络系统需要用到一些手段，如以最大带宽限制的形式确保卫星容量不被某个用户垄断而影响其他用户的互联网访问体验。

2) 远程教育

全球许多国家都在投资改造电信基础设施，给所有的学校，即使是最小的社区和村庄，提供高速上网的服务。对于地面通信(如 DSL 或电缆)不发达或不足的地方，宽带卫星通信是一种理想的解决方案。由于每个学校都会有许多电脑设备一起工作，因此需要大量的带宽，高吞吐量卫星是解决教育行业互联网接入需求的最佳方案。

3) 基站回传

3G、4G 移动蜂窝网对中继电路的带宽要求很高，4G/LTE 基站的中继电路带宽通常要求下行 100 Mb/s、上行 50 Mb/s 的信息速率。在市区和主要交通要道开展 3G、4G/LTE 业务时，地面回传采用光纤手段。若要对边远地区进行 3G、4G/LTE 覆盖，因为蜂窝基站的距离较远，使用地面通信手段的成本过高，这时候卫星回传手段就显出技术优势。移动运营商要将 3G、4G/LTE 服务延伸到偏远地区，高吞吐量卫星系统大有用武之地。

4) 政府和企业通信线路备份

对于政府和企业，卫星通信最有意义的应用是做地面线路的备份。地面和卫星相结合，互为备份，确保任何情况下企业的数据都能正常传输。此外，卫星电路可以根据要求灵活调整带宽分配。

4.3.5　军事卫星通信

卫星通信工作频率包括 VHF、UHF、L、S、C、X、Ku、Ka 和 Q 频段，带宽都在 100 MHz 以上。除了这些频段，军事卫星系统的主要频段是 X、K、Ka 和 Q 频段，这里特别需要强调军事卫星通信需求与商业卫星通信需求有些根本的区别，军用卫星频率的需求主要是战时能够提供高容量不间断的通信。表 4-2 列出了商业卫星和军用卫星使用的频带。

表 4-2　商业卫星和军用卫星使用的频谱资源

名称	频率范围	可用频带	用户	卫星
UHF	200～400 MHz	160 kHz	军事	FLTSAT，LEASAT
	L(1.5～1.6 GHz)	47 MHz	商业	MILSTAR，INMARSAT
SHF	C(6/4 GHz)	200 MHz	商业	Intelsat，DOMSATs，Anik E
	X(8/7 GHz)	500 MHz	军事	DSCS，Skynet and Nato
	Ku(14/12 GHz)	500 MHz	商业	Intelsat，DOMSATs，Anik E
	Ka(30/20 GHz)	1000 MHz	军事	DSCS-IV
EHF	Q(44/20 GHz)	3500 MHz	军事	MILSTAR
	V(64/59 GHz)	5000 MHz	军事	Crosslinks

1. 军用通信卫星的频段划分

使用高频率(如 K、Ka 和 Q 频段)有利于提高军用卫星在战争期间的生存能力，同时频率越高，相同口径天线的波束越窄，在复杂环境和敌军干扰等条件下能够提高通信的可靠性。美军通信卫星主要工作在三个频段，分别是 UHF、SHF 和 EHF 频段，其中 UHF 感兴趣的频段是 200～400 MHz，X(8/7 GHz)和 Ka(30/20 GHz)频段在 SHF 范围内，Q(44/20 GHz)频段在 EHF 范围内。移动和战术军用通信卫星系统主要工作在 UHF(200～400 MHz)频段，宽带卫星通信系统主要工作在 X(8/7 GHz)和 Ka(30/20 GHz)频段，保护性卫星通信系统主要工作在 EHF(44/20 GHz)频段。

俄罗斯军用通信卫星系统主要包括 Raduga 和 Strela 两个系列，其中 Raduga 卫星系列工作在 C(6.2/3.875 GHz)频段。

实际上，对于卫星和地球站的频率分配又与所提供的服务密切相关，除了微波，激光也被列入计算之内。此时，卫星不再是简单的中继器，激光频段的链路需要调制相关光源，接收端利用相互跟踪的信息进行解调，图 4-70 是这种设备的一个实例。目前，商业激光链路应用得比较少，主要应用在卫星之间的通信，因此也称为星际链路或者交叉链路。

图 4-70 通过 Artemis 卫星中继的激光链路

就军事通信专用频段而言，一般移动卫星通信通常使用 400/250(上行/下行)MHz 的 UHF 频段，如美国的舰队通信卫星系统(FLTSATCOM)、空军卫星通信系统(AFSATCOM)；宽带通信使用 8 GHz/7 GHz 的 SHF 频段，如美国的国防卫星通信系统(DSCS Ⅰ、Ⅱ、Ⅲ)、地面机动部队卫星通信系统(GMFSCS)；为增强抗干扰、抗截获能力，重要的指挥控制链路逐渐向使用频率更高的极高频/超高频(44/20 GHz)系统发展，如美国的军事卫星(MILSTAR)以及激光卫星通信。

2. 战略/战术通信卫星

目前，世界各主要军事大国都发射了自己的军用通信卫星，其中美国是发射军用通信卫星种类较多且技术最具代表性的国家。美国较有影响的军事通信卫星主要有：美国空军主管的国防卫星通信系统(DSCS)、军事卫星(MILSTAR)及海军主管的舰队通信卫星系统(FLTSAT)、租星(LEASAT)、特高频后续卫星(UFO)通信系统、跟踪和数据中继卫星系统(TDRS)等，这些军用通信卫星在美国 21 世纪初参与的几次局部战争中，都发挥了极其重要的作用。

第一代军用卫星通信系统由美国于 20 世纪 60 年代末期建成，被命名为 IDCSP(Initial Defense Communications Satellite Program)，在 1966 年到 1968 年三年期间，该系统共发射了 28 颗卫星，每颗卫星都有一个容量大约为 10 路话音或 1 Mb/s 数据的转发器。该系统用于 1967 年的越南战争中，利用一颗卫星将数据先从越南发送到美国夏威夷，再用另一颗卫星传到华盛顿总部。该系统于 1968 年全部建成，并改名为 IDSCS(Initial Defense Satellite Communication System)，IDSCS 是宽带卫星系统，用于战略通信，可以应用于固定地面站、可搬移地面站和大型船只上，这些终端都配有大型天线。

1) 美国军用卫星通信系统结构

美制的军用卫星通信结构由美国于 1976 年提出，并引导着美国军用通信卫星系统的发展。在此体系下，有三种军事卫星通信系统被提出并得到开发，分别是宽带系统、移动和战术系统(又称窄带系统)及受保护的系统(或者具有核生存能力的通信系统)，其中发展的宽带卫星通信系统有国防卫星通信系统(DSCS-Ⅱ和 DSCS-Ⅲ)和搭载有 UHF 载荷的 GBS 系统，后来发展成了特高频后继星卫星通信系统。

在这种分类方式下，移动和战术系统包括舰队卫星通信系统、LEASAT(Leased Satellite)系统和 UFO 系统。受保护卫星通信系统包括军事战略战术中继卫星通信系统、空军卫星通信系统和甚高频卫星通信系统。图 4-71 给出了三种类型的卫星。

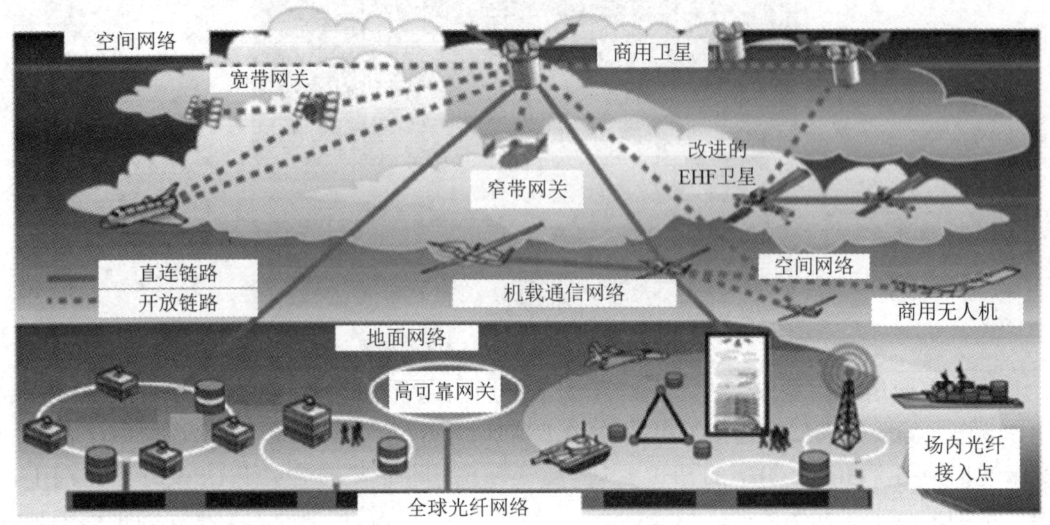

图 4-71　军用卫星结构

2) 美国国防卫星通信系统(DSCS)

国防卫星通信为美国分布于全球的军事用户提供军事通信服务，DSCS 将来会被 WGS(Wideband Global SATCOM system)替代。DSCS 的发展经历了三个主要阶段，自第一颗卫星发射成功，DSCS 就承担着军用卫星通信的主要功能，DSCS-Ⅲ系统当前已超出了 10 年的设计寿命。

DSCS 系统最初设计目的是为主要军事用户提供远距离通信服务，然而，到了 20 世纪 90 年代，DSCS 系统可为大量的小型、便携用户和船载用户终端提供通信服务。DSCS-Ⅲ卫星(如图 4-72 所示)正是为了满足各种不同用户的需求而发展起来的，它们提高了通信容量(特别是对移动终端)，并提高了生存能力。第一颗 DSCS-Ⅲ卫星于 1982 年发射，到目前总共发射了 14 颗卫星。DSCS-Ⅲ系统的星座由 5 颗工作星构成，能够为覆盖区域提供通信服务。

图 4-72　DSCS-Ⅲ卫星

3) 移动和战术卫星通信系统

战术卫星通信系统用于与小型移动车载、机载和船载战术终端进行通信，这种系统提供中低传输速率服务，传输距离从近距离到跨洋都可以，当与小型终端通信时战术卫星采用高功率发射机。

美国舰队卫星通信系统后来改用 LEASAT 租用卫星系统，1984 年发射了第一颗 LEASAT 卫星。这些卫星工作在 UHF 频段，在六年期间共发射了五颗卫星，主要服务于美国海军、空军、陆军和移动用户。不久之后，LEASAT 卫星被 UHF 后续卫星(UFO)替代。在 1993 年到 2003 年十年期间发射了 UFO 卫星的四部分，分别命名为 Block-Ⅰ、Ⅱ、Ⅲ和Ⅳ卫星，Block-Ⅰ和Ⅲ均由三颗卫星组成，而 Block-Ⅱ和Ⅳ分别由四颗星和一颗星组成。UFO 卫星为美国海军和各种固定和移动终端提供全球通信网络，它们与现存的陆上和海上终端并存。

当前，UFO 卫星已被先进的窄带通信系统取代，窄带通信系统能够为战术用户提供全球窄带通信服务，该系统现已投入运行。

4) 美国战略战术中继卫星通信系统(MILSTAR)

MILSTAR 部署在地球同步轨道，由美国空军负责管理，在战时为美国高级军事用户提供最低限制的实时、保密、抗干扰的全球通信服务，为指挥中心与大范围的船载、舰载、航天器和陆地等用户建立通信链路，传输各种各样的通信内容。

MILSTAR 的任务是战时向总统和最高指挥当局提供最低限度的基本通信需求，以便在所有级别的冲突中指挥和控制美国战略和战术部队。初始的三颗 MILSTAR 星有核加固处理以抵御核爆炸的影响，MILSTAR 采用波束跳变天线、跳频发射机及星上处理等抗干扰措施。为使系统在损失一颗卫星时还能继续正常运行，每颗卫星都配备一个复杂的交叉连接系统，卫星之间无须地面站中转可直接进行互连。这样，地面终端发送和接收信息可以由系统中其他卫星进行中继，并且有可能重选路由。星际链路使用 60 GHz 的频率，这个频率的大气层衰减很高，所以星际链路不会被地面截收和干扰。在发生核战争或地面控制系统无法工作的情况下，MILSTAR 仍可工作长达 6 个月。

4.3.6 卫星导航定位系统

卫星导航定位系统是以人造卫星作为导航台的星基无线电定位系统，该系统的基本作用是向各类用户和运动平台实时提供准确和连续的位置、速度、时间信息。

全球卫星导航定位系统能够全天候地、连续地、实时地提供导航、定位和定时，具有全能性(陆地、海洋、航空和航天)和全球性等特点。在信息、交通、公安、农业、渔业、防灾、救灾、环境监测等领域具有其他手段所无法替代的重要作用，发展和应用前景十分广阔。

1. GPS 全球定位系统

全球定位系统(Global Positioning System，GPS)是美国研制的新一代卫星导航与定位系统，主要由空间部分(GPS 卫星星座)、控制部分(地面监控系统)和用户部分(GPS 信号接收机)三大部分构成，如图 4-73 所示。

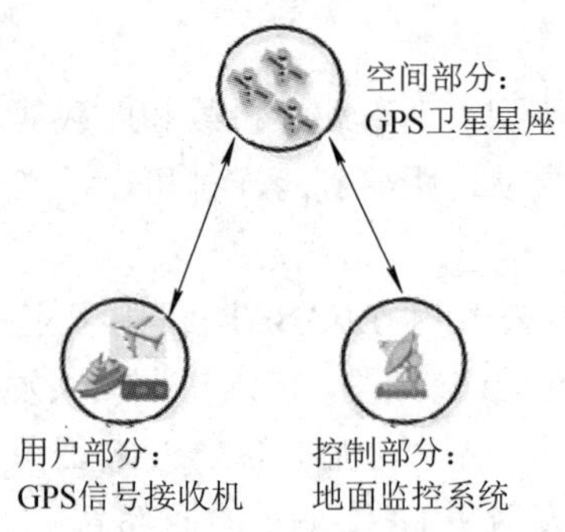

图 4-73　GPS 系统构成图

GPS 的空间部分(空间段)是由运行在约 20 200 km 高空的 24 颗 GPS 工作卫星组成的卫星星座，其中包括 21 颗用于导航的卫星和 3 颗在轨备用卫星。24 颗卫星均匀分布在 6 个轨道平面内，轨道倾角为 55°，各个轨道平面之间的夹角为 60°，每颗卫星的正常运行周期为 11 小时 58 分钟，若考虑地球自转等因素，将提前 4 分钟进入下一个周期。地球上任何地方的用户在任何时候都能看到至少 4 颗卫星，因此，GPS 是一个全天候、实时性的导航定位系统。

控制部分(控制段)由分布在全球的若干个跟踪站组成的监控系统构成，具有跟踪、计算、更新及监视功能，用于控制系统中所有的卫星。根据跟踪站作用的不同，又可将其分为主控站、监控站和注入站。

GPS 用户部分(用户段)是所有用户装置及其支持设备的集合。典型的用户设备包括一部 GPS 接收机/处理器、一部天线、计算机和 CDU(控制和显示单元)四个主要部件。这些设备捕获并跟踪视野内的至少 4 颗卫星或更多颗卫星的导航信号，测出无线射频转接次数和多普勒频移，并把它们转换成伪距和伪距率，得到用户的三维参数——位置、速度和系统时间。用户设备可以是相对简单、轻便的手持式或背负式接收机，也可以是与其他导航传感器或系统集成在一起的、在高度动态的环境下仍足够精确的、复杂的接收机。

GPS 系统能够提供全球性的全天候实时的时间、位置、速度、方向等多种高精度的信息，在各种共用设施，如航空、航海、导航、车辆指挥、调度、监控、报警等的管理中得到广泛应用，已经发展成为目前应用最为成功的卫星定位系统，被誉为人类定位技术的一个里程碑。

2. Galileo 全球卫星导航定位系统

Galileo 系统是由欧盟与欧空局合作开发的新一代民用卫星导航定位系统，该系统具有高精度和优异的可靠性、安全性。Galileo 系统由全球设施部分、区域设施部分、局域设施部分和用户接收机及终端组成。

全球设施部分是 Galileo 系统基础设施的核心，可分为空间段和地面段两大部分。Galileo 系统的空间段由 30 颗中地球轨道(MEO)导航星组成，距离地面约 23 616 km，分布在 3 个轨道倾角为 56° 的等间距的轨道上，每颗卫星的质量约 650 kg，卫星寿命为 20 年。每条轨道上均匀分布 10 颗卫星，其中包括 1 颗备用卫星，卫星约 14 小时 22 分钟绕地球一周，这样的布设可以满足全球无缝导航定位。地面段的两大基本功能是卫星控制和任务控制，卫星控制通过使用遥测遥控跟踪指控站上行链路进行监控来实现对星座的管理；任务控制是指对导航任务以及通过 MEO 卫星发布完好性消息进行全球控制。地面段由 Galileo 控制中心、Galileo 上行链路站、Galileo 监测站网络和 Galileo 全球通信网络组成。

区域设施部分由完好性监测站网络、完好性控制中心和完好性注入站组成。区域范围内服务的提供者可独立使用 Galileo 系统提供的完好性上行链路通道发布区域完好性数据，确保每个用户能够收到至少由两颗仰角在 25° 以上的卫星提供的完好性信号。

用户接收机及终端的基本功能是在用户端实现 Galileo 系统所提供的各种卫星无线导航服务。

与现有的卫星导航系统相比，Galileo 系统具有非常多的扩展功能，Galileo 系统使用的 4 个频段如表 4-3 所示，各种服务在这 4 个频率上共频复用。

表 4-3 Galileo 卫星导航系统

中心频率/MHz	带宽/MHz	用 途
1176.45	30	导航、生命安全
1196.91～1207.14	30	受控公共事业、商业服务
1278.75	22	受控公共事业
1575.42	28	导航、生命安全

在 Galileo 使用的 4 个工作频率中，用于公共导航的 1575.42 MHz 与 GPS 现在正在使用的民用导航信号频率重合，1176.45 MHz 与 GPS 投入使用的第三工作频率点重合，这表明 Galileo 系统的用户终端在导航功能上与 GPS 完全兼容，导航接收机既能接收 Galileo 信号，又能接收 GPS 信号，Galileo 只能通过导航精度的优势和附加服务来表现其独立性。Galileo 系统与 GPS 系统的各种参数比较如表 4-4 所示。

表 4-4 Galileo 系统与 GPS 系统参数比较表

系 统	Galileo	GPS
卫星总数	27	24
轨道高度/km	23616	20230
轨道平面数	3	6
轨道仰角	560	550
轨道形状	圆轨道	圆轨道
定位载波	L1、L2、L3	L1、L2
使用频段/MHz	1164～1215 1260～1300 1559～1591	$f_1 = 1575.42$ $f_2 = 1227.6$

3. 北斗卫星导航系统

中国北斗卫星导航系统(BeiDou Navigation Satellite System，缩写为 BDS)是中国自行研制的全球卫星导航系统，是继美国全球定位系统(GPS)、俄罗斯格洛纳斯卫星导航系统(GLONASS)、欧洲伽利略卫星导航系统(Galileo)之后第四个成熟的卫星导航系统。

1) 北斗卫星导航系统概述

1994 年北斗一号系统开始研发；2000 年年底，建成北斗一号系统，向中国提供服务；2012 年年底，建成北斗二号系统，覆盖范围东经约 70°～140°，北纬 5°～55°，北斗卫星系统对东南亚实现全覆盖，向亚太地区提供服务；2017 年 11 月 5 日，中国第三代导航卫星顺利升空，它标志着中国正式开始建造“北斗”全球卫星导航系统；2018 年 12 月 27 日，北斗系统服务范围由区域扩展为全球，北斗系统正式迈入全球时代。

北斗卫星导航系统由空间段、地面段和用户段三部分组成，可在全球范围内全天候、全天时地为各类用户提供高精度、高可靠的定位、导航、授时服务，并具备短报文通信能力，已经具备全球导航、定位和授时能力，定位精度为 10 m，测速精度为 0.2 m/s，授时精度为 10 ns。

卫星导航系统是重要的空间信息基础设施。中国高度重视卫星导航系统的建设，一直在努力探索和发展拥有自主知识产权的卫星导航系统。北斗卫星导航系统的建设与发展，以应用推广和产业发展为根本目标，不仅要建成系统，更要用好系统，强调质量、安全、应用、效益，遵循以下建设原则：

(1) 开放性。北斗卫星导航系统的建设、发展和应用将对全世界开放，为全球用户提供高质量的免费服务，积极与世界各国开展广泛而深入的交流与合作，促进各卫星导航系统间的兼容与互操作，推动卫星导航技术与产业的发展。

(2) 自主性。中国将自主建设和运行北斗卫星导航系统，北斗卫星导航系统可独立为全球用户提供服务。

北斗卫星导航系统的空间段由 35 颗卫星组成，包括 5 颗静止轨道卫星、27 颗中地球轨道卫星、3 颗倾斜同步轨道卫星。5 颗静止轨道卫星定点位置为东经 58.75°、80°、110.5°、140°、160°；中地球轨道卫星运行在 3 个轨道面上，轨道面之间为相隔 120°。2020 年 7 月 31 日上午，北斗三号全球卫星导航系统正式开通，共发射卫星 55 颗，如表 4-5 所示。

表 4-5　北斗卫星发射列表

发射时间	卫 星 编 号	卫星类型
2000 年 10 月 31 日	北斗-1A	北斗 1 号
2000 年 12 月 21 日	北斗-1B	
2003 年 5 月 25 日	北斗-1C	
2007 年 2 月 3 日	北斗-1D	
2007 年 4 月 14 日	第 1 颗北斗导航卫星(M1)	北斗 2 号
2009 年 4 月 15 日	第 2 颗北斗导航卫星(G2)	
2010 年 1 月 17 日	第 3 颗北斗导航卫星(G1)	
2010 年 6 月 2 日	第 4 颗北斗导航卫星(G3)	
2010 年 8 月 1 日	第 5 颗北斗导航卫星(I1)	
2010 年 11 月 1 日	第 6 颗北斗导航卫星(G4)	
2010 年 12 月 18 日	第 7 颗北斗导航卫星(I2)	
2011 年 4 月 10 日	第 8 颗北斗导航卫星(I3)	
2011 年 7 月 27 日	第 9 颗北斗导航卫星(I4)	

续表

发射时间	卫星编号	卫星类型
2011 年 12 月 2 日	第 10 颗北斗导航卫星(I5)	北斗 2 号
2012 年 2 月 25 日	第 11 颗北斗导航卫星	
2012 年 4 月 30 日	第 12、13 颗北斗导航系统组网卫星	
2012 年 9 月 19 日	第 14、15 颗北斗导航系统组网卫星	
2012 年 10 月 25 日	第 16 颗北斗导航卫星	
2015 年 3 月 30 日	第 17 颗北斗导航卫星	
2015 年 7 月 25 日	第 18、19 颗北斗导航卫星	
2015 年 9 月 30 日	第 20 颗北斗导航卫星	
2016 年 2 月 1 日	第 21 颗北斗导航卫星	
2016 年 3 月 30 日	第 22 颗北斗导航卫星(备份星)	
2016 年 6 月 12 日	第 23 颗北斗导航卫星(备份星)	
2017 年 11 月 5 日	第 24、25 颗北斗导航卫星	北斗 3 号
2018 年 1 月 12 日	第 26、27 颗北斗导航卫星	
2018 年 2 月 12 日	第 28、29 颗北斗导航卫星	
2018 年 3 月 30 日	第 30、31 颗北斗导航卫星	
2018 年 7 月 10 日	第 32 颗北斗导航卫星(备份星)	
2018 年 7 月 29 日	第 33、34 颗北斗导航卫星	
2018 年 8 月 25 日	第 35、36 颗北斗导航卫星	
2018 年 9 月 19 日	第 37、38 颗北斗导航卫星	
2018 年 10 月 15 日	第 39、40 颗北斗导航卫星	
2018 年 11 月 1 日	第 41 颗北斗导航卫星	
2018 年 11 月 19 日	第 42、43 颗北斗导航卫星	
2019 年 4 月 20 日	第 44 颗北斗导航卫星	
2019 年 5 月 17 日	第 45 颗北斗导航卫星	
2019 年 6 月 25 日	第 46 颗北斗导航卫星	
2019 年 9 月 23 日	第 47、48 颗北斗导航卫星	
2019 年 11 月 5 日	第 49 颗北斗导航卫星	
2019 年 11 月 23 日	第 50、51 颗北斗导航卫星	
2019 年 12 月 16 日	第 52、53 颗北斗导航卫星	
2020 年 3 月 9 日	第 54 颗北斗导航卫星	
2020 年 6 月 23 日	第 55 颗北斗导航卫星	

北斗导航优于 GPS 系统之处，在于“北斗”同时具有定位和通信功能，不需要依靠其他通信网络的支持，就能够实现自有通信体系全天候、全时空、全覆盖的通信服务。北斗应用有五大优势：

(1) 它同时具备定位与通信功能，不需要其他通信系统支持，而 GPS 只能定位。

(2) 覆盖范围大，没有通信盲区。北斗系统覆盖了中国及周边国家和地区，不仅可为中国，也可为周边国家服务。

(3) 特别适合于集团用户大范围监控管理和数据采集用户数据传输应用。

(4) 融合北斗导航定位系统和卫星增强系统两大资源，因此也可利用 GPS 使之应用更加丰富。

(5) 自主系统，安全、可靠、稳定，保密性强，适合关键部门应用。

2) 北斗卫星导航系统定位原理

35 颗卫星在离地面 2 万多千米的高空上，以固定的周期环绕地球运行，使得在任意时刻，在地面上的任意一点都可以同时观测到 4 颗以上的卫星。

由于卫星的位置精确可知，在接收机对卫星观测中，我们可得到卫星到接收机的距离，利用三维坐标中的距离公式，利用 3 颗卫星，就可以组成 3 个方程，解出观测点的位置(x, y, z)。考虑到卫星的时钟与接收机时钟之间的误差，实际上有 4 个未知数，x、y、z 和钟差，因而需要引入第 4 颗卫星，形成 4 个方程进行求解，从而得到观测点的经纬度和高程。

事实上，接收机往往可以锁住 4 颗以上的卫星，这时，接收机可按卫星的星座分布分成若干组，每组 4 颗，然后通过算法挑选出误差最小的一组用作定位，从而提高精度。卫星定位实施的是“到达时间差”(时延)的概念：利用每一颗卫星的精确位置和连续发送的星上原子钟生成的导航信息获得从卫星至接收机的到达时间差。

卫星在空中连续发送带有时间和位置信息的无线电信号，供接收机接收。由于传输的距离因素，接收机接收到信号的时刻要比卫星发送信号的时刻延迟，通常称之为时延，因此，也可以通过时延来确定距离。卫星和接收机同时产生同样的伪随机码，一旦两个码实现时间同步，接收机便能测定时延；将时延乘以光速，便能得到距离。

通过每颗卫星上的计算机和导航信息发生器可以非常精确地了解其轨道位置和系统时间，而全球监测站网保持连续跟踪卫星的轨道位置和系统时间。位于地面的主控站与其运控段一起，至少每天一次对每颗卫星注入校正数据。注入数据包括星座中每颗卫星的轨道位置测定和星上时钟的校正。这些校正数据是在复杂模型的基础上算出的，可在几个星期内保持有效。

卫星导航系统时间是由每颗卫星上原子钟的铯和铷原子频标保持的，如图 4-74 所示。这些星钟一般来讲精确到世界协调时(UTC)的几纳秒以内，UTC 是由美国海军观象台的“主钟”保持的，每台主钟的稳定性为若干个 10^{-13} s。卫星早期采用两部铯频标和两部铷频标，后来逐步改变为更多地采用铷频标。通常，在任一指定时间内，每颗卫星上只有一台频标在工作。

图 4-74　星载原子钟

卫星导航原理：卫星至用户间的距离测量是基于卫星信号的发射时间与到达接收机的时间之差，称为伪距。为了计算用户的三维位置和接收机时钟偏差，伪距测量要求至少接收来自4颗卫星的信号。

由于卫星运行轨道、卫星时钟存在误差，大气对流层、电离层对信号的影响，使得民用的定位精度只有米量级。为提高定位精度，普遍采用差分定位技术(如DGPS、DGNSS)，建立地面基准站(差分台)进行卫星观测，利用已知的基准站精确坐标，与观测值进行比较，从而得出一修正数，并对外发布。接收机收到该修正数后，与自身的观测值进行比较，消去大部分误差，得到一个比较准确的位置。实验表明，利用差分定位技术，定位精度可提高到米级。

3) 北斗卫星导航系统功能

(1) 基本功能。

北斗卫星导航系统的基本功能包括短报文通信、精密授时、定位、高用户数量等。

短报文通信：北斗系统用户终端具有双向报文通信功能，用户可以一次传送40～60个汉字的短报文信息。短报文通信功能在远洋航行中有重要的应用价值。

精密授时：北斗系统具有精密授时功能，可向用户提供20～100 ns时间同步精度。

定位精度：水平精度为10 m(1σ)。

工作频率：2491.75 MHz。

系统容纳的最大用户数：540 000户/小时。

(2) 军用功能。

北斗卫星导航定位系统的军事功能与GPS类似，如：运动目标的定位导航；武器载具发射位置的快速定位；人员搜救、水上排雷的定位需求等。这项功能用在军事上，意味着可主动进行各级部队的定位，也就是说各级部队一旦配备北斗卫星导航定位系统，除了可供自身定位导航外，高层指挥部也可随时通过北斗系统掌握部队位置，并传递相关命令，对任务的执行有相当大的助益。换言之，可利用北斗卫星导航定位系统执行部队指挥与管制及战场管理。

(3) 民用功能。

北斗导航系统的民用应用包括个人位置服务、气象应用、道路交通管理、海运和水运、航空运输、应急救援等领域。

个人位置服务：当你进入不熟悉的地方时，可以使用装有北斗卫星导航接收芯片的手机或车载卫星导航装置找到你要走的路线。

气象应用：北斗导航卫星气象应用的开展，可以促进中国天气分析和数值天气预报、气候变化监测和预测，也可以提高空间天气预警业务水平，提升中国气象防灾减灾的能力。除此之外，北斗导航卫星系统的气象应用对推动北斗导航卫星创新应用和产业拓展也具有重要的影响。探空仪搭载在探空气球或飞机、火箭等飞行器上，利用其中的北斗接收模块，可进行实时定位，输出探空仪的高程信息。同时，数据采集模块可进行数据采集，数据信息经处理后，与探空仪高程信息一起发送回地面接收单元。地面接收单元将接收到的信号进行转换即可得到当时的大气温度、湿度、气压、风速等信息。通过对探空系统得到的一系列数据信息的研究分析，可以为天气预报和气候研究等提供有力的支持。

道路交通管理：卫星导航将有利于减缓交通阻塞，提升道路交通管理水平。通过在车辆上安装卫星导航接收机和数据发射机，车辆的位置信息就能在几秒钟内自动转发到中心站。这些位置信息可用于道路交通管理。卫星导航将促进传统运输方式实现升级与转型。例如，在铁路运输领域，通过安装卫星导航终端设备，可极大缩短列车行驶间隔时间，降低运输成本，有效提高运输效率。未来，北斗卫星导航系统将提供高可靠、高精度的定位、测速、授时服务，促进铁路交通的现代化，实现传统调度向智能交通管理的转型。

海运和水运：海运和水运是全世界最广泛的运输方式之一，也是卫星导航最早应用的领域之一。在世界各大洋和江河湖泊行驶的各类船舶大多安装了卫星导航终端设备，使海上和水路运输更为高效和安全。北斗卫星导航系统将在任何天气条件下，为水上航行船舶提供导航定位和安全保障。同时，北斗卫星导航系统特有的短报文通信功能将支持各种新型服务的开发。

航空运输：当飞机在机场跑道着陆时，最基本的要求是确保飞机相互间的安全距离。利用卫星导航精确定位与测速的优势，可实时确定飞机的瞬时位置，有效减小飞机之间的安全距离，甚至在大雾天气情况下，可以实现自动盲降，极大提高飞行安全和机场运营效率。通过将北斗卫星导航系统与其他系统的有效结合，将为航空运输提供更多的安全保障。

应急救援：卫星导航已广泛用于沙漠、山区、海洋等人烟稀少地区的搜索救援。在发生地震、洪灾等重大灾害时，救援成功的关键在于及时了解灾情并迅速到达救援地点。北斗卫星导航系统除导航定位外，还具备短报文通信功能，通过卫星导航终端设备可及时报告所处位置和受灾情况，有效缩短救援搜寻时间，提高抢险救灾时效，大大减少人民生命财产损失。

习　题　4

1. 什么是卫星通信？用于卫星通信的电磁波频率或波长范围是多少？
2. 卫星通信由哪几部分组成？各部分有何作用？
3. 简述卫星通信的过程。
4. 什么是等效噪声温度？有源器件的噪声温度如何计算？
5. 卫星通信中的电波传输效应主要有哪些？
6. 什么是法拉第效应？
7. 简述地球站的组成。
8. 常见的卫星通信天线主要有哪些？
9. 构建一个卫星地球站都需要哪些设备和部件？这些设备和部件是如何连接的？
10. 地球站与卫星建立可靠的通信链路，需要调整地球站天线的哪些角度？
11. 什么是卫星动中通？简述卫星动中通的工作原理。

第 5 章 移动通信系统

移动通信技术作为当今社会信息化革命的先锋，已经成为最受瞩目的通信技术。它的出现极大地改变了人们的生活、学习和工作方式，有力地促进了人们跨区域、跨地区乃至跨全球的信息传输，推动了日益丰富的手机文化的形成，使“地球村”的构想成为现实。正是由于移动通信能让人们随时随地、迅速、可靠地进行联系，为人们更有效地利用时间提供了可能，因而随着电子技术，特别是半导体、集成电路和计算机技术的发展，移动通信得到了迅速的发展。应用领域的扩大和对性能要求的提高，促使移动通信在技术上和理论上向更高水平发展。20 世纪 80 年代以来，移动通信已成为现代通信手段中一种不可缺少且发展最快的通信手段之一。

5.1 移动通信系统概述

从 20 世纪 80 年代至今，移动通信技术的发展经历了巨大的变化。从第一代移动通信系统(1G)正式商用到如今第五代移动通信系统(5G)的逐步应用，通信技术在社会的各个领域和部门得到越来越广泛的应用。在这个过程中，智能终端与宽带无线技术的不断结合大大改变了人们的生活方式，移动通信系统正变为我们每个人生活和工作的数字助理，成为我们与他人、与社会接触的窗口。下面我们首先简要回顾一下移动通信技术的发展历程。

第一代移动通信技术于 20 世纪 80 年代提出，在 90 年代时应用于商用，典型的技术为 AMPS(高级移动电话系统，美国 AT&T 公司开发的最早的蜂窝电话系统标准)。其他类似的标准还有英国的 TACS、日本的 JTAGS 和法国的 RadioCom 2000 等。它们采用了频分多址(FDMA)接入技术以及蜂窝结构组网，但并没有在各国之间形成统一的标准，并且因其只支持语音业务、不支持数据流量的传输、频谱利用率低、安全保密性差等诸多缺点，使得其现在已经彻底被淘汰。

第二代移动通信技术(2G)有两大类，一类是基于时分多址(TDMA)所发展出来的 GSM(全球移动通信系统)标准，它是由欧洲邮电管理委员会于 1982 年开始开发的数字蜂窝式移动通信技术，1991 年正式商业化。另一类是以 IS-95 技术标准为基础的码分多址(CDMA)标准，其也是在以美国为主导的国家逐渐商业化。到 2G 发展的后期，采用了更密集的频分复用，在采用多重复用结构技术的同时引入智能天线，双频段的 2.5G 逐渐得到广泛的发展，GSM 增加了 GPRS 和 EDGJ，CDMA 演变为 CDMA-1X。数据传输速率得到了一定提高，系统通话质量也得到了明显的改善。

为了解决正在运行的第二代移动通信系统所面临的诸多问题，并且满足人们对于数据传输速率日益增长的要求，1985 年国际电信联盟(International Telecommunication Union，ITU)首次提出了第三代移动通信系统(3G)的概念，1996 年将之定义为 IMT-2000 标准(International Mobile Telecommunication-2000)。3G 技术存在四种标准，即 TD-SCDMA、WCDMA、CDMA2000 以及 WIMAX。3G 技术的最大特点是首次引入了分组交换域(PS)，3G 的数据传输速率得到了极大的提升，支持语音和多媒体的数据通信，提供在全球范围内更好的无缝漫游业务，并能够处理图像、音乐、视频流等多种媒体形式。其主要优点有：传输速率更快，静止时可达 2 Mb/s，通话质量更高，抗多径能力强，建网成本低等。

第四代移动通信系统(4G)，是集 3G 与 WLAN 于一体并能传输高质量视频图像等媒体文件的技术产品。其传输速率在 3G 的基础上又得到一次巨大的提高，4G 的传输带宽可达 150 Mb/s，LTE 在借鉴过去智能天线、时分双工等关键技术的同时，采用了革命性的正交频分复用(Orthogonal Frequency Division Modulation，OFDM)和多输入多输出(Multiple Input Multiple Output，MIMO)技术，与此同时它还引入了软件无线电、混合自动重传请求(Hybrid Automatic Repeat Request，HARQ)等先进技术。4G 通信系统中采用的 OFDM、MIMO 等关键技术，有效地提高了其峰值速率，下行峰值速率可达 100 Mb/s，上行峰值速率可达 50 Mb/s，同时也使频谱带宽配置更加灵活，无线网络延时较低。目前 4G 技术的核心为 LTE，是由 3GPP 于 2007 年制定的标准，其主要的两大模式，即时分双工模式(TDD)和频分双工模式(FDD)，也称为 TD-LTE 标准和 FDD-LTE 标准。

在过去的十几年里，智能手机以及平板的发明导致移动通信系统中数据业务的爆炸性增长。随着社会的持续发展，更多以及更加全新的智能终端将不断涌现，这就将导致通信系统必须支持大量终端在短时间内的大量连接需求，而 4G 通信系统很难有效地保证在短时间内大量设备的连接性能，尤其是在上行通信系统中。

对于用户而言，他们期望能够在任何时间、任何地点以不低于 100 Mb/s 的无线接入速度，小于 1 ms 的低传输延时，在高速移动环境下实现全网络无缝覆盖。而最重要的一点是，要求运营商提供能被广大用户承担得起的终端设备和网络服务。这些要求已远远超过现有移动通信网络的能力，在这样的情况下，不断增加的传输速率要求以及无处不在的接入需求推动我们必须在 4G 的基础上探索下一代的移动通信技术，即第五代无线通信技术，简称 5G。5G 通信系统可提供更大的传输容量、更高的能源效率、更好的频谱利用率、更低的连接延迟以及等等其他的需求。当前，第五代移动通信技术的研发工作已经展开，并已正式投入商业运营。

5.1.1　移动通信的定义

移动通信是指通信双方或有一方处于运动中进行信息传输和交换的通信方式。如图 5-1 所示，固定体(固定无线电台、有线用户等)与移动体(汽车、船舶、飞机或行人等)之间、移动体与移动体之间的信息交换，都属于移动通信。这里的信息交换，不仅指双方的通话，还包括数据、电子邮件、传真、图像等方式。移动通信涉及的范围很广，凡是“动中通”的通信都属于移动通信范畴。移动通信的目的是要构建一个 5W(Whoever、Whenever、

Wherever、Whomever、Whatever)特点的系统，即任何人在任何时间、任何地点与任何人都可以实现其想要的通信。

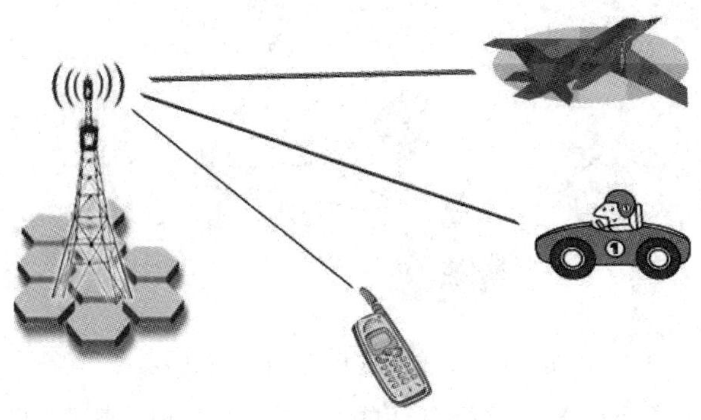

图 5-1 移动通信示意图

移动通信也属于无线通信的范畴，按照无线频率的划分，它属于 VHF(甚高频)和UHF(特高频)直至微波频段。无线电频谱属于稀缺资源，可用于通信的工作频率非常有限，国际电信联盟通常将 150 MHz、450 MHz、800 MHz、900 MHz 以及 1.8 GHz 等频段分配给公用移动通信使用。

通常 150 MHz、450 MHz 用于无线传呼和集群通信使用，800 MHz 供军队移动通信使用，900 MHz 和 1.8 GHz 用于蜂窝移动通信使用，具体频率分配如下：

(1) 我国模拟蜂窝移动通信曾使用 890～905 MHz(移动台发，基站收)和 935～950 MHz(基站发，移动台收)工作频段，现已逐步将部分频率让给 GSM。

(2) 我国数字蜂窝移动通信使用 905～915 MHz(移动台发，基站收)和 950～960 MHz(基站发，移动台收)工作频段，其中中国移动通信公司 GSM 系统使用 905～909 MHz 和 950～954 MHz 工作频段，中国联通公司 GSM 系统使用 909～915 MHz 和 954～960 MHz 工作频段。此外中国移动通信公司还使用了 1800 MHz 频段的 10 MHz 的带宽。

(3) 第三代移动通信工作在 2000 MHz 频段。随着移动通信用户的不断增加，无线电频谱将越来越拥挤，向更高频段开拓新频段将是大势所趋。

(4) 第四代移动通信的工作频率可达 2.6 GHz，并向下兼容 2G 和 3G 频段。

(5) 第五代移动通信主要使用 3.3～4.2 GHz 和 4.4～5.0 GHz 的频段，未来还会向毫米波频段 26/28/39 GHz 方向发展。

5.1.2 移动通信的特点

与其他通信方式相比，移动通信主要有以下特点。

1. 无线电波传播复杂

移动通信中基站至用户之间必须靠无线电波来传送信息，移动通信的质量非常依赖于电波传播条件。电波传播损耗除了与收发天线距离有关外，还与传播途径中的地形地物紧密相关。在移动通信应用面很广的城市中，高楼林立、建筑密集都会阻碍直射波的传输，使得移动通信传播路径复杂化，并导致其传输特性变化十分剧烈。无线电波多径传播如图 5-2 所示。

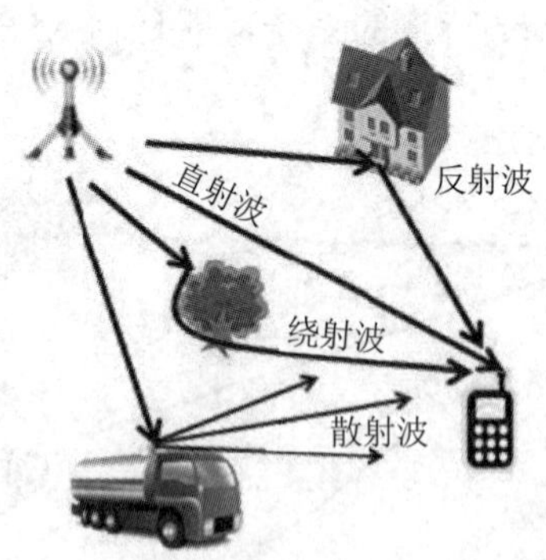

图 5-2　无线电波多径传播示意图

用户接收到的信号是经过多条路径到达的合成信号，包括由基站直接到达用户的直射波，经由建筑物反射到达的反射波，经由地面物体散射到达的散射波及绕射波。由于电磁波在传播过程中存在衰耗、时延及多径传播，会造成合成波信号强度的起伏，形成信号衰落，严重时将影响通话质量。对移动通信而言存在以下四种效应：

1) 阴影效应——阳光不能普照

阴影效应是由于大型建筑物和其他物体的阻挡，在电磁波传播的接收区域中产生传播盲区，类似于生活中随处可见的太阳阴影，如图 5-3 所示。太阳照耀大地，但是总有些长在高大建筑物背光面的小草，没有机会享受阳光的芳泽，生活在美好阳光的阴影中。因而也将移动通信中的阴影效应称为阳光不能普照。

2) 远近效应——CDMA 特有的效应

远近效应是由于接收用户的随机移动性造成的，离基站近者信号强，离基站远者信号弱。远近效应极易引起边缘小区用户的掉话而产生通信中断现象，这将对边缘小区用户的 QoS 造成极其恶劣的影响，如图 5-4 所示。远近效应在 CDMA 网络中极其明显，因此称远近效应为 CDMA 特有的效应。为了对抗远近效应，CDMA 系统引入了功率控制技术来平衡小区边缘用户和小区中心用户的信号强度和质量。

图 5-3　阴影效应

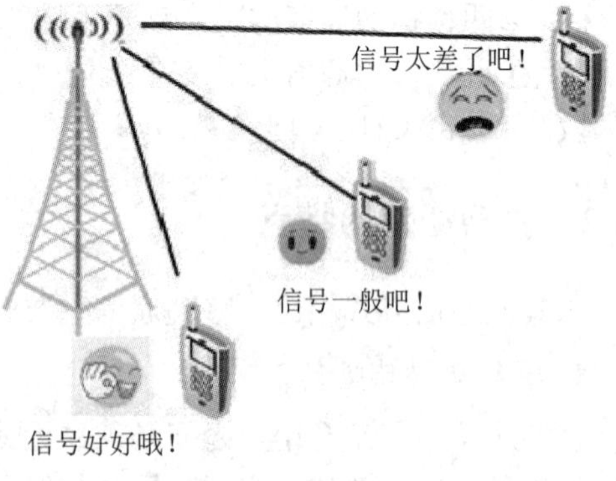

信号太差了吧！
信号一般吧！
信号好好哦！

图 5-4　远近效应

3) 多径效应——余音绕梁

由于接收者所处地理环境的复杂性，使得接收到的信号不仅有直射波的主径信号，还有从不同建筑物反射过来以及绕射过来的多条不同路径信号。这些通过不同的路径到达接收端的信号，无论是在信号的幅度，还是在到达接收端的时间及载波相位上都不尽相同。接收端接收到的信号是这些路径传播过来的信号的矢量之和，这种效应就是多径效应，如图 5-5 所示，正所谓世界上本来有很多条路，但由于路太多，不知道该走哪条路了。多径效应的存在导致频率选择性衰落的出现，但它也保证了非视距情况下的通信连续性，类似我们常说的余音绕梁。

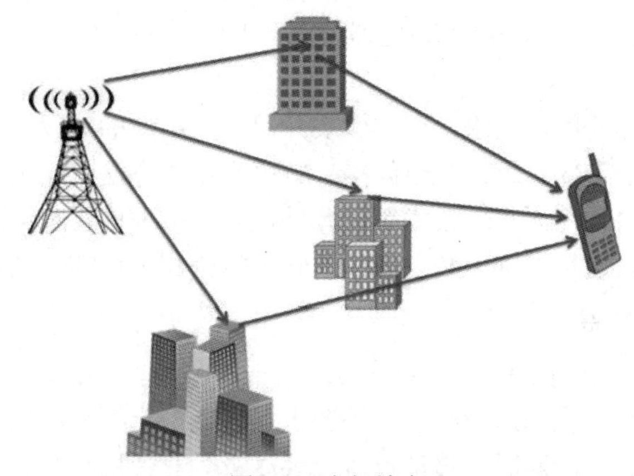

图 5-5　多径效应

4) 多普勒效应——你跑得太快了，我跟不上

因移动台的运动速度太快所引起的频率扩散效应就是多普勒效应。如图 5-6 所示，当移动台接近基站时，频率变高；远离基站时，频率变低。根据多普勒频移的公式，终端的运动速度越快，多普勒频移就越明显，导致通信质量降低，这在现代高铁上通话时感觉非常明显，这也就是常说的“你跑得太快了，我跟不上”。

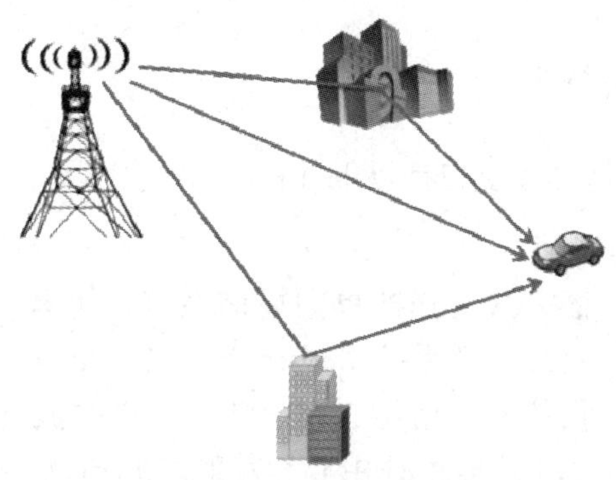

图 5-6　多普勒效应

2. 移动台受到的干扰严重

移动通信，特别是陆地移动通信的电波在地面受到许多干扰和噪声，噪声主要来自城市噪声、汽车点火、电火花、发动机噪声等。对于风、雨、雪等自然噪声，由于频率较低，可忽略其影响。移动通信网中多频段、多电台同时工作，当移动台工作时，往往受到来自其他电台的干扰，主要干扰有互调干扰、同频干扰、多址干扰、邻道干扰以及近地无用强信号压制远地有用弱信号的现象等。因此，抗干扰措施在移动通信系统设计中显得尤

为重要。

3. 无线电频谱资源有限

无线电频谱是一种特殊的、有限的自然资源。尽管电磁波的频谱相当宽，但作为无线通信使用的资源，国际电信联盟定义 3000 GHz 以下的电磁波频谱为无线电磁波的频谱。由于受到频率使用政策、技术和可使用的无线电设备等方面的限制，国际电信联盟当前只划分了 9 kHz～400 GHz 范围，实际上，目前使用的较高频段只在几十吉赫兹。由于受现有技术水平所限，现有的商用蜂窝移动通信系统一般工作在 10 GHz 以下，因此可用频谱资源是极其有限的。

为了满足不断增加的用户需求，一方面要开辟和启用新的频段；另一方面要研究各种新技术和新措施，如窄带化、缩小频带间隔、频率复用等方法，新近又出现了多载波传输技术、多入多出技术、认知无线电技术等。此外，有限频谱的合理分配和严格管理是有效利用频谱资源的前提，这是国际上和各国频谱管理机构和组织的重要职责。

4. 对移动设备要求高

移动设备长期处于不固定状态，外界的影响很难预料，如振动、碰撞、日晒雨淋等，这就要求移动设备具有很强的适应能力，还要求其性能稳定可靠、携带方便、轻量小型、低功耗及耐高温、低温等，同时，移动设备还要尽量具有使用户操作方便，适应新业务、新技术的发展等特点，以满足不同人群的要求。

5. 系统复杂

由于移动设备在整个移动通信服务区内自由、随机运动，需要选用无线信道进行频率和功率控制，以及位置等级、越区切换及漫游等跟踪技术，这就使其信令种类比固定网络要复杂很多。此外，在入网和计费方式上也有特殊要求，所以移动通信系统是比较复杂的。

5.1.3　移动通信系统的分类

移动通信系统形式多样，主要包括以下几种。

1. 无线寻呼系统

无线寻呼系统是以广播方式工作的单向通信系统，可看作有线电话网中呼叫振铃功能的无线延伸或扩展。无线寻呼系统出现于 20 世纪 90 年代初，其接收端是多个可以由用户携带的高灵敏度收信机，俗称“BB 机”，它的振铃声近似于“B…B…”声音。无线寻呼系统主要由寻呼数据处理中心、发射塔和自动寻呼终端等组成，如图 5-7 所示。如果主叫用户要寻找某一个被叫用户，他可利用市内电话拨通寻呼台，并告知被叫用户的寻呼编号、主叫用户的姓名、回电话的号码及简短的信息内容。无线寻呼系统既可作为公用也可作为专用，专用寻呼系统由用户交换机、寻呼中心、发射台及寻呼接收机组成，现常在医院、油田、工地以及大型工矿企业使用，这类系统不一定要与市话网连接，但需要设置人工控制的寻呼控制中心。另外，由于受蜂窝移动通信网短信业务的冲击，目前公用无线寻呼业务基本停止，风靡一时的“BB 机”从人们的视野中消失了。

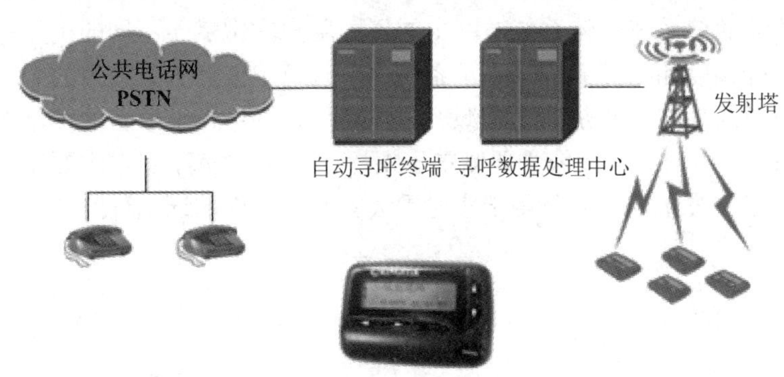

图 5-7　无线寻呼系统

2. 无绳电话系统

无绳电话系统是有线电话利用无线电技术的功能拓展，是一种以有线电话网为依托的通信方式，它很好地解决了普通电话机在通话时不能随便移动的问题。利用无绳电话可以使打电话的人在一定范围内自由移动地进行通话。无绳电话由座机(母机)和手机(子机)两部分组成，座机与有线电话网连接，手机与座机之间通过无线电连接。无绳电话系统的组成如图 5-8 所示。目前常见的无绳电话的发射功率较小，只有毫瓦级。因此频率复用特别方便，且电池的使用寿命较长。无绳电话仅仅是普通电话机的一个附加设备，比较简单，成本不高，现代家庭中使用已非常普遍。

图 5-8　无绳电话系统

无绳电话的出现很快得到商业应用，由室内走向室外，并诞生了欧洲的数字无绳电话系统(DECT)、日本的个人手持电话系统(PHS)、美国的个人接入通信系统(PACS)和我国开发的个人通信接入系统(PAS)等多种数字无绳电话系统。其中 PAS 系统又俗称为“小灵通系统”，它作为以有线电话网为依托的移动通信方式，在我国曾经得到很好的发展。无绳电话系统适用于低速移动、较小范围内的移动通信。

3. 集群移动通信系统

集群移动通信系统属于专用移动通信系统，是一种专用高级指挥调度系统。它由中央控制器、总调度台、基地台、分调度台、移动台等组成，如图 5-9 所示。它是一种在一定范围内使用的移动通信系统，该系统对网中的不同用户常常赋予不同的优先等级，适用于在各个行业中进行调度和指挥。其特点是系统内所有可用信道为系统内的全体用户共享，具有自动选择信道的功能。它是共享资源、分担费用、共用信道设备的多用途、高效能的无线调度通信系统。由于集群系统主要侧重于指挥、联络、调度，目前主要用于车辆调度、公安、交警、铁路、公路等部门，用于应对重大突发事件中的通信保障。

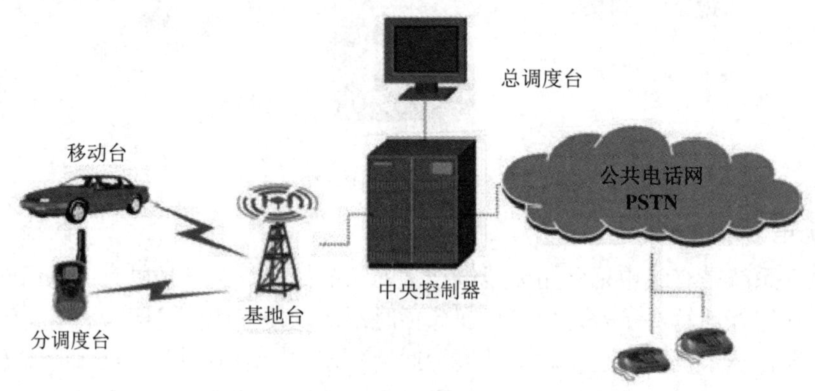

图 5-9　集群移动通信系统

早期的专用调度通信是一对一的单机对讲形式，后来采用单信道“一呼百应”，并进一步改进为多信道选呼系统。近十几年来，专用调度系统又向高层次发展，成为集群移动通信系统。所谓集群，就是多条无线信道为众多用户所共有。它是将有线电话中中继线的工作方式运用到无线通信中，把有限的信道动态地、自动地、最佳地分配给系统的所有用户，以便在最大程度上利用系统的信道和频率资源。它运用交换技术及计算机技术，将基地站、交换网络等集中使用，统一控制和管理，为系统的全部用户提供了很强的分组能力，从而有效地降低了建网和维护费用。

5.2　移动通信基本技术

现代移动通信系统中采用了许多先进技术，现将其中的基本技术介绍如下。

5.2.1　信源编码与数据压缩

信源编码主要是利用信源的统计特性，借助信源相关性，去掉信源冗余信息，从而达到压缩信源输出的信息率，提高系统有效性的目的。移动通信中从第二代数字式移动通信系统开始，就应用了信源编码技术。第二代移动通信主要是语音业务，所以信源编码主要是指语音压缩编码。第三代、第四代移动通信系统则除语音业务外还有大量的数据业务，包括图像、视频以及其他多媒体信息的处理，所以其信源编码还包括了多媒体信息的压缩技术等内容。

语音编码技术在本书第 2 章中有详细介绍，在数字通信系统中得到了很好的应用。语音编码技术是数字蜂窝系统中的关键技术，并且有特殊的要求，因为数字蜂窝网的带宽是有限的，需要压缩语音，采用低编码速率，使系统容纳更多的用户。

综合其他因素，数字蜂窝系统对语音编码技术的要求有：

(1) 编码的速率适合在移动信道内传输，纯编码速率应低于 16 kb/s。

(2) 在一定编码速率下，语音质量应尽可能高，即译码后的恢复语音的保真度要尽量高，一般要求达到长话质量，MOS 评分(主观评分)不低于 3.5。

(3) 编译码时延要小，总时延不大于 65 ms。

(4) 算法复杂度要适中，便于大规模集成电路实现。

(5) 要能适应移动衰落信道的传输，即抗误码性能要好，以保持较好的语音质量。

2.2.3 节中混合编码是将波形编码与参量编码结合起来，吸收两者的优点，克服其不足，它能在 4～16 kb/s 的编码速率上得到高质量的合成语音，因而适用于移动通信。

下面重点介绍图像压缩编码技术。

图像的信息量远大于语音、文字、传真和一般数据，它所占用的频带比其他类型的业务宽，传输、处理、存储图像信息要比语音、文字、传真及一般数据技术更复杂、实现更困难。图像信息一般可以分为 3 类，即静止图片、准活动图片、活动图像。目前图像编码已形成了一系列的标准，如表 5-1 所示

表 5-1 各类图像压缩标准性能

标准	压缩比与数据比特率	应用范围
JPEG	2～30 倍	有灰度级的多值静止图片
JPEG-2000	2～50 倍	移动通信中静止图片、数字照相与打印、电子商务
H.261	$p \times 64$ kb/s，其中 $p = 1$，2，…，30	ISDN 视频会议
H.263	18 kb/s～15 Mb/s	POTS 视频电话、桌面视频电话、移动视频电话
MPEG-1	不超过 1.5 Mb/s	VCD、光盘存储、视频监控、消费视频
MPEG-2	1.5 Mb/s～35 Mb/s	数字电视、有线电视、卫星电视、视频存储、HDTV
MPEG-4	8 kb/s～35 Mb/s	交互式视频、因特网、移动视频、2D/3D 计算机图形

目前视频压缩编码大致可以分为两代：第一代视频压缩编码包括 JPEG、MPEG-1、MPEG-2、H.261、H.263 等；第二代视频压缩编码包括 JPEG-2000、MPEG-4 等。两类压缩编码的主要差异在于：第一代视频编码是以图像信源的客观统计特性为主要依据；第二代视频编码是在图像信源客观统计特性的基础上，重点考虑用户对象的主观特性和图像的瞬时特性。第一代视频编码是以图像的像素、像素块、像素帧为信息处理的基本单元；第二代视频编码则是以主观要求的音频/视频的分解对象为信息处理的基本单元，如背景、人脸及声/乐/文字组合等。第二代视频编码的另一个突出特点是可根据用户的需求实现不同的功能和提供不同性能的质量要求，具有交互性、可选择性和可编程性等面向用户的操作特性。

1. 静止图像压缩标准 JPEG

JPEG 分为两类：基于差分脉冲编码调制(DPCM)与熵编码的无失真编码系统、基于离线余弦变换(DCT)的限失真编码系统。基于 DPCM 的无失真编码又称为无损信源编码，是一种不产生信息损失的编码，一般其压缩倍数比较低，为 4 倍(即压缩为原来的 1/4)左右。

该方法是以 DPCM 为基础，再加上 Huffman 编码或算数编码的熵编码方式。基于 DCT 的限失真编码属于有损信源编码，以离散余弦变换为基础，再加上限失真量化编码和熵编码，它能够以较少的比特数获得较好的图像质量。

2. 准活动图像视频压缩标准 H.26X

编码标准 H.26X 是由 ITU-T 制定的建议标准，现已制定了 H.261、H.262、H.263、H.264，其中 H.262 和 MPEG-2 视频编译码标准是同一个标准。H.264 也被称为“MPEG-4 Visual Part10”，也就是“MPEG-4AVC”，2003 年 3 月被正式确定为国际标准。

H.261 主要用于传输会议电话及可视电话信号，它将码率确定为 $p \times 64$ kb/s，其中 $p = 1, 2, \cdots, 30$，其对应的数据比特率为 64 kb/s～1.92 Mb/s，其编码过程是将输入图像序列的第 1 帧首先采用帧内模式，对 8 × 8 图像子块进行离散余弦变换、量化后分两路，一路送入变长编码器(VLC)并缓存输出，另一路经逆量化器和逆离散余弦变换进入帧存储器，构成反向回路。稍后对当前帧的每个 8 × 8 像素块与前一帧进行运动估计，经运动补偿后再返回进行帧间预测，从而进入帧间预测模式，将预测误差值再进行 DCT、量化和 VLC 编码后输出。采用帧内还是帧间方式，主要取决于图像的相关性。

H.263 系列适合于 PSTN、无线网络和因特网。H.263 信源编码算法的核心仍然是 H.261 标准中所采用的编码算法，其原理也与 H.261 基本一样。H.263 与 H.261 的区别就在于 H.261 只能工作于 CIF 与 QCIF 两类格式，而 H.263 则可工作于 5 种格式(CIF、QCIF、Sub QCIF、4CIF、16CIF)；H.263 吸收了 MPEG 等标准中有效、合理的部分；H.263 在 H.261 基本编码算法基础上又提供了 4 种可选模式，以进一步提高编码效率。

3. 活动图像视频压缩标准 MPEG

这类标准是由国际标准化组织(ISO)和国际电工委员会于 1998 年成立的一个研究活动图像的专家组 MPEG 负责制定的，现已制定了 MPEG-1、MPEG-2、MPEG-4 以及补充标准 MPEG-7 与 MPEG-21 等，其中 MPEG-2 与 MPEG-4 是与 ITU-T 联合制定的。在 MPEG 系列标准中，MPEG-1、MPEG-2 属于第一代视频压缩标准，而 MPEG-4 则属于第二代视频压缩标准。

MPEG-1 主要是针对 1.5 Mb/s 速率的数字存储媒体运动图像及其伴音制定的国际标准，用于 CD-ROM 的数字视频以及 MP3 等。MPEG-1 视频编码是采用帧间 DPCM 和帧内 DCT 相结合的方法。对于一个给定的宏块，其编码过程大致为：选择编码模式；产生宏块和运动补偿预测值，将当前宏块的实际数据减去预测值得到预测误差信号；将该宏块预测误差进一步划分为 8 × 8 像素块，再进行 DCT 变换；经 DCT 变换后将数据进行量化与变长编码；重构图像。

ISO/EC 的 MPEG 组织于 1995 年推出 MPEG-2 标准，它主要是针对数字视频广播、高清晰度电视(HDTV)和数字视盘等制定的 4～9 Mb/s 运动图像及其伴音的编码标准。MPEG-2 与 MPEG-1 的差异如下：

(1) MPEG-2 专门设置了“按帧编码”和“按场编码”两类模式，并相应地对运动补偿和 DCT 方法进行了扩展。

(2) MPEG-2 压缩编码在一些方面进行了扩展，空间分辨率、时间分辨率、信噪比可分为不同等级以适合不同等级用途需求，并可给予不同等级优先级。

(3) 视频流结构具有可分级性。

(4) 输出码率可以是恒定的，也可以是变化的，以适应同步与异步传输的需要。

4. 第二代视频压缩编码标准

1) JPEG-2000 的主要特点

(1) 用以小波变换为主的多分辨率编码方式代替 JPEG 中采用的传统 DCT。

(2) 采用了渐进传输技术。

(3) 用户在处理图像时可以指定感兴趣区域(ROI)，对这些区域可以选取特定的压缩质量/解压缩质量。

(4) 利用预测法可以实现无损压缩。

(5) 具有误码鲁棒性，抗干扰性好。

(6) 考虑了人眼的主观视觉特性，增加了视觉权重。

2) MPEG-4 标准的特点

MPEG-4 标准中定义的中心概念是 AV 对象，它是基于对象表征方法的基础，非常适合于交互操作，MPEG-4 的编码机制是基于 16 × 16 的像素宏块来设计的，这不仅可以与现有标准兼容，还便于对编码进行更好的扩展，具有如下主要特点：

(1) 图像信息处理的基本单元由第一代像素块、像素帧转变到以纹理、形状和运动三类主要数据的取样值构成的视频对象平面(VOPi)。

(2) 视频编码基础不仅取决于原有的客观统计特性，还依赖于视频对象和内容的各种主、客观以及图像瞬时特性。

(3) 对于不同的信源与信道，以及各个 VO(视频对象)与 VOPi 在总体图像中的重要性和地位，可以分别采用不同等级的保护与容错措施。

(4) 图像处理过程中具有时间、空间可伸缩性(尺度变换)。

3) H.264 标准的特点

ITU-T 与 ISO/IEC 在 H.263 及其改进型与 MPEG-4 的基础上进行技术融合、改进和优化，共同提出了 H.264 建议标准。H.264 与以往编码的主要差异有：运动估值和运动补偿；采用内部预测；采用系数变换技术；采用变换系数量化；熵编码；在扫描顺序、去块滤波器、新的图片类型、熵编码模式和网络适应层等方面，都有与以往编码不一样的特色。H.264 的应用领域很广，既适用于非实时也适用于实时的视频编、译码，包括广播电视、有线电视、卫星电视、VCD、DVD 等娱乐视频，以及 H.26X 的实时会话、可视电话、会议电话等，还包括 3GPP 与 3GPP2 多媒体短信、图片、图像等多媒体业务。

5.2.2 调制与解调

调制是指将需传输的低频信息加载到高频载波上，调制技术的作用就是将传输信息转化为适合于无线信道传输的信号以便于从信号中恢复信息。从第二代开始，移动通信系统全部采用了数字调制和解调。

数字调制是指把数字基带信号变换成适合信道传输的高频信号，即用基带信号控制高频振荡的参数(振幅、频率和相位)，使这些参数随基带信号变化。用来控制高频振荡参数的基带信号称为调制信号，未调制的高频振荡称为载波，被调制信号调制过的高频振荡称为已调波或已调信号。已调信号通过信道传送到接收端，在接收端经解调后恢复成原始基带信号。解调是调制的逆变换，是从已调波中提取调制信号的过程。在移动通信信道的数字传输中，调制技术尤为重要，因此也对调制技术提出了更高的要求：

(1) 调制频谱的旁瓣应该尽量小，避免对邻近信道的干扰。

(2) 调制频谱效率高，即要求单位带宽传送的比特速率高。

(3) 能适应瑞利衰落信道，抗衰落性能好，即在瑞利衰落环境中，达到规定的误码率要求，解调时所需的信噪比低。

(4) 调制和解调的电路容易实现。

以上要求很难同时满足，移动通信系统中需根据实际情况来考虑调制与解调方法。

目前移动通信系统的常用调制方式有以 BPSK、QPSK、OQPSK 和 π/4 QPSK 等为代表的线性调制和以 MSK、TFM 和 GMSK 等为代表的恒包络调制；也有综合利用线性调制技术和恒包络技术的多载波调制方式，主要有多电平 PSK、QAM 等，而在较先进的移动通信系统中还使用了 OFDM 调制来提高频率利用率。

以前，人们认为移动通信中应主要采取恒包络调制，以减少衰落信道对振幅的影响。但实用化的线性高功放在 1986 年取得了突破性的进展后，人们又重新对简单易行的 BPSK 和 QPSK 等线性调制方式予以重视，并在它们的基础上改善峰均比以提高频谱利用率，改进的调制方式有 OQPSK、CQPSK 和 HPSK 等。同样，以前认为采用多进制调制会使误码率升高，导致接收时需要更高的信噪比，因此不倾向在移动通信中使用这种调制方式；但随着移动通信中传输数据速率的提高，对频带利用率的要求提高，更多的移动通信系统考虑采用这一类调制方式，并采用更好的信道编码技术，减少误码率，从而克服其自身缺点。为了提高系统抗干扰性能，基于多载波技术的 OFDM 调制技术应运而生，由于其优越的系统性能，已成为第四代移动通信系统的主流调制技术。

1. 数字相位调制

1) 二进制绝对相移键控和相对相移键控

二进制绝对相移键控(2PSK)利用载波的初始相位“0”或“π”来表示信号“1”或“0”，在解调时只能用相干解调方法，利用相干载波来恢复调制信号。如果解调时载波的相位发生变化，如由 0 相位变为 π 相位或反之，则在恢复信号过程中就会发生误判现象，从而造成错误的解调。这种因为本地参考载波倒相，而在接收端出现错误解调的现象称为“倒 π”现象或“反向工作”现象。

通常，在移动通信中很难得到一个绝对与载波相位一致的参考载波进行解调，所以实际运用中很少采用绝对相移键控，而是采用二进制差分相移键控(简称为二相相对调相，2DPSK)来避免误判现象。2DPSK 不是利用载波相位的绝对数值传送数字信息，而是用前后码元的相对载波相位值传送数字信息，其中，相对载波相位是指本码元初相与前一码元初相之差。与 2PSK 的波形不同，2DPSK 波形的同一相位并不对应相同的数字信息符号，而前后码元的相对相位才唯一确定信息符号。这说明解调 2DPSK 信号时，并不依赖于某一固定的载波相位参考值，只要前后码元的相对相位关系不破坏，则鉴别这个相位关系就可正确恢复数字信息，这就避免了 2PSK 方式中“倒 π”现象的发生。由于相对相移调制无“反向工作”问题，因此2DPSK调制得到了广泛的应用。

2DPSK 的调制方法是先对数字信号进行差分编码，即由绝对码表示变为相对码表示，然后再进行2PSK调制，即可得到已调信号波形。解调则可以采用如下方法：

(1) 先进行相干解调，再进行码反变换，恢复出原信号。

(2) 直接比较前后码元的相位差，也称为相位比较法解调，这种方法不需要码变换器，也不需要专门的相干载波发生器，因此设备比较简单、实用。

2) 正交相移键控(QPSK)

QPSK 利用载波的四种不同相位来表征数字信息，由于每一种载波相位代表两个比特信息，故每个四进制码元又被称为双比特码元，习惯上把双比特的前一位用 a 代表，后一位用 b 代表。QPSK 信号产生的原理方框图如图 5-10(a)所示。它可以看成是由两个载波正交的2PSK调制器构成，分别形成图5-10(b)中的虚线矢量，再经加法器合成后，得到图5-10(b)中的实线矢量图。

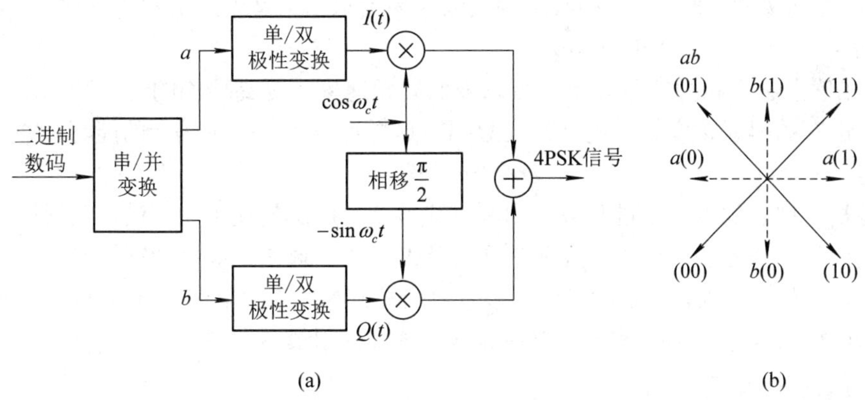

图 5-10　直接调相法产生 QPSK(4PSK)信号原理框图

由于 QPSK 信号可以看作是两个载波正交的2PSK信号的合成，因此，对 QPSK 信号的解调可以采用与2PSK信号类似的解调方法进行。图5-11是 QPSK 信号相干解调器的组成方框图，图中两个相互正交的相干载波分别检测出两个分量 a 和 b，然后，经并/串变换器还原成二进制双比特串行数字信号，从而实现二进制信息恢复。

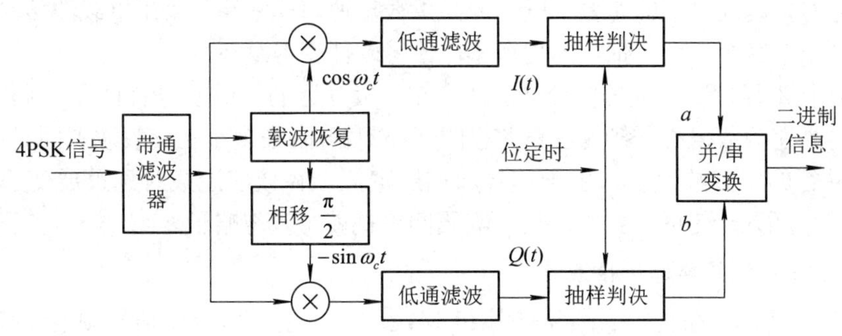

图 5-11　QPSK 的相干解调原理框图

在2PSK信号相干解调过程中会产生“倒 π”即“180° 相位模糊”现象，同样，对于

QPSK 信号，相干解调也会产生相位模糊问题，并且是 0°、90°、180°和 270°共四个相位模糊。因此，在实际中更常用的是四相相对相移调制，即 DQPSK，在直接调相的基础上加码变换器，在直接解调时加码反变换器。

3) 多进制数字调制

所谓多进制数字调制，就是利用多进制数字基带信号去调制高频载波的某个参量(如度、频率或相位)的过程。根据被调参量的不同，多进制数字调制可分为多进制幅度键控(MASK)、多进制频移键控(MFSK)以及多进制相移键控(MPSK)。也可以把载波的两参量组合起来进行调制，如把幅度和相位组合起来得到多进制幅相键控(MAPK)或多进制正交幅度调制(MQAM)等。

由于多进制数字已调信号的被调参数在一个码元间隔内有多个取值，因此，与二进制数字调制相比，多进制数字调制具有以下几个特点：

(1) 在码元速率(传码率)相同的条件下，可以提高信息速率(传信率)，使系统频带利用率增大。码元速率相同时，M 进制数字调制系统的信息速率是二进制的 lb$M$ 倍。在实用中，通常取 $M=2^k$，k 为大于 1 的正整数。

(2) 在信息速率相同的条件下，可以降低码元速率，提高传输的可靠性。信息速率相同时，M 进制的码元宽度是二进制的 lb$M$ 倍，这样可以增加每个码元的能量，并能减小串扰影响等。

正是基于这些优点，多进制数字调制方式得到了广泛的使用。不过，获得以上几点所付出的代价是，信号功率需求增加和实现复杂度加大。通常，线性调制技术可获得较高频谱利用率，而恒定包络(连续相位)调制技术具有相对窄的功率谱和对放大设备没有纯属性要求，所以这两类数字调制技术在数字蜂窝系统中使用最多。

2. OFDM 调制

1) OFDM 消除码间串扰

多媒体和计算机通信在现代社会中起着不可忽视的重要作用，数据业务的快速发展，要求无线通信技术支持越来越高速的数据速率；随着数据速率的不断提高，高速数据通信系统的性能不仅仅受噪声限制，更主要的影响来自无线信道时延扩展特性导致的码间串扰。一般而言，只要时延扩展远远小于发送符号的周期，则码间串扰造成的影响几乎可以忽略。信道均衡是对抗码间串扰的有效手段，但如果数据速率非常高，采用单载波传输数据，往往要设计几十个甚至上百个抽头的均衡器，使得硬件变得复杂。

OFDM 技术提供了让数据以较高的速率在较大延迟的信道上传输的另一种途径，其基本原理是将高速的数据流分接为多路并行的低速数据流，在多个正交载波上同时进行传输。对于低速并行的子载波而言，由于符号周期展宽，多径效应造成时延扩展变小，当每个 OFDM 符号中插入一定的保护时间后，其码间串扰就可以忽略了。

2) OFDM 对抗频率选择性衰落

如图 5-12 所示，在传统的频分复用(FDM)系统中，各载波上的信号频谱没有重叠，以便接收机中能用传统的滤波器方法将其分离、提取，这样做的最大缺点是频谱利用率低，造成频谱浪费。OFDM 允许子载波频谱部分重叠，只要满足子载波间相互正交，则可以从混叠的子载波上分离出数据信息，这样可以最大限度地节省传输带宽；换言之，传输同样码速率的数据信息，OFDM 多载波中的子载波带宽远低于传统 FDM 多载波的单个载波带宽，其带宽可低于无线信道相干带宽，这样 OFDM 多载波技术就可能对抗频率选择性衰落。OFDM 子载波间的最小间隔等于符号周期倒数的整数倍时，可满足正交条件。为了提高频谱效率，一般取最小间隔等于符号周期的倒数。

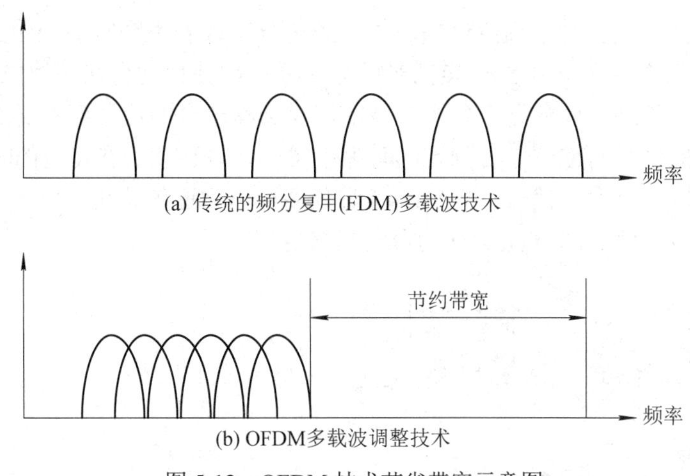

图 5-12　OFDM 技术节省带宽示意图

5.2.3　多址技术

在通信系统中，通常是多用户同时通信并发送信号；而在蜂窝系统中，是以信道区分和分选这种同时通信中的不同用户，一个信道只容纳一个用户通信，也就是说，不同信道上的信号必须具有各自独立的物理特征，以便于相互区分，避免互相干扰，解决这一问题的技术即称为多址技术。

从本质上讲，多址技术是研究如何将有限的通信资源在多个用户之间进行有效的切割与分配，在保证多用户之间通信质量的同时尽可能地降低系统的复杂度并获得较高系统容量的一门技术，其中对通信资源的切割与分配也就是对多维无线信号空间的划分，在不同的维上进行不同的划分就对应着不同的多址技术。

多址技术与移动通信中的信号多路复用是一样的，实质上都属于信号的正交划分与设计。不同点是多路复用的目的是区别多个通路，通常是在基带和中频上实现的，而多址技术是区分不同的用户地址，通常需要利用射频频段辐射的电磁波来寻找动态用户地址，同时为了实现多址信号之间不相互干扰，信号之间必须满足正交特性。

多址技术把处于不同地点的多个用户接入一个公共传输媒介，实现各用户之间通信，因此，多址技术又称为“多址连接”技术。移动通信中常用的多址技术有三类，即频分多址(FDMA)、时分多址(TDMA)、码分多址(CDMA)，实际中也常用到这三种基本多址方式的混合多址方式。

1. 频分多址(FDMA)

在频分多址通信网络中，将可使用的频段按一定的频率间隔(如 25 kHz 或 30 kHz)分割成多个频道。众多的移动台共享整个频段，根据按需分配的原则，不同的移动用户占用不同的频道。各个移动台的信号在频谱上互不重叠，其宽度能传输一路话音信息，而相邻频道之间无明显干扰。为了实现双工通信，信号的发射与接收使用不同的频率(称之为频分双工)，收发频率之间有一定的间隔，以防同一部电台的发射机对接收机产生干扰。这样，在频分多址中，每个用户在通信时要用一对频率(称为一对信道)。

2. 时分多址(TDMA)

时分多址是把时间分割成周期性帧，每一帧再分割成若干个时隙(无论是帧还是时隙，它们都是互不重叠的)，然后根据一定的时隙分配原则，使移动台在每帧中按指定的时隙，向基站发送信号，基站可以分别在各个时隙中接收到移动台的信号而不混淆。同时，基站发向多个移动台的信号都按规定在预定的时隙中发射，各移动台在指定的时隙中接收，从合路的信号中提取发给它的信号。图 5-13 是时分多址移动通信系统工作示意图，其中图(a)是由基站向移动台传输，图(b)是由移动台向基站传输。

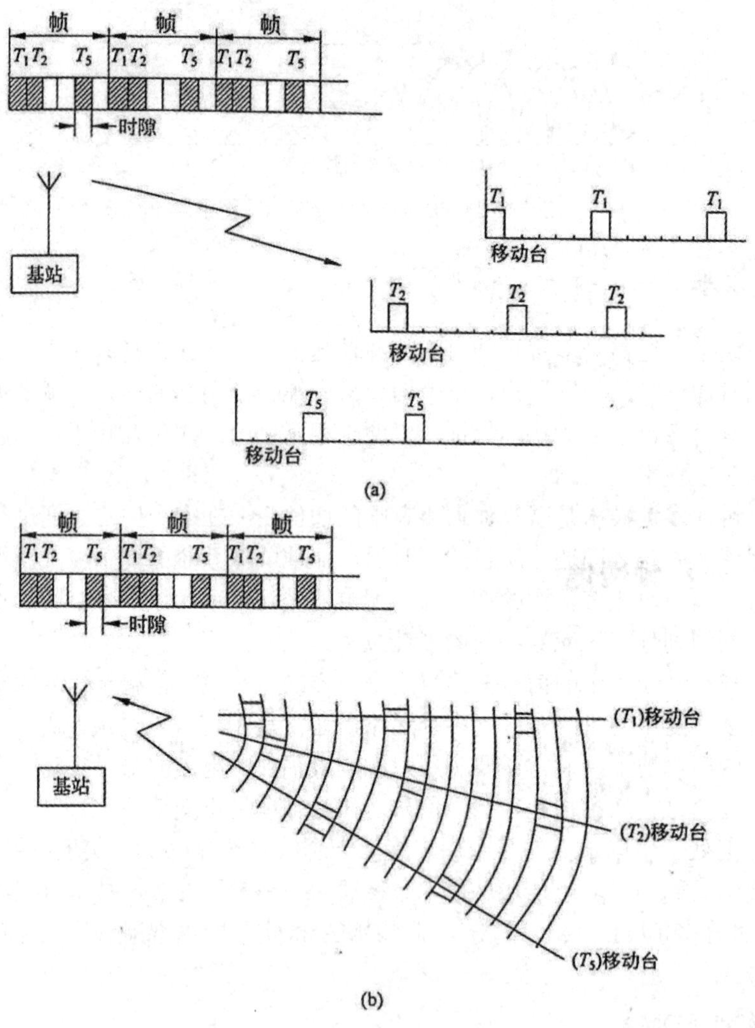

图 5-13　TDMA 通信系统工作示意图

3. 码分多址(CDMA)

在码分多址通信系统中，不同用户传输信息所用的信号不是靠频率不同或时隙不同来区分的，而是用各自的编码序列来区分，或者说，靠信号的不同波形来区分。如果从频域或时域来观察，多个 CDMA 信号是互相重叠的，接收机用相关器可以在多个 CDMA 信号中选出使用预定码型的信号，其他使用不同码型的信号因为和接收机本地产生的码型不同而不能进行解调。它们的存在类似于在信道中引入了噪声或干扰，通常称之为多址干扰。CDMA 系统既不分频道也不分时隙，无论传送何种信息的信道都采用不同的码型来区分，它们均占用相同的频段和时间，图 5-14 是 CDMA 通信系统示意图。

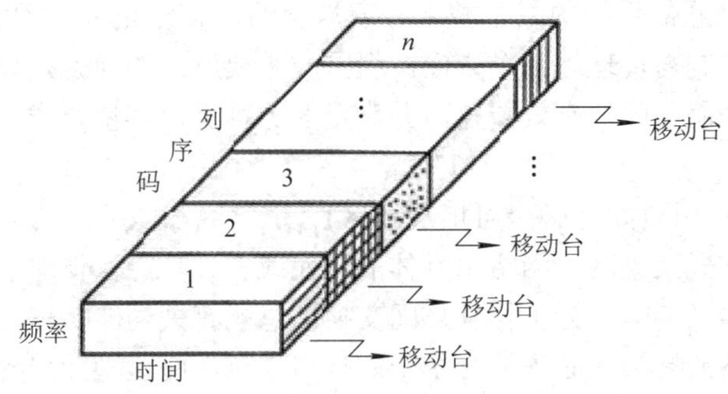

图 5-14 CDMA 通信系统示意图

多址技术一直以来都是移动通信的关键技术之一，甚至是移动通信系统换代的一个重要标志。早期的第一代模拟蜂窝系统采用 FDMA 技术，配合频率复用技术初步解决了利用有限频率资源扩展系统容量的问题；TDMA 技术是伴随着第二代移动通信系统中的数字技术出现的，实际采用的是 TDMA/FDMA 的混合多址方式，每载波中又划分时隙来增加系统可用信道数；CDMA 技术以码元来区分信道。当然蜂窝系统也是采用 CDMA/FDMA 的混合多址方式，系统容量不再受频率和时隙的限制，部分 2G 系统采用了窄带 CDMA 技术，而 3G 的三个主流标准均采用了宽带 CDMA 技术。通常来说，TDMA 系统的容量是 FDMA 系统的 4 倍，而 CDMA 系统的容量是 FDMA 系统的 20 倍。在 3G 系统中，为进一步扩展容量，也辅助使用 SDMA(空分多址)技术，当然它需要智能天线技术的支持。在蜂窝系统中，随着数据业务需求日益增长，另一类随机多址方式如 ALOHA(随机接入多址) 和 CSMA(载波侦听多址)等也得到了广泛应用，在 3G/4G 系统中，使用了 OFDMA(正交频分多址)接入技术。

5G 通信系统中采用非正交多址技术(NOMA)，其基本思想是在发送端采用非正交发送，主动引入干扰信息，在接收端通过“串行干扰删除(SIC)”接收机实现正确解调。虽然采用 SIC 技术的接收机复杂度有一定的提高，但是可以很好地提高频谱效率。用提高接收机的复杂度来换取频谱效率，这就是 NOMA 技术的本质。

5G 通信系统还采用射束分割多址(BDMA)技术，当基站与移动台之间产生通信连接时，一个正交的射束就会被分配给每一个移动台。目前射束分割多址技术的主要内容是根据移动台的位置，将一个天线射束分割，并允许移动台提供多个信道，这样会有效地提高系统的容量。当移动台与某个基站清楚地明确彼此的位置时，它们就会在同一瞄准线上，这样，就可以通过直接传输射束到彼此的位置上来进行通信，也可以避免干扰小区内其他移动台。当不同的移动台跟基站形成不同的方向角时，基站会根据不同的方向角同时发送射束来实现对不同的移动站发送数据。任何一个移动台不能利用唯一的一个射束，但是可以与其他相似角度的移动台分享同一个射束来实现与基站的通信连接。这些分享同一个射束的移动台被分割成同样的频率与时隙资源，并利用同样的正交资源。根据不同的移动台的通信环境，基站可以更好地改变射束的方向、数量和带宽。

5.2.4　组网技术

组网技术是移动通信系统的基本技术，所涉及的内容比较多，大致可分为网络结构、网终接口和网络的控制与管理等几个方面。组网技术要解决的问题是如何构建一个实用网络，以便完成对整个服务区的有效覆盖，并满足业务种类、容量要求、运行环境与有效管理等系统需求。

蜂窝网采用基站小区(如有必要可增加扇区)、位置区和服务区的分级结构，并以小区为基本蜂窝结构的方式来组网。网络中具体的网元或者说功能实体对于不同系统是不相同的。系统在进行网络部署时，为了相互之间交换信息，有关功能实体之间都要用接口进行连接。同一通信网络的接口，必须符合统一的接口规范，而这种接口规范由一个或多个协议标准来确定。

如果网络中的功能实体增加，则要用到更多的接口。在诸多接口当中，“无线接口Um”(也称 MSBS 空中接口)是最受关注的接口之一，因为移动通信网是靠它来完成移动台与基站之间的无线传输的，所以该接口对移动环境中的通信质量和可靠性具有重要的影响。Sm 接口是用户与移动设备间的接口，也称为人机接口；而 Abis 是基站控制器和基站收发信台之间的接口，根据实际配置情况有可能是一个封闭的接口。

移动通信系统中的管理功能包括连接管理、无线资源管理和移动性管理三部分。

5.2.5　抗衰落和抗干扰技术

移动通信中，由于多径衰落和多普勒频移的影响，移动无线信道极其易变，这些影响对于任何调制技术来说都会产生很强的负面效应。为了克服这些衰落，适当的抗衰落技术是需要的；同样，移动信道中存在同频干扰、邻近干扰、交调干扰与自然干扰等各种干扰因素，因此采用抗干扰技术也是必要的。移动通信中主要的抗衰落和抗干扰技术有分集、均衡和信道编码三种技术，另外也可采用交织、跳频、扩频、功率控制、多用户检测、话音激活与间断传输等技术。

1. 分集技术

分集技术就是为了克服各种衰落、提高无线传输系统性能而发展起来的一项重要技术。分集技术的基本思想是：将接收到的多径信号分离成不相干(独立)的多路信号，然后将这些多路信号的能量按照一定规则合并起来，使接收的有用信号能量最大，从而提高接收端的信噪功率比。

发射分集的概念实际上是由接收分集技术发展而来的，是为减弱信号的衰落效应，在一副以上的天线上发射信号，并将发射信号设计成在不同信道中保持独立的衰落，在接收端再对各路径信号进行合并，从而减少衰落的严重性。

分集的种类繁多，按分集目的可以分为宏观分集和微观分集；按信号传输方式可以分为显分集和隐分集；按获取多路信号的方式又可以分为空间分集、频率分集和时间分集，空间分集还包括接收分集、发射分集、角度分集和极化分集等。

1) 空间分集

空间分集也被称为天线分集，是无线通信中使用最多的分集形式。传统无线蜂窝系统的发射机和接收机天线是由立得很高的基站天线和贴近于地面的移动台天线所组成的，在这样的系统中，并不能保证在发射机和接收机之间存在一个直线路径，而且移动台周围物体的大量散射可能导致信号的瑞利衰落。空间分集原理如图 5-15 所示，发射端采用一副发射天线，接收端采用多副接收天线；接收端天线之间的间隔 d 应足够大，以保证各接收天线输出信号的衰落特性是相互独立的。如果天线间的间隔距离等于或大于半波长 $\lambda/2$，那么从不同的天线上收到的信号包络将基本上是非相关的，但理想情况下，接收天线之间的间隔要视地形地物等具体情况而定，对于空间分集而言，分集的支路数 M 越大，分集效果越好，但当 M 较大时($M>3$)分集的复杂性增加，分集增益的增加随着 M 的增大而变得缓慢。

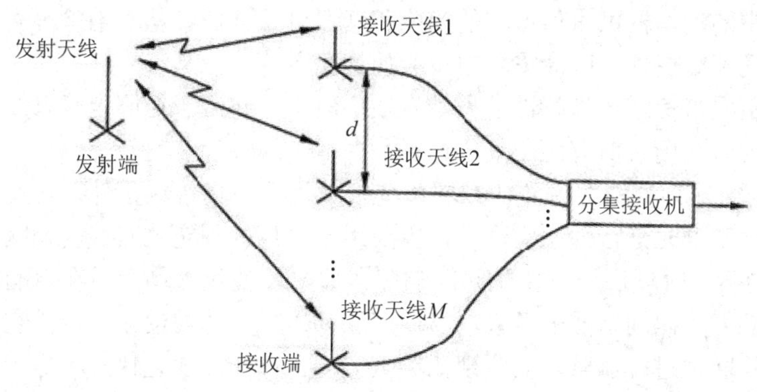

图 5-15 空间分集原理图

空间分集通常还需要将分集接收的信号进行合并，在空间分集的接收端取得多条相互独立的支路信号以后，可以通过合并技术来得到分集增益。根据在接收端使用合并技术的位置不同，可以分为检测前合并技术和检测后合并技术。例如最大比值合并(MRC)和等增益合并属于检测前合并技术，检测后合并技术中的代表是选择式合并，在上述三种合并方式中，选择式合并在改善平均信噪比方面具有更好的性能。

极化分集实际上是空间分集的特殊情况，其分集支路只有两路，但是要求两路信号的极化方向是正交的。由于只是用两个正交的分集支路，因此天线可以使用一个。在移动环境下，两个在同一地点极化方向相互正交的天线发出的信号呈现出不相关衰落特性，利用这一特点，在发射端同一地点分别装上垂直极化天线和水平极化天线，在接收端同一位置也分别装上垂直极化天线和水平极化天线，就可以得到两路衰落特性不相关的信号。这种方法的优势是结构比较紧凑，节省空间，缺点是由于发射功率分配到两副天线上，信号功率将有 3 dB 的损失。

角度分集也是空间分集的特殊情况。由于地形地貌和建筑物等环境的不同，到达接收端的不同路径的信号可能来自不同的方向，在接收端采用方向性天线，分别指向不同的信号到达方向，则每个方向性天线接收到的多径信号是不相关的。

2) 频率分集

频率分集方式使用多于一个承载频率传送信号，即将要传输的信息分别以不同的载频发射出去，这项技术是基于在信道相干带宽之外的频率上不会出现同样的衰落。只要载频之间的间隔足够大(大于相干带宽)，那么在接收端就可以得到衰落特性不相关的信号。

3) 时间分集

时间分集是利用随机衰落信号的特点，即当取样点的时间间隔足够大时，两个样点间的衰落是统计上互不相关的，用时间上信号的衰落统计特性的差异来实现信号抗时间选择性衰落的功能。时间分集与空间分集相比，优点是减少了接收天线及相应设备的数目，缺点是占用时隙资源，增大了开销，降低了传输效率。

2. 均衡技术

均衡技术可以补偿时分信道中由于多径效应产生的码间干扰(ISI)，如果调制信号的带宽超过了信道的相干带宽，则调制脉冲将会产生时域扩展，从而进入相邻信号，产生码间干扰，接收机中的均衡器可对信道中的幅度和延迟进行补偿，从而消除码间干扰。由于移动信道的未知性和时变性，因此需要自适应的均衡器。

均衡是改造限带信道传递特性的一种有效手段，它起源于对固定式有线传输网络中的频域均衡滤波器。均衡目前有两个基本途径：

(1) 频域均衡。频域均衡主要从频域角度来满足无失真传输条件，它是通过分别校正系统的幅频特性和群时延特性来实现的，主要用于早期的固定式有线传输网络中。

(2) 时域均衡。时域均衡主要从时间响应考虑，以使包含均衡器在内的整个系统的冲激响应满足理想的无码间串扰的条件，目前广泛利用横向滤波器来实现，它可以根据信道特性的变化而不断地进行调整，其实现比频域方便，性能一般也比频域好，故得到了广泛的应用。特别是在时变的移动信道中，几乎都采用时域的实现方式，因此下面仅讨论时域自适应均衡。

在衰落信道中引入均衡的目的是减轻或消除由于频率选择性衰落造成的符号间的干扰，并非所有移动通信系统均要求使用自适应均衡器。实际上，如果信道频率选择性衰落引入时延功率谱的扩散(即多径扩散)区间为 τ_m，而传输的消息符号的持续时间为 T_b，当 $T_b \gg \tau_m$ 时，移动信道就可以不必使用自适应均衡，因为此时时延扩散对传送的消息符号的影响可以忽略不计。

在 CDMA IS-95 系统中，采用扩频码的码分多址方式来区分用户，由于每个用户传送的原始消息符号持续时间 $T_b \gg \tau_m$，因此对于 CDMA 系统一般不采用自适应均衡技术。另一种情况是，若将来进一步采用正交频分复用(OFDM)方式，若每一个正交的子载波所传送的消息符号持续时间 $T_b \gg \tau_m$，亦可不采用自适应均衡技术。反之，若消息符号持续时间小于时延扩散，即 $T_b < \tau_m$，则在接收信号中会出现符号间干扰，这时就需要使用自适应均衡器来减轻或消除 ISI。

对于 GSM 数字式蜂窝系统，由于其采用了时分多址(TDMA)方式，对各用户信息传送是采用时分复用方式，而不是上述码分复用的并行方式，或者是正交多载波的频分复用方式(OFDM)，其符号速率比较高，一般满足条件 $T_b < \tau_m$，所以必须使用自适应均衡技术。北美的 IS-54、IS-136 等数字式蜂窝系统也满足这一条件，也需要采用自适应均衡器。

信道参数中的信道多普勒频移宽度 B_d 是影响均衡效果的另一个重要因素，与它相对应的信道相干时间 $T_d = 1/B_d$。因为在接收端使用均衡器，所以必须测量信道特性即信道冲激响应，且信道特性随时间变化的速度必须小于传送符号的持续时间，即必须小于信道多径扩散时的 τ_m，即 $\tau_m \ll 1/B_d$，也就是必须满足 $\tau_m B_d \ll 1$。

实际移动通信中对自适应均衡实现的基本要求为快速的收敛特性、好的跟踪信道时变特性、低的实现复杂度和低的运算量。

时域均衡从原理上可以划分为线性与非线性两大类型，而每一种类型均可分为几种结构，每一种结构的实现又可根据特定的性能准则采用若干种自适应调整滤波器参数的算法。根据时域自适应均衡的类型、结构、算法给出的分类如图 5-16 所示。

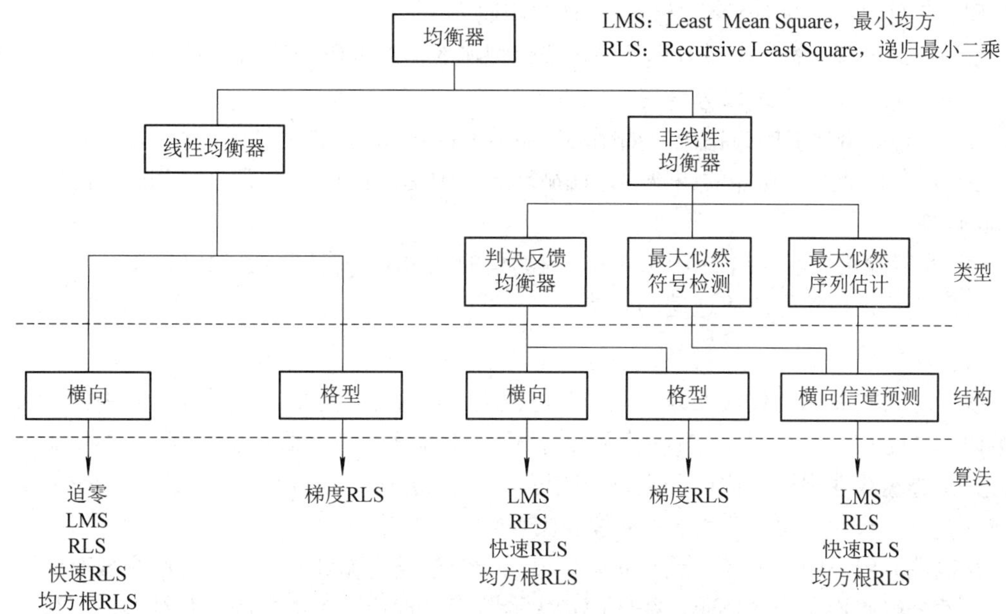

图 5-16 时域均衡器的分类示意图

线性均衡器的结构相对比较简单，主要实现方式为横向滤波器，还有格型滤波器。线性均衡器只能用于信道畸变不十分严重的情形，在移动通信的多径衰落信道中，信道的频率响应往往会出现凹点(频率选择性衰落引起的)，这时线性均衡器往往无法很好地工作。为了补偿信道畸变，凹点区域必须有较大的增益，显然这将显著地提高信号的加性噪声，因此在移动通信的多径衰落信道中，通常要尽力避免使用线性均衡器。

对于非线性均衡器，在最小序列误差概率准则下，最大似然序列判决(MLSD)是最优的，但是其实现的计算复杂度是随着多径干扰符号长度 L 呈指数增长，即若消息的符号数为 M，ISI 干扰的符号长度为 L，则其实现复杂度正比于 M^{L+1}，因此它仅适用于 ISI 长度 L 很小的情况。GSM 系统中，一般 $L = 4$，满足 L 较小条件，所以在 GSM 中广泛使用 MLSD 均衡器，而 IS-54 和 IS-136 系统的 $L = 3$，所以也使用 MLSD 均衡器。

非线性均衡器的另一大类型是采用判决反馈均衡(DFE)，它由前馈滤波器和反馈滤波器两部分组成。DFE 的计算复杂度是前馈滤波器和反馈滤波器的抽头数目的线性函数，两滤波器的抽头数目(以 $T/2$ 分数间隔)大约是符号(码)间干扰所覆盖符号数目 L 的一倍。DFE 可以直接用横向滤波器的方式，也可以采用格型滤波器的方式来实现。

3. 信道编码技术

在数字移动通信中，采用信道编码技术是为了提高系统传输的可靠性。它根据一定的监督规律在发送的信息码元中人为地加入一些必要的监督码元，在接收端利用这些监督码元与信息码元之间的监督规律，发现和纠正差错，以提高信息码元传输的可靠性。待发送的码元称为信息码元，人为加入的多余码元称为校验/监督码元。信道编码的目的是试图以最少的监督码元为代价，来换取最大程度上的可靠性。

信道编码可从不同的角度分类，其中从结构和规律上可分为两类，即：

(1) 线性码。监督关系方程是线性方程的信道编码称为线性码，目前大部分应用的信道编码属于线性码，如线性分组码、线性卷积码。

(2) 非线性码。监督关系方程不满足线性规律的信道编码均称为非线性码。

信道编码从功能上可以分为三类，即：

(1) 只有检错功能的检错码，如循环冗余校验(CRC)码、自动请求重传(ARQ)码。

(2) 具有自动纠错功能的纠错码，如循环码中的 BCH 码、RS 码及卷积码、级联码、Turbo 码等。

(3) 既能检错又能纠错的信道编码，最典型的是 HARQ(混合 ARQ)码。

下面介绍几种常见的信道编码方法。

1) 线性分组码

线性分组码又称为代数编码，它一般是按照代数规律构造的。线性分组码中的分组是指编码方法是按信息分组来进行的，而线性则是指编码规律即监督位(校验位)与信息位之间的关系遵从线性规律。线性分组码一般可记为(n, m)码，即 m 位信息码元为一个分组，编成 n 位码元长度的码组，而 $n-m$ 位为监督码元的长度。

在线性分组码中，最具理论和实际价值的一个子类为循环码，目前一些主要有应用价值的线性分组码均属于循环码。循环码最大的特点是理论上有成熟的代数结构，可采用码多项式描述，能够用位移寄存器实现。

2) 卷积码

卷积码是一类具有记忆的非分组码，卷积码一般可以表示为(n, k, m)码，其中，k 表示编码器输入端信息数据位，n 表示编码器输出端码元数，而 m 表示编码器中寄存器的级数。从编码器输入端看，卷积码仍然是每 k 位数据一组，分组输入；从输出端看，卷积码是非分组的，它输出的 n 位码元不仅与当时输入的 k 位数据有关，而且还进一步与编码器中寄存器以前分组的 m 位输入数据有关，所以它是一个有记忆的非分组码。

卷积码的典型结构可看作是有 k 个输入端，且具有 m 节寄存器的一个有限状态或有记忆系统，也可看作是一个有记忆的时序网络，它的典型编码器结构如图 5-17 所示。卷积码的描述可分为两大类：① 解析法，它可以直接用数学公式表达，包括离散卷积法、生成矩阵法、码生成多项式法；② 图形法，包括状态图、树图及格图(篱笆图)。卷积码的译码既可以用与分组码类似的代数译码方法，也可以采用概率译码方法，两类方法中概率译码方法更常用。而且在概率译码方法中，最常用的是具有最大似然特性的 Viterbi 译码算法。

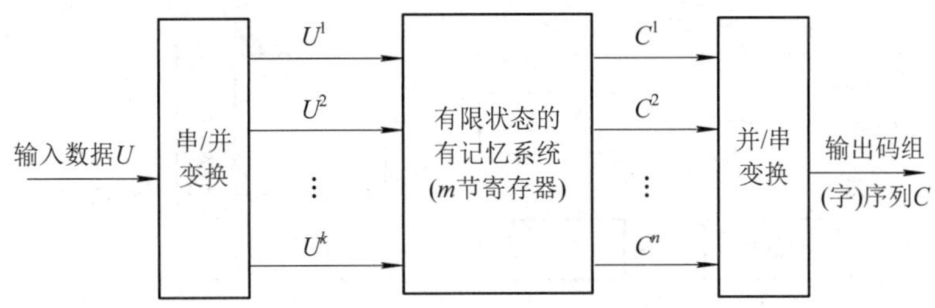

图 5-17 典型卷积编码器结构图

3) 级联码

为了适应通信信道中的混合性差错，需要寻找强有力的、能纠正混合差错性能的纠错码，级联码就是为解决以上难题而产生的。更确切地说，级联码从原理上分为两类：一类为串行级联码，一般就称为级联码；另一类是并行级联码，就是所谓的 Turbo 码。

级联码是由 Forney 提出的，它是由短码串行级联构造长码的一类特殊、有效的方法。这种构造法的编、译码设备简单，性能优于同一长度的长码，因此得到了广泛的重视和应用。Forney 提出的是一个两级串行的级联码，结构如下：

$$(n, k) = [n_1 \times n_2, k_1 \times k_2] = [(n_1, k_1),\ (n_2, k_2)]$$

可以看出，级联码是由两个短码(n_1, k_1)、(n_2, k_2)串接构成一个长码(n, k)，称(n_1, k_1)为内码，(n_2, k_2)为外码。内码负责纠正字节内的随机独立差错，外码负责纠正字节之间和字节内未纠正的剩余差错。级联码既可以纠正随机独立差错，更主要的是纠正突发性差错，纠错能力比较强。

从原理上看，内码/外码是可以任意选取纠错码类型的。目前最常使用的组合是(n_1, k_1)选择对付随机独立差错性能较强的卷积码，而(n_2, k_2)则是选择性能更强的对付突发差错为主的 RS 码，图 5-18 给出了典型的两级串联级联码的结构图。

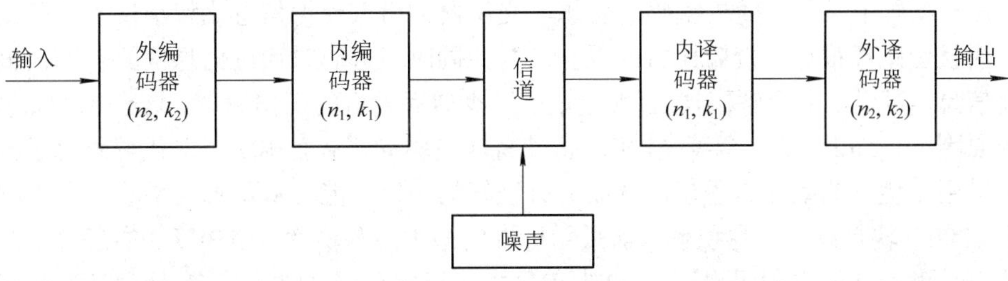

图 5-18 两级串联级联码的结构图

若内编码器的最小距离为d_1，外编码器的最小距离为d_2，则级联码的最小距离为$d = d_1 \times d_2$。级联码结构是由内、外码串接构成的，其设备是两者的直接组合，显然它要比直接采用一种长码结构所需设备简单。

4) Turbo 码

3G 的一项核心技术是信道编译码技术，在第三代移动通信系统主要提案中，除了采用与 IS-95 CDMA 系统相类似的卷积编码技术和交织技术外，还采用了 Turbo 编码技术。Turbo

编码器采用两个并行相连的系统递归卷积编码器，并辅之以一个交织器，两个卷积编码器经并/串转换以及打孔操作后输出，Turbo 码编码器结构如图 5-19 所示。

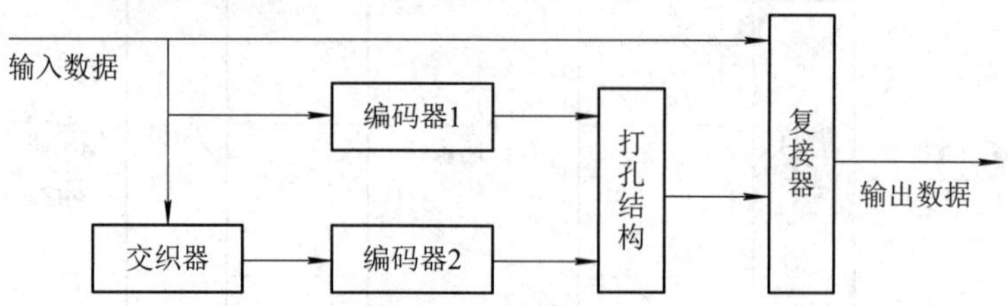

图 5-19　Turbo 码编码器结构

相应地，Turbo 码解码器由首尾相接、中间由交织器和解交织器隔离的两个以迭代方式工作的软判决输出卷积解码器构成，Turbo 码解码器结构如图 5-20 所示。

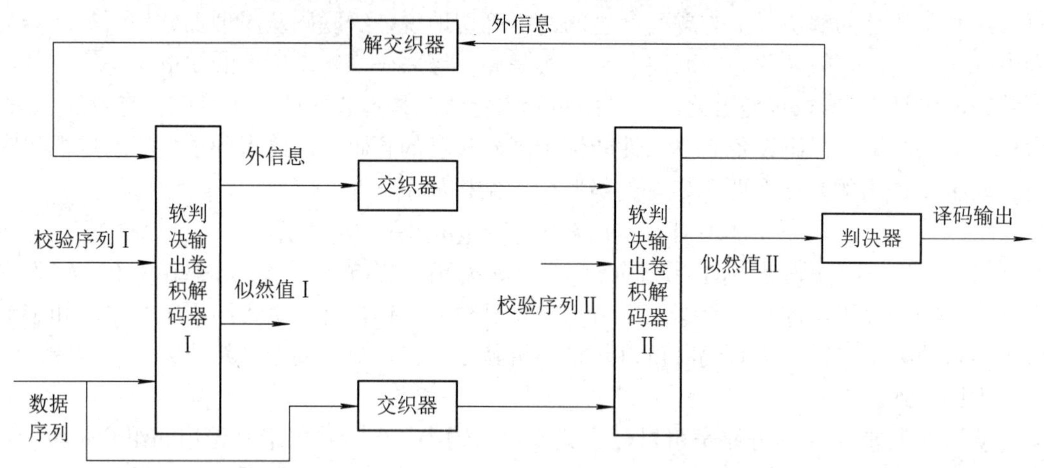

图 5-20　Turbo 码解码器结构

Turbo 编码中采用了随机编码的思想，交织器的引入使得信息比特不仅受校验比特的保护，而且受距离很远的校验比特的保护。与此同时，解码时通过信息位的软判决输出相互传递信息，可以在两个解码器之间迭代多次(类似涡轮机的工作原理，这也成为 Turbo 码得名的原因——Turbo 是一个英文前缀，指带有涡轮驱动)，从而实现了迭代解码思想。Turbo 码由于采用了优良的编译码思想，从而具有极好的纠错性能。从仿真结果看，在交织器长度大于 1000、软判决输出卷积解码器采用标准的最大后验概率(MAP)算法的条件下，其性能比约束长度为 9 的卷积码提高 1～2.5 dB。由于译码存在延时，3G 在处理高速数据业务时主要使用 Turbo 码。

5) *交织编码*

实际的移动通信信道既不是随机独立的差错信道，也不是突发差错信道，而是混合信道；如果突发长度太长，实现会很复杂，前面介绍的几种编码将失去其应用价值。之前介绍的信道编码的思路是适应信道而编码，现在我们基于另一思路，它不是按照适应信道的思路来处理，而是按照改造信道的思路来分析、处理。这就是下面将要介绍的交织编码。

交织编码的作用是改造信道，其实现方式有很多，如块交织、帧交织、随机交织、混合交织等。这里将以最简单的块交织为例来说明其实现的基本原理，图 5-21 是其实现框图。

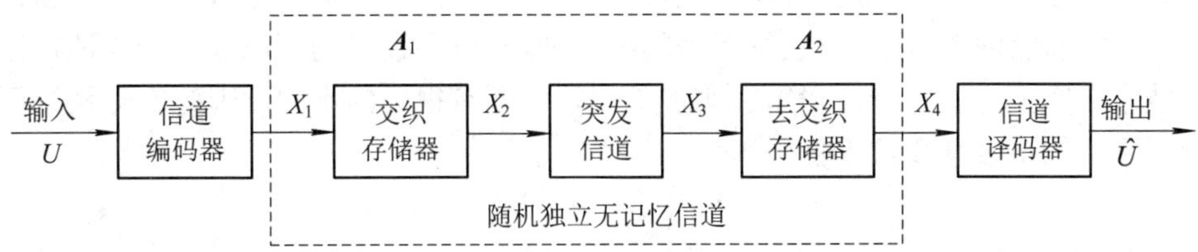

图 5-21　块交织实现框图

设输入数据经信道编码后，$X_1 = (x_1，x_2，x_3，\cdots，x_{16})$；且发送端交织存储器为一个行列交织矩阵存储器 $\boldsymbol{A}_1$，它按列写入、按行读出，即

$$A_1 = \text{写入顺序}\downarrow \begin{bmatrix} x_1 & x_5 & x_9 & x_{13} \\ x_2 & x_6 & x_{10} & x_{14} \\ x_3 & x_7 & x_{11} & x_{15} \\ x_4 & x_8 & x_{12} & x_{16} \end{bmatrix}$$

$$\xrightarrow{\text{读出顺序}}$$

则交织器输出后并送入突发信道的信号为

$$X_2 = (x_1, x_5, x_9, x_{13}, x_2, x_6, x_{10}, x_{14}, x_3, x_7, x_{11}, x_{15}, x_4, x_8, x_{12}, x_{16})$$

假设在突发信道中受到两个突发干扰：第一个干扰影响 3 位，即产生于 x_1 至 x_9；第二个突发信号干扰 4 位，即产生于 x_{11} 至 x_8。则突发信道输出端的输出信号 X_3 可表示为

$$X_3 = (\dot{x}_1, \dot{x}_5, \dot{x}_9, x_{13}, x_2, \cdots, x_{14}, x_3, x_7, \dot{x}_{11}, \dot{x}_{15}, \dot{x}_4, \dot{x}_8, x_{12}, x_{16})$$

在接收端，将受突发干扰的信号送入去交织器，去交织器是一个行列交织矩阵的存储器 $\boldsymbol{A}_2$，它是按行写入，按列读出(正好与交织矩阵规律相反)，即

$$\xrightarrow{\text{写入顺序}}$$

$$A_2 = \begin{bmatrix} \dot{x}_1 & \dot{x}_5 & \dot{x}_9 & x_{13} \\ x_2 & x_6 & x_{10} & x_{14} \\ x_3 & x_7 & \dot{x}_{11} & \dot{x}_{15} \\ \dot{x}_4 & \dot{x}_8 & x_{12} & x_{16} \end{bmatrix} \downarrow\text{读出顺序}$$

经过去交织存储器去交织以后的输出信号为 X_4，则 X_4 为

$$X_4 = (\dot{x}_1, x_2, x_3, \dot{x}_4, \dot{x}_5, x_6, x_7, \dot{x}_8, \dot{x}_9, x_{10}, \dot{x}_{11}, x_{12}, x_{13}, x_{14}, \dot{x}_{15}, x_{16})$$

可见，由上述分析，经过交织矩阵和去交织矩阵变换后，原来信道中的突发性连错变成了 X_4 输出中的随机独立差错。从交织器的原理图上看，一个实际的突发信道经过发送端交织器和接收端去交织器的信息处理后，就完全等效为一个独立随机差错信道。所以从原

理上看，信道交织编码实际上是一类信道改造技术，但它本身并不具备信道编码检、纠错功能，仅起到信号预处理的作用。

信道编码通常被认为独立于所使用的调制类型，不过随着网格编码调制方案 OFDM、新的空时处理技术的使用，这种情况有所改变，因为这些技术把信道编码、分集和调制结合起来，不需要增加带宽就可以获得巨大的编码增益。以上技术均可以改进无线链路性能，但每种技术在实现方法、所需费用和实现效率等方面有很大的不同，因此实际系统要认真选取所需采用的抗衰落和抗干扰技术。

5.3　移动通信新技术

5.3.1　第四代移动通信

第四代移动通信系统(4G)是第四代的移动信息系统，是在 3G 技术上的一次更好的改良，其相较于 3G 通信技术来说一个更大的优势是，将 WLAN 技术和 3G 通信技术进行了很好的结合，使图像的传输速度更快，让传输的图像看起来更加清晰。在智能通信设备中应用 4G 通信技术让用户的上网速度更加迅速，速度可以高达 100 Mb/s。

1. 优势

1) 显著提升通信速度

4G 通信技术是在 3G 通信技术的基础上不断优化升级、创新发展而来的，融合了 3G 通信技术的优势，并衍生出了一系列自身固有的特征，以 WLAN 技术为发展重点。4G 通信技术的创新使其与 3G 通信技术相比具有更大的竞争优势。首先，4G 通信在图片、视频传输上能够实现原图、原视频高清传输，其传输质量与电脑画质不相上下；其次，利用 4G 通信技术，在软件、文件、图片、音视频下载上其速度最高可达到每秒几十兆，这是 3G 通信技术无法实现的，同时这也是 4G 通信技术的一个显著优势，这种快捷的下载模式能够为我们带来更佳的通信体验，也便于我们日常学习中学习资料的下载。同时，在网络高速便捷的发展背景下，用户对流量成本也提出了更高的要求，从当前 4G 网络通信收费来看，价格较高，但是各大运营商针对不同的群体也推出了对应的流量优惠政策，能够满足不同消费群体的需求。

2) 通信技术更加智能化

4G 通信技术相较于之前的移动信息系统已经在很大程度上实现了智能化的操作。这更符合我们当下的需求，我们日常中使用的手机便是 4G 通信技术智能化的一个很好的体现形式。智能化的 4G 通信技术可以根据人们在使用过程中不同的指令来做出更加准确无误的回应，对搜索出来的数据进行分析、处理和整理再传输到用户的手机上。4G 手机作为人们越来越离不开的一个通信工具，极大地方便了人们的生活。

3) 提升兼容性

软硬件之间的相互配合的程度就是平时我们所说的兼容性，如果软硬件之间的冲突减少，便会表现出兼容性的提高；如果冲突多，那么兼容性就会降低。4G 通信技术的出现便很好地提高了兼容性这一性能，减少了软硬件在工作过程中的冲突，让软硬件之间的配合更加默契，这同时也在很大程度上避免了故障的发生。4G 通信技术在很大程度上提高了兼容性的一个表现就是我们很少再遇见之前经常出现的卡顿和闪退等多种故障，让人们在使用通信设备的过程中更加顺畅和流利。

2. 关键技术

1) OFDM 技术

FSK 具有一定的抗干扰性，编码采用的是单极性不归零码，发送端发送的编码为 1 时，表示处于高频；发送的编码为 0 时，表示处于低频。假如发送的编码是 1011010，那么编码形成的波形会表现出周期性的浮动，利用 OFDM 技术传输的信号会有一定的重叠部分，技术人员会依据处理器对其进行分析，根据频率的细微差别，划分不同的信息类别，从而保证数字信号的稳定传输。

2) MIMO 技术

MIMO 利用的是映射技术。首先，发送设备会将信息发送到无线载波天线上，天线在接收信息后，会迅速对其编译，并将编译之后的数据编成数字信号，分别发送到不同的映射区，再利用分集和复用模式对接收到的数据信号进行融合，获得分级增益。

3) 智能天线技术

智能天线技术是将时分复用与波分复用技术有效融合起来的技术，在 4G 通信技术中，智能天线可以对传输的信号实现全方位覆盖，每个天线的覆盖角度是 120°，为了保证全面覆盖，发送基站都会至少安装三根天线。另外，智能天线技术可以对发射信号实施调节，获得增益效果，增大信号的发射功率。需要注意的是，这里的增益调控与天线的辐射角度没有关联，只是在原来的基础上增大了传输功率而已。

4) SDR 技术

SDR 技术即软件无线电技术，它是无线电通信技术常用技术之一。其技术思想是将宽带模拟数字变换器或数字模拟变换器充分靠近射频天线，编写特定的程序代码完成频段选择，抽样传送信息后进行量化分析，可实现信道调制方式的差异化选择，并完成不同的保密结构、控制终端的选择。

3. 网络安全问题

1) 网络信息的安全问题

尽管 4G 通信技术给人们的生活带来了很大的便利，但网络安全问题直接影响着用户信息的安全。这其中就存在着一些不法分子假冒运营商，对通信用户进行电信诈骗，或者制作一些有病毒的链接或短信，通信用户一旦打开这些链接或短信，不法分子就会通过网络服务直接窃取用户的话费或是银行卡信息。还有一些计算机专业技术比较高的黑客，他们利用计算机技术就能盗取用户的账号和信息，并能够通过身份验证，直接进入网络中，这些都对通信用户的信息安全造成了威胁。另外，4G 宽带网络的连接客户端数量有限，这也容易让不法分子能够监听用户的客户端，还能修改用户信息，使得网络连接的安全性降低。

2) 移动终端中的安全问题

人们之间实现通信交流的关键要素就是移动终端，随着 4G 技术的不断发展和创新，移动终端也在不断更新中，形式变得越来越多样化，传统的移动终端只能接打电话，而现在的移动终端不仅能接打电话、收发短信，还能实现视频通话，移动终端的功能扩展使得其中的安全技术也在不断创新。随着 4G 通信技术的不断发展，越来越多的人使用智能手机，因此移动终端的用户量越来越多，用户与用户之间的联系也越来越紧密，用户对移动终端的存储功能的要求也越来越严格，因此，这就需要相关企业对移动终端云存储空间进行不断的升级，但是升级云存储也会有一定的风险问题，例如使终端不能有效抵抗病毒的入侵，越来越多的电信诈骗问题接踵而来。

3) 认证系统中的安全问题

4G 通信技术的不断发展和创新，让各种不法分子也发现了其技术的漏洞，直接或间接地危害了用户的信息安全和财产安全，这时认证系统就显得尤为重要。然而，认证系统并没有受到广大用户的重点关注，导致网络中各种不良信息四处宣扬，影响用户的网络健康。追究其发生的根本原因，主要有以下几点：第一，用户数量呈增长趋势，数量越发庞大，这对实名认证造成了不小的压力，让实名认证的工作更加复杂。此外，认证时间较长，用户在等待过程中会失去耐心。第二，计算机网络技术的发展越来越快，实名认证技术也需要跟上网络技术的发展，难度也随之加大。第三，无线网络类型比较多，没有统一固定的网络模式，使得认证工作难以继续进行。

4. 网络安全对策

1) 提高网络信息的安全性

为了有效提高 4G 通信技术的安全性，首先必须要有安全性较高的网络技术，确保用户的使用安全和信息安全，以此避免一些不法分子的侵入。其次可以更新密码体制，传统的密码设置比较简单，而且很容易被破解，因此，可使用先进的密码技术，让密码变得更加复杂，同时再加上短信验证、指纹验证等方式，让一些网络黑客无从下手，最终确保用户的通信安全和上网安全。除此之外，还要对用户宣传网络安全教育，提高用户的信息安全警惕性，只有提高人们的安全意识，才能更好地保证网络通信技术的安全性，保证用户的财产安全和信息安全。

2) 提高移动终端的安全性

移动终端的安全问题直接影响着用户的信息安全、通信安全，所以就要提高移动终端的安全性，同时对移动终端的系统进行改良。首先，就要对 4G 通信中的操作系统进行改良，采用科学性较高的访问机制来实现远程操控，严格管理用户的移动终端，为各个用户的移动终端建立起安全防护机制，确保信息通信的安全性。其次，改良移动终端的云存储功能，让其不受外在因素的影响，阻挡病毒的入侵。最后，对移动终端的的系统进行改良，做好安全数据的接入，让移动终端中的数据经过严格的监管之后才能流入用户的终端中，减少不良信息的发布。

3) 提高认证系统的安全性

提高认证系统的安全性也是有效解决 4G 通信技术网络安全问题的重要方式，尽管目前大部分用户所使用的 4G 通信网络已经通过了认证系统，然而就目前情况来看，手机应用市场上仍然有不少的万能钥匙软件能够破解网络密码，这就说明了单一的密码认证系统并不能完全确保网络的安全，而且我国认证体系过于简单，这时就需要通过高端的密码技术和手段来更新认证系统，对于不同的网络通信技术，要做到有针对性的更新和改良，建立起科学的认证机制，让认证系统的安全性大大提高。

5. 发展前景与问题

整体而言，4G 网络提供的业务数据大多为全 IP 化网络，所以在一定程度上可以满足移动通信业务的发展需求。然而，随着经济社会及物联网技术的迅速发展，云计算、社交网络、车联网等新型移动通信业务不断产生，对通信技术提出了更高层次的需求。将来，移动通信网络将会完全覆盖我们的办公娱乐休息区、住宅区，且每一个场景对通信网络的需求完全不一样。例如，一些场景对高移动性要求较高，一些场景要求较高的流量密度等，然而对于这些需求 4G 网络难以满足，所以针对未来用户的新需求，我们应重点探究更加高速、更加先进的移动网络通信技术。

第四代移动通信技术具有较高的带宽，因此呈现出高清图片和视频，可以满足人们的使用需求。5G 是为物联网而生的。与其他的网络技术相比，5G 通信网络的容量更大，同时保证了更快的上网速率，一般是通过智能终端连接互联网设备进行网络传输。5G 技术提供给物联网更大的网络平台，因此可以满足更大的运行需求。4G 网络能够提供给智能用户一定的服务，但是不能根据物联网产生的变化和需求及时地优化处理。5G 通信网络所支持的终端设备要比 4G 通信网络支持的设备多出几倍，同时保证了较低的能量消耗。5G 通信网络解决了使用 4G 网络不能持续实时玩游戏的问题。作为一个高效连接、能耗较低的通信网络体系，5G 通信网络在互联网技术不断更新变革的前提下，网络、业务和管控都产生了一定的变化，导致相关产业的服务对象也有所改变。

5G 大规模建设的同时，有不少用户质疑 4G 网络在逐渐变慢。2019 年，曾有过一轮 4G 降速的传闻。当时三大运营商称从未接到过任何对 4G 进行限速的要求，也从未对用户 4G 速率进行限制。为此，工信部搭建了覆盖全国的监测平台，通过技术手段监测 4G 网络速率。监测显示，近年来全国 4G 平均下载速率持续提升，整体上未出现速率明显下降的情况。不过，4G 网络属于共享网络，在区域内由所有用户共享，速率会在区间内波动。网络体验速率也会受到用户数量、流量规模、网站访问量等多种因素影响，比如在火车站、演唱会现场等用户密集的地方，可能会造成暂时的体验速率下降。

目前发展的一个趋势是运营商在财力有限的情况下，已经将资金预算大规模投入到 5G 建设上，这样就导致在 4G 网络的投资和运营费用上出现下滑。由于目前 4G 用户仍旧远远超过 5G 用户，这必然会加重现有 4G 网络的压力，降低用户在 4G 网络上的使用体验。另外一个趋势是，随着 5G 建设的大规模开展，运营商们还在逐步清退 2G 甚至 3G 网络，以腾出频谱资源、降低运维费用。在清退 2G 和 3G 网络的过程中，要引导用户向 4G 转移，这进一步加大了 4G 网络的承载用户数量和流量规模。

5.3.2 第五代移动通信

随着第四代移动通信进入商业规模阶段，第五代移动通信系统(5G)应运而生，并成为全球研究热点。5G 作为一种新型移动通信网络，不仅要解决人与人通信，为用户提供增强现实、虚拟现实、超高清(3D)视频等更加身临其境的极致业务体验，更要解决人与物、物与物通信问题，满足移动医疗、车联网、智能家居、工业控制、环境监测等物联网应用需求。最终，5G 将渗透到经济社会的各行业各领域，成为支撑经济社会数字化、网络化、智能化转型的关键新型基础设施。

1. 性能指标

第五代移动通信系统对无线通信进行了技术创新，包括信息传输的稳定性在内都有所保障，通信上甚至超越了有线通信，不仅通信容量大，速率高，其可靠性和安全性也比第四代移动通信有了更好的改进，具有很大的发展空间，具体的性能指标如下：

(1) 峰值速率需要达到 10～20 Gb/s，以满足高清视频、虚拟现实等大数据量传输；

(2) 空中接口时延低至 1 ms，可以满足自动驾驶、远程医疗等实时应用；

(3) 具备百万连接/平方公里的设备连接能力，可以满足物联网通信；

(4) 频谱效率要比 LTE 提升 3 倍以上；

(5) 连续广域覆盖和高移动性下，用户体验速率达到 100 Mb/s；

(6) 流量密度达到 10(Mb/s)/m^2 以上；

(7) 移动性支持 500 km/h 的高速移动。

以上是 5G 区别于前几代移动通信的关键，是移动通信从以技术为中心逐步向以用户为中心转变的结果。

2. 三大应用场景

(1) 增强移动带宽(eMBB)：对带宽有极高需求的业务，如高清视频、虚拟现实、增强现实、3D/超高清视频等大流量移动宽带业务。此种应用场景下，峰值速率是 4G 的 10 倍以上，采用 6 GHz 以上频段。

(2) 低功耗大连接(mMTC)：面向智慧城市、环境监测、智能农业、森林防火等以传感和数据采集为目标的应用场景，具有小数据包、低功耗、海量连接等特点。此种应用场景下，要求网络满足 100 万/km^2 连接数密度指标要求，保证终端的超低功耗和超低成本。大规模物联网业务可实现从消费到生产的全环节、从人到物的全场景覆盖，即万物互联，采用 1 GHz 以下频段。

(3) 超可靠低时延通信(uRLLC)：面向车联网、工业控制等垂直行业的特殊应用需求，对时延和可靠性具有极高的指标要求，需要为用户提供毫秒级的端到端时延和接近 100%的业务可靠性保证，如无人驾驶、工业自动化等。此种应用场景下，通信响应速度降至毫秒级，采用 6 GHz 以下频段。

3. 带宽配置和频率范围

当前全球主要采用了两种不同频段来部署 5G 网络，分别是 Sub-6 与毫米波，如表 5-2 所示，其中 Sub-6 就是利用 6 GHz 以下的带宽资源来发展 5G。

频率越高，单位时间内能够传输的数据量也就越大，因此毫米波的传输速度要大于 Sub-6；但频率越高，波长越短，覆盖范围也就越小。同样的基站，毫米波的覆盖范围却要小于 Sub-6。由于传输距离长、蜂巢覆盖范围较广，因此相对于高频的毫米波而言，Sub-6 频段对基站数量的需求也会相对较少。

表 5-2 第五代移动通信频段

频率范围	对应频率范围
Sub-6	410～7125 MHz
毫米波	24250～52600 MHz

4. 关键技术

1) 无线关键技术

5G 国际技术标准的重点是满足灵活多样的物联网需要。在 OFDMA 和 MIMO 技术基础上，5G 为支持三大应用场景，采用了灵活的全新系统设计。在频段方面，与 4G 支持中低频不同，考虑到中低频资源有限，5G 同时支持中低频和高频频段，其中中低频满足覆盖和容量需求，高频满足在热点区域提升容量的需求，5G 针对中低频和高频设计了统一的技术方案，并支持百兆赫兹的基础带宽。为了支持高速率传输和更优覆盖，5G 采用了 LDPC、Polar 新型信道编码方案及性能更强的大规模天线等技术。为了支持低时延、高可靠，5G 采用了短帧、快速反馈、多层/多站数据重传等技术。

2) 大规模 MIMO 技术

大规模 MIMO 技术是指基站端采用大规模天线阵列，天线数超过十根甚至上百根，并且在同一时频资源内服务多个用户的多天线技术。大规模 MIMO 技术将传统的时域、频域、码域三维扩展为了时域、频域、码域、空域四维，新增维度极大地提高了数据传输速率。大规模 MIMO 天线技术提供了更强的定向能力和赋形能力，大规模 MIMO 的空间分辨率与现有 MIMO 相比显著增强，能深度挖掘空间维度资源，使得网络中的多个用户可以在同一时频资源上利用大规模 MIMO 提供的空间自由度与基站同时进行通信，从而在不需要增加基站密度和带宽的条件下大幅度提高频谱效率。大规模 MIMO 可将波束集中在很窄的范围内，从而大幅度降低干扰和发射功率，提高功率效率，减少用户间干扰，显著提高频谱效率。

当基站侧天线数远大于用户天线数时，各个用户的信道将趋于正交，小区内同道干扰及加性噪声趋于消失，系统性能仅受限于邻区导频的复用，这使得系统的很多性能都只与大尺度相关，与小尺度无关。大规模 MIMO 的无线传输技术使频谱效率和功率效率在 4G 的基础上再提升一个量级。

在第四代移动通信系统中，MIMO 技术已经得到了较为广泛的应用，但由于实现复杂度以及相关预编码技术的限制，在 4G 系统中天线的数量并不是很大，目前，在 LTE-A 的版本中，天线的最大数量为 8 根，这个数量与人们所希望的大规模天线数量仍然相去甚远(相差大约 1～2 个数量级)。在大规模 MIMO 系统中，基站端的天线数量规模非常巨大，通常达到上百根(目前 5G 基站的天线数量可达 128/256 根)，这么多天线所带来的信道容量以及频谱效率的增益是巨大的。

3) 网络关键技术

5G 采用全新的服务化架构，支持灵活部署和差异化业务场景。5G 采用全服务化设计和模块化网络功能，支持按需调用，实现功能重构；采用服务化描述，易于实现能力开放，有利于引入信息技术开发实力，发挥网络潜力。5G 支持灵活部署，基于 NFV/SDN，可实现硬件和软件解耦，实现控制和转发分离；采用通用数据中心的云化组网，网络功能部署灵活，资源调度高效；支持边缘计算，云计算平台下沉到网络边缘，支持基于应用的网关灵活选择和边缘分流。通过网络切片可满足 5G 差异化需求，网络切片是指从一个网络中选取特定的特性和功能，定制出的一个逻辑上独立的网络，它使得运营商可以部署功能、特性服务各不相同的多个逻辑网络，分别为各自的目标用户服务，目前定义了三种网络切片类型，即增强移动宽带、低时延高可靠、大连接物联网。

4) 服务化架构

5G 的不同服务对网络存在多样化和定制化的要求，例如：智能家居、智能电网、智能农业和智能秒表需要大量的额外连接和频繁传输小型数据包的服务支撑，自动驾驶和工业控制要求毫秒级时延和趋于 100%的高可靠性，而娱乐信息服务则要求固定或移动宽带连接。上述服务需求表明，5G 核心网架构需要支持控制与转发分离、网络功能模块化设计、接口服务化和 IT 化、增强的能力开放等新特性，以满足 5G 网络灵活、高效、开放的发展趋势。

面向业务的 5G 网络架构将现有网络侧的控制面功能进行融合和统一，并分解成为多个独立的网络服务，可以根据业务需求进行灵活的组合。每个网络服务和其他服务在业务功能上解耦，并且对外提供统一类型的服务化接口，向其他调用者提供服务，从而实现全方位能力开放。

5) 边缘计算

边缘计算是在靠近人、物或数据源头的网络边缘侧，融合网络、计算、存储、应用核心能力于一体的开放平台，可就近提供边缘智能计算服务，满足行业数字化在敏捷连接、实时业务、数据优化、应用智能、安全与隐私保护等方面的关键需求。在 3GPP R15 中，基于服务化架构，5G 协议模块可以根据业务需求灵活调用，为构建边缘网络提供了技术标准，从而使得多址边缘计算可以按需、分场景灵活部署在无线接入云、边缘云或者汇聚云，从而一定程度度解决了 5G eMBB、uRLLC、mMTC 等技术场景的业务需求。同时 MEC 通过充分挖掘网络数据和信息，可实现网络上下文信息的感知和分析，并开放给第三方业务应用，有效提升了网络的智能化水平，促进了网络和业务的深度融合。

5. 应用领域

从市场需求来看，移动互联网和物联网是 5G 移动通信系统发展的两大主要驱动力，其中移动互联网颠覆了传统移动通信业务模式，而物联网则扩展了移动通信的服务范围。

1) 工业领域

以 5G 为代表的新一代信息通信技术与工业经济深度融合，为工业乃至产业数字化、网络化、智能化发展提供了新的实现途径。5G 在工业领域的应用涵盖研发设计、生产制造、运营管理及产品服务 4 个大的工业环节，主要包括 16 类应用场景，分别为：AR/VR 研发实验协同、AR/VR 远程协同设计、远程控制、AR 辅助装配、机器视觉、AGV 物流、自动驾驶、超高清视频、设备感知、物料信息采集、环境信息采集、AR 产品需求导入、远程售后、产品状态监测、设备预测性维护、AR/VR 远程培训等。当前，机器视觉、AGV 物流、超高清视频等场景已取得了规模化复制的效果，实现了“机器换人”，大幅降低了人工成本，有效提高了产品检测准确率，达到了生产效率提升的目的。

以钢铁行业为例，5G 技术赋能钢铁制造，可实现钢铁行业智能化生产运营及绿色发展。在智能化生产方面，5G 网络低时延特性可实现远程实时控制机械设备，提高运维效率的同时，促进厂区无人化转型；5G+大数据，可对钢铁生产过程的数据进行采集，实现钢铁制造主要工艺参数在线监控、在线自动质量判定，实现生产工艺质量的实时掌控。在绿色发展方面，5G 大连接特性采集钢铁各生产环节的能源消耗和污染物排放数据，可协助钢铁企业找出问题严重的环节并进行工艺优化和设备升级，降低能耗成本和环保成本，实现清洁低碳的绿色化生产。

2) 车联网与自动驾驶

5G 车联网可助力汽车、交通应用服务的智能化升级。5G 网络的大带宽、低时延等特性，支持实现车载 VR 视频通话、实景导航等实时业务。借助于车联网 C-V2X(包含直连通信和 5G 网络通信)的低时延、高可靠和广播传输特性，车辆可实时对外广播自身定位、运行状态等基本安全消息，交通灯或电子标志标识等可广播交通管理与指示信息，支持实现路口碰撞预警、红绿灯诱导通行等应用，显著提升车辆行驶安全和出行效率。5G 网络可支持港口岸桥区的自动远程控制、装卸区的自动码货以及港区的车辆无人驾驶应用，显著降低自动导引运输车控制信号的时延以保障无线通信质量与作业可靠性，可使智能理货数据传输系统实现全天候全流程的实时在线监控。

3) 能源领域

在电力领域，能源电力生产包括发电、输电、变电、配电、用电五个环节。目前 5G 在电力领域的应用主要面向输电、变电、配电、用电四个环节开展，应用场景主要涵盖了采集监控类业务及实时控制类业务，包括输电线无人机巡检、变电站机器人巡检、电能质量监测、配电自动化、配网差动保护、分布式能源控制、高级计量、精准负荷控制、电力充电桩等。当前，基于 5G 大带宽特性的移动巡检业务较为成熟，可实现应用复制推广，通过无人机巡检、机器人巡检等新型运维业务的应用，可促进监控、作业、安防向智能化、可视化、高清化升级，大幅提升输电线路与变电站的巡检效率。

4) 教育领域

5G 在教育领域的应用主要围绕智慧课堂及智慧校园两方面开展。5G+智慧课堂，凭借 5G 低时延、高速率特性，结合 VR/AR/全息影像等技术，可实现实时传输影像信息，为两地提供全息、互动的教学服务，提升教学体验；5G 智能终端可通过 5G 网络收集教学过程中的全场景数据，结合大数据及人工智能技术，可构建学生的学情画像，为教学等提供全面、客观的数据分析，提升教育教学精准度。5G+智慧校园，基于超高清视频的安防监控，可为校园提供远程巡考、校园人员管理、学生作息管理、门禁管理等应用，解决校园陌生人进校、危险探测不及时等安全问题，提高校园管理效率和水平。

5) 智慧城市领域

5G 助力智慧城市在安防、巡检、救援等方面提升管理与服务水平。在城市安防监控方面，结合大数据及人工智能技术，5G+超高清视频监控可实现对人脸、行为、特殊物品、车等精确识别，形成对潜在危险的预判能力和紧急事件的快速响应能力；在城市安全巡检方面，5G结合无人机、无人车、机器人等安防巡检终端，可实现城市立体化智能巡检，提高城市日常巡查的效率；在城市应急救援方面，5G通信保障车与卫星回传技术可实现建立救援区域海陆空一体化的5G网络覆盖；5G+VR/AR可协助应急调度指挥人员能够直观、及时了解现场情况，更快速、更科学地制定应急救援方案，提高应急救援效率。

6. 发展的不利因素

1) 频谱资源有限，供需矛盾凸显

现阶段我国频谱资源十分稀缺，高、低频段优质资源的剩余量十分有限。4G之前我国就分配完了低频段中的优质频率，而高频段频谱资源的频率高，开发技术难度大、服务成本高，目前能用且用得起的高频段资源较少。

5G时代移动数据流量呈现爆炸式增长，为满足eMBB、uRLLC、mMTC三大类5G主要应用场景更大带宽、更短时延和更高速率的需求，需对支持5G新标准的候选频段进行高中低全频段布局，所需频谱数量也将远超2G/3G/4G移动通信技术的总和。

我国频谱供需矛盾在5G时代愈发凸显。我国5G的用频思路是6 GHz以下频率为基，高频为补充发展。虽然工信部已经向中国移动、中国联通、中国电信三大运营商发放了全国范围内5G中低频段试验频率使用许可，加速了我国5G产业化进程，但5G商用面临的频谱资源频段挑战还很大。

2) 5G部署投入成本高，短期回报路径不明

5G基站包括宏基站和小微基站等主流基站模式。与4G相比，5G的辐射范围较小，从连续覆盖角度来看，5G的基站数量可能是4G的1.5～2倍。大规模天线使5G基站建设成本高，还需新建或大规模改造核心网和传输网，因此构筑良好的5G网络需要运营商投入大量财力。投资大幅度增加，但场景落地和资本回报路径尚不清晰。现阶段，5G发展仍以政策和技术驱动为主，VR、无人驾驶等关键技术还未成熟普及，应用服务为时尚早。

3) 关键技术不够成熟，核心器件依赖进口

5G相较于前几代移动通信技术，设计理念新颖，功能更加强大，对高频段射频器件等关键材料器件要求较高。目前，5G终端产品的技术成熟度和商用化进程滞后于通信网络设备，尤其是在射频等底层关键领域技术还不成熟。我国在5G中高频材料器件领域与美欧等发达国家差距较大，这是我国5G产业发展的痛点。

在芯片领域，主要涉及“设计—设备—材料—制造—封测”等环节。中国企业主要发力在设计和封测，部分专用芯片快速追赶，但是高端智能手机、汽车、工业以及其他嵌入式芯片市场，中国差距依然很大。而高端通用芯片与国外先进水平差距更是巨大，包括处理器和存储器等；在电信设备领域，我国FPGA、数/模转换器、光通信芯片等电信设备基本从欧美元器件厂商进口；在终端方面，以智能手机为例，内存、CIS等核心元器件基本被国外把控，芯片、操作系统等行业制高点以及射频前端、滤波器等，仍然摆脱不了对欧美和日韩厂商的依赖，即便是国内设计的SoC，其CPU和GPU完全依赖于ARM的技术授权；在物联网领域，华为、中兴等公司推出的物联网解决方案，其中的CPU都是ARM的内核。

4) 国际环境复杂

尽管在政府的大力支持和企业的多年积淀下，我国5G专利数居全球首位，在5G标准

制定中处于优势地位。但是，2018 年以来，美国接连制裁中兴、华为等通信设备企业，并以国家安全为由联合澳大利亚、日本等国家拒绝采用华为、中兴等企业的 5G 研发技术。美、欧、日等国家精准打击我国 5G 领域核心企业，我国 5G 技术推向国际的难度不断增加。

习 题 5

1. 什么是移动通信？用于移动通信的电磁波频率或波长范围是多少？
2. 移动通信有什么特点？
3. 移动通信基本技术有哪些？
4. 目前移动通信系统的常用调制方式有哪些？
5. 移动通信中常用的图像编码标准有哪些？
6. 移动光通信中常用的多址技术有哪些？分别有什么特点？
7. 第四代移动通信的关键技术有哪些？
8. 简述第五代移动通信的特点。

第6章　短波通信系统

短波通信是无线通信领域的重要部分，其具有机动性强、设备体积小、运行成本低及对特殊环境的适应性强等优点，尤其是随着自适应通信、扩频通信和计算机数字信号处理等技术在其中的广泛应用，短波通信技术得到了长足的发展。本章主要介绍短波通信的起源、短波信道的传输特性、短波通信的特点及系统组成。

6.1　短波通信的起源

1899年3月，马可尼成功完成了使无线电波越过45 km宽的英吉利海峡进行传送的实验。当时，马可尼所用的是中波，即波长为1000～100 m(相应频率为300～3000 kHz)的无线电波。中波是人们较早利用的无线电波段之一，主要用于广播、导航和通信等方面。

1901年12月，马可尼实现了无线电波的越洋传播，传送距离达3000 km。这促使许多科学家思考这样的问题：按照传统理论，无线电波沿地面传输时会随距离增加而急剧衰减，越洋通信是不可能实现的，这一次无线电波怎么会从英国传播到3000 km之外北美的纽芬兰呢？

为了解释上述现象，英国电气工程师亥维赛及美国的通信工程师肯内利(生于印度)大胆地做出猜测：马可尼的无线电信号之所以能绕地球弯曲传播，可能是大气层有带电粒子层的缘故，而这个带电粒子层，是由于太阳紫外线对大气层中空气的电离作用而产生的。

1919年，在研究无线电波在垂直辐射器中的传播时，英国物理学家、雷达专家沃森·瓦特，从理论上间接证明了大气层上空存在一个导电的气层。由于没有经过实验验证，亥维赛及肯内利有关带电粒子层反射电磁波的假设，在这一段时间没有得到人们足够的重视。

短波通信的兴起，起源于无线电业余爱好者的一次偶然发现。1921年，意大利罗马市郊发生了一场大火灾，一台功率只有几十瓦的业余短波无线电台发出呼救信号，目的是让附近的消防人员在收到信号后前往救援。出乎意料的是，这个呼救信号竟然被1500 km之外的哥本哈根(丹麦首都)的一些接收机收到了。当然哥本哈根的消防队对罗马的火灾无能为力，但这一发现促使许多无线电业余爱好者进行类似的实验。实验结果表明，对于远距离通信来说，短波比长波更合适，于是，短波通信线路开始在一些国家建立。1924年，在德国的瑙恩与阿根廷的布宜诺斯艾利斯之间，建立了第一条短波通信线路。

1924年，英国著名物理学家阿普尔顿在巴尼特的协助下，通过直接测量电离层的高度，最先证实了E电离层(高110～120 km)的存在。1926年，他又发现了阿普尔顿电离层(F电离层)。由于这一突出贡献，1947年他荣获诺贝尔物理学奖。

1930 年，英国物理学家沃森·瓦特正式把存在于高空大气层中的带电粒子层命名为“电离层”。

20 世纪 20 年代问世的短波通信，改变了无线电通信发展的历史进程。它起源于无线电业余爱好者的发现，这似乎有点偶然。实际上，自从 1912 年美国化学家兰茂尔研制出高真空电子管后，电子管便进入了实用阶段，加上 1921 年美国无线电公司成立，它把原属于“马可尼”“贝尔电话”“通用电气”等公司有关电子管及无线电元器件的专利统统集中起来，使上述产品的制造进入大规模工业化生产的阶段，电子工业开始形成一门独立的产业。这些不仅推动了无线电广播和通信事业的迅速发展，还给无线电业余爱好者的活动带来了巨大的活力，所以，由无线电业余爱好者发现短波通信，也带有某种必然性。

6.2 短波信道的传输特性

6.2.1 短波的传播形式

短波通信使用的无线电频率为 1.5～30 MHz。短波频段的电波传播主要有两种形式：一种是地波传播；另一种是天波传播，如图 6-1 所示。天波依靠电离层反射来传播，可以实现远距离的传播；地波沿地球表面进行传播，由于地面对短波衰减较大，因此地波只能近距离传播。短波通信可以依靠天波传播实现远距离通信，也可以依靠地波传播进行短距离通信。

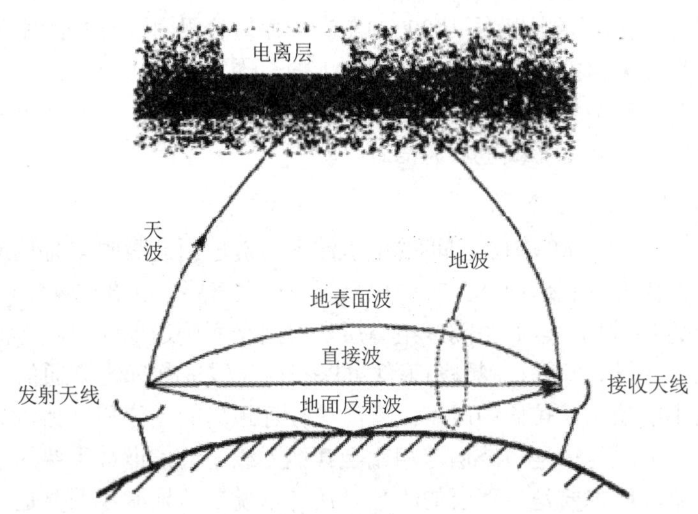

图 6-1　短波传播示意图

1. 地波传播

频率较低(大约 2 MHz 以下)的电磁波趋于沿弯曲的地球表面传播，有一定的绕射能力，属于绕射波。电磁波沿着地球表面的传播，称为地波传播(如图 6-2 所示)。其特点是信号比较稳定，基本上不受气象条件的影响。但随着电波频率的增高，传输损耗迅速增大，地面波随距离的增加迅速衰减。因此，这种传播方式主要适用于较低频段。例如，在较低频段上，如甚低频、低频(长波)和中频(中波)频段，信号沿地球表面曲线传输，这种信号即典型的地面波。在低频和甚低频段，地波传播距离可超过数百或数千千米。

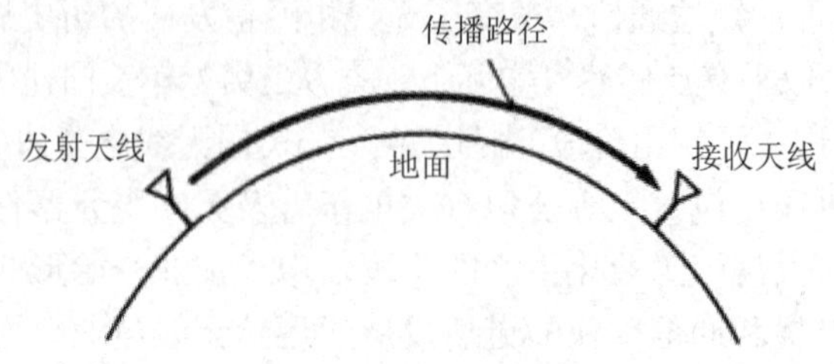

图 6-2　地波传播

对于短波通信，当天线架设较低，且其最大辐射方向沿地面时，主要是地波传播。地波又由地表面波、直接波和地面反射波三种分量构成。地表面波沿地球表面传播，直接波为视线传输，地面反射波是经地面反射传播。在讨论地面波传播问题时，电离层的影响不予考虑，而主要考虑地球表面对电波传播的影响。

地波传播情况主要取决于地面条件。地面条件的影响主要表现在两个方面：一是地面的不平坦性；二是地面的地质情况。前者对电波的影响视电波的波长而不同，对长波长来说，除了高山都可将地面看成平坦的；而对于分米波、厘米波来说，即使是水面上的波浪或田野上丛生的植物，也应看成是地面有严重的不平度，对电波传播起着不同程度的障碍作用。而后者是从土壤的电气性质来研究对电波传播的影响。因为地表面导电特性在短时间内变化小，故电波传播特性稳定可靠，基本上与昼夜和季节的变化无关。

短波沿陆地传播时衰减很快，只有距离发射天线较近的地方才能收到，即使使用 1000 W 的发射机，陆地上传播距离也仅为 100 km 左右。而短波沿海面传播的距离远远超过陆地的传播距离，在海上通信能够覆盖 1000 km 以上的范围。由此可见，短波的地波传播形式一般不宜用作无线电广播和远距离陆地通信，而多用于海上通信、海岸电台与船舶电台之间的通信以及近距离的陆地无线电话通信。

2. 天波传播

频率较高(大约在 2～30 MHz 之间)的电磁波容易被地面波吸收，且迅速衰落。然而，这段频率的电磁波信号可到达地球上方的电离层。在电离层，电磁波以各种角度被折射(取决于入射角)，并返回地面。电波由高空电离层反射回来而到达地面接收点的传播方式即为天波传播。长波、中波、短波(高频段)等都可以利用天波进行远距离通信。天波的传播衰耗小，因此用较小的功率、较低的成本，就能进行远距离的通信和广播，其距离可达数百千米或上千千米，天波传播是短波信道相比于其他无线通信信道最重要的特点。

反射高频电磁波的主要是电离层的 F 层。换句话说，高频信号主要是依靠 F 层进行远程通信。根据地球半径和 F 层的高度不难估算出，电磁波经过 F 层的一次反射最大可以达到约 4000 km 的距离。但是，经过反射的电磁波到达地面后可以被地面再次反射，并再次由 F 层反射。这样经过多次反射，电磁波可以传播 10 000 km 以上。由图 6-3 可见，电磁波利用天波方式传播时，电离层反射波到达地面的区域可能是不连续的，图中用粗线表示的地面是电磁波可以到达的区域，其中在发射天线附近的地区是地波覆盖的范围，而在电磁波不能到达的其他区域称为寂静区。

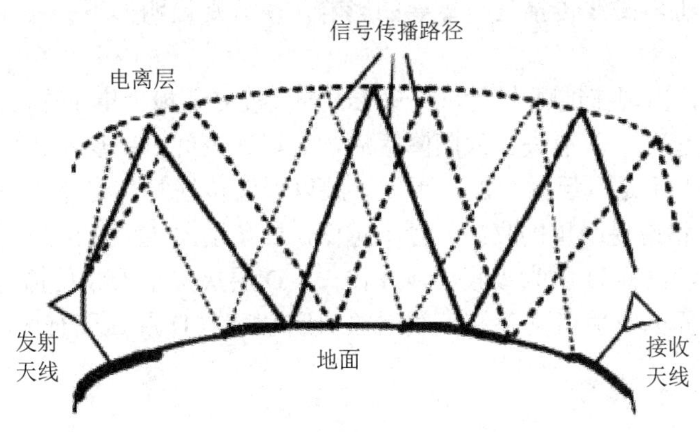

图 6-3 天波传播

天波传播的优点是损耗小，传播距离远，一次或数次反射可达近 10000 km。但是电离层状态容易变化，会随着昼夜或季节的变化而变动，使天波传播不够稳定。

1) 电离层的特性

从地面到 1000 km 的高空均有各种气体存在，这一区域称为大气层，包围地球的大气层的空气密度是随着地面高度的增加而减少的。一般而言，离地面大约 20 km 以下，空气密度比较大，各种大气现象，如风、雨、雪等都是在这一区域内产生的。大气层的这一部分叫作对流层。在接近地面的空间里，由于对流作用，成分基本稳定，是各种气体的混合体。在离地面 60～80 km 以上的高空，对流作用很小，不同成分的气体不再混合在一起，按重量的不同分成若干层，而且就每一层而言，由于重力作用，分子或原子的密度是上疏下密。大气层在太阳辐射和宇宙射线辐射等的作用下，分子或原子中的一个或若干个电子游离出来成为自由电子而发生电离，使高空形成了一个厚度为几百千米的电离现象显著的区域，这个区域称为电离层。

电离层中的电子密度呈不均匀分布，按照电子密度随高度变化的情况，可以把它们依次分为 D 层、E 层、F1 层和 F2 层，如图 6-4 所示。F2 层的电子密度最大，F1 层次之，D 层电子密度最小。就每层而言，电子密度也不是均匀的，在每层中的适当高度上出现最大值。

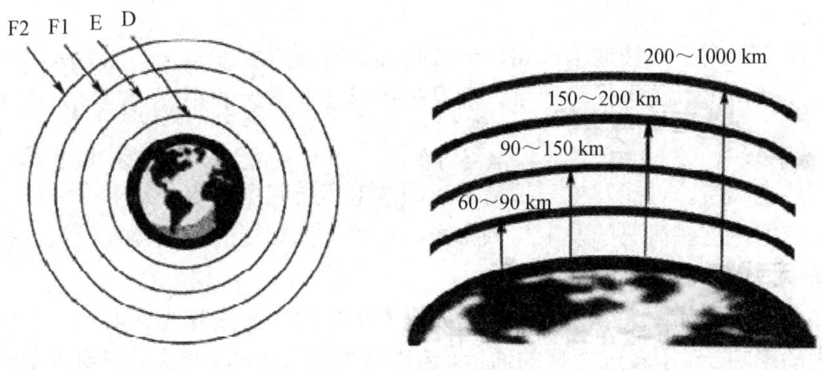

图 6-4 电离层示意图

这些导电层对于电磁波传播具有重要的影响，现分别说明如下：

(1) D 层。

D 层是最低层，出现在地球上空 60～90 km 的高度处，最大电子密度发生在 80 km 处。D 层出现在太阳升起时，而消失在太阳降落后，所以在夜间，D 层不再对短波通信产生影响。D 层的电子密度不足以反射短波，因而短波以天波传播时，将穿过 D 层。不过，在穿过 D 层时，电磁波将遭受严重的衰减，频率越低，衰减越大。而且在 D 层中的衰减量远大于 E 层、F 层，所以也称 D 层为吸收层。在白天，D 层决定了天波传播的距离，以及为获得良好的传输所必需的发射机功率和天线增益。研究表明，D 层白天有可能反射频率为 2～5 MHz 的短波。

(2) E 层。

E 层出现在地球上空 90～150 km 高度处，最大电子密度发生在 110 km 处，白天基本不变。在通信线路设计和计算时，通常以 110 km 作为 E 层高度。和 D 层一样，E 层出现在太阳升起时，在中午时电离达最大值，之后逐渐减小。太阳降落后，E 层实际上对天波传播不起作用。在电离开始后，E 层可以反射高于 1.5 MHz 频率的电波。

(3) F 层。

对于短波传播，F 层是最重要的。在一般情况下，远距离短波通信都选用 F 层作为反射层。这是由于和其他导电层相比，它具有最高的高度，因而允许传播最远的距离，所以习惯上称 F 层为反射层。

F 层的第一部分是 F1 层。F1 层只在白天存在，地面高度为 150～200 km，其高度与季节变化和某时刻的太阳位置有关。

F 层的第二部分是 F2 层。F2 层位于地面高度 200～1000 km，该层的高度与一天中的时刻和季节有关，同样是在日间，冬季高度最低，夏季高度最高。F2 层主要出现在白天，但和其他层不同，它在日落之后并不完全消失，残余电离仍然存在的原因在于电子浓度低，故复合减慢，以及黑暗之后数小时仍然有粒子辐射。夜间，残留电离仍允许传输短波某一频段的电波，但能够传输的频率比日间可用频率要低许多。由此可以粗略看出，如要保持昼夜通信，其工作频率必须昼夜更换，而且一般情况下，夜间工作频率低于白天工作频率。这是因为高的频率能穿过低电子密度的电离层，只在高电子密度的导电层反射。所以昼夜不改变工作频率(例如夜间仍使用白天的频率)的结果，有可能是电波穿出电离层，造成通信中断。

一般情况下，对于短波通信线路，天波传播具有更重要的意义。因为天波不仅可以进行很远距离传播，可以跨越丘陵地带，而且还可以在非常近的距离内建立无线电通信。

2) 传输模式

电波到达电离层，可能发生三种情况，即被电离层完全吸收、折射回地球、穿过电离层进入外层空间，这些情况的发生与频率密切相关。低频端的吸收程度较大，并且随着电离层电离密度的增大而增大。

天波传播的情形如图 6-5(a)所示。电波进入电离层的角度称为入射角。入射角对通信距离有很大的影响。对于较远距离的通信，应用较大的入射角，反之，应用较小的入射角。但是，如果入射角太小，电波会穿过电离层而不会折射回地面；如果入射角太大，电波在到达电离密度大的较高电离层前会被吸收。因此，入射角应选择在保证电波能返回地面而又不被吸收的范围。

天波传播中，往往存在着多跳模式，如图 6-5(b)所示。在短波传播中，存在着地面波和天波均不能到达的区域，这个区域通常称为寂静区。

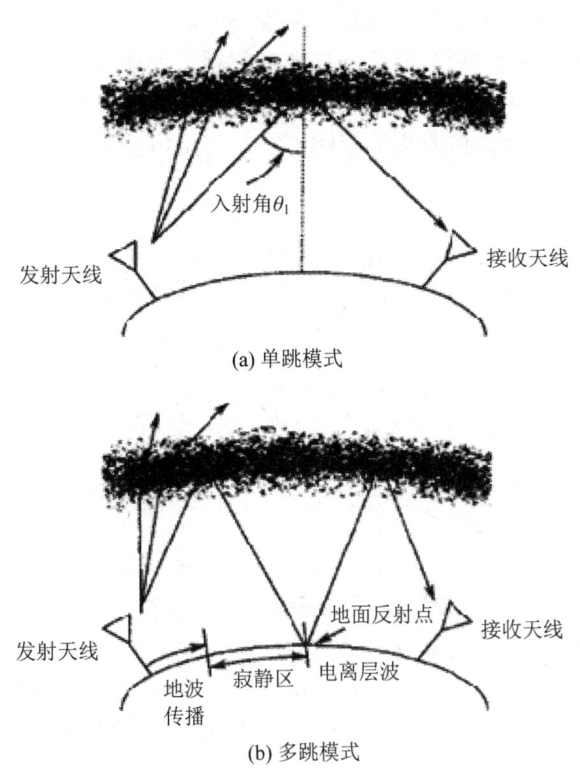

图 6-5　短波通信天波传播示意图

3) 最高可用频率(MUF)

远距离通信中，电波都是斜射至电离层的，这时存在一个最大的反射频率，即最高可用频率。最高可用频率的英文缩写为 MUF，它是指实际通信中，在给定通信距离下的最高可用频率，是电波能被电离层反射而返回地面和穿出电离层的临界值，如果选用的工作频率高于此临界值，则电波将穿过电离层，不再返回地面。所以确定通信线路的 MUF 是线路设计要确定的重要参数之一，而且是计算其他参数的基础。

6.2.2　短波信道的基本特性

我们知道，短波传播主要依靠电离层反射。因为电离层是分层、不均匀、时变的媒介，所以短波信道属于随机变参信道，即传输参数是时变的，且无规律的，故称随机变参。短波信道又称时变色散信道。所谓“时变”，即传播特性随机变化，这些信道特性对于信号的传播是很不利的。但短波传播也有众所周知的优点，如传播距离远、设备简单、适于战时军用等，所以短波信道仍是较常用的信道之一。短波信道存在多径效应、衰落、多普勒频移等特性，而这些特性在其他信道中并不严重存在，但都有某些类似现象。为此，把短波信道的几个主要特征进行较深入的分析是必要的。

1. 多径效应

多径效应是指来自发射源的电波信号经过不同的途径、以不同的时间延迟到达远方接收端的现象。这些经过不同途径到达接收端的信号，因时延不同致使相位互不一致，并且因各自传播途径中的衰减量不同使电场强度也不同。

作为无线通信的一种，短波通信存在多径问题，如图 6-6 所示。短波电波传播时，有经过电离层一次反射到达接收端的单跳情况，也可能有先经过电离层反射到地面再反射上去，再经过电离层反射到达接收端的双跳情况，甚至可能有经过三跳、四跳后才到达接收端的情况。

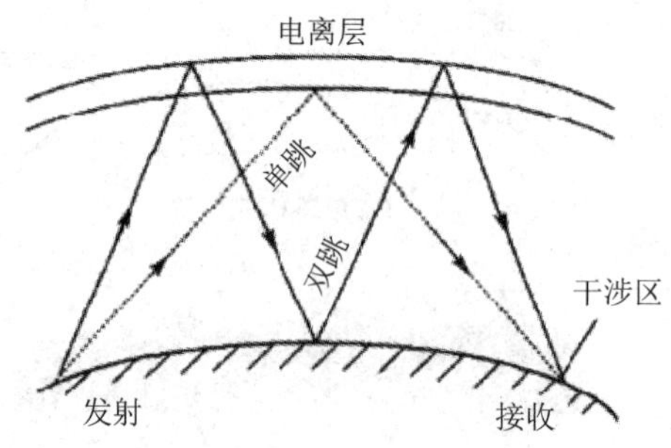

图 6-6　短波多径传播示意图

多径传播主要带来两个问题：一是衰落；二是延时。信号经过不同路径到达接收端的时间是不同的，多径延时是指多径中最大的传输延时与最小的传输延时之差。多径延时与通信距离(即信号传输的距离)、工作频率(即信号频率)和工作时刻有密切关系。

一般来说，多径延时等于或大于 1.5 ms 的占 99.5%，等于或大于 2.4 ms 的占 50%，超过 5 ms 的仅占 0.5%。

2. 衰落现象

衰落现象是指接收端信号强度随机变化的一种现象。在短波通信中，即使在电离层的平静时期，也不可能获得稳定的信号。在接收端，信号振幅总是呈现忽大忽小的随机变化，这种现象称为衰落。

在短波传输中，衰落又有快衰落和慢衰落之分。快衰落的周期从十分之几秒到几十秒不等，而慢衰落的周期从几分钟到几小时，甚至更长的时间。

1) 快衰落

快衰落是一种干涉性衰落，它是由多径传播现象引起的。由于多径传播，到达接收端的电波射线不是一根而是多根，这些电波射线通过不同的路径，到达接收端的时间是不同的。由于电离层的电子密度、高度均是随机变化的，故电波射线轨迹也随之变化，这就使得由多径传播到达接收端的同一信号之间不能保持固定的相位差，从而使合成的信号振幅随机起伏。这种由到达接收端的若干个信号的干涉所造成的衰落也称为“干涉衰落”。

干涉衰落具有下列特征：

(1) 具有明显的频率选择性。也就是说，干涉衰落只对某一单个频率或一个几百赫兹的窄频带信号产生影响。对一个受调制的高频信号，因为它所包含的各种频率分量在电波传播中具有不同的多径传播条件，所以在调制频带内，即使在一个窄频段内也会发生信号失真，甚至严重衰落。遭受衰落的频段宽度不会超过 300 Hz。同时，通过实验也可证明，两个频率差值大于 400 Hz 后，它们的衰落特性的相关性就很小了。由于干涉衰落具有频率选择性，故也称为“选择性衰落”。

(2) 通过长期观察证实了遭受快衰落的电场强度振幅服从瑞利分布。

(3) 大量测量值表明：干涉衰落的速率(也称衰落速率)为 10～20 次/分钟，衰落深度可达 40 dB，偶尔达 80 dB。衰落连续时间通常在 4～20 ms 范围内，它和慢衰落有明显的差别。持续时间的长短可以用来判别是快衰落还是慢衰落。

快衰落现象对电波传播的可靠度和通信质量有严重的影响，对付快衰落的有效办法是采用分集接收技术。

2) 慢衰落

慢衰落是由D层衰减特性的慢变化引起的，它与电离层电子浓度及其高度的变化有关，其时间最长可以持续 1 小时或更长。由于慢衰落是电离层吸收发生变化所导致的，因此也称为吸收衰落，即吸收衰落属于慢衰落。

吸收衰落具有下列特征：

(1) 接收点信号幅度的变化比较缓慢，其周期从几分钟到几小时(包括日变化)。

(2) 对短波整个频段的影响程度是相同的。如果不考虑磁暴和电离层骚扰，衰落深度有可能达到低于中值 10 dB。

通常，电离层骚扰也可以归结到慢衰落，即吸收衰落。太阳黑子区域常常发生耀斑爆发，此时有极强的 X 射线和紫外线辐射，并以光速向外传播，使白昼时电离层的电离增强，D 层的电子密度可能比正常值大 10 倍以上，不仅把中波吸收，而且把短波大部分甚至全部吸收，以至通信中断。通常这种骚扰的持续时间从几分钟到 1 小时。

实际上快衰落与慢衰落往往是叠加在一起的，在短的观测时间内，慢衰落不易被察觉。克服慢衰落(吸收衰落)，除了正确地选择发射频率外，在设计短波线路时，只能靠加大发射功率，预留功率余量来补偿电离层吸收的增大。

3. 多普勒频移

利用天波传播短波信号时，不仅存在由于衰落所造成的信号振幅的起伏，而且还存在由于传播中多普勒效应所造成的发射信号频率的漂移，这种漂移称为多普勒频移，用 Δf 表示。

短波传播中所存在的多径效应，不仅使接收点的信号振幅随机变化，而且也使信号的相位起伏不定。必须指出，即使只存在一根射线，也就是在单一模式传播的条件下，由于电离层经常性的快速运动，以及反射层高度的快速变化，使传播路径的长度不断地变化，信号的相位也随之产生起伏不定的变化。这种相位的起伏变化，可以看成电离层不规则运动引起的高频载波的多普勒频移。此时，发射信号的频率结构发生了变化，频谱产生了畸变。若从时间域的角度观察这一现象，这将意味着短波传播中存在着时间选择性衰落。

4. 相位起伏与频谱扩展

相位起伏是指信号相位随时间的不规则变化。在短波传播中，引起相位起伏的主要原因是多径传播和电离层的不均匀性。随机多径分量之间的干涉引起接收信号相位随机起伏，这是显而易见的。即便是只存在一种传播路径的情况下，电离层折射率的随机起伏，也会使信号的传输路径长度不断变化，因而也会产生相位起伏。

相位起伏所表现的客观事实也反映在频率的起伏上。当相位随时间而变化时，必然产生频率的起伏，如图 6-7 所示。如在电离层信道输入一个正弦波信号 $x(t)$，那么，即使不存在热噪声一类的加性干扰的作用，经多径衰落信道之后，其输出信号 $y(t)$的波形幅度也可能随时间而变化，亦即衰落对信号的幅度和相位进行了调制。此时，信道输出信号的频谱比输入信号的频谱有所展宽。这种现象称为频谱扩散。一般情况下频谱扩散约为 1 Hz 左右，最大可达 10 Hz。在核爆炸上空，电离层随机运动十分剧烈，因而频谱扩展可达 40 Hz。

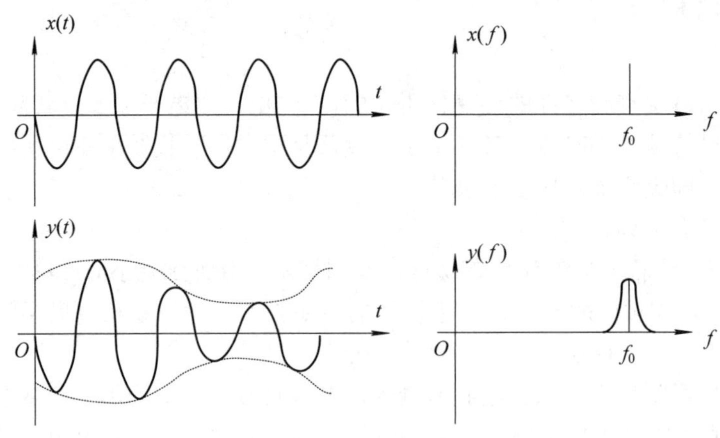

图 6-7　频谱扩散

5. 环球回波

有时短波传播即使在很大的距离亦只有较小的衰减。因此，在一定条件下，电波会连续地在地面与电离层之间来回反射，有可能环绕地球后再度到达接收端，这种电波称为环球回波，如图 6-8 所示。

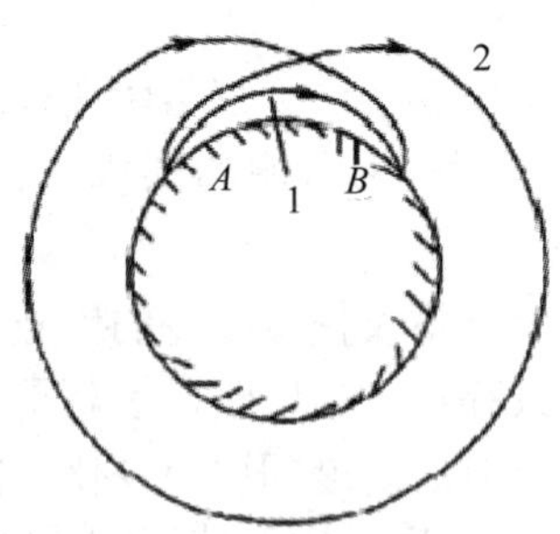

图 6-8　环球回波

环球回波可以环绕地球许多次，而环绕地球一次的滞后时间约为 0.13 s。滞后时间较大的回波信号，可以在电报和电话接收中用人耳察觉出来。当环球回波信号的强度与原始信号强度相差不大时，就会在电报接收中出现误点，或在电话通信中出现经久不息的回响，这些都是不允许的。

6. 寂静区

短波传播还有一个重要的特点就是所谓寂静区的存在。当采用无方向天线时，寂静区是围绕发射点的一个环形地域，如图 6-9 所示。寂静区的形成是由于在短波传播中，地波衰减很快，在离开发射机不太远的地点，就无法接收到地波。而电离层对一定频率的电波反射只能在一定的距离(跳距)以外才能收到。这样就形成了既收不到地波又收不到天波的所谓寂静区。

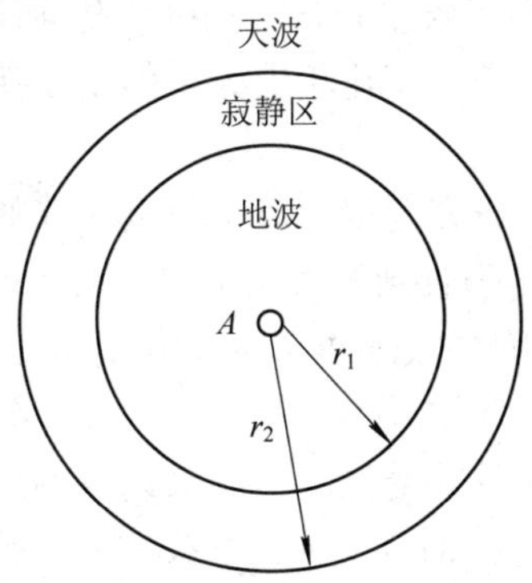

图 6-9　天线无方向性时短波传播的寂静区

缩小寂静区的办法有两种：一是加大电台功率以延长地波传播距离；二是常用的有效方法，选用高仰角天线(也称“高射天线”或“喷泉天线”)，减小电波到达电离层的入射角，缩短天波第一跳落地的距离，同时选用较低的工作频率，以使得在入射角较小时电波不至于穿透电离层。仰角是指天线辐射波瓣与地面之间的夹角。仰角越高，电波第一跳落地的距离越短，盲区越少，当仰角接近 90° 时，盲区基本上就不存在了。如为了保障 300 km 以内近距离的通信，常使用较低频率及高射天线(能量大部分向高仰角方向辐射的天线)，以解决寂静区的问题。

6.2.3　短波信道中的无线电干扰

为了提高短波通信线路的质量，除了在系统设计时必须适应短波传播媒介的特点外，还必须采用各种有力的抗干扰措施来消除或减轻短波信道中各种干扰对通信的影响，并保证在接收地点所需要的信干比。

无线电干扰分为外部干扰和内部干扰。外部干扰指接收天线从外部接收的各种噪声，如大气噪声、人为干扰、宇宙噪声等；内部干扰是指接收设备本身所产生的噪声。

因为在短波通信中对信号传输产生影响的主要是外部干扰，所以此处不讨论内部干扰。

短波信道的外部干扰主要包括大气噪声、工业干扰、电台干扰等，其中工业干扰在大部分地区都处于主导地位。

1. 大气噪声

在短波波段，大气噪声主要是天电干扰。它具有以下几个特征：

(1) 天电干扰是由大气放电所产生的。这种放电所产生的高频振荡的频谱很宽，但随着频率的增高其强度减小。对长波波段的干扰最强，中、短波次之，而对超短波影响极小，甚至可以忽略。

(2) 每一地区受天电干扰的程度视该地区是否接近雷电中心而不同。在热带和靠近热带的区域，因雷雨较多，天电干扰较为严重。

(3) 天电干扰在接收地点所产生的电场强度和电波的传播条件有关。在白天，干扰强度的实际测量值和理论值有明显的差别。在短波波段中，出现了干扰电平随频率升高而加大的情况。这是由于天电干扰的电场强度不仅取决于干扰源产生的频谱密度，而且和干扰的传播条件有关。在白天，由于电离层的吸收随频率上升而减小，当吸收减小的程度超过频谱密度减小的程度时，就出现了天电干扰电场强度随频率升高而增大的情况。

(4) 天电干扰虽然在整个频谱上变化相当大，但是在接收机不太宽的通频带内，实际上具有和白噪声一样的频谱。

(5) 天电干扰具有方向性。研究发现，对于纬度较高的区域，天电干扰由远方传播而来，而且带有方向性。如北京冬季收到的天电干扰是从东南亚地区和菲律宾那里来的，而且干扰的方向并非不变，它是随昼夜和季节的变化而变动的。一日的干扰方向变动范围为23°～30°。

(6) 天电干扰具有日变化和季节变化。一般来说，冬季天电干扰的强度低于夏季，这是因为夏季有更频繁的大气放电；而且一天内，夜间的干扰强于白天，这是因为天电干扰的能量主要集中在短波的低频段，这正是短波夜间通信的最有利频段。此外夜间的远方天电干扰也将被接收天线接收到。

通常，在安静地区和频率低于20 MHz的情况下，大气噪声占主要地位。

2. 工业干扰

工业干扰也称工业噪声、人为干扰、人为噪声，它是由各种电气设备、电力网和点火装置所产生的。

特别需要指出的是，这种干扰的幅度除了和本地干扰源有密切关系外，同时也取决于供电系统，这是因为大部分的工业噪声的能量是通过商业电力网传送来的。

工业干扰短期变化很大，与位置密切相关，而且随着频率的增加而减小。工业干扰辐射的极化具有重要意义。当接收相同距离、相同强度的干扰源来的噪声时，可以发现，接收到的噪声电平，其垂直极化较水平极化高3 dB。

3. 电台干扰

电台干扰是指与本电台工作频率相近的其他无线电台的干扰，包括敌人有意识释放的同频干扰。由于短波波段频带非常窄，而且用户很多，因此电台干扰就成为影响短波通信顺畅的主要干扰源。特别是军事通信，电台干扰尤为严重。因此，抗电台干扰已成为设计短波通信系统需要考虑的首要问题。

4. 抗干扰途径

对上述各种外部干扰，在进行短波通信系统设计时应予以区别对待。

对于大气噪声，在系统设计中需要进行计算，并以此为基础，再根据系统所要求的信噪比，确定接收点最小信号功率。

人为噪声因为计算非常困难，所以在系统设计中，通常采用加大最小信号功率的办法。如接收中心设在工业城市内，需要把以上计算的最小功率提高10 dB，以克服工业干扰的影响。必须指出，在可能条件下，接收中心最好设在远离城市的郊外地区，这是最有效的抗工业干扰措施。

目前，短波通信系统中抗电台干扰的途径，大致有以下几个方面：

(1) 采用实时选频系统。在实时选频系统中，通常把干扰水平的大小作为选择频率的一个重要因素，所以由实时选频系统所提供的优质频率，实际上已经躲开了干扰，使系统工作在传输条件良好的弱干扰或无干扰的频道上。采用高频自适应通信系统，还具有“自动频道切换”功能(即自动信道切换功能)，也就是说，遇到严重干扰时，通信系统将做出切换信道的响应。

(2) 尽可能提高系统的频率稳定度，以压缩接收机的通频带(压缩接收机的通频带，对于减弱大气噪声的影响也是有利的)。

(3) 采用定向天线或自适应调零天线。前者由于方向性很强，减弱了其他方向来的干扰；后者由于零点能自动地对准干扰方向，从而躲开了干扰。

(4) 采用抗电台干扰能力强的调制和键控体制。如时频调制就是一种抗电台干扰能力很强的调制体制。

(5) 采用“跳频”通信和“突发传输”技术。

6.2.4 短波信道的传输损耗

在短波无线电传输中，能量的损耗主要来自三个方面：自由空间传播损耗、电离层吸收损耗和多跳地面反射损耗。除了这三种损耗以外，通常把其他损耗(如极化损耗、电离层偏移吸收损耗等)统称为额外系统损耗。所以电离层传播损耗 L_s 可以表示为

$$L_s = L_{b0} + L_a + L_g + Y_p$$

式中：L_{b0} 为自由空间传播损耗(dB)；L_a 为电离层吸收损耗(dB)；L_g 为多跳地面反射损耗(dB)；Y_p 为额外系统损耗(dB)。

1. 自由空间传播损耗

自由空间传播损耗是由于电波逐渐远离发射点，能量在越来越大的空间内扩散，以至接收点电场强度随着距离的增加而减弱所引起的。

2. 电离层吸收损耗

在短波电波经电离层的反射到达接收点的过程中，电离层吸收了一部分能量，因此，信号有损耗，这种损耗就是电离层吸收损耗。

电离层吸收损耗与电子密度及气体密度有关：电子密度越大，电子与气体分子碰撞的机会就越多，被吸收的能量就越大；气体密度越大，则每个电子单位时间内碰撞的次数增加，损耗也就相应加大。此外，吸收损耗还和电波的频率有关：频率越高，吸收损耗越小；频率越低，吸收损耗越大。

通常电离层吸收损耗可分为两种：一是远离电波反射区(如低电离层的 D、E 层)的吸收损耗，这种吸收损耗称为非偏移吸收损耗；二是在电波反射区附近的吸收损耗，这种吸收损耗称为偏移吸收损耗。一般偏移吸收损耗约 1 dB(但对于高仰角的射线例外)，可以忽略。非偏移吸收损耗是电波穿透 D、E 层时，电子与分子的碰撞引起的电能量吸收，这种吸收因电离层本身的随机变化而显得相当复杂。

电离层吸收损耗 L_a 的计算相当复杂，在工程计算中往往采用半经验公式或其简化式，但即便使用简化式，其计算起来也相当烦琐，通常用图表进行计算。详细情况可查阅有关资料。

3. 多跳地面反射损耗

在天波多跳传播(即二次以上的反射)模式中，传播损耗不仅要考虑电波二次进入电离层的损耗，还要考虑地面反射的损耗。

大量实验数据表明，这种由于地面反射引起的信号功率损耗是与电波的极化、工作频率、射线仰角以及地质情况有关的。在工程计算中，L_g 可用经验性公式进行计算。

4. 额外系统损耗

电离层是一种随机的时空变化的色散媒质，很多随机因素都对电场强度产生影响。在天波传输中，除了上述自由空间传播损耗、电离层吸收损耗、多跳地面反射损耗外，还有一些其他损耗，如电离层球面聚焦、偏移吸收、极化损耗、多径干涉、中纬度地区冬季异常增加的“冬季异常吸收”，以及至今尚未明确的其他吸收造成的损耗。然而，这些损耗人们还不能计算。为了使工程估计更准确，更切合实际，引入了额外系统损耗的概念。

额外系统损耗不是一个稳定参数，它的数值与地磁纬度、季节、本地时间、路径长度等都有关系，准确计算其损耗值非常困难。在工程计算中，通常用经过反复校核的统计值来进行估算，而且要适当加一些余量。

6.3 短波通信的特点

短波通信与其他通信方式比较具有以下特点：

1. 通信覆盖与远程通信能力强

短波通信可利用地波传播，但主要是利用天波传播。天波是无线电波经由距地球表面60～1000 km 电离层反射进行传播的一种工作模式。倾斜投射的电磁波经电离层反射后，可以传到几千千米远的地面。天波的传播损耗比地波小得多，经电离层一次反射(单跳)最远通信距离可达几千千米，经地面与电离层之间多次反射(多跳)之后，可以实现全球通信。

2. 通信系统顽存性强

有线通信网和大多数无线通信网一般采用中心节点式组网方式，而短波通信通常采用的是无中心、用户全连接通信组网方式，每个通信台/站既可以作为主站也可以作为从站，当部分台/站受损时，不会影响网络的正常运行。同时，短波通信具有天然的不易被摧毁的中继系统——电离层。有线、微波、卫星中继系统可能发生故障或被摧毁，而电离层这个中继系统，即使高空核爆，也仅仅是在有限的电离层区域内短时间造成影响。

3. 运用模式多样、适用范围广

短波通信作为一种有效的无线电通信手段，适合于固定方式运用，不需要建立中继站和地下工程线路即可实现中远距离通信；适合于机动方式运用，便于背负、车载、机载和舰载使用；适合于应急通信，可快速开设、快速组网和快速沟通，组织运用灵活。因此，无论是战略通信还是战役、战术通信，无论是军兵种通信还是联合作战通信，无论是作战指挥通信还是非战争军事行动通信，短波通信是有效而重要的手段之一。

4. 通信选频要求高、用频动态性强

与其他无线电传播方式不同，短波通信电离层反射传播存在明显的频率选择特性。在给定的通信距离上，并不是任意一个工作频率都能够建立起有效的通信线路，必须要在特定的有效频率范围内选择工作频率。为了保持一天内通信的有效性和可靠性，工作频率还需要根据不同时段，进行实时动态地跟踪调整。

5. 通信容量小、通信稳定性较差

短波通信可利用的频率范围仅为 28 MHz，通信空间十分拥挤。按照国际规定，每个通信电台占用频率宽度要求不超过 3.7 kHz，一般限定在 3 kHz，3 kHz 通信频带宽度在很大程度上限制了通信电路的容量和数传速率。天波信道是一种变参信道，信号传输稳定性差。一方面电离层的变化使信号产生衰落，衰落的幅度和频次不断变化。另一方面天波信道存在严重的多径效应，造成频率选择性衰落和多径时延。衰落使信号失真和不稳定，多径时延会造成信号不稳和数传误码率增加，对通信质量特别是数传质量影响较大。

6.4 短波通信系统的组成和功能

随着相关技术的发展，自适应通信技术已经广泛应用于短波通信系统。短波自适应通信系统由于采用了实时选频与频率自适应为主体的自适应技术，使短波通信系统能够实时或近实时地跟踪电离层的变化，选用最佳工作频率，同时起到克服多径衰落影响和回避邻近电台及其他干扰的作用，在军事通信中得到广泛应用。目前，世界各国都普遍将短波自适应电台装备到各级部(分)队，自适应通信网已广泛应用到战略、战役、战术通信中。

6.4.1 系统组成

典型的短波自适应通信系统组成框图如图 6-10 所示，主要由发射机、接收机、自适应控制器、自动天线调谐器(简称天调)、数据终端设备、调制解调器等组成。其中发射机、接收机、自适应控制器、天调是短波自适应通信系统最基本的设备。

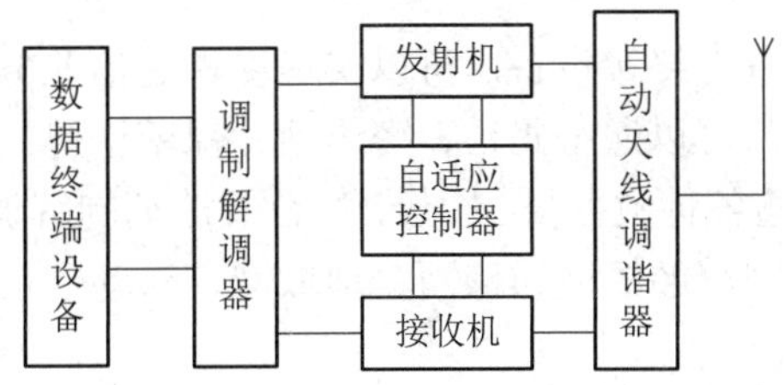

图 6-10　短波自适应通信系统组成框图

1. 发射机

发射机的作用是将来自于自适应控制器的基带音频信号调制到射频信号上并将射频

信号发射出去。发射机主要由激励器、功率放大器(简称为功放)、电源等单元组成。激励器的主要作用是将输入的音频信号调制成射频信号输出到功放，功放的作用是将输出射频信号放大到额定功率输出，电源单元为发射机功放单元和激励器单元提供电源。

2. 接收机

接收机的工作过程与发射机相反，是将接收到的射频信号解调成基带信号。接收机主要由保护单元、混频电路单元、数字信号处理单元等组成。保护单元的作用是对输入射频信号进行低通滤波和检测；混频电路的作用是将高频信号经混频、滤波、放大，变为低中频信号；数字信号处理单元利用 DSP 技术对信号进行相关处理，经解调、滤波后得到模拟音频信号，音频信号经过音频放大后送到耳机和扬声器。

3. 自适应控制器

自适应控制器是通信系统的核心控制单元，控制发射机和接收机在预先已编程的信道工作，实现最佳通信频率的选择，能使操作人员在最短的时间内建立高质量的通信联络。自适应控制器具有寻址、扫描、信道探测、链路质量分析(LQA)、呼叫信道选择、呼叫(单呼、网呼、全呼)及对发射机进行全面监控等主要功能。

4. 自动天线调谐器

自动天线调谐器的作用就是将变化的阻抗通过天线耦合器的匹配网络与功放固定输出进行阻抗匹配，使天线得到最大功率，提高发射效率。

6.4.2 系统功能

短波自适应通信系统采用了第二代自适应通信技术，电台的自动化程度更高，功能更全。该系统主要具有工作种类可选、通信业务多样、信道存储与扫描、链路质量分析、自动链路建立、自适应组网等功能。

1. 工作种类可选

系统具有调幅话、上边带、下边带、独立边带、等幅报等多种工作种类，以上工作种类均可实现单工、半双工或只收状态工作。在调幅话、上边带、下边带、独立边带上可以进行话音通信，在等幅报上可以通莫尔斯报，配合高速短波调制解调器，在边带话可实现高速数据通信。

2. 通信业务多样

系统配合各种终端设备、终接设备，可以实现多种通信业务。配合手键、电子键可以通莫尔斯报；配合耳机话筒可以通密码话、密语话、保密话等；配合短波调制解调器、有线调制解调器、计算机可通各种数据报、图像；配合短波调制解调器、传真机可通传真报；配合转接控制器可与国防网、超短波通信网、地域网、移动通信网等实现话音通信。

3. 信道存储与扫描

系统具有信道存储和信道扫描功能。在使用前，用户可对分配的工作信道进行编程，将收发频率、工作种类的信息存储在电台中，在自适应控制器的控制下，可实现对存储信道的自动扫描(每秒 2 个或 5 个信道)，最多可同时扫描 100 个信道。与普通电台手动置入频率的“一置一用”方式相比，自适应通信系统的信道存储、扫描功能大大提高了优质短波可用频率的使用效率。该功能是实现短波自适应通信的基础。

4. 链路质量分析

短波自适应通信系统具有链路质量分析功能，即对一组预置信道进行质量评估，并把各信道的分析结果按得分的高低依次排队，最后把评估结果储存在频率库中。通信时，在频率库中自动选择优质频率进行通信。LQA 有单向 LQA(信道探测)、单台间的双向 LQA 和网络间的双向 LQA 等类型。LQA 使用户摆脱了普通电台人工选频，信道质量难以保证的困难，大大缩短了呼通时间，提高了优质频率的利用率。

5. 自动链路建立

自动链路建立是根据自适应通信规程，在 LQA 的基础上，在两个或多个台站之间由自适应控制器自动选择最佳信道，呼叫建立台站间的初始联系。最佳信道选择取决于通信双方电台的距离、日期与时间、信道上的无线电干扰及其他噪声强度和类型。由于采用了微机控制技术，使通信链路的建立不再需要人工干预，实现了全自动化，从而使短波通信完全摆脱了传统的人工建立线路时所需要的呼叫、应答、换频等程序，大大提高了短波通信的可通率和通信质量，同时使得通信的操作几乎变得与打电话一样方便。

6. 自适应组网

短波自适应通信系统组网功能主要体现在通过电台自适应编程(自适应参数设置、单台地址和网络地址编程)，能与多个台站通过链路质量分析，在最佳信道上迅速自动建立链路并进行通信。短波自适应通信系统可以通过单呼、网呼、全呼等多种方式，组织各种专向和横式、纵式、纵横式网络。

习 题 6

1. 短波通信是如何兴起的？
2. 短波通信的传输频段是多少？短波的传播方式是什么？
3. 短波通信有哪些基本特性？
4. 如何计算短波通信中的电离层损耗？
5. 短波通信的特点是什么？
6. 短波通信的系统由哪些部分构成?
7. 短波通信的工作种类包括哪几种？
8. 什么是短波自适应通信中的链路质量分析？

第 7 章　散射通信和流星余迹通信

散射通信和流星余迹通信都具有抗核爆能力强、通信距离远的特点，非常适合于军事应用，目前已经成为现代军用应急通信的重要手段，并且得到了长足发展。本章主要介绍散射通信和流星余迹通信的基本概念、特点、系统组成及应用。

7.1　散射通信

7.1.1　散射通信的定义

散射通信(Scatter Communication)是指利用大气层中传播媒介的不均匀性对无线电波的散射作用进行的超视距通信。

对于微波频段，散射通信是依靠对流层大气的不均匀结构进行通信的，如图 7-1 所示。

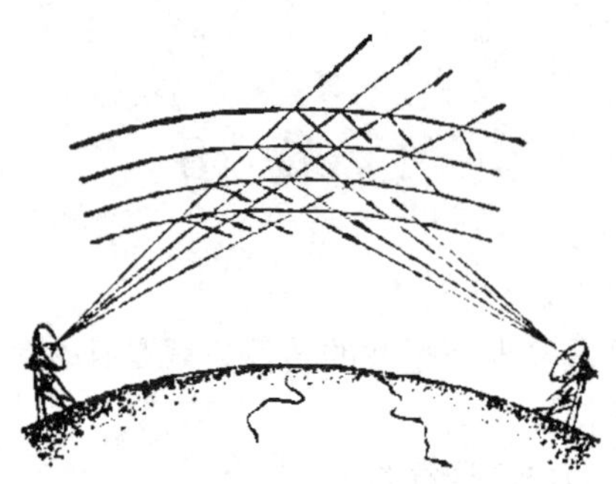

图 7-1　散射通信示意图

由于对流层是大气的低层结构，位置低于电离层，因此对流层散射通信的距离不如电离层或流星余迹散射通信的距离远，一般仅为数百千米，偶尔也可达到 1000 km。但由于微波频段的频率很高，其传递信息的能力比超短波频段要高得多，另外，对流层散射传播也比电离层或流星余迹散射传播要稳定得多，因此目前对流层散射通信技术发展最快，应用也最为广泛。

7.1.2　散射通信的分类

散射通信可以从不同的角度来进行分类，例如：从利用不同的散射体来分，散射通信可以分为电离层散射通信、对流层散射通信及人造散射体散射通信三大类(本节重点介绍前两类)；从利用不同的频段来分，散射通信又可分为超短波散射通信及微波散射通信两大类。

1. 电离层散射通信

电离层散射通信(Ionosphere Scatter Communication)是指利用电离层对超短波的散射作用进行的超视距通信。在电离层中，气体分子由于受到太阳的强烈辐射而呈现电离状态。高度不同，电离的粒子密度也不同，而且由于气体的不断运动，常出现局部的密度不均匀现象，对入射的无线电波产生散射作用。电离层散射通信的主要优点是通信距离远。

电离层散射多发生在电离层 E 层底部，距地面约 90 km 左右，因而传播距离比对流层散射远得多，一次散射距离可达 1000～2000 km；通信比较稳定，受电离层骚扰和核爆炸影响小。主要缺点是：通信频带较窄，通信容量小。电离层散射与电波频率有密切关系，能被电离层散射传播的频率一般是 30～100 MHz。频率越高，信号电平的减弱越明显；频率越低，易受均匀电离层反射的短波信号的干扰，所以常用频率取 40～60 MHz。由于电离层散射体较高，传播距离远，由多径效应引起的信号衰落限制了所传输频带的宽度，一般只能传输 2～3 kHz 带宽的信号，因而通信容量很小，只能传输电报和低速数据；由于传输损耗大，因而需用大功率的发信机、高增益的天线和高灵敏度的接收机。由于电离层散射通信的容量很小，发射功率却要求很大，因而限制了它的发展和使用。如果在通信距离远达 1000～2000 km，并且中间无法开设中继站，同时又允许频带比较窄时，也可开设电离层散射通信线路。

2. 对流层散射通信

对流层散射通信(Troposcatter Scatter Communication)是指利用对流层中湍流团对电磁波的散射作用进行的超视距通信，是实现超短波和微波超视距通信的一种传统的、成熟的散射通信方式。在对流层中由于大气的湍流运动产生了具有各不相同的介电常数的湍流团，当无线电波投射到这些不均匀的湍流团时，每一个不均匀体上都产生感应电流，成为一个二次辐射体，将入射的电磁波能量向各个方向再辐射，将视距传播的微波或超短波传送到视距以外，从而实现超视距通信。

对流层散射通信的发展起源于二战以后。1952 年，美国贝尔实验室首先提出了对流层散射超视距通信的设想。第一条对流层散射通信线路于 1955 年在美国建成，从设在加拿大的北美防空司令部，向北到巴芬岛，全长 2600 km。苏联、英国、法国、日本、加拿大等国也都研制了大量的对流层散射通信设备，建立了各自的对流层散射通信线路。至 20 世纪 80 年代末，全世界总共建成数十万千米的散射通信线路。中国于 1956 年开始研究对流层散射传播技术，于 20 世纪 60 年代初研制出模拟对流层散射通信设备；70 年代开始研制数字对流层散射通信设备，并相继建成了数条试验线路；80 年代初研制出固定式和可搬移式对流层散射通信设备，建立了军用散射通信线路；90 年代，中国散射通信设备已出口到国外。现如今，随着科学技术的发展与进步，对流层散射通信设备的功能与性能日益完善，自动化程度、性能价格比、设备可靠性、通信传播可靠度越来越高。散射通信正沿着通用化、标准化、小型化、智能化的方向发展。高分集重数接收技术、失真自适应接收技术、自适应均衡技术、固态功放技术、纠错编码技术的迅速发展和应用，必将使新一代抗干扰、高可靠、高机动、小型化的散射通信设备在今后的通信领域发挥越来越重要的作用。

对流层散射通信距离较远，单跳距离一般为 200～400 km，最远可达上千千米，多跳转接可达数千千米；不受雷电干扰、电离层骚扰、极光、磁暴和核爆炸等恶劣环境的影响，传输稳定，可靠度高，一般可达 99.9%。对流层散射通信的工作频段主要集中在微波波段，通信频带较宽，通信容量大，可以传输电话、电报、传真、数据和图像等。美国曾具体规定了对流层散射通信的频段：350～450 MHz、1700～2300 MHz、4400～5000 MHz。我国无线电管理委员会也确定对流层散射通信主要是在这三个频段上工作。

在军事通信中，由于对流层散射通信比短波无线电通信稳定，并可多路传输，相对于微波、超短波接力通信，可以不建或少建中间转接站，而且不受高山、海峡、沙漠等天然障碍地带和被敌人占领地区阻隔的限制，故已被不少国家的军队用于战略通信和战术通信。

7.1.3　散射通信的特点

散射通信的突出优点如下：

(1) 抗核爆炸能力强。该特点是散射通信独具的。在现代战争中，作为通信设备的方案设计师和设备设计师都不得不考虑在核爆炸的环境中，通信系统是否能正常工作。如果由于核爆炸引起通信传输媒质的变化而使通信质量变差或通信中断，将贻误战机。在发生核爆炸的环境中，散射通信不但不受影响，反而通信质量会更好，只要散射通信设备不被炸毁，通信业务就不会中断。所以，用散射通信在现代战争中实施通信指挥能满足现代战争的需求。

(2) 通信保密性好。散射通信采用方向性很尖锐的抛物面天线，所以空间电波不易被截获，也不易被干扰。散射通信同时采用数字信号加密，即使被截获也不易被破密，这两点在战时是十分重要的。

(3) 通信容量较大。对流层散射通信的通信容量比视距微波通信的小，但比卫星通信和短波的大。目前国外的散射通信的速率最高可选 8 Mb/s，国内目前最高的速率也达到 8 Mb/s；在 2 Mb/s 速率时，可传输 60 路 32 kb/s 的增量调制数字话路、120 路 16 kb/s 的增量调制数字话路或 1 路 2048 kb/s 的图像。

(4) 通信距离较远。单跳通信距离比卫星通信的小，比视距微波通信的要大，固定站对流层散射通信设备如果采用大口径抛物面天线及大功率的 HPA(高功率放大器)，通信距离(单跳)可达几百千米。对流层移动散射通信的单跳通信距离一般为 150 km 左右。对较长的通信链路可以减少很多中继站和设备，给用户的管理、给养、设备维护、使用带来很多方便。

(5) 抗毁性强。由于散射通信的单跳跨距大，通信站的数量大大减少，因而被摧毁的概率大大降低。一旦干线节点中的散射设备被摧毁，则可迂回传输，以确保通信不中断(应急移动散射通信设备可临时架设也可隐蔽开通)。

(6) 抗干扰性强。由于散射通信通常采用大口径的抛物面天线，其波束很窄，方向性很强，故敌方很难窃取散射通信方向或散射“公共体”。即使在散射“公共体”上施以无源干扰，对散射通信的影响也不大，这是因为散射通信就是靠电波的散射效应进行通信的。

(7) 机动性好。使用移动散射通信设备进行通信，设备的架设和撤收都很快，可快速地将设备移动到指定位置，这种机动性强的设备对于战区通信和对快速反应部队都是相当重要的。

(8) 适应复杂地形能力强。对于高山、峡谷、中小山区、丛林、沙漠、沼泽地、海岸、岛屿等中间不适宜建微波接力站的地段，可使用对流层散射通信。

散射通信在使用中有以下不足：

(1) 传输损耗大。这是由于经由散射体散射的信号能量微弱，而且这种散射信号又是向四面八方传播的，因此真正被接收天线捕捉到的信号能量就十分微弱，其传输损耗一般高达 200～300 dB。

(2) 接收信号有衰落现象，即接收信号电平有不规则的随机起伏变化。由于对流层散射信道是一种变参信道，散射信号是不稳定的。一般来说，无论是在时间域、频率域还是空间域都存在选择性衰落现象，这就影响了通信质量的提高。

(3) 技术相对复杂，设备相对庞大。由于以上原因，散射通信系统中就需要采用大功率发射机、高增益天线及高灵敏度低噪声接收机，而且其终端设备一般也比较复杂。因而散射通信系统的一端或一个站的原始投资往往高于一般的视距通信系统。

(4) 散射通信的通信容量通常低于一般的视距微波通信系统。

7.2 流星余迹通信

流星余迹通信(Meteoric Trail Communication)也称流星突发通信(Meteor Burst Communication)，是利用流星高速进入大气层(80～120 km 高空)中摩擦燃烧而形成的电离气体柱(即流星电离余迹)作为传播媒质对 VHF 频段进行散射或反射，从而实现超视距通信的一种通信方式。它在收发天线波束相交的区域内出现流星余迹的瞬间，采用预先确定的通信频率，快速进行数据通信，属瞬间通信的一种。

7.2.1 流星余迹及其分类

根据天文学家的统计，每昼夜有数以百亿计的流星进入大气层。流星的到达率既受流星与地球轨道相遇偶然性的影响，又受地球绕太阳公转及绕轴自转这一必然因素的影响。流星到达率的峰值出现在夏季，低谷出现在春季。每天早晨流星迎着地球射入，出现最大值；傍晚时流星追着地球射入，出现最小值。

流星的质量大多在 1 kg 以下，几十公斤以上的大流星由于燃烧不完而落到地面后成为“陨石”。流星进入大气层的速度可达 11.3～72 km/s。它和空气分子发生猛烈碰撞，燃烧产生高温，导致周围空气急剧电离，在距地面 80～120 km 高空形成电离气体带，即所谓的流星余迹。随着电离气体的扩散和复合，流星余迹中的电子密度逐渐下降直至余迹消失。流星余迹在空中存在的时间大约为几百毫秒至几秒。

流星余迹电离的程度可用离子化气体柱内平均每米所含有的自由电子数目来表示，即每米的电子数目 q(e/m)，我们称之为流星余迹的电子线密度。由于流星颗粒的大小不同，进入大气层后与大气摩擦后生成的电子的密度也就不同，则不同余迹的初始电子线密度也就出现大小差别。

电子线密度的大小不一样，余迹可支持通信的能力也就不同。按照电子线密度的大小，将流星余迹分为两类：电子线密度小于 2×10^{14}e/m 的流星余迹称为欠密类流星余迹；电子线密度大于 2×10^{14}e/m 的流星余迹称为过密类流星余迹。进入到大气层的流星数目与余迹的电子线密度成反比，即电子线密度越大，流星余迹的数量越少，所以可用的余迹绝大多数为欠密类余迹。但由于过密类一般有长得多的持续时间，故过密类信号的累积持续时间比欠密类大得多。

7.2.2 流星余迹通信的特点及影响因素

流星余迹具有一定的电子密度，对于照射到余迹上的某些频段的无线电波有较强烈的反射或散射作用，因此能用于无线电通信，如图 7-2 所示。适用于流星余迹通信的无线电频率是 30～80 MHz，工作频率的选择与季节及时间无关。

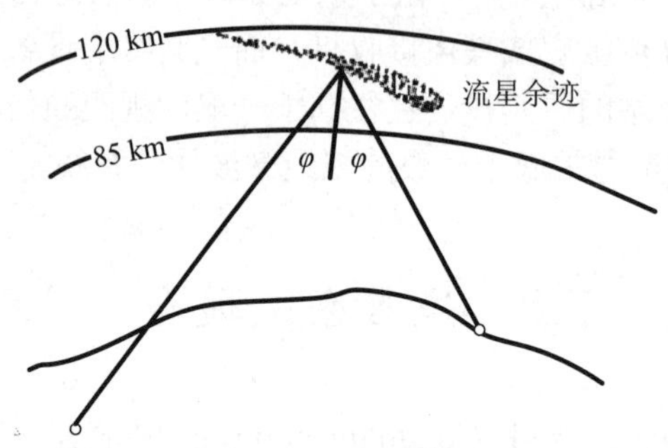

图 7-2 流星余迹通信示意图

流星余迹出现的高度离地面 100 km 左右。无线电波要能经流星余迹反射到地面，必须满足一定的几何条件，即入射线与余迹轴的夹角等于反射线或散射线与余迹轴的夹角，接收点才会有足够强的信号，这个条件称为镜面反射条件。由电波入射线和反射线及地球弯曲部分所限定的单链路距离约为 240～2000 km。

由于流星是间歇出现的，故流星余迹通信是一种突发通信方式。信号持续时间一般为几百毫秒至几秒，有时也会出现持续几十秒的信号。两次通信之间的等待时间常为几秒到几百秒，在淡季通信最困难的时候，会出现长达十几分钟的等待。流星余迹通信突发时间长度及其等待时间，除了与季节、时间及通信系统的发射功率、接收灵敏度等因素有关外，还与工作频率有关。通信平均突发长度反比于频率的平方，信号峰值反比于频率的立方；而工作占空比，即平均突发长度与平均等待时间之比反比于频率的平方。对于欠密类余迹，流星余迹反射及散射的信号上升到峰值的速度比较快，然后以指数规律下降；对于过密类余迹，流星余迹反射的信号上升到峰值的时间要长一些，下降也慢。

1. 流星余迹通信的特点

与其他通信方式相比，流星余迹通信的特点体现在：

(1) 流星余迹通信信道稳定，受核爆炸、太阳黑子、极盖中断和极光现象影响小。流星余迹通信的传输介质始终存在，其信道稳定可靠，敌方很难对流星进行破坏、攻击或干扰。相比而言，卫星通信容易被探测、干扰或阻塞，甚至遭到物理攻击，而且其通信建立费用大约为流星余迹通信的十倍左右；短波通信易受电离层骚动、太阳黑子活动、极光等的影响，信道特性不稳定，尤其是在核爆后，会有数小时甚至更长时间的通信中断，而流星余迹通信尤其是核爆后能很快恢复，在核爆后的 2～120 分钟内，流星余迹通信不仅能正常工作，不受影响，而且接收信号甚至比平时大 32 倍，顽存性强。这是因为核爆后由于消散的核云留下了集中的离子，使它们像那些低高度、长持续时间的流星余迹那样发挥作用，有时还会使接收信号增强，有明显的核效应。核效应试验结果表明在核爆炸后，流星余迹通信依旧正常工作，甚至信号加强了，数据通过率反而提高了4～6倍，因此被称为“世界末日的通信手段”。

(2) 流星余迹通信可靠性高，抗干扰能力强，具有较强的保密性、隐蔽性，抗截获能力强。流星余迹稍纵即逝，流星的发生在时间上具有突发性和偶然性。不必担心连续不断出现的流星余迹会遭到物理攻击。因此流星余迹通信具有很强的抗毁性，电子干扰也难以达到破坏的目的。由于电波方向性强(与卫星通信和短波通信相比)、接收信号区域小，且存在“足迹”和“热点”等特性，因而防截获、抗干扰能力强，不易遭受非视距干扰。因此，流星余迹通信的隐蔽性、保密性、抗毁性和频谱重用性均优于其他通信方式。

(3) 流星余迹通信使用地域广。我国地域辽阔、地形复杂，对于常规通信有许多不利的或受限的地方。根据国外流星余迹的实际观测和研究，已经证明流星的出现只与天体的运行有关，而与地面地形无关，在全球的任何地区上空流星余迹都是存在的，尤其是在通信比较困难的高纬度地区，流星的出现率在各个时间段内相对平稳。作为最低限度应急通信的优选手段，流星余迹通信能够在全国范围内的各种地域部署，以满足应急通信需求。

(4) 流星余迹通信支持全时域、全天候工作。流星余迹信道全年存在，气候影响很小，这首先是由于流星余迹出现在平流层的顶部，那里没有气象的剧烈变化；其次是流星余迹通信的使用频段较低，在穿越大气层底端时，雨雪对其没有影响。战略应急通信可能在各种气候和季节下使用，而流星余迹通信可以支持这种需求。资料显示，每天进入地球大气层的偶发流星有 10^{12} 颗之多，分布在全球各地上空，支持一年四季的通信，满足最低限度应急通信全时域、全天候的使用要求。

(5) 流星余迹通信距离远，覆盖范围广，可支持大规模组网。流星余迹发生在 80～120 km 的高空，其单跳通信距离最高可达 2000 km，远远大于中长波通信等现有其他手段且能够进行中继，满足灾害预警、战略应急的远距离通信要求，因此可作为边远地区和海岛边防的通信手段，同时也可作为移动目标如远洋舰船位置和遥测数据的传输手段。流星余迹通信自身具有空分多址能力，支持一站与多站的连接，在相应通信协议支持下，便于组成一种远距离、多节点、多用户的大范围和大跨度应急通信网络，满足实际通信条件和环境的要求，支持最低限度应急指挥系统组网应用。

(6) 流星余迹通信设备简单，运行成本低。流星余迹通信是天然的空分复用，每站只用一对频点。系统设备简单，自动化程度高，无需像短波通信那样要经常改变工作频率，因而操作十分方便。流星余迹通信一旦建站，不需支付租用通信线路的费用，并且由于流星通信系统无需像卫星通信那样要租用转发器，工作费用仅为卫星通信的几分之一，故有“自然卫星”之称。这就为流星余迹通信在民用方向找到了市场。

(7) 流星余迹通信适合实时性要求不高及噪声较小的场合。流星余迹通信具有间歇性和突发性，使得流星余迹通信无法维持长时间的持续工作，所以该通信方式主要为非实时的短消息和报文传输服务。由于流星的散射，信号衰减比较大，故接收端接收到的信号强度比较低。另外，可利用的流星数和接收信噪比直接有关。因此一般情况下，500 km 以上的通信距离要求环境噪声低，而近距离通信一般无问题。所以，这种通信方式在偏远山区或郊区有更好的性能。

2. 影响流星余迹通信的因素

1) 电离层的影响

电离层会对 30～80 MHz 流星突发信号的传输产生影响。在太阳活动剧烈的年份，电离层的最高可用频率可达到 50 MHz。这时，流星突发信号就可能从电离层反射或散射到地面。另外，常在夏季不定期出现的电离层 E 层，由于电子密度较高以及其不均匀性，流星突发信号经过 E 层的反射和散射到达接收点的强度往往很强，甚至可以连续高速地传输信息。当通过电离层散射的信号强度和流星余迹散射信号强度可相比拟时，会造成多径干扰。而且，电离层的不稳定性也会引起信号幅度严重衰落和多普勒频移。

2) 流星余迹反射信道的偏路径效应

对于指定的通信路径来说，并不是任何余迹都能把足够强的信号反射到接收点。能反射足够强信号的余迹必须满足以下条件：

(1) 必须在收发天线的共同照射区内形成；

(2) 必须有足够的电子密度；

(3) 必须有合适的取向，满足镜面反射条件。

当余迹出现在收发两点的大圆路径上空时，为满足入射角等于反射角的条件，余迹必须与地面平行。但出现这种余迹的可能性很小，大量流星是倾斜于地面入射的。不过，在大圆路径两侧的许多倾斜余迹可以满足镜面反射条件。单个余迹，尤其是过密类余迹，受风剪切畸变后会引起信号散射；另外，同一照射区内同时出现两个以上可用余迹时会引起多径干扰(多径延迟时间达到几十微秒到几百微秒)，同时还会引起快衰落。

3) 流星余迹通信线路上的噪声与干扰

在流星余迹通信频段中存在宇宙噪声、大气噪声、环境噪声等外部噪声以及其他干扰。与外部噪声相比，流星余迹通信系统的内部噪声要弱得多。

(1) 宇宙噪声的大小是工作频率的函数，频率愈高，宇宙噪声愈小。它还和接收点的位置、工作时间及天线指向有关。

(2) 大家熟悉的大气噪声表现为喀呖声和破碎声，它主要来源于雷电。这种噪声随工作频率的升高而迅速减小，在流星余迹通信频段内，它是一种较次要的因素。

(3) 环境噪声是流星余迹通信系统的主要噪声来源。其电平与接收点所处的地理环境有很大关系，并随着工作频率的升高而下降。

以上三种噪声都呈现宽频带特性，在接收信号带宽内基本与频率无关。相比之下，由各种电设备和无绳电话、安全报警设备、个人通信系统等产生的干扰是窄带的，如无绳电话虽然功率很小，但在 10 km 距离上会影响流星余迹通信系统，可以选择适当的工作频率来避免这类干扰。

7.2.3　流星余迹通信系统

1. 系统组成

流星余迹通信系统主要由基带系统、射频系统、天线伺服系统、网络控制与管理系统、用户终端和显示设备等五大部分组成，如图 7-3 所示。

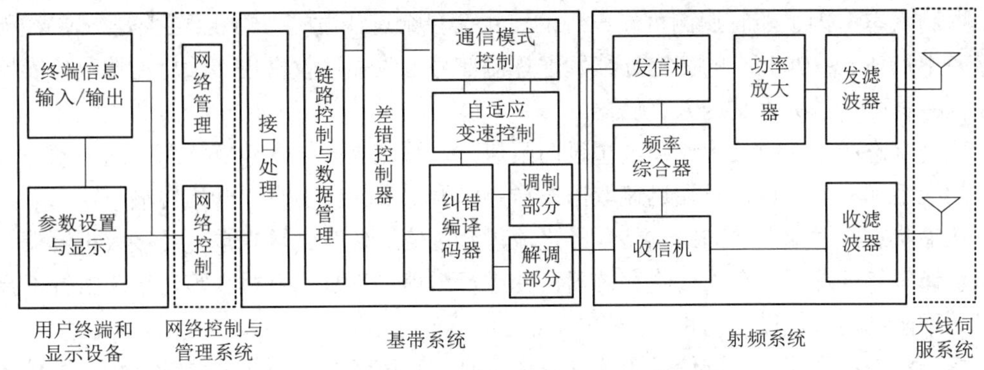

图 7-3　流星余迹通信系统

(1) 基带系统主要完成信号 A/D 变换、调制/解调、纠错编译码及数字信号处理等功能。

(2) 射频系统主要完成相应的上/下变频、功率控制与放大、收/发滤波等功能。

(3) 天线伺服系统主要由天线、馈线以及相应伺服系统组成，完成射频信号发射/接收等功能。

(4) 网络控制与管理系统用于协调与控制各通信模块的正常运行和组网功能的实现。

(5) 用户终端和显示设备作为用户输入/输出信息的直接交互平台，用于界面显示、用户控制和系统管理。

2. 工作过程

流星余迹通信的基本过程可分为探测、建链、传输、拆链、等待五个工作状态，如图 7-4 所示。由于流星余迹是随机的时变信道，故一般采用突发的工作方式。工作站通过持续发送探测序列或探测帧来实时探测可用余迹的出现，一旦可用的流星余迹信道建立，则迅速开始信息的传输。与常规通信方式不同的是，流星余迹通信的建立和维持都需要依赖可用余迹信道的出现，在通信中通常采用接收信噪比的门限判决，即若通信站接收信噪比低于预设门限值，系统认为收到的是噪声信号，不传输有用信息；若高于预设门限值，则按照设定速率传输包含有用信息的数据。

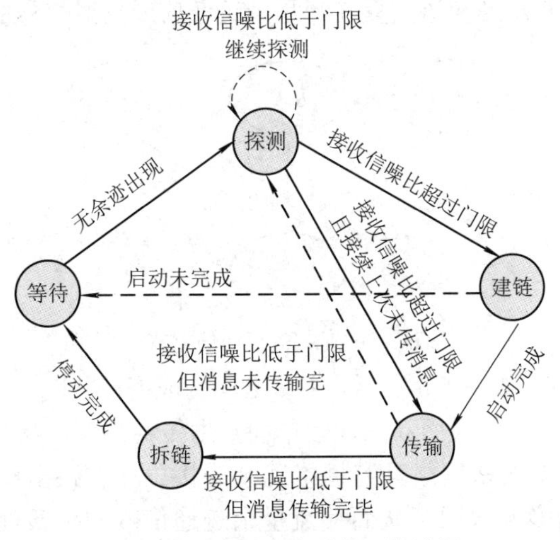

图 7-4　流星余迹通信工作过程

探测状态：为了随时探测可能出现的可用流星余迹，发端发射机(至少是一端)经天线向路径中点 80～120 km 的高空连续发送探测信号，收端接收机也连续检测接收信噪比的变化，并将待传送的报文送入存储器。

建链状态：当接收信噪比超过预设门限值时，系统立即转入建链状态。通信双方经过短暂的握手和交互之后，发端迅速取出发送存储器中的报文信息，开始传输。

传输状态：发端发送的射频信号经过流星余迹信道传输到接收端，经接收机解调、解交织、译码等处理后，存入接收存储器，并进行组帧，恢复完整报文等，依次执行，直至信噪比下降到门限值以下为止。

拆链状态：当流星余迹信道无法支持通信时，系统经过一短暂的停动过程，由传输状态返回到等待状态。

等待状态：当通信双方没有进行通信时，系统处于等待状态。一般情况下，等待状态很短，系统也可以根据实际情况不经过等待状态而直接进入探测状态，继续进行下一可用流星余迹探测。

流星余迹通信过程是与自适应变速率传输相结合的，系统会根据接收信噪比的大小来确定相应的传输速率。在通信中断期间，工作站还要不断地发送探测信号来检测流星余迹信道条件的变化，并根据这种变化来控制信息传输的启动和停止。

3. 通信方式

流星余迹通信采用的通信方式有三种：点对点方式、点对多点方式和大规模组网方式。

(1) 点对点方式：是一种最基本的通信工作方式，系统由远离的两个站点和流星余迹信道组成。通信双方的地位是对等的，这两个站点的功能是相同的，又称为平衡方式。数据信息的传输既可以双向同时进行，也可以单向进行。

(2) 点对多点方式：是一种常用的通信方式，如图 7-5 所示。系统由一个主站(中心站)和若干从站组成。通信只能由主站发起，从站响应。数据的传输只能单向进行，但数据传输的方向既可以由从站到主站，也可以由主站到从站。广播是点对多点方式的特例。为了提高数据接收概率，所有从站应该配置在流星余迹散射或反射信号的同一接收区域内。

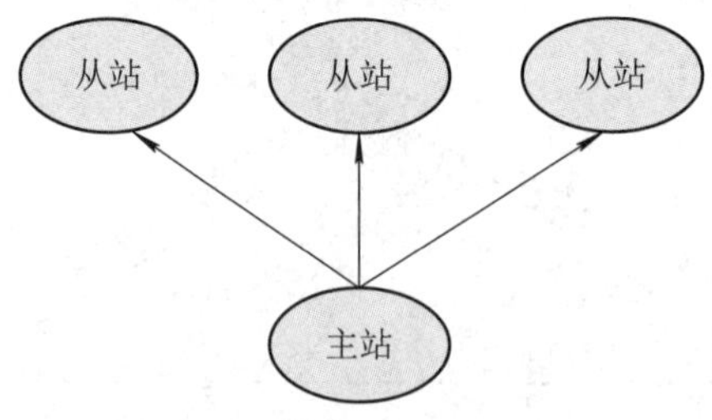

图 7-5　点对多点通信方式

(3) 大规模组网方式：如图 7-6 所示，主站之间构成栅格状网，主站采用全双工通信协议，与所属从站组成星型网，采用双向通信单向数据传输协议；从站之间通信经过主站自动中转。另外，由于新型栅格网络具有栅格冗余连接、迂回路由和多路由通道功能，可使网络迅速配置，从站多方入网，从而使流星余迹通信网的抗毁性、灵活性和隐蔽性大大提高。

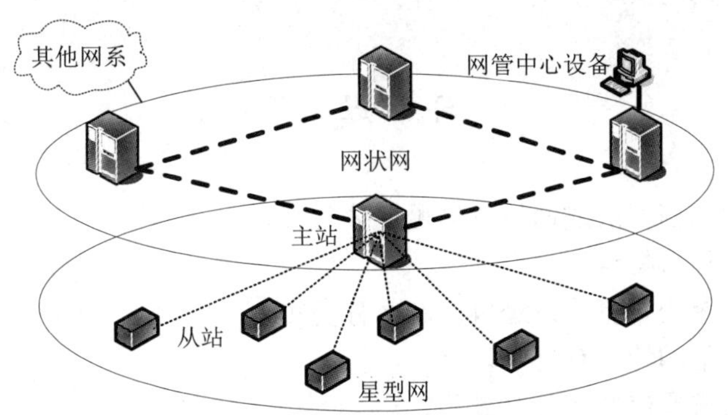

图 7-6　组网通信方式

4. 关键技术

1) 调制方式

调制方式的选择对流星余迹通信系统的性能有很大影响。早期的流星余迹通信系统多采用 FSK 调制，突发数据传输速率不高于 2.4 kb/s。FSK 信号的解调比较简单，尤其是在用曼彻斯特码进行 FSK 调制时，有同步捕获迅速的优点。因为流星余迹的持续时间比较短，要求用在传输信息以外的同步捕获上的时间愈少愈好，一般希望不大于 10 ms。随着相关技术的发展，为了获得更高的数据速率，现在大多使用相移键控(PSK)，常用的有二进制相移键控(BPSK)、四相相移键控(QPSK)、正交幅度调制(QAM)、相位连续最小频移键控(MSK)。对这类信号的解调一般都需采用相干解调方式，因此增加了设备的复杂性。但一般而言 PSK 比 FSK 在白噪声条件下有 3 dB 的信噪比好处，另外所占的信号带宽也相对较窄。

2) 自适应变速技术

流星高速进入大气层时，在 100 km 左右高空迅速形成柱形的电离气体余迹，这时余迹的电子密度最高，经它反射到接收点的信号功率最大。随着电子密度按指数律下降，接收信号功率也按相同的规律减小。对固定数据速率系统而言，允许的最小可接收信号的功率是一定的，因而对一个流星余迹总的可利用时间及总的发送码元数就一定。如果传输速率较高，虽然在可通信的时间内通过的信息较多，但对流星余迹利用的时间较少，而且可利用的流星余迹数也少。相反，如传输速率较低，可利用的流星余迹及余迹可利用的时间就多，但传输效率低。因此，如果信号传输速率可自适应地随接收功率的强弱在一定范围内变化，就可以增加系统的数据通过量。

3) 编码自适应和混合型差错控制技术

改变编码速率也是实现固定码元速率改变比特率的一种方法，这种自适应变速方法往往和混合Ⅰ型或混合Ⅱ型自动反馈重传(ARQ)差错控制方法结合在一起。无论是变速混合Ⅰ型 ARQ 还是混合Ⅱ型 ARQ，它们的通过量与码长的选择以及变速级数的选择，均与余迹的初始强度和衰减速率有关。根据分析和实验，最佳变速Ⅰ型 ARQ 比固定速率Ⅰ型 ARQ 的通过量增加 25%～36%，一般变速Ⅰ型 ARQ 比固定速率Ⅰ型 ARQ 的通过量增加 15%～20%，而Ⅱ型 ARQ 比一般变速Ⅰ型 ARQ 的通过量增加约 13%。

习　题　7

1. 什么是散射通信？散射通信具体可以分几类？
2. 散射通信有什么特点？
3. 什么是流星余迹？流星余迹可以怎么分类？
4. 流星余迹通信的特点有哪些？
5. 影响流星余迹通信的要素有哪些？
6. 流星余迹通信系统由几部分组成？每一部分的功能是什么？
7. 流星余迹通信的通信方式有哪几种？
8. 流星余迹通信的工作过程包括哪几个工作状态？请简述这几个工作状态。
9. 请简述流星余迹通信的自适应变速技术。

第 8 章 其他典型通信技术

随着通信技术的不断发展，除了光纤通信、移动通信、卫星通信等主流通信技术之外，其他典型通信技术也层出不穷，本章主要介绍以软件无线电、认知无线电为代表的无线电通信技术，以全光网络、智能光网络、大气激光通信为代表的光通信技术，以及量子通信技术和数据链。

8.1 无线电通信技术

软件无线电技术被誉为信息领域的第三次变革，它建立在开放的、可扩展的、可重配置的通用硬件平台上，用可升级、可替换的软件实现系统功能。这种系统架构灵活，有效地解决了通信装备的兼容性问题，提高了系统应用的灵活性，具有广阔的发展前景。

随着无线通信技术的飞速发展和广泛应用，日益增加的无线业务使得有限的频谱资源越来越紧张，传统的固定分配模式下频谱资源利用率较低，如何提高频谱利用率，使有限的频率资源能够支持更多的无线应用，成为无线通信领域非常关注的问题。认知无线电技术的提出，为提高频率资源利用效率，缓解频率资源匮乏问题提供了有效方案。

8.1.1 软件无线电技术

1. 基本概念

长期以来，无线通信系统一直都是根据特定的应用需求进行设计，系统结构和功能固化，无法根据新的需求进行拓展。电台结构和信号处理过程基本相似，但发射波形特征差异很大。这就造成电台的互联互通性和兼容性差，系统升级和维护难度高，给无线通信装备的综合组网和组织运用带来了极大的难题。

为了解决无线通信装备之间的互通性问题，使无线通信装备能够兼容各种通信体制，方便应用和升级，Joe Mitola 于 1992 年提出了软件无线电的概念模型。其中心思想是：构造一个具有开放性、标准化、模块化的通用硬件平台，将各种功能用软件来完成，并使宽带 A/D 和 D/A 转换器尽可能靠近天线，以研制出具有高度灵活性、开放性的新一代无线通信系统。软件无线电台是可用软件控制和定义的电台，选用不同软件模块就可以实现不同的功能，并且软件模块和硬件平台可方便实现升级更新。

2. 主要技术

软件无线电以通用、标准、模块化的硬件平台为依托，通过软件编程来实现无线电台的各种功能，彻底改变了传统的面向用途的电台设计方法。电台功能采用软件实现，要求系统设计中尽量减少功能单一、灵活性差的硬件电路，尤其是模拟电路，使数字化处理(A/D 和 D/A 变换)尽量靠近天线。软件无线电强调体系结构的开放性和全面可编程性，通过软件的更新改变硬件的配置结构，实现新的功能。因此，软件无线电通常采用标准的、高性能的开放式总线结构，以利于硬件模块的不断升级和扩展。理想软件无线电的组成结构如图 8-1 所示。

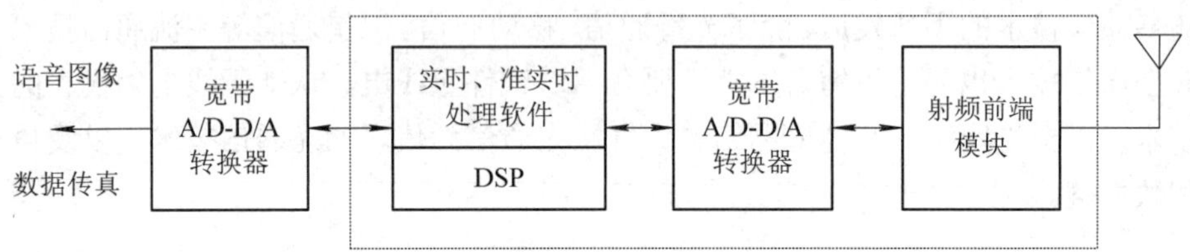

图 8-1　软件无线电结构框图

软件无线电系统主要由宽带天线、射频前端模块、宽带 A/D-D/A 转换器、通用和专用数字信号处理器以及各种软件组成。

1) 多频段宽带天线

理想的软件无线电系统的天线能够覆盖全部无线通信频段。通常来说，由于内部阻抗不匹配，不同频段电台的天线不能混用。软件无线电要在很宽的工作频率范围内实现通信，就必须有一种宽带天线，无论电台工作在哪一个波段，天线都能与之匹配，而且在每个频段上的辐射特性都要均匀，以满足各种频段和带宽的业务需求。对于大多数系统而言，只要能覆盖不同频程的几个窗口即可，而不必覆盖全部频段。因此，目前的可选方案为采用组合式多频段天线。

2) A/D-D/A 转换器件

与传统无线电系统相比，软件无线电系统将 A/D-D/A 转换移到了中频并尽可能地靠近射频端，以可编程能力强的 DSP 器件代替专用的数字电路，通过对整个系统频带采样来尽早实现模拟信号的数字化，这样就可以基于相对通用的硬件平台，通过软件实现不同的通信功能，使系统硬件结构与功能相对独立，大大增强了系统的灵活性。为保证抽样后的信号保持原信号的信息，A/D 转换要满足 Nyquist(奈奎斯特)抽样准则。在实际应用中，抽样率为被抽样信号带宽的 2.5 倍。软件无线电通信系统一般采用低分辨率的 A/D 转换器，这也带来信号处理精度下降的问题，因此，增加转换器精度成为软件无线电的研究热点。对于更宽的转换带宽要求，一般采用并行 A/D 转换的方法完成。

3) 数字信号处理器件

高速数字信号处理部分实现对数据流的实时或准实时的处理，完成信号的变频、滤波、调制、信道编译码、信道和接口协议、抗干扰等工作。由于电台内部数据流量大，进行滤波、变频等处理运算次数多，因此必须采用高速、实时、并行的数字信号处理器模块或专用集成电路才能达到要求。要完成这么艰巨的任务，必须要求硬件处理速度快，相关算法要针对处理器进行优化和改进。这两个方面性能的不断提升是软件无线电发展的不懈动力，也是确保电台内部软件高速运行和多种功能可灵活切换与控制的基础。

3. 军事应用

软件无线电具有良好的互操作性、灵活的可编程性和可缩放性。软件无线电技术的应用，将有效解决各种通信装备的兼容性问题和系统使用效率问题，实现各种军用电台及网系间的互联互通互操作。它将能满足 21 世纪数字化部队通信在速度、容量和互通性等方面的要求，成为未来军事通信的重要基础和作战指挥的主要通信手段。

1) 提高系统的模块化、通用化和系列化水平

软件无线电的特点和体系结构能确保军事通信系统适应军事装备模块化、通用化和系列化的发展方向，有利于减少无线通信装备与保密设备的型号类型，有效降低军事通信装备的维护费用。

2) 实现军兵种之间的联合通信

在军用通信系统中，不同军兵种和不同指挥层次使用的频段、波形调制方式、语音编码方法及保密算法都不同，软件无线电可集成各种通信频段的不同调制方式，内置的通用可编程加密模块也可方便地实现各种保密算法，实现诸军兵种之间的联合作战通信。典型应用有美军的易通话计划和联合战术无线电系统。

3) 实现网络之间的互通

用可编程实现的软件无线电，能灵活配置信号波形，模拟各种现役和在研装备的工作方式，不仅能与已有各类电台互通，而且还能实现不同无线电网络之间的互通，完成频段调制、语音编码和保密算法的变换，在无线电网络中实现“网关”或“网桥”的功能。

4) 提高系统抗毁能力和“动中通”能力

软件无线电可克服传统的基于点对点组网的限制，采用分组无线电等通信协议，可组成包括栅格网在内的任意拓扑结构的无线电网络。电台组网性能的增强，可有效提高无线电链路的沟通概率和频谱资源的利用率，明显改善野战通信的抗毁能力和动中通能力。

8.1.2 认知无线电技术

1. 基本概念

认知无线电系统是在软件无线电系统基础上提出的一种“可以感知无线环境并相应改变其频谱使用方式的系统”，它可以感知周围的环境特征，采用智能方法进行学习，并可与通信网络智能交流，实时调整传输参数，使系统能与周围环境相适应，通信可靠性和频谱利用率得到有效提升。

认知无线电技术的一个完整认知周期具有三个基本过程：感知特定区域的频率使用状况，分析无线传输场景；估计信道状态及其容量；控制功率和动态频谱管理。认知无线电的认知循环如图 8-2 所示。

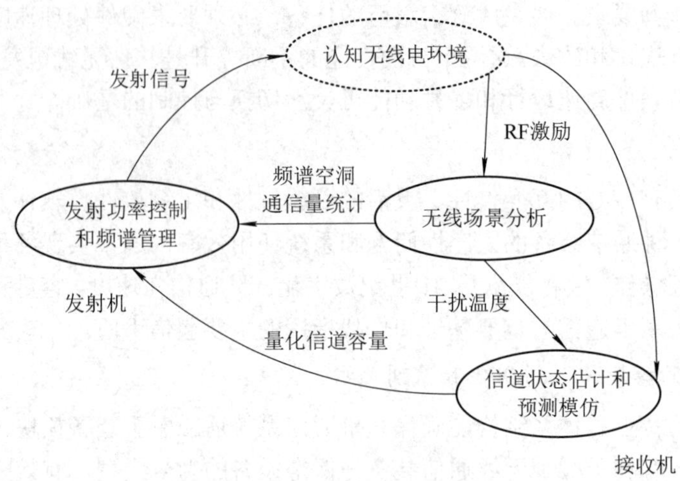

图 8-2 基本认知循环

2. 主要技术

1) 频谱感知技术

频谱感知是认知无线电的首要任务和最显著的特征，即通过感知分析特定区域的频段，找出适合通信的频谱空穴，避免认知无线电台对授权用户产生干扰。频谱感知技术不仅仅在“频谱空洞”的搜寻和判定中起关键作用，在系统通信过程中还负责频谱状态的实时监测，一方面可以搜集无线环境的统计资料，为频谱管理提供辅助；另一方面可对干扰进行实时估计，为系统功率控制和信道切换提供数据支持。认知无线电频谱感知技术可以分为基于发射机的检测、合作检测和基于干扰温度的检测三类，如图 8-3 所示。

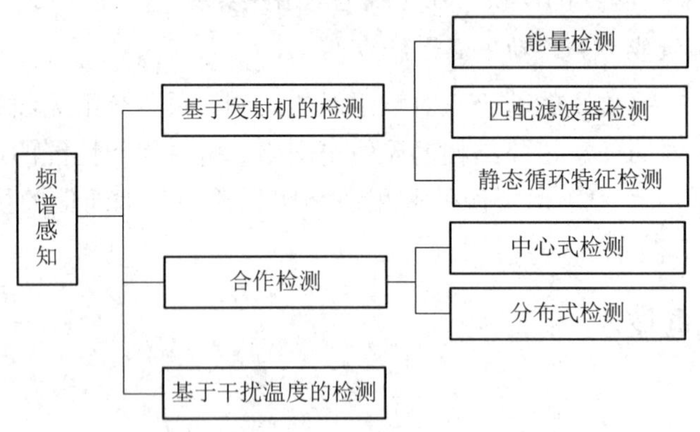

图 8-3 认知无线电频谱感知技术分类

2) 频率资源分配技术

认知无线电网络中，空闲频率资源的数量、质量和使用条件都会随时间和环境实时变化，在开放的环境下使用开放的频率资源，必须采用高效率的频率资源分配技术，以提高频率资源的利用效率，减少用户之间的用频冲突。可行的方案是将不规律和不连续的频率资源进行整合，按照一定的原则将频率资源分配给不同的用户，实现资源的合理分配和共享使用。频率分配策略直接决定系统容量、频率利用率以及能否满足用户因不同业务而不断变化的需求。认知无线电频率分配技术按性质分类如图 8-4 所示。

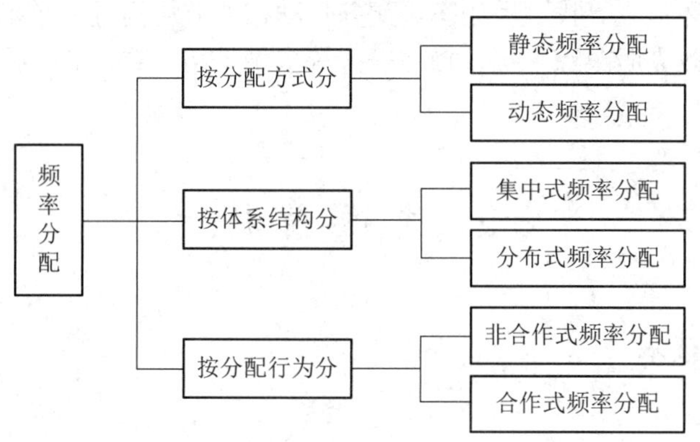

图 8-4 频率分配技术分类

其中，集中式频率分配主要关注基于图论的频率分配方法，分布式频率分配的研究热点是基于博弈论的频率分配方法。

3) 认知无线电下的频谱管理

认知无线电用户在非授权状态下使用频率，需要纳入统一的频谱管理业务之中。有效的频谱管理不仅允许认知无线电用户共享频率资源，而且要确保授权用户的正常工作。有效的解决方法是改变频谱管理思想和规则，使其适应不同用户的多种需求。

目前，主要从频谱划分方式的角度来开展认知无线电频谱管理的研究，其基本思想是：依照频谱应用状况以及干扰的影响，将频谱划分为三个等级：不允许非授权使用、在一定程度上可供非授权使用、无限制的非授权使用。在现阶段，绝大多数频谱资源属于不允许非授权使用的级别，即按照严格分配来进行管理，因而频谱利用率较低。新的频谱管理思想和规则下，不允许非授权使用的频谱所占的范围应尽量减小，在一定程度上可供非授权使用和无限制的非授权使用这两个等级频谱在整个频率资源中所占的范围应扩大，以此提高整体频率资源的利用效率。

3. 军事应用

1) 提高频率资源利用率

现行的频率资源分配方式使得军用频率资源紧缺问题更加突出，而随着高新技术在军事领域的广泛应用，提高频率资源利用效率成为军事通信网络组织运用的关键内容。认知无线电在军事通信领域的推广应用，可有效提高无线通信频率资源的利用效率，支持通信网络的大规模组织运用，军事意义十分重大。

2) 提高军事通信系统可靠性

战场条件下无线电对抗异常激烈，敌我双方大量使用无线频率资源，自扰和干扰问题时常发生。认知无线电系统在干扰环境下能够实时、准确地感知可用频率资源，通过可靠的信道切换机制维持通信链路的畅通，这对提高通信系统的工作稳定性具有十分重要的作用。

3) 增强军事通信系统抗干扰能力

认知无线电的设计理念创新了军事通信系统的抗干扰方式。系统遇到干扰时，能够实时感知和分析电磁环境，寻找可用频率资源并自动在双方协商好的频率资源上建立通信。这种工作机制可有效克服跟踪干扰、扫描干扰等多种干扰方式，有效提高军事通信系统的抗干扰能力。

8.2 光通信技术

8.2.1 全光网络技术

1. 基本概念

全光网络(All Optical Network，AON)是指用户与用户之间的信号传输与交换全部采用光波技术完成的先进网络。它包括光传输、光放大、光再生、光交换、光存储、光信息处理、光信号多路复接/分接、进网/出网等许多先进全光技术，如图 8-5 所示。全光网由全光网内部部分和外部网络控制部分组成。内部全光网是透明的，能容纳多种业务格式，通过光交叉连接器(Optical Cross-Connect，OXC)进行波长选择，网络节点可以透明地发送或从别的节点接收信息。外部控制部分可实现网络的重构，使得波长和容量在整个网络内动态分配以满足通信量、业务和性能需求的变化，并提供一个生存性好、容错能力强的网络。

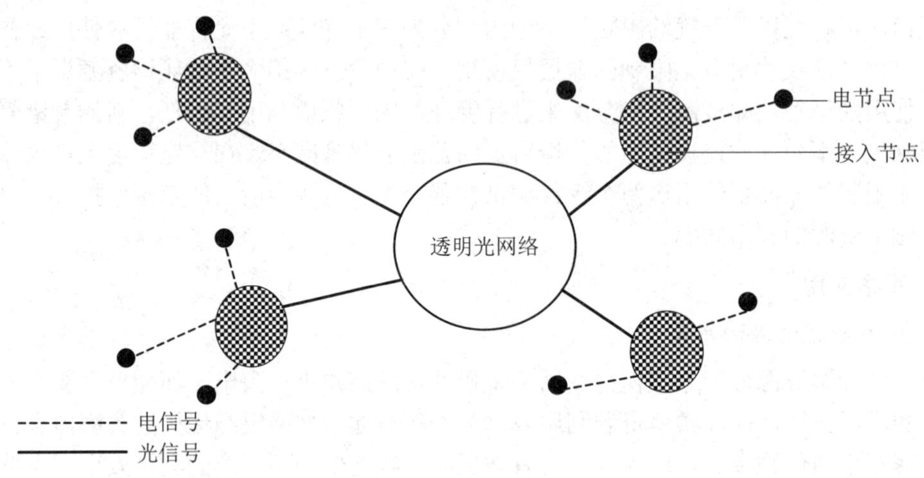

图 8-5　全光网络示意图

全光网的性能主要有以下几点：

1) 透明性

在光传送网的节点中，光分插复用器(Optical Add-Drop Multiplexer，OADM)和光交叉连接器(OXC)对光信号不进行光—电、电—光处理，因此，它们的工作与光信号的内容无关，对于信息的调制方式，传送模式和传输速率透明。

2) *存活性*

全光网通过 OXC 可以灵活地实现光信道的动态重构功能，根据网络中业务流量的动态变化和需要，动态地调整光层中的资源和光纤路径资源配置，使网络资源得到最有效的利用。

3) *可扩展性*

全光网具有分区分层的拓扑结构，OADM 及 OXC 节点采用模块化设计，在原有网络结构和 OXC 结构基础上，就能方便地增加网络的光信道复用数、路径数和节点数，实现网络的扩充。

4) *兼容性*

全光网和传统网络应是完全兼容的。光层作为新的网络层加到传统网的结构中，对 IP、SDH、ATM 等业务，均可将其融合进光层，而呈现出巨大的包容性，从而满足各种速率、各种媒体宽带综合业务服务的需求。

由于全光网络在整个传输过程中没有电的处理，因此 PDH、SDH、ATM 等各种传送方式均可使用，提高了网络资源的利用率。而且允许存在各种不同的协议和编码形式，信息传输具有透明性。

未来光通信网络发展的主要趋势为：组网方式开始从简单的点到点传输向光层联网方式前进，改进组网效率和灵活性；光联网将从静态联网开始向智能化动态联网方向发展，改进网络响应和生存性是未来发展的一项主要任务；智能网络对于运营商在竞争中推出与众不同的服务，以及节省运营开支起着至关重要的作用。

2. 体系结构

全光通信网络的结构分为服务层和传送层。传送层又分为 SDH 层、ATM 层和光传送层。光传送层由光分插复用器(OADM)和光交叉连接器(OXC)组成。在光传送层，通过迂回路由波长，在网络中形成大带宽的重新分配。在光缆断开时，光传送层起网络恢复的作用。在远端，光纤环中的 OADM 插入/分离所确定的波长通道至 ATM 复用器，而 OXC 则连接两个光 WDM 环路到 ATM 交换机。

利用波分复用技术的全光网将采用三级体系结构：0 级(最低一级)是众多单位各自拥有的局域网(LAN)，它们各自连接若干用户的光终端(OT)，每个 0 级网的内部使用一套波长，但各个 0 级网多数也可重复使用同一套波长；1 级可看作许多城域网(MAN)，它们各自设置波长路由器连接若干个 0 级网；2 级可以看作全国或国际的骨干网，它们利用波长转换器或交换机连接所有的 1 级网。

1) *全光网的层次结构*

全光网的一种层次结构如图 8-6 所示，共分为三层。应用层提供包括数据、语音、图像等各种业务；电子层主要完成各种电子交换，从程控交换、ATM 交换到未来的某种交换；光网层是以 WDM 为基础的可变的光网络，其中的关键网元有 WDM 的交叉连接设备(图中的三角形)、WDM 的星型路由器(图中的五角星)、WDM 的分插复用器(图中的 X-C)。全光网的层次结构虽然有多种形式，但都大同小异，这些结构中一般都会包括光网层和电子层。

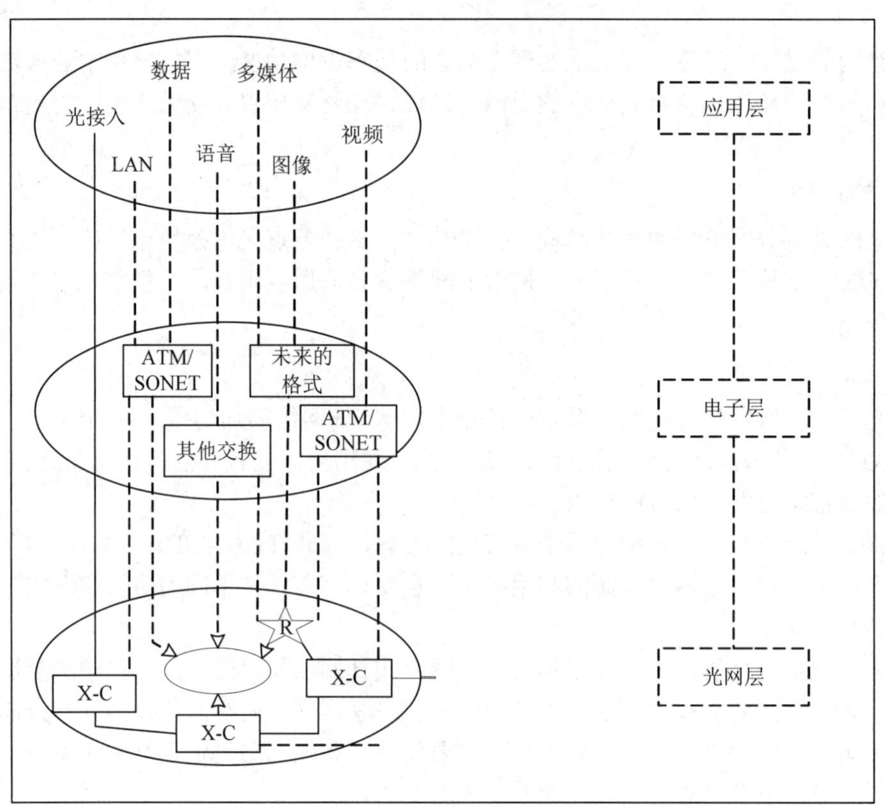

图 8-6　全光网的层次结构

2) 全光网的网络拓扑结构

全光网的网络拓扑结构主要有以下几种，如图 8-7 所示。

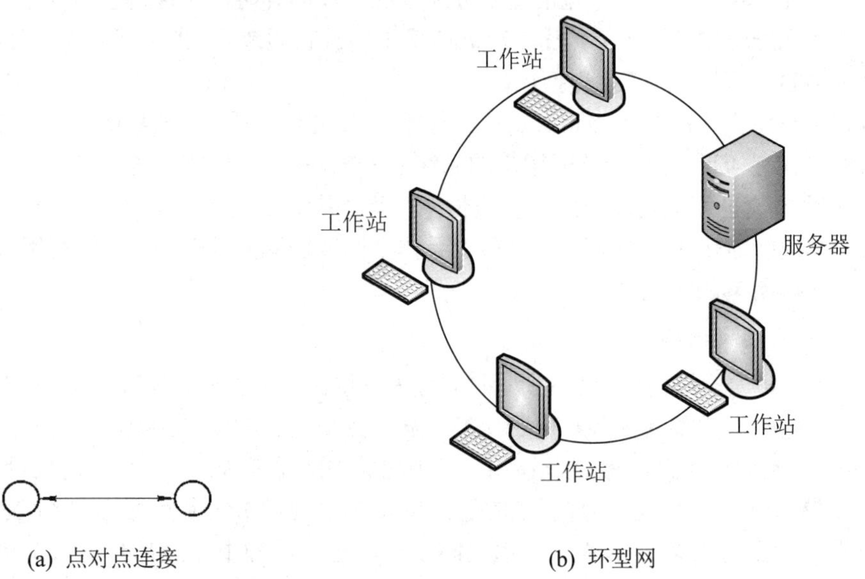

(a) 点对点连接　　(b) 环型网

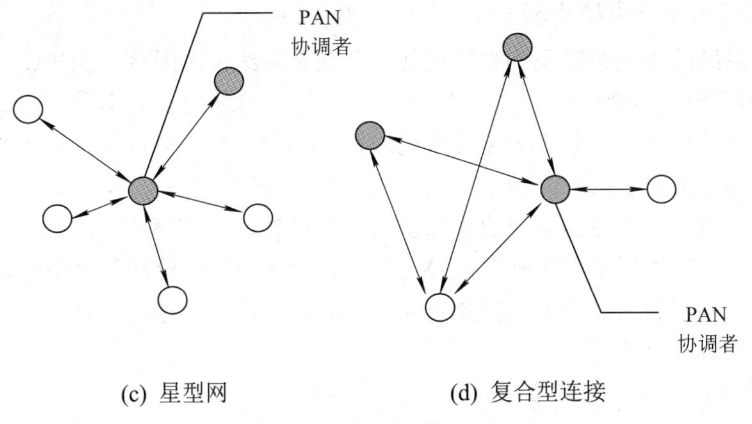

(c) 星型网　　(d) 复合型连接

图 8-7　全光网的网络拓扑结构

(1) 点对点连接。发送信号通过复用器耦合到一单模光纤中传输，传输过程中采用掺铒光纤放大器(EDFA)对信号进行放大，在传输终点用解复用器将不同波长的信号分开接收。点对点连接是最基本的连接方式。

(2) 环型网。环型网是在点到点连接基础上扩展得到的，在网络节点处加一交换机，使得在节点处可插/分特定的信道，并允许其他信道无阻碍地通过此节点。

(3) 星型网。在星型网的拓扑结构中，各节点选定一个波长向外发送信息，所有节点的信息传送到星型耦合器，再由星型耦合器将所有信号分送到每一个节点。

(4) 复合型连接。复合型结构是前面三种结构的组合形式，例如在环型网的结构中有时需要点对点的连接。在实际应用中，复合型拓扑结构较为普遍。

3. 全光网的关键设备与技术

实现全光网络通信，克服电光网络中存在的“电子瓶颈”问题，要取决于一些关键技术的实现，而完成这些关键技术的设备也就成为全光网的关键组成要素。下面将较全面地介绍全光网络中的关键技术与设备。

和传统光通信网络不同，全光网任意两个节点之间的信号传输与交换全部采用了光波技术，也就是网络节点的交换中使用了光交叉连接器(OXC)和光分插复用器(OADM)来替代传统的数字交叉连接器(DXC)和数字分插复用器(ADM)，如图 8-8 所示。

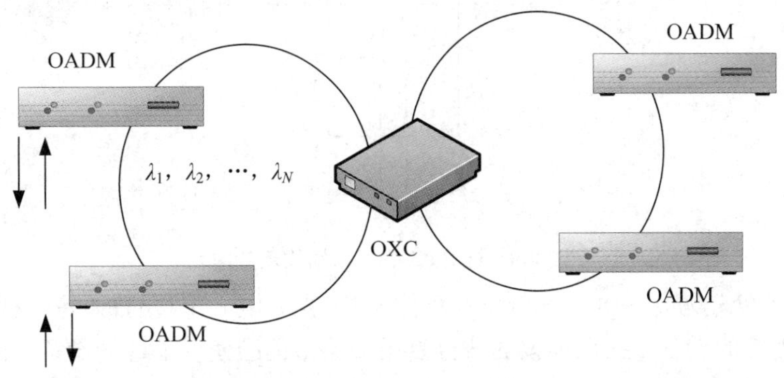

图 8-8　OXC 与 OADM

1) 光放大器与全光中继技术

光纤通信系统的传输距离受到光纤损耗、色散和非线性的限制，在传统的系统中，信号的中继是通过光/电转换、电放大、电/光转换三步来实现的，这实际上就是传输线上的最直接的“电子瓶颈”。随着 EDFA 技术的成熟，在全光网中可以不用进行光—电—光的转换，而是利用 EDFA 直接在光路上对信号进行放大传输，这就是全光中继技术。它的作用除了克服光—电—光中继器造成的“电子瓶颈”以外，还使信号在线路上“透明”传输，即传输线路与信号的数据率和调制方式等无关。光放大器不仅仅用于光中继，还可以在光发射机后作为光功率放大器使用以提高发射光功率，也可在光接收机之前作为前置光放大器使用以提高光接收灵敏度。

2) 光复用技术与光分插复用

光复用技术是增大光通信系统的通信容量的一种有效手段。目前研究开发的光复用技术有波分复用(WDM)、光时分复用(OTDM)、副载波复用(SCM)和光码分复用(OCDM)等，它们具有各自的特点和优势，应用环境也有所不同。其中密集波分复用(DWDM)技术现已有商业应用。WDM 指在一根光纤上传输许多个有一定间隔的波长系列，每个波长上运行一个系统，通过增加工作波长的数量来增大传输容量。实现波分复用与解复用的光器件有很多种，如多路光合路/分路器、星形耦合器、光栅、光滤波器等。

光分插复用技术使得在全光网络中灵活地上、下信道和实现信道的重分配成为可能，由 OADM 组成的环路将在全光网时代的接入网中大显身手。OADM 只以波长为基本操作单位，它使得环内的路由操作不受传输信号类型和传输速率的影响，实现了本地网的透明传输。OADM 具有以下特点：避免了不必要的解复用和处理过程；简化了节点的硬件并减少了相关的管理操作；网络节点的吞吐量大大增加。

OADM 是构成全光网的重要器件，其主要功能是从传输设备中有选择地下路通往本地的光信号，同时上路本地用户发往另一地用户的光信号，而不影响其他波长信道的传输，如图 8-9 所示。从功能上看，OADM 可以看作 OXC 的特例。

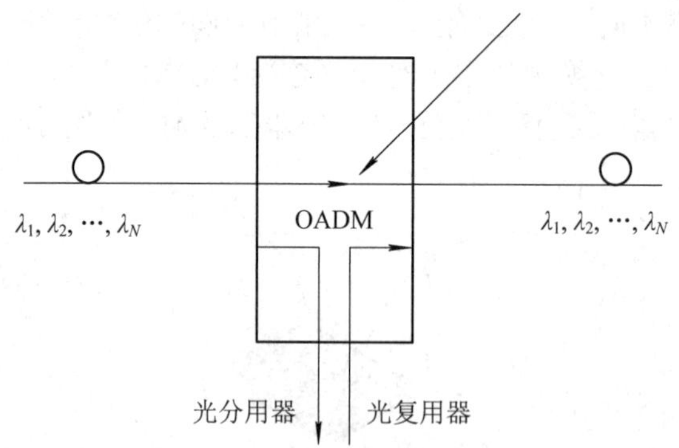

图 8-9　OADM 的基本结构示意图

OADM 可以分为光—电—光和全光两种类型。光—电—光 OADM 是一种采用 SDH 光端机背靠背连接的设备，在已铺设的波分复用线路中已经使用了这种设备。但是光—电—光 OADM 不具备速率和格式的透明性，缺乏灵活性，难以升级，因而不适应全光网的要求。全光型 OADM 是完全在光域实现分插复用，具备透明性、灵活性、可扩展性和可重构性，因而能完全满足 WDM 全光网的要求。

3) 光交换技术

光交换技术具有传输速率高、容量大、抗干扰能力强等优点，是实现全光通信的关键技术之一。与电子交换相比，光交换无须在传输路线和交换机之间设置光—电或电—光变换，不存在“电子瓶颈”问题。目前已有的光交换方式有光时分交换、光空分交换、光波分交换、复合型光交换、自由空间光交换五种。光时分交换是对信号以一定的速率采样，然后复用进入一独立通道，输出时通过控制函数的作用进入各输出通道，由此实现光交换。光空分交换是将光交换元件组成可控制交叉矩阵，使输入通道与相关的输出通道相连，实现信号的交换。光波分交换与时分交换类似，只不过后者是在时间域采样，它则是在频率域对信号采样。复合型光交换是几种交换方式的组合，它发挥了各交换方式的优越性。自由空间光交换是光束在自由空间或均匀介质中无干涉地直接进行空间交换，实质上是空分交换。

在光交换技术中有一项重要技术，即光逻辑控制技术，它是指通过光信号自身的处理去控制光信号的交换。在目前的光交换中，控制信号大都仍是电信号，光逻辑控制技术还未得到解决，真正光交换的实用化尚待时日。

4) 光交叉连接和光网关

全光网必须通过软件控制提供动态传输配置功能，即路由功能和波长重配置功能。为了反映每一通道的传输情况(如目的地、传输速率、路由等)，必须为每个通道设置一个独立的标识和相应的开销字节，以便于在任何情况下标识出这一波长，并对其操作。通过光交叉连接器(OXC)完成路由选择后的高速光信号最终要进入速率低得多的接入网，因此需要在低速的接入网和高速的主干网之间加入光网关。光网关的作用主要是将低速(高速)信号复接(分接)成高速(低速)信号。目前光网关只能在电域实现高速复接功能，光域高速复接还做不到，要做到没有电信号的真正的全光网也是需要解决的问题之一。

OXC 是全光网中的一个重要网络单元，作为网格状光网络的节点，其功能主要是通过实施路由算法完成多波长环网间的交叉连接以及光节点处任意光纤端口之间的光信号交换及选路，实现全光网的自动配置、动态重构和故障的自动恢复。一个完整的 OXC 包括交叉连接模块、光监控模块、光功率均衡模块和光放大模块。

5) 全光网的控制与管理技术

全光网络的控制与管理系统是实现光网络的重要组成部分，它通过用于光层处理的开销通道和光层控制信令与管理信息对光网络进行有效的控制和管理，如：边缘节点的带宽请求；网络拓扑、带宽资源、路由信息的传递；动态路由选择和波长分配；网络保护、恢复、重新配置；以及对光设备和光通道进行性能监测，完成各种管理功能。

4. 全光网的现状与发展

全光网是通信网发展的目标。这一目标的实现需要分两个阶段完成。

1) 全光传送网

在点到点光纤传输系统中，整条线路中间不需要做光/电和电/光转换。长距离传输主要靠光波在光纤中传播，称为发端与收端间点到点的全光传输。整个光纤通信网任一用户能做到与其他任一用户实现全光传输，才能实现全光传送网。

2) 完整的全光网

现阶段全光通信网的研究与试验主要以波分复用技术为核心，即主要对波分复用传输、交换和联网技术进行研究与试验，构成波分复用全光通信试验网。在传输方面，掺铒光纤放大器、波分复用技术以及光纤色散补偿技术是实现全光通信网的有效途径。光放大波分复用技术已经成熟，并已投入商用。在交换技术方面，波长路由选择的引入使波分复用全光网在交换节点上具有独特的优势，例如可以实现光层上的信息交换，克服电子交换瓶颈现象，并且结构简单灵活，易于网络升级。在全光通信网中，波分复用光交换技术将会得到广泛应用。

在联网技术方面，近几年波分复用传输技术已经进入实用化和商用阶段，世界许多国家已经开始利用波分复用技术和现有的以及即将铺设的光纤联网进行全光通信网试验，以寻求一个具有透明性、可扩性、可重构性的全光通信网的全面解决方案，为实现未来的宽带通信网奠定坚实的基础。

值得注意的是，当业务变得以 IP 为中心时，在光领域的分组交换将具有明显的优点。它可以有效地将各种业务量集中在一起，提高每一波长或光路的利用率，降低每比特的费用，而不必过多地仅依靠配置和增加波长来疏通调节业务量。面向未来 IP 业务的全光网络的研究已经成为各国和跨国公司研究计划的重点。

8.2.2　智能光网络技术

1. 智能光网络的基本概念

传统的光传输网络可分为光层和 SDH/SONET 层，为业务层提供波长和 TDM 专线等服务。传统光网络存在以下局限性：

(1) 网络缺少实时的业务供给能力，业务配置时间过长，主要原因是配置操作和业务供给是由人工完成的，所需时间按月计算。

(2) 传统 SDH/SONET 网络主要针对语音业务设计，采用固定的业务颗粒，其保护方式(线性或环形)也是静态的，必须在网络规划和电路分配期间对其进行确定，因而限制了网络的灵活性以及处理计划外变动的能力。

(3) 由于环网需要预留 100%的保护带宽，导致网络的带宽利用率较差。

(4) 所有操作都必须通过中心网络管理系统(NMS)，网络智能化程度较低。

(5) 传输网带宽仅仅是各种业务信号的传输平台，而不是一种可以运营的业务。

随着视频、多媒体、数据业务的快速发展，使得原本面向语音业务设计的传输网络不能很好地满足新业务的发展需求，数据业务流量的不确定性、突发性和发展趋势对传输网络的静态配置模式和可扩展性都提出了挑战。

另外，运营商急需寻找到一条能够帮助其在多厂商多运营商环境下提高工作效率的技术手段。从客户到运营商都希望能实现从原来傻瓜式的、静态的网络升华为动态交换、可以直接进行带宽租赁和直接进行盈利的智能光网络。

智能光网络是传统光网络发展到一定历史阶段的必然产物，符合网络运营商的业务扩展和运营需求，也符合下一代网络以业务驱动为特征的网络需求。智能光网络就是在管理、控制、交换、保护和恢复等各方面都趋于高度智能化的光传送网络。

智能光网络的引入给网络运营商带来许多好处，主要有以下几个方面：

(1) 更高的网络资源利用率，更经济的组网成本。智能光网络可以实现动态按需分配带宽，特别是结合业务流量工程等技术，可以优化网络资源利用率，全面降低组网成本。

(2) 更加灵活的网络结构，更强的网络拓展能力。智能光网络引入了交换的概念，核心骨干网中的传统环网结构逐步转向采用更灵活的网状网结构，新一代的大型交叉连接节点系统可以提供更丰富的接口和更强大的交叉能力，可代替传统的 ADM 加 DXC 方式，简化网络结构，并提供强大的网络拓展性。

(3) 提供更多的新业务类型，甚至新商业模式。智能光网络技术可为开展众多的新业务提供技术支撑，这些新业务包括波长/子波长出租、批发、转售，光拨号业务，带宽贸易，光虚拟专用网(O-VPN)等，从而使传送网由传统的业务支撑网向业务网演进，为运营商带来新的收入。

(4) 提供灵活的业务生存策略。智能光网络技术可提供不同的网络保护恢复方式，从而为运营商根据用户对不同层面、不同业务质量级别的要求，按需制定不同的保护恢复方式，较之传统的光网络保护，这种方式既节约成本，又可以增加收入。

2. 智能光网络体系结构与网络标准

智能光网络体系结构包括数据/传送面、控制面和管理面，如图 8-10 所示。

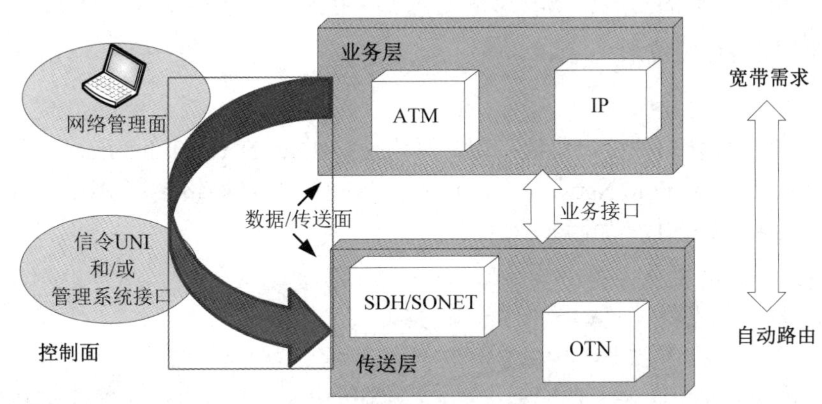

图 8-10　智能光网络体系结构

1) 数据/传送面功能

(1) 智能光网络具有强大的交叉能力和传送能力，以支持网络的灵活调度需要。

(2) 智能光网络的物理拓扑可以是多种多样的，如格状、环状、链状及其组合。

(3) 智能光网络支持基于电路交换和 IP 的多种业务接口及其传送的需要。

2) 控制面功能

(1) 支持各种控制操作，诸如恢复和保护、快速配置、快速增减网元、网络拓扑发现等。

(2) 支持各种传输设施，如 SDH 传输网(由 ITU-T G.803 定义)及光传输网(由 ITU-T G.872 定义)，可运行各种控制协议。

3) 管理面功能

(1) 完成传输平台、控制平面和整个系统的维护功能，主要面向网络运营者，侧重于对网络运营情况的掌握和网络资源的优化配置，负责所有平面间的协调和配合，能够进行配置和管理端到端连接。

(2) 具有 M.3010 所规范的管理功能，如性能管理、故障管理、配置管理、计费管理和安全管理等功能。

目前在全世界范围内，主要有三个标准化组织在进行智能光网络的标准化工作，即国际电信联盟标准部(ITU-T)、互联网工程任务组(IETF)和光互联论坛(OIF)，它们均为智能光网络的发展和实现作出了巨大的贡献。

为实现智能光网络并实现设备互联，OIF 和 IETF 都在 2000 年前启动了智能光网络的标准协议研究。ITU-T 于 2000 年开始制定系列标准协议，并首次使用术语“ASON(Automatically Switched Optical Network，自动交换光网络)”来阐述智能光网络。紧接着，OIF 和 IETF 也开始在智能光网络的相关标准协议中使用 ASON 这个术语。对于智能光网络和 ASON 的关系，可以这样描述，ASON 只是智能光网络的一个分支，但目前是智能光网络的主流。

ITU-T 作为唯一的全球电信标准的权威制定组织，正在全力推进这一重要领域的标准化进程。ITU-T 采用的是传统的从上往下设计方法，主要负责网络体系结构、网络性能、设备功能要求以及物理层规范等，已经完成了一系列标准。IETF 则重在规范具体协议和信令，利用现有信令协议的扩展和修改来开发 ASON 控制面，包括 RSVP-TE 和 CR-LDP。

3. 智能光网络相关技术

1) 接口协议

智能光网络中包含三种接口协议：用户网络接口(User Network Interface，UNI)、内部网络接口(Internal Network to Network Interface，I-NNI)、外部网络接口(External Network to Network Interface，E-NNI)，如图 8-11 所示。

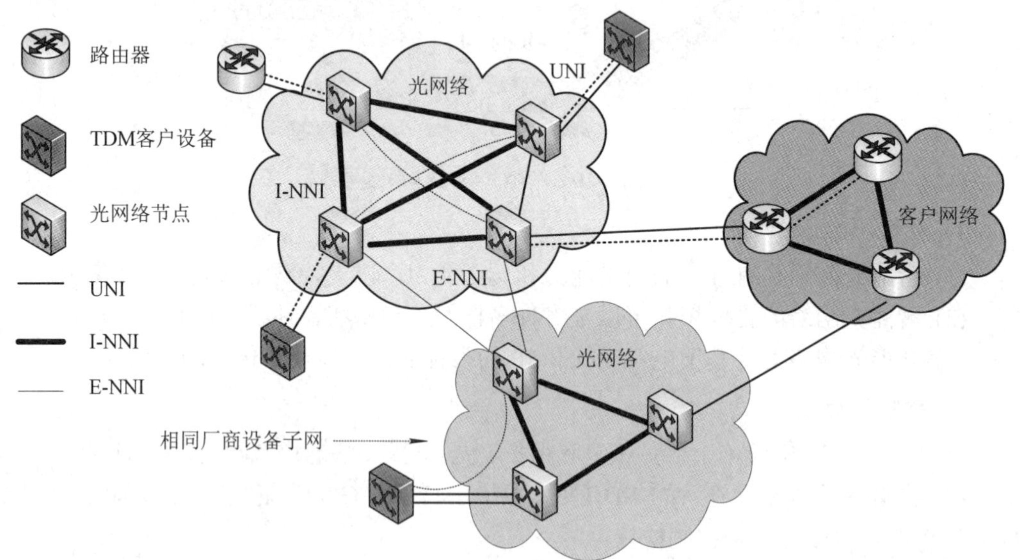

图 8-11　智能光网络中的接口协议

UNI 是业务请求者和业务提供者控制平面实体间的双向信令接口，客户层网络通过它可以自动要求建立新的连接、删除或询问已有连接的状态，它支持以下功能：呼叫控制、资源发现、连接控制、连接选择。目前在业界中标准协议制定的最为完善和成熟的是 OIF 的 UNI 协议。

I-NNI 是属于一个或多个有依赖关系域内控制平面实体间的双向信令接口，通过它的信息支持以下功能：资源发现、连接控制、连接选择、连接路由选择。它提供了网络内部的拓扑信息。

E-NNI 是属于不同域内控制平面实体间的双向信令接口，通过它的信息支持以下功能：呼叫控制、资源发现、连接控制、连接选择、连接路由选择。它定义了不同域的通用控制面间接口，为不同域间交换可达性信息，屏蔽网络内部的拓扑信息。

I-NNI 和 E-NNI 接口使用 OSPF-TE、LMP、RSVP-TE 或 BGP 协议。

2) 网络模型

由于技术背景的不同，IP 层与光传送层的融合思路也不尽相同。目前，主要有两种基本网络演进结构，即重叠模型和集成模型。尽管两者都是以 IP 为中心的控制结构，都应用了简化的 MPLS 信令和基于下一代光网状网结构，但在管理应用上有很大的不同，基本反映了计算机界和电信界的不同思路。

(1) 重叠模型。

重叠模型(Overlay Model)又称客户－服务者模型，是 ITU 和 OIF 等国际标准组织所支持的网络演进结构。这种模型的基本思路是将光传送层特定的智能控制完全放在光传送层独立实施，无须客户层干预，客户层和光传送层将成为两个基本独立的智能网络层，而光传送层将成为一个开放的通用传送平台，可以为包括 IP 层在内的所有客户层提供动态互联。为此，这种模型有两个独立的控制面，一个在光网络层；而另一个在客户层，具体集中体现在用户－网络接口(UNI)处，即边缘客户层设备与核心光网络之间。两者之间不交换路由信息，独立选路，具有独立的拓扑。核心光网络为网络边缘的客户提供波长业务。

这种模型从结构上看简单直接，首先，其最大好处是可以实现统一透明的光传送层平台，支持多客户层信号，不限定于 IP 路由器。其次，让客户层特定要求通过接口传送给服务层，由光网络层来完成客户的连接要求可以屏蔽光传送层的网络拓扑细节。第三，这种模型允许光传送层和客户层独立演进，这样光传送层可以继续快速演进，不会受制于由摩尔定律所限定的 18 个月翻番的 IP 层发展速度。第四，采用子网分割后，运营者既可以充分利用原有基础设施，又可以在网络其他部分引入新技术，不为原有基础设施所累。第五，采用这种方式后在网络运营商和客户层信号间有一个清晰的分界点，允许网络运营商按照需要实施灵活的策略控制和提供灵活的 SLA。第六，这种模型可以利用成熟的标准化的 UNI 和 NNI，容易实现多厂家光网络中的互操作性，迅速实施网络商用化敷设，这对网络运营者十分重要。

这种模型的主要缺点是功能重叠，两个层面都需要有网管和控制功能(例如都有选路功能)。其次是扩展性受限。为了实现数据转发，需要在边缘设备间建立点到点的网状连接，即存在连接指数增长问题。另外，管理两个独立的物理网的成本较高，带宽利用率较低，存在额外的帧开销。最后，由于两个层面存在两个分离的地址空间，因此需要复杂的地址解析。

目前这种模型最适合那些传统的已具有大量 SDH 网络基础设施而同时又需要支持分组化数据的网络运营商。

(2) 集成模型。

集成模型(Integrated Model)又称对等模型或混合模型，是 IETF 所支持的网络演进结构。这是一种集成的方式，基本思路是将 IP 层用于 MPLS 通道的选路和信令略作修改后直接应用于光传送层的连接控制。

这种模型的基本特点是将光传送层的智能控制转移到 IP 层，由 IP 层来实施端到端的控制。此时，光传送网和 IP 网可以看作一个集成的网络，维持单个拓扑，光交换机和标记交换路由器具有统一的选路区域，两者之间可以自由地交换所有信息并运行同样的选路和信令协议，实现一体化的管理和流量工程。敷设统一的控制面可以消除管理混合光互联系统而带来的复杂性。

然而，集成模型也存在一些问题。首先，采用这种模型时光网络层主要支持单一的客户——IP 业务，难以支持传统的非 IP 业务，失去了对业务的透明性。其次，为了实现路由器对光传送层的全面控制，必须对客户层开放光传送层的网络拓扑等细节，这在多数情况下是行不通的。第三，光层面的物理大故障(例如光缆切断)会导致光开关的频繁动作，不仅使路由器选路工作量负担过重，还会影响路由稳定性。第四，采用集成模型后，网络运营商无法提供灵活的策略控制和分级的域管理体制。第五，光层网元在选路和保护恢复方面与 IP 层有明显的不同限制，对形成统一的选路和保护恢复控制有相当的难度。最后，这种模型使 IP 与光传送层之间有大量的状态和控制信息需要交换，从标准化的角度较难实现光传送层的互操作性。

(3) 混合模型。

严格意义上讲，混合模型(Hybrid Model)并不是一种独立的模型，它只是在某些场合下，有可能将重叠模型和集成模型两种结合在一起，形成所谓的混合方式。其基本思路是由同一运营者拥有的光网络和 IP 网部分可以集成在一起，按集成模型管理，而将该光网络与其支持的其他客户层信号(IP 信号和其他非 IP 信号)部分按重叠模型管理。

3) 控制协议

智能光网络的控制协议是控制平面的重要组成部分，也是实现控制平面各项功能的重要手段。实现其最快的方法，是采用现有的数据网络协议，ITU-T 及各个国际标准化组织采用 GMPLS 协议作为 ASON 的控制协议。该控制协议是由 MPLS 协议扩展而成的，有许多种选择，其中 ASON 使用了一部分，并进行扩展，以适应于 ASON。控制协议主要包括路由、信令和链路管理的相关协议。

(1) 路由协议。

路由协议包含域内路由协议和域间路由协议。域内路由协议主要有开放式最短路径优先协议(Open Shortest Path First Protocol，OSPF)和中间系统到中间系统协议(Intermediate System to Intermediate System Protocol，IS-IS)；域间路由协议主要有边界网关协议(Border Gateway Protocol，BGP)和域间路由协议(Domain to Domain Routing Protocol，DDRP)。

在域内路由协议的选择上，带流量工程的 OSPF-TE 协议由于其良好的开放性和兼容性被绝大多数厂家所接受；在域间路由协议方面，同一运营商不同域之间多采用 DDRP，而不同运营商之间则倾向于采用 BGP。

(2) 信令协议。

信令协议主要有三种：专网到网络的接口(Private Network to Network Interface，PNNI)、资源预留协议向 TE 的扩展(Resource Reservation Protocol-TE extensions，RSVP-TE)、基于约束路由的标签分发协议(Constraint-based Routing Label Distribution Protocol，CR-LDP)。

PNNI 协议起源于传统的电信信令协议(Q.2931、Q.931、SS7)，可靠性较高，但灵活性不够，且无法与 GMPLS 协议互通，ITU-T G.7713.1 规范的 PNNI 协议仅适用于软永久连接；RSVP 起源于 IP CoS 技术，具有较好的资源同步、差错处理功能，能更好地处理掉电等异常情况，更容易实现多播，可以实现控制平面与数据平面的完全分离，具有较好的灵活性，但为了能够应用于 ASON，需要进行较大的扩充与改进，且可靠性不如 PNNI，ITU-T G.7713.2 规范的 RSVP-TE 协议，重点规范了 UNI 和 E-NNI，通常也适用于 I-NNI，但还需要进一步规范，同样支持软永久连接，也支持域内的交换连接；CR-LDP 起源于 IP MPLS 技术，实现多播困难，同样需要进行较大的扩充与改进，ITU-T G.7713.3 规范的 CR-LDP 适用于 UNI、E-NNI 和 I-NNI，可以进行与 ASON 有关的自动呼叫和连接操作。相比之下，RSVP-TE 比 CR-LDP 更成熟，因此，绝大多数的厂家均采用 RSVP-TE 协议。

(3) 链路管理协议。

链路管理协议(Link Management Protocol，LMP)主要对存在的链路进行管理和维护。这里的链路是两个子网间的链路，它可由管理平面配置，也可由自动发现功能通过发现过程发现，甚至可以是由控制平面建立的一个包含多个客户层连接关系的服务层连接。通过 LMP 完成链路状态信息的收集，并在全网范围内定期发布链路状态信息，包括通道的可用性等。

4) 生存技术

智能光网络采用的生存技术可分为保护、集中恢复和分布恢复，其中保护和集中恢复是传统的光传输网的功能，而分布式恢复则是智能光网络所特有的功能。与传统的光传输网不同，智能光网络的控制平面使运营商可以为用户提供选择业务等级的能力及向用户提供 SLA 协议所承诺的指标。保护和恢复正是智能光网络完成这一功能的主要方式。

生存性方式的选择(保护、恢复或两者都不具备)需要考虑运营商的策略、网络拓扑和所用设备的能力。在智能光网络中，恢复与控制平面的动作有关，保护则由传输平面完成，而管理平面的命令可用于日常的维护，也可以在紧急故障条件下，压制自动完成的动作。智能光网络的保护或恢复方式应具有以下特性：与所支持客户层信号(IP、ATM、SDH、以太网信号)相独立；具有可扩展性，以适应保护业务层灾难性故障(如光缆故障)的需要；采用可靠及有效的信令机理，即使在传输网或信令网发生故障时，还保证其功能的有效性；保护或恢复方案应与故障位置无关。

目前主要的保护技术有 1＋1 单向路径保护、1∶N 路径保护、1＋1 单向 SNC/N 和 SNC/S 保护。同时，还有光通道(Och)共享保护环和光复用段(OMS)共享保护环，这两种方式均需要使用 APS 协议。智能光网络的恢复方法可分为三种：预计算、动态、同时采用预计算和动态，区别在于所采用的恢复动作顺序不同。对于交换连接，生存性方式和路由选择由控制平面完成，而软永久连接和永久连接的生存性方式和路由选择由管理平面完成。

8.2.3　大气激光通信技术

激光通信经历了大气激光通信和光波导(光纤)通信两个重要的发展阶段。早期的大气激光通信曾掀起了世界性的研究热潮。随着光纤制作技术、半导体器件技术、光通信技术的不断完善和成熟，光纤通信从 20 世纪 80 年代起在全世界掀起了应用的热潮，并迅速被确认为地面有线通信最有发展潜力的重要的通信手段，得到了一日千里的发展和推广应用。与此同时，大气激光通信技术由于器件技术、系统技术和大气信道光传输特性本身的不稳定性等诸多客观因素一时得不到很好的解决和弥补，便在轰轰烈烈的光纤通信热潮中隐退得几乎无影无踪。随着大功率半导体激光器件的研制成功及各类器件技术和工艺技术的不断完善成熟，大气激光通信技术在悄然复兴。

1. 基本概念

大气激光通信是以激光为信息传输载体，以大气为传输媒介，进行语音、数据、图像等信息传送的通信方式。它包括发送和接收两个部分，基本原理是载波光信号通过大气作为传输信道完成点到点或点到多点的信息传输。与传统的通信方式相比较，激光通信具有保密性强、抗干扰能力强的突出优点，当战场受到电磁干扰或者电磁窃听而需要进入无线电静默状态时，大气激光通信就是一种有效的补充手段，对提高信息对抗能力有很大作用。另外，随着相关技术的发展完善，大气激光通信技术已成为当今信息技术的一大热门技术。

与目前广泛使用的无线电通信方式相比，大气激光通信具有以下特点：

(1) 传输保密性好。由于激光传输的发散角很小，为毫弧度量级，所以激光通信基本上是点对点通信，对方只有在光斑范围内才能接收到信号，因而难以被截获和干扰。

(2) 安装使用方便。大气激光通信属于无线通信，不需要架设线路，只要通信的两个节点之间能够直视，就能够通信。而且与微波天线相比，大气激光通信的设备结构简单。激光通信系统的天线是光学望远镜，与功能类似的微波天线相比，微波天线的直径达几十米、重达几十吨甚至上百吨，而激光天线的直径只有几十厘米、重量仅几公斤。

(3) 信息容量大。激光光波作为信息载体可传输高达 10 Gb/s 的数据码率，甚至更高，这是传统通信手段所不能比拟的。

(4) 抗电磁干扰能力强。激光的频率极高，普通电磁干扰的方法无法对其进行破坏，同时激光也不会对其他电子设备造成干扰。

2. 工作原理及关键技术

一个典型的大气激光通信系统包括一对双向通信机，每个通信机包括一个发射机和一个接收机。发射机目前一般由半导体激光器(LD)、LD 驱动电路、发射天线等组成；接收机由接收天线、光电探测器和信号处理电路组成。双向通信机相互向对方发射被调制的激光脉冲信号(声音或数据)，接收并解调来自对方的激光脉冲信号，实现双工通信。图 8-12 所示的是一台激光通信机的原理框图。发射端的光源受到电信号的调制，通过光学天线的发射透镜发射出去，光信号经过大气信道传输到接收端的接收透镜，接收端高灵敏度的光探测器将接收到的光信号转换为电信号；只要在收发两端之间不存在遮挡，并且具有足够的光功率余量，通信就可以正常进行。

图 8-12　大气激光通信机的原理框图

1) 影响大气激光通信的因素

(1) 大气湍流效应的影响。由于光信号裸露在大气中进行传输，势必会受到气象条件的影响。风力和大气温度的梯度变化会产生气穴，气穴密度的变化将带来光折射率的变化，这会造成光束强度的瞬时突变，即所谓的“湍流”，影响大气激光通信的质量。

(2) 大气衰减的影响。雪、雨、雾都会引起大气激光的衰减，影响大气激光通信的质量。据测试，衰减值分别为：晴天，1～5 dB/km；雨天，3～50 dB/km；雪天，20～150 dB/km；雾天，50～300 dB/km。雾对大气激光通信的影响最大，这是由于大气激光通信的波长接近雾粒，能量被吸收，同时，雾粒呈现出棱镜的作用，使激光产生衍射。

(3) 大风和建筑物晃动的影响。影响大气激光通信性能的另外两个因素是大风和建筑物晃动。由于大气激光通信系统的收发设备一般都安装在高楼之上，因此，大风引起的光学天线晃动或建筑物的晃动都会造成光路的偏移。

2) 大气激光通信的关键技术

就概念而论，大气传输光学线路非常简单，即用发射机将激光束发射到接收机即可。然而，在实际的大气传输中，激光狭窄的光束对准确的接收有很高的要求，因此系统还应包括主动对准装置。在空间传输中，激光系统必须有很强的排除杂光的能力，否则阳光或其他照射光源就会淹没激光束。在实践中，需添加窄通滤光片，可以选择接收激光波长而阻挡其他的波长。目前而论，激光大气通信系统得以实用化涉及的关键技术主要有：瞄准、捕获、跟踪技术；光学天线的收发技术；LD 恒温驱动技术；光调制技术；激光探测技术等。

(1) 瞄准、捕获、跟踪(PAT)技术。PAT 技术是大气激光通信的关键技术，它是一个“光—机—电”一体化的高精尖技术。PAT 系统主要由四个部分组成，即光学天线伺服平台、误差检测处理器、信标信号产生器及信标光源、控制计算机。研制高精度、大范围和高动态响应的 PAT 系统成为目前大气激光通信的技术难点，同时也带来大气激光通信系统的高成本。

(2) 光学天线的收发技术。发射光学天线的发射角越大，接收光学天线的接收视场越大，瞄准、捕获、跟踪的难度就越小。但是发射视场和接收视场的设计需要考虑发射功率、探测灵敏度、通信距离等相关因素。因此，优化光学天线的收发技术对简化通信系统起到重要作用。

(3) LD 恒温驱动技术。LD 是一种阈值器件，LD 的阈值会随其温度变化，例如 AlGaAs-LD，当温度从 20℃上升到 80℃时，它的阈值增大了 1.46 倍。如果 LD 的温度上升后，驱动电流保持不变，那么输出功率就会下降，当电流下降到非线性区域时，输出波形会发生失真。而设备使用环境温度范围一般为 −40～+55℃。因此，为保证 LD 正常工作，需要有高效率的温控系统。

(4) 光调制技术。根据调制与光源的关系，光调制可分为直接调制和间接调制两大类。直接调制仅适用于半导体光源(LD 和 LED)，这种方法是把要传送的信息转变为电流信号注入 LD 或 LED，从而获得相应的光信号，是电源调制方法。间接调制是利用晶体的电光效应、磁光效应、声光效应等性质来实现对激光辐射的调制。这种调制方式既适用于半导体激光器也适用于其他类型的激光器。直接调制具有简单、经济、容易实现等优点，是激光通信中常采用的调制方式。直接调制还可以采用强度调制和编码调制等不同方式。根据通信系统的需要可以选择不同的调制方式，以满足对传输环境、传输速率、系统成本的要求。

(5) 激光探测技术。目前激光探测体制中主要有二极管阵列型、CCD 成像型和相干识别型。其中，二极管阵列型又可分为拦截探测型和散射探测型两种。激光通信中需要很高的响应速度、探测灵敏度和抗干扰能力，根据通信系统的需要可以选择不同的探测体制。

3. 军事应用

大气激光通信为无线通信的一种，它以光信号作为传输信息的载体，在大气中直接传输。由于是无线通信，它可随意移动到任何地点并实现移动沟通，这是它最大的军用价值和优势。目前，国外用于大气激光通信的半导体激光器和接收器件已实现了商品化，美国、日本及俄罗斯等国都相继推出了适用于半导体激光大气通信的大功率器件，连续输出光功率可从数十毫瓦到数瓦。

与传统的无线电通信手段相比，激光大气通信具有安装便捷、使用方便等特点，很适合于在特殊地形、地貌及有线通信难以实现和机动性要求较高的场所工作。此外，激光大气通信系统跟其他无线电通信手段相比，还具有不挤占宝贵的无线电频率资源、电磁兼容性好、抗电磁干扰能力强且不干扰其他传输设备、保密性强等特点，并且在有效通信距离和宽带等方面还蕴藏着巨大的发展潜力。与光纤通信相比，使用新技术光通信设备还具有建网和维护费用低廉；实际应用中线路建立快捷，特别适合快速抢通；运行安全，不易被窃听；可移动，可升级等优点。因此，激光大气通信可极大地提高光通信系统的通信能力，使通信技术产生新的飞跃。

1) 用于指挥所通信

军事战争中，由于各指挥所频繁移动，因而不宜采用铺设线路，如电缆、光纤通信线路等，而采用无线电通信容易遭到敌方拦截，因此，距离较近的指挥所可利用大气激光通信技术，即使部队转移位置，也可迅速与其他指挥所构建通信链路。此外，利用该技术可实现多种通信协议的叠加，极易实现多种数据类型的高速、大容量传送。

2) 用于恢复战场通信

由于战场上不确定性因素众多，战争态势瞬息万变，为了获取胜利，还需对战场全局信息加以把握，要求各作战单位信息应及时向指挥中枢报告，但这一过程会导致通信设施遭到敌方破坏，一旦短时间内通信未恢复，将会引发严重后果。此时，可利用大气激光通信技术作为临时替代，使战场通信迅速恢复。

3) 用于复杂地形通信

野战时由于战斗区地形不确定性大，一旦出现河流、峡谷，将会导致电缆、光缆敷设受阻，此时还需借助大气激光通信技术，实现高效、保密通信。此外，在很多险要地形及边境上也需要利用该技术实现各哨所之间的大容量、高效率通信。

4) 用于战斗单元协同通信

当前国内坦克、战舰、战斗机等相互间的协同通信多利用无线电通信实现，该方式极易遭到敌方强电磁干扰，也容易被窃听。此外，为了满足战斗要求，要求战斗单元实现无线电静默，而解决此类问题的最佳方案即应用大气激光通信技术，但这对于 APT 系统要求较高，还需确保光发射、接收天线的精确对准。当前，大气激光通信技术所采用的激光束发散角通常较小，因而光接收端难以精确对准发射端的光信号，因此，为了促进其在军事领域的应用，还需加快完善编码技术与 APT 系统高精度化，如此方可使其深度应用于未来战场通信系统中。

8.3 量子通信技术

作为新一代通信技术，量子通信是基于量子信息传输的高效性和绝对安全性，量子通信的安全性是由量子力学中的“海森堡测不准关系”(或叫测不准原理)及“量子不可复制定理”(非克隆定理)或纠缠粒子的相干性和非定域性等量子特性来保证的。

8.3.1 量子通信的基本概念

量子通信是指应用量子物理学的基本原理或量子特性进行信息传输的一种通信方式。量子密钥分发是现有量子通信研究中最为成熟和关键的技术，主要涉及的量子物理学原理有量子不确定性原理和量子不可克隆原理。

1. 不确定性原理

不确定性原理是德国物理学家海森堡于 1927 年提出的理论。不确定性原理也称为“海森堡测不准原理”，它描述了微观世界与宏观世界一个显著的不同。在量子力学里，对于微观粒子的某些物理量，当确定其中一个量时，就无法同时确定另一个量，例如微观世界的一个粒子永远无法同时确定粒子的位置和其动量。微观世界中量子的状态是基于概率的，在对一个量子进行测量时会不可避免地扰乱量子的状态，对一组量的精确测量必然导致另一组物理量的完全不确定性。

2. 量子不可克隆原理

根据量子态叠加原理，沃特思(Wotters)和祖列克(Zurek)在 1982 年提出了量子不可克隆原理。该原理指出不存在任何能够完美克隆任意未知量子态的量子复制装置，也不存在量子克隆能够输出与输入状态完全一致的量子态。即在量子力学中，无法实现精确地复制一个量子的状态，使复制后的量子与被复制的量子状态完全一致。

3. 量子纠缠

量子纠缠是量子计算与量子信息中最引人关注的现象。虽然对于量子纠缠还没有一个完整的理论，但是量子纠缠态作为量子力学特有的资源，已经成为量子信息处理中的基本资源，在量子信息处理上起着关键作用。

1935年Einstein 和他的学生Podolsky在一篇引起广泛争议的论文中首先提出了以他们的名字命名的两粒子最大纠缠态，即 EPR 态和 Bell 态。Einstein 在文中设计了一个理想实验用以证明在承认定域性和实在性的前提下量子力学的描述是不完备的，这就是著名的EPR 佯缪。论文引起了极大的关注，但由于缺乏必要的实验条件，使得这方面的研究一直没有很大的进展。直到 1965 年，Bell 发表了一篇令人瞩目的论文，其主要目的是为解决EPR 佯缪提供一个实验上可行的办法，他提出处于两粒子最大纠缠态的两个粒子之间测量结果的相关性强于任何经典系统可能的相关性，即著名的 Bell 不等式，并且在 20 世纪 80 年代首次被实验证明。纠缠态的这种特殊的性质被称为量子非定域性。Bell 不等式提出以后，量子纠缠态所表现出的非定域性引起了研究者的广泛关注。因为 Bell 不等式中观测量的值是一个平均值，所以它是从统计角度反映了纠缠态的非定域性。后来，Greenberger、Horne 和 Zeilinger 三人基于三粒子最大纠缠态——GHZ 态，提出了与 Bell 不等式不同方式的、确定的表现了量子纠缠态的非定域关联性，即不带不等式的非定域性证明。不久，Hardy 基于两粒子非最大纠缠态，提出了不带不等式的非定域性证明。随后，西班牙的 Cabello 基于两个 Bell 态首次提出了基于两粒子最大纠缠态的不带不等式的非定域性证明。到目前为止，这方面的研究已经取得了很大的进展，提出了许多不同的非定域性证明。由于多数非定域性证明都是基于纯态的，在实际应用中，纯态可能与环境相互作用而演化成混合态，因此研究混合态的非定域性是很有实际意义的。

8.3.2　量子通信的研究内容

量子保密通信主要包括量子密钥分发(Quantum Key Distribution，QKD)、量子隐形传态(Quantum Teleportation，QT)、量子机密共享(Quantum Secret Sharing，QSS)与量子安全直接通信(Quantum Secure Direct Communication，QSDS)等研究课题。

1. 量子密钥分发

量子密钥分发是量子保密通信中研究最早，理论和实验成果最多的一个研究领域。量子密钥分发主要有两个研究方向：一是基于连续变量量子密钥分发的理论和实验研究；二是高速率、高性能的量子密钥分发理论和实验研究。最早研究的量子密钥分发协议很多是关于两方之间的点对点的密钥分配。然而，量子密钥的分发实际上要求实现网络中任意用户之间的密钥分配。所以，后来人们研究了利用单光子的多用户量子密钥分发方案，也提出了使用非正交基的多用户量子密钥分发方案。

量子密钥分发不是用于传输密文，而是用于建立、传输密码本，即在保密通信双方分配密钥，俗称量子密码通信。量子通信作为量子信息研究的主要内容，是目前量子信息领域最具应用前景的一个部分。量子密码通信的目的是在合法的通信者之间实现绝对安全的通信过程。量子密钥分发的主要任务是利用量子信道在通信双方之间生成安全的密钥。要完成秘密信息的通信，通信的发送方要将秘密信息利用密钥加密生成密文，然后将密文通过经典通信发送给信息接收者，接收者利用密钥解密密文，从而得到传递来的秘密信息，这是四步通信过程，即生成密钥、加密信息、传输信息和解密信息。量子密钥分发的实验主要以单光子和纠缠光子对作为信息载体进行传输，从而完成通信过程。

量子密钥分发有两个信道：一个是经典信道，使用普通的有线或无线方法发送密文；另一个是量子信道，专门用于产生密钥。每发送一次信息，通信双方都要重新生成新的密钥，即每次加密的密钥都不一样，实现了报文发送的“一次一密”，并且在密钥发送的过程中还可以检测有无侦听者，所以它可以在原理上实现绝对安全可靠的通信。目前所谓的量子通信，一般采用的是通过量子信道分发密钥的方案，其示意图如图 8-13 所示。

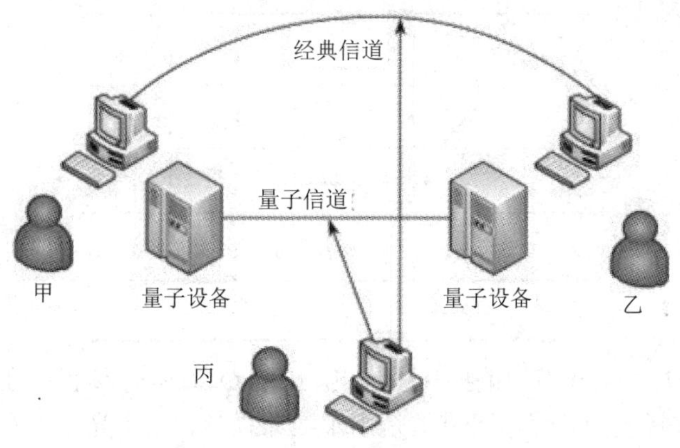

图 8-13　量子通信过程示意图

通过量子信道分发密钥的想法最早是 Bennett 和 Brassard 于 1984 年在 IEEE 的一次国际会议上提出的，故称为 BB84 协议，并于 1992 年由 IBM 公司首次实现。量子通信包括两方面的工作：一是硬件设备，用于产生、传送和检测单光子序列；二是通信协议，目前最常用的是 BB84 协议及其改进型。图 8-14 是 Bennett 的第一个量子密钥分发实验示意图。

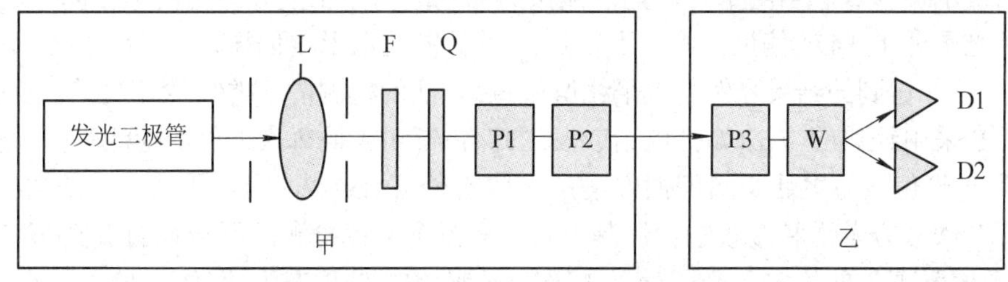

图 8-14　量子密钥分发实验示意图

图 8-14 中发光二极管产生的激光脉冲经过聚焦透镜 L 后，垂直入射到滤光片 F 上，脉冲中的绝大部分光子被反射或吸收，理想情况是只有一个光子通过滤光片。但实际难以做到，一般经过滤光片后，要达到 0.1 个光子/脉冲的水平，即每产生 10 个脉冲，只有一个光子通过。然而即使是这样，由于量子起伏，在偶然情况下，也会出现一次有两个或多个光子通过滤光片的情形，这就给窃听者留下了光子数分离攻击的漏洞。为了补救这一漏洞，在 BB84 协议的基础上，人们又提出了基于诱骗态的量子密钥分发方案。

单光子经过偏振片 Q 后，变为水平/垂直偏振或 +45°/−45° 偏振(取决于每次随机选择的偏振片 Q 的偏振方向)，即发送的光子每次等概率地处于水平偏振、垂直偏振、+45° 偏振和 −45° 偏振四种状态之一。P1、P2、P3 是光电调制器，用于对单光子序列进行编码计数。在接收端，乙使用检偏棱镜 W 对光子进行检测，以确定光子的偏振状态。乙每次随机地选用水平/垂直偏振基或斜偏振基进行检测，每次可以检测到相互正交的两个偏振状态，如图 8-14 中的 D1 和 D2 所示。

下面我们对照表 8-1 说明 BB84 协议的具体内容。为了简化，表中列出了 8 次单光子发送和接收情况。

表 8-1　BB84 通信协议

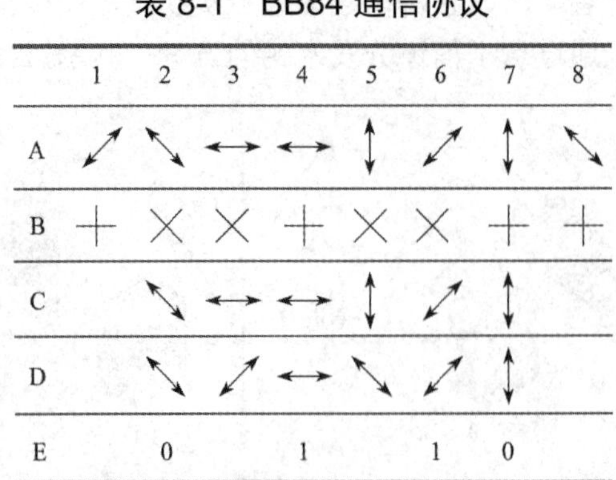

	1	2	3	4	5	6	7	8
A	⤢	⤡	↔	↔	↕	⤢	↕	⤡
B	+	×	×	+	×	×	+	+
C		⤡	↔	↔	↕	⤢	↕	
D		⤡	⤢	↔	⤡	⤢	↕	
E		0		1		1	0	

在第 1 次发送时，A 选用的偏振片(图 8-14 中的 Q)为+45° 偏振。在接收端，B 采用水平/垂直偏振方案进行检测。然而可惜的是由于线路损耗，这个光子没有到达 B。接着进行第 2 次发送/接收。这次 A 检测的结果为 −45° 偏振，B 采用斜偏振检测方案，这次光子成功地到达 B，B 检测的结果当然是 −45° 偏振。第 3 次 A 发送的光子是水平偏振，B 采用斜偏振检测方案。这次的情况比较有意思，因为发送方和接收方的检测方案不一致。

那么根据量子态的叠加原理，或者直接应用光学中的马吕斯定律，检测后的光子有一半概率处于 +45° 偏振，有一半概率处于 −45° 偏振，这是因为一个线偏振可以认为由两个相互正交的线偏振合成。当测量时，光子偏振坍缩到这两个正交方向的概率相同。这次检测的结果是光子处于 +45° 偏振。第 4 次发送的光子仍是水平线偏振，B 采用水平/垂直偏振方案进行检测，得到的结果当然是水平线偏振。后 4 次的检测情况类似。本次通信过程完毕。

然后B采用经典的方法(如打电话或发送邮件)告知A他每次采用的检测基(即每次采用的是水平/垂直偏振方案还是斜偏振方案)。A 告诉他哪几次选对了。在表 8-1 的情况，即第 2、4、6、7 次双方发送和接收的检测基一致。双方舍弃掉检测基不一致的事例(第 3 和第 5 次)，然后按照事先的约定，光子处于水平偏振或+45° 偏振态为“1”，处于垂直或 −45° 偏振态为“0”，这样，本次通信得到的原始密钥为“0110”。

得到原始密钥后，通信双方还要进行纠错控制和保密放大，并截取原始密钥的一部分作为最终的通信密钥。这些都属于经典通信的内容，量子通信的核心内容主要体现在图 8-14 的通信设备和表 8-1 的通信协议上。可以看到，密钥在产生前，连发送者都不知道是什么。

假设在双方通信的过程中，有窃听者(图 8-13 中的丙)存在。他要获取密钥，只能是在量子信道(一般为光纤或大气)中插入和接收端 B 类似的检测装置，每次先于 B 检测，然后再把光子转发给 B。这时，量子力学中的一个原理——量子态非克隆原理开始起作用了。这个原理是说，一个微观粒子的量子态是不能复制的。要想复制，就必须对量子态进行检测，而一旦进行检测，就破坏了量子原来的状态，得到的就不是原来的量子态。这是因为微观粒子的状态(如能级、相位、自旋、偏振等)很容易受外界环境的影响，外界环境的微小改变，就会使粒子的量子态发生改变。应用到量子通信场合，假如丙不知道光子的偏振状态，那么他每次只有一半的概率猜对光子发送时的偏振状态。在接收端，B 每次选对检测基的概率也只有一半。这样，在有窃听者存在的情况下，密钥的误码率将上升。这样通过检测误码率，通信双方就知道有无窃听者存在。

除了 BB84 协议外，常用的量子通信协议还有 E91、B92 等。E91 采用一对关联光子(称为纠缠光子对，两个光子的状态完全相同，如同一对孪生子一样)，分别用于发送方检测和接收方检测。这样假如不考虑线路损耗的话，E91 的通信效率是 100%，而 BB84 只有 50%。这是因为单光子入射到偏振片 Q 时，有一半的概率能通过，有一半的概率被反射。采用 E91 协议时，不管入射到偏振片 Q 的光子是通过还是反射，另一个发送给 B 的孪生光子总能到达接收端。B92 协议是 BB84 协议的简化版，每次只使用水平/垂直偏振或 +45° /−45° 偏振中的一个偏振状态，如每次只使用水平偏振和 +45° 偏振，这样发送的光子偏振状态只有两种，而在接收端的检测方案不变。B92 协议简化了发送方的检测装置，但通信效率也相应降低，只有 25%。这是因为 B 要唯一地确定 A 的发送状态，要抛弃掉检测基一致的事例。只有检测基不一致中的一半事例才能作为原始密钥。

量子通信之所以安全可靠，一是它采用了“一次一密”技术，使破译者无从下手；二是它独特的防侦听技术，一旦有窃听者存在，就会被发现。这里的关键是应用了量子态非克隆原理，所以单光子的制备对于量子通信过程非常重要。假如一次有两个光子，窃听者就可以采用简单的分束器，把两个光子分开，检测一个并把另一个原封不动地转发给 B，从而不被发现。

另外，量子通信技术的局限性主要表现在以下方面：

(1) 量子通信采用点对点的方式，限制了其灵活性和机动性。若采用星地通信，则只有当卫星经过接收者头顶上方时才能进行。这也决定了量子通信不适合用于情况瞬息万变的战场通信，只适合用于线路固定的军事指挥通信。

(2) 量子通信采用的单光子传输方式，对使用环境有较高要求。如果是在自由空间传输，只能在晴朗无雾的夜晚进行通信，以避免背景光源和尘埃对单光子的影响。

(3) 单光子传输方式决定了很难实现远距离高速的量子密钥分发。目前的单光子通信距离在光纤中虽然达到了 100 km 甚至更远距离，但光子的损耗很大，导致成码率很低。如果要提高成码率，必须降低光子在光纤中一次性传输的距离。

2. 量子隐形传态

量子隐形传态是一种传递量子状态的重要通信方式，是可扩展量子网络和分布式量子计算的基础。在量子隐形传态中，遥远两地的通信双方首先分享一对纠缠粒子，其中一方将待传输量子态的粒子(一般来说与纠缠粒子无关联)和自己手里的纠缠粒子进行贝尔态分辨，然后将分辨的结果告知对方，对方则根据得到的信息进行相应的幺正操作。纠缠态预先分发、独立量子源干涉和前置反馈是量子隐形传态的三个要素。

通俗来讲就是：将甲地的某一粒子的未知量子态，在乙地的另一粒子上还原出来。量子力学的不确定原理和量子态不可克隆原理，限制我们将原量子态的所有信息精确地全部提取出来。因此必须将原量子态的所有信息分为经典信息和量子信息两部分，它们分别由经典通道和量子通道送到乙地。根据这些信息，在乙地构造出原量子态的全貌。

量子隐形传态作为量子信息处理的一个基本元素和实用量子技术的重要要素，是非常安全可靠的传输秘密信息的载体，在大尺度量子计算、量子纠缠、远距离量子通信和量子计算网络中发挥着至关重要的作用，成为科学领域新的研究方向，具有重要的研究意义。

目前关于量子隐形传态研究存在的问题是：

(1) 没有一个统一免疫噪声的高保真纠缠量子隐形传态信道框架，无法刻画在局域共同模式下的纠缠演化特性，针对纠缠演化模型和纠缠突然死亡发生的原因刻画比较困难。

(2) 现有的信道容量并未达到理论上的值，并且信道利用率低。

(3) 测量方法是基于单自由度的，而且只能传输单个自由度的量子状态，处于量子基础理论层面。由于光子具有波长、动量、自旋和轨道角动量等多种自由度特性，并且在量子物理体系中呈现出非定域、非经典的强关联性显著关系，这动摇了量子隐形传态理论中的单一自由度独立性假设。

3. 量子机密共享

机密共享是保密通信的一个常见的问题。假设Alice委托代理来完成一项重要的任务，但是她担心代理会违背她的意愿，威胁她的利益，因此，她的指令只有在所有代理都在场的时候才能获得，这样，诚实的代理可以阻止不诚实的代理违背她的意愿，对她的利益产生威胁。利用密钥分配，她可以把她的密钥分成几部分，分别发送给各个代理，这样只有全部代理都在场的时候才能获取她的信息。经典机密共享由于不能实现安全的密钥分配，因此不能安全地实现机密信息。

利用量子密钥分发，可以实现量子机密共享，但这样做效率不高。量子信息论提供了一种在通信多方之间安全地建立密钥的简便方法，即量子机密共享(Quantum Secret Sharing，QSS)。代理方通过共享纠缠态的非定域关联性或单粒子测量结果和 Alice 信息的一一对应关系，与 Alice 建立密钥，实现密钥共享。Alice 用她手中的密钥对传送的信息加密后，由于加密的方式取决于代理方和 Alice 共享的密钥，因此需要同时具有所有代理方的密钥才能取消 Alice 施加的变换，获取信息。

1999 年 M.Hillery 等人基于三粒子 GHZ 态的非定域相关性提出了第一个量子机密共享模型，即 HBB99-QSS。随后，量子机密共享引起了广泛的关注，相继提出了十几种量子机密共享方案。与量子密钥分发类似，大体上可以分为基于纠缠粒子的量子机密共享和基于单粒子的量子机密共享。

下面简介基于纠缠粒子的量子机密共享方案。该方案大都利用最大纠缠态，而最大纠缠态，在实际情况中仅仅是一个理想状态，由于受客观环境的影响，通常得到的是纯纠缠态。基于纯纠缠态的量子机密共享方案，为实用纠缠源下多方之间共享密钥提供了一种新方法，即利用预先共享的纯纠缠态的非定域关联性，代理方的测量结果和 Alice 的信息具有一一对应关系，根据所有代理方的测量结果，即可以获得 Alice 的信息。在这样的量子机密共享模型中，由于通信各方不能简单地利用非定域相关性来完成信道安全的检测，可以考虑采用诱骗光子技术来完成量子信道的安全创建。

4. 量子安全直接通信

量子安全直接通信(QSDC)是用量子态加载信息，综合利用纠缠粒子的关联性和非定域性等量子特性以及海森堡测不准原理、不可克隆定理等量子力学基本原理，借助量子信道安全无泄漏地直接传输机密信息的一种量子通信技术。量子安全直接通信通过建立量子信道可直接传输机密信息，无需事先生成密钥，只在安全性检测、出错率估计时需要少量经典信息交换。机密信息加载于量子态前，通信方就应判断出是否存在窃听，若有窃听，则放弃此次通信过程；若无窃听，就开始传输机密信息。由此可见，量子安全直接通信也可产生随机密钥，实现量子密钥分发的功能，量子安全直接通信是一种和量子密钥分发(QKD)不同的新的量子通信方式，两者的根本区别在于：在量子安全直接通信系统中通信双方没有在通信开始前先制备量子密钥，然后再对量子信息进行加密，而是直接对量子保密信息进行传输。由于没有事先制备的密钥信息来进行安全性的判断，因此 QSDC 系统对安全性的要求比 QKD 系统更高，收发双发必须在信息被窃听前就要判断信道中是否存在窃听行为。

基于以上对量子安全直接通信技术的讨论，结合该技术的基本要求，可以将满足量子安全直接通信系统的标准总结如下：

(1) 需要传输的量子保密信息应直接在收发双方间进行传输，直接由信息接收者读出，在信息的传递过程中除了通信开始前的安全性检测外，不需要其他附加经典信息的交换。

(2) 系统中可能存在的窃听者无论采取何种窃听方式均无法得到所传输的量子信息，而只能窃听到一个没有实际作用的随机结果。

(3) 通信双方所进行的安全性检测必须在信息交换之间就完成，由于没有事先制备安全密钥，因此必须在通信开始前就检测出是否有窃听者的存在。

(4) 量子保密信息必须以量子数据块的形式进行传输，即制备成相应的量子态序列，然后再在合法通信双方进行数据交换。

8.3.3 量子通信技术研究进展

自从 1992 年第一个量子密钥分发实验成功以来，量子通信技术在国内外都得到了迅猛发展。

1. 国外发展状况

为了解国外量子通信技术的发展历程，下面列出几个典型的量子通信实验：

(1) 1993 年，英国国防部研究局实现了在光纤中利用 BB84 协议进行了 10 km 距离上的量子密钥分发。

(2) 2000 年，美国阿拉莫斯国家实验室实现了 1.6 km 自由空间的量子密钥分发。

(3) 2002 年，瑞士日内瓦大学的 Gisin 小组在 67 km 的光纤上演示了量子密钥分发。

(4) 2004 年，日本 NEC 公司在光纤上量子密钥分发距离达到了 150 km。

(5) 2006 年，德国、奥地利、意大利、英国的 4 所大学在两个海岛之间进行了夜晚 144 km 的自由空间量子密钥分发实验。

(6) 2008 年，欧盟在维也纳开通了有 8 个用户的量子网络。

(7) 2008 年，意大利和奥地利的科学家首次识别出从 1500 km 高的卫星上反射回地球的单批光子，从而为星地量子通信打下了基础。

(8) 2008—2010 年，美国 Los Alamos 国家实验室、美国国家标准局联合实验组和奥地利 Zeilinger 教授领导的欧洲联合实验室使用诱骗态方案实现了安全距离超过 100 km 的量子密钥分发，量子通信从实验室演示开始走向实用化。

(9) 2010 年，日本 NICT 主导，联合欧洲和日本相关公司与研究机构，在东京建成了 6 个节点的城域量子通信网络“Tokyo QKD Network”。该网络演示了视频通话与网络监控功能。

(10) 2013 年，美国独立研究机构 Battelle 公布了环美量子通信骨干网络项目，采用分段量子密钥分发，结合安全授信节点进行密码中继的方式为谷歌、微软、亚马逊等互联网巨头的数据中心之间的通信提供量子安全保障服务。

(11) 2021 年，卢森堡成立了多机构的联合体以设计其量子通信基础设施项目(LuxQCI)，其中的一项主要功能是确保量子密钥分发(QKD)。

2. 国内发展状况

在国内，量子通信以中国科学技术大学的潘建伟和郭光灿两个研究小组为主，以下是中国学者在量子通信领域的主要发展历程：

(1) 1995 年，中国科学院物理所首次用 BB84 协议完成了演示实验。

(2) 2003 年，中国科学技术大学在校园内铺设了 3.2 km 的量子通信系统。

(3) 2005 年，郭光灿团队在北京和天津之间完成了 125 km 的光纤量子通信实验。

(4) 2012 年，潘建伟团队建设成功“合肥城域量子通信实验示范网”，该网络有 46 个节点，连接 40 组“量子电话”用户和 16 组“量子视频”用户。

(5) 2012 年，中国学者在青海湖完成了百公里量级纠缠光子对的量子密钥分发实验。

(6) 2013 年，中国科学院联合相关部门启动了上千公里的光纤量子通信骨干网工程“京沪干线”项目。

(7) 2015 年，中国科学技术大学多方量子通信方案在实用化、远距离多方量子通信方面迈出了重要的一步。中国科学技术大学与信息研究部研究组结合诱骗态和测量设备无关的量子密钥分发技术，提出了一个可以在百公里量级分发后选择多光子纠缠态并进行多方量子通信的实用化方案。

(8) 2016 年，中国在酒泉卫星发射中心发射了全球首颗量子通信实验卫星。

(9) 2017 年 9 月 29 日，世界首条量子保密通信干线“京沪干线”顺利开通，洲际量子通信成功实施。

(10) 2018 年 9 月，中国科学技术大学李传锋团队制备出偏振-路径复合的四维纠缠源，利用这种四维纠缠源首次成功识别了五类贝尔态，并实验演示了量子密集编码，提高了量子密集编码的信道容量纪录。

(11) 2020 年 6 月，“墨子号”实现基于纠缠的无中继千公里量子保密通信。

(12) 2021 年 1 月 7 日，中国科学技术大学宣布中国科研团队成功实现了跨越 4600 km 的星地量子密钥分发，标志着我国已构建出天地一体化广域量子通信网雏形。

8.3.4　量子通信技术军事应用前景

在国防和军事领域，量子通信以信息安全传输和超光速通信等优势，显示了无与伦比的魅力。量子通信在军事上的应用前景，主要体现在以下四个方面：

一是能够应用于通信密钥生成与分发系统。量子通信技术的最大特点是它的密钥具有完全安全性的特征。这是经典加密通信无法实现的，也是量子密钥传输技术率先取得突破的需求动力。在现有的军事通信系统网络基础上，可以通过天基平台部署量子通信密钥生成与分发系统，向未来作战战场覆盖区域内任意两用户分发量子密钥；通过量子中继，亦可以将基于光纤信道的量子密钥生成系统拓展到广域范围；可以在广域量子通信密钥生成系统支撑下，在任意两用户之间实现加密通信，从而构成具有严格安全性能的通信专网；

还可以通过基于天基的自由空间光量子通信技术,实现机动用户间的密钥共享的安全通信,从而构成作战区域内机动的严格安全通信网络。

二是能够应用于信息对抗。由于光量子密码具有“不可破”和“窃听可知性”,并且光量子加密设备可与现在的光纤通信设备融合,制成目前光纤通信的换代端机,可以用来改进目前军用光网信息传输保密性,从而提高信息保护和信息对抗能力。同时,与经典通信相比,光量子通信既无电磁辐射,也无强光辐射,敌方无从知晓是否在通信以及通信者的位置,也就难以截获和破坏我方密码,这为军事信息对抗和军事通信隐身提供了“电磁静默”环境。

三是能够应用于深海安全通信。岸基与深海间通信一直是世界性难题。利用长波通信系统,不仅系统庞大、造价高、抗毁性差,而且仅能勉强实现海水下百米左右的通信。在同等条件下,量子通信获得可靠通信所需的信噪比比其他通信手段要低 30～40 dB 左右;同时,光量子隐形传态具有与传播媒质无关的特性,能有效突破海水障碍,为远洋深海安全通信开辟了一条崭新途径。

四是能够应用于构建超光速信息网络。军事信息网络需要大容量、高速率传输处理及按需共享能力。随着量子通信技术的研发突破和日趋成熟,可以利用量子隐形传态以及超大信道容量、超高通信速率和特高的信息高效率等特点,建立满足军事特殊需求的超光速军事信息网络。

8.4 数据链通信技术

数据链作为现代信息化战争中的主战装备,用于构建指控网络、传感器网络、武器平台网络,是支撑联合作战的基本信息手段。本节主要介绍数据链的定义与分类、发展历程与地位作用,分析数据链的系统组成与结构,并就美军典型的数据链系统进行概要介绍。

8.4.1 数据链的基本概念

1. 定义与分类

1) 数据链的定义

数据链是一类以数字通信和计算机技术为基础,以传输信道、通信协议、消息标准和应用软件为基本组成要素,适合在作战平台之间交换、处理数字化战场信息,满足实时/近实时战场信息保障需求,最终在战场态势感知共享、指挥控制、战斗协同、武器控制等方面构建紧密交链关系的战场信息系统。数据链系统的体系结构如图 8-15 所示。

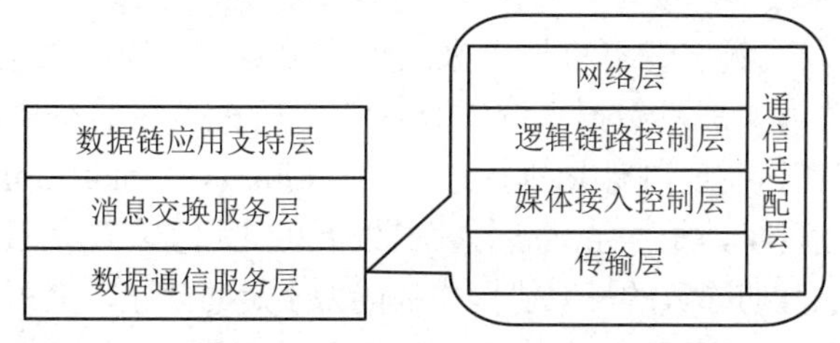

图 8-15 数据链系统体系结构

由图 8-15 知，数据链系统体系结构的最底层是数据通信服务层，这一层负责完成数据链的组网通信任务。数据通信服务层又进一步由传输层、媒体接入控制层、逻辑链路控制层、网络层和通信适配层等单元组成。在不同的数据链系统中，这些组成单元的配置和功能实现会有所不同。数据通信服务层的上面两层分别是消息交换服务层、数据链应用支持层。其中，消息交换服务层是数据链消息标准的具体执行单元，由它负责完成格式化消息的编/解码，以及消息的收/发控制；数据链应用支持层的功能通常由数据链共性应用软件来完成，它对上负责对来自消息交换服务层的战术消息进行共性或定制处理，以满足作战平台信息系统的数据链应用要求，对下负责对来自作战平台信息系统的战术消息进行预处理，并最终提交给消息交换服务层。数据链应用支持层是数据链最终向作战平台提供态势共享、指挥控制、战斗协同、武器控制等支持的重要功能单元。

2) 数据链的分类

(1) 依据传输手段的不同，数据链可分为有线数据链和无线数据链。

(2) 依据应用领域和适用范围的不同，数据链可分为通用数据链和专用数据链。其中，通用数据链是指用于诸军种联合作战及跨军种协同作战的数据链系统；专用数据链是指为某军兵种、某种武器系统专门设计，仅仅局限于该军兵种或武器系统独立使用的数据链系统。

(3) 依据任务使命或功能的不同，数据链可分为指挥控制数据链、情报分发数据链、武器数据链和综合数据链等。

① 指挥控制数据链主要用于指挥平台之间以及指挥平台与武器平台之间分发传输指挥控制消息，是提高指控平台指控效率和协同作战能力的重要手段。

② 情报分发数据链主要用于在指挥平台、武器平台和传感器平台之间实时传输情报侦察、目标监视、平台位置、平台状态以及电子战等信息，实现战场态势信息的实时传输、分发共享，提高战场感知能力，是在信息化战场上构建感知网络(也称传感器网络)的重要手段。

③ 武器数据链又可分为武器协同数据链、弹药控制数据链等。武器协同数据链主要用于在武器平台之间支持协同感知、协同打击；弹药控制数据链是在武器平台与发射出去的智能弹药之间提供“人在回路”控制，通过弹药控制数据链可以将智能弹药捕获的视频、图像信息回传给控制平台，从而拓展网络化战场感知能力。

④ 综合数据链则是指在功能上融合了上述两类或两类以上数据链能力的数据链，比如兼具指挥控制和情报分发的数据链。

2. 数据链的发展历程

二战后期，随着喷气式飞机、导弹等高机动性武器的出现，以及雷达等新式探测装备的迅速发展和广泛运用，传统的基于人工作业的态势处理和话音指挥方式已经无法满足国土防空、舰船防空等作战指挥要求。二战结束后，以美军为首的西方军队开始积极尝试利用当时刚刚出现的第一代数字计算机技术来改善国土防空、舰船防空的指控效率。为此，“赛其(SAGE)系统”“海军战术数据系统(NTDS)”等一批著名的军事研制计划在 20 世纪 50 年代相继启动。就在这些研制计划执行过程中，Link 1、Link4(Link 4A/4C)、Link 11 等一批早期数据链系统出现了，数据链装备技术的发展由此起步。越南战争后，针对战争中各军种之间的数据链无法互通导致的三军协同作战能力不足的问题，美军开始研发 Link-16 数据链。Link-16 自 20 世纪 80 年代开始配发美军以来，已经成为美军事实上的通用数据链系统。

尽管数据链技术与装备从 20 世纪 50 年代就已经出现并发展起来，但世界各国军队普遍认识到数据链的重要地位和作用则经历了一个逐步渐进的过程，这个过程是和世界军事信息化进程的不断推进密切关联的。数据链的作用初露锋芒是在第五次中东战争(叙以战争)的贝卡谷地空战中。在这次战斗中，以色列空军凭借其在电子战方面的压倒优势，在 E-2C 预警机的数据指挥下，对叙利亚空军取得了 1∶81 的骄人战绩。而让数据链在信息化战争中逐步确立主战装备地位的，则是 20 世纪 90 年代以来发生的几次局部战争。特别是在阿富汗战争后，美军对其在阿富汗战场上投入的各类高新武器装备在战争中的作用进行了一次综合排名，结果排名最靠前的就是美军使用的各类数据链系统。

进入 21 世纪后，在网络中心战等军事理论的牵引下，在不断演进的信息技术革命的支撑下，以美军为首的外军数据链装备技术继续向前发展。

1) *已有数据链系统的改进与升级*

为了适应信息化装备技术的发展，满足不断增强的数据链保障能力要求，美军及北约国家正在对广泛使用的 Link-16、Link-11 等数据链系统进行技术改进和功能升级。另外，为了增强不同类型数据链系统之间的互联互通互操作能力，美军加快了统一数据链标准的进程。经过多年的演变和完善，其通用数据链(Link-16、Link-22、VMF、JRE 等)已逐步统一到 J 序列消息标准上；原来的 LAMPS、SCDL 和近年发展起来的 TCDL、HIDL 系统已统一到公共数据链(CDL)标准上；情报广播分发系统 TRIXS、TIBS、TDDS、TADIX-B，以及后续出现的 IBS 已统一到 TIBS 的 E 系列消息标准上。为了提高数据链终端的通用性和可扩展性，美军还在积极发展联合战术无线电系统(JTRS)，用一个通用的单一系列软件可编程无线电台来满足美军所有 4 种战术通信(话音、数据、图像和视频)的需求，同时取代现有 125 种不同型号的电台。该电台系列将覆盖大部分频谱(2 MHz～2 GHz)和 40 多种波形。这其中就包括 Link 4A/4C、Link 11/11B、Link 16、CDL、IBS 等数据链波形。

2) *新型数据链系统的研制与应用*

为了适应新的作战需求，遂行“网络中心战”等军事理论，美军及北约国家也在积极研制应用新的数据链系统。

(1) 广域覆盖的卫星数据链，例如卫星战术数字信息链路 J(S-TADIL-J)、JTIDS 距离扩展(JRE)等。

(2) 网络化的宽带情报分发数据链，例如多平台通用数据链(MP-CDL)等。

(3) 面向作战平台的武器协同数据链，例如协同作战能力(CEC)、战术瞄准网络技术(TTNT)等。

(4) 面向作战平台的弹药控制数据链，例如 AN/AXQ-14 数据链系统、AN/AWW-13 先进数据链路等。

(5) 更加宽带的微波数据链、激光数据链系统等。

3. 数据链的地位与作用

数据链建设是军队信息化建设的重要组成部分。在信息化战争中，数据链已成为获取信息优势，提高指控效率，加快战斗进程，增强协同作战能力、战场生存能力、武器系统作战效能的关键要素之一。对于构建和交链指控网络、传感器网络、交战网络，支撑联合作战，形成体系化作战能力具有十分重要的意义。

从技术的角度看，数据链的作用在于为信息化战场中的作战力量，特别是智能化的作战平台提供了战场信息沟通的手段，是加快战场信息流程，促进战场信息融合和共享，提升作战平台之间互联互通互操作能力的重要物质保障。

从军事的角度看，数据链在信息化战场中的作用主要体现为以下几点。

(1) 数据链是构建信息化作战体系，支撑联合作战的重要物质基础。

作战体系是一个由人、武器等多种要素构成的复杂巨系统，信息是整合作战体系各要素的重要纽带。在未来信息化作战体系中，各种基于数字计算机技术的智能化作战平台将成为重要的构成要素。数据链作为这些智能化作战平台信息沟通的主要手段，自然就成为在信息化战场上构建信息化作战体系的重要物质基础，成为作战力量的重要“黏合剂”。这种新型的信息沟通手段，能够跨军兵种地实现感知网络、指控网络、交战网络的构建和交链。美军学者约翰·加斯特卡在其《网络中心战提供作战优势——数据链是信息时代的新武器》一书中指出，信息化战争的标志性新武器就是数据链及其链接的作战网络，数据链作战网络已成为信息化作战体系的重要表现形式。

(2) 数据链是提高指挥效率，增强战场感知、控制、打击和生存能力的重要物质保证。

在信息化战场中，包括发射出去的弹药都可能具备战场感知的能力。指挥官和战士所能获得的战场感知手段将会变得非常丰富。数据链将成为这些战场感知手段进行信息交互的重要手段(特别是在战场的末端)。通过数据链，这些信息将以恰当的方式、恰当的内容提供给各级各类指挥员，从而极大地增强指挥员的战场态势感知能力，为提高指挥员指挥决策的科学性、时效性提供有力的技术保障。通过数据链提供的数据指挥控制通道，指挥员可以跨军种、跨作战空间地灵活选择逐级指挥、越级指挥、协同指挥等方式，实现对各种作战力量的扁平化指挥，甚至将指挥控制指令直接交链到武器平台。因此，指挥员的战场控制能力得到了极大的加强。同时，“传感器到射手”的作战模式也得以实现，部队获得了更快的反应速度，战场生存能力也随之得到增强。通过数据链提供的数据通道，武器平台之间的协同作战能力，以及武器平台对发射出去的智能弹药的“人在回路”控制能力得到了极大的增强，网络化武器平台的目标捕获、定位、跟踪和远程精确打击能力也有了极大提高，这使得整个武器系统的打击能力有了飞跃式的提升。

(3) 数据链是促进装备信息化，推动世界军事信息化转型的重要物质力量。

作为一类面向机器(计算机)提供信息保障服务的信息系统，数据链装备的作战应用，客观上要求参与其中的作战平台必须实现数字化、智能化。因此，数据链的建设和发展，成为促进整个军事装备体系信息化的重要推手。另外，数据链装备为战场上各级各类指战员提供的全新的战场感知、指挥控制和打击能力，为联合作战、网络中心战、扁平化指挥、远程精确打击、网络化瞄准等新的作战理论、作战理念、作战样式提供了技术和物质保障。因此，数据链也成为推动世界军事信息化转型的重要物质力量。

8.4.2 数据链的系统组成与结构

1. 设备组成要素

数据链装备的基本组成要素包括战术数据系统(TDS)、数据终端设备(DTS)、无线电设备(Radio)和天线(参见图 8-16)。当然，对于极少数有线数据链系统来说，数据终端设备和无线电设备将由相应的调制解调器(Modem)来代替。而对于具有通信保密能力的数据链系统来说，还需增加保密装置。

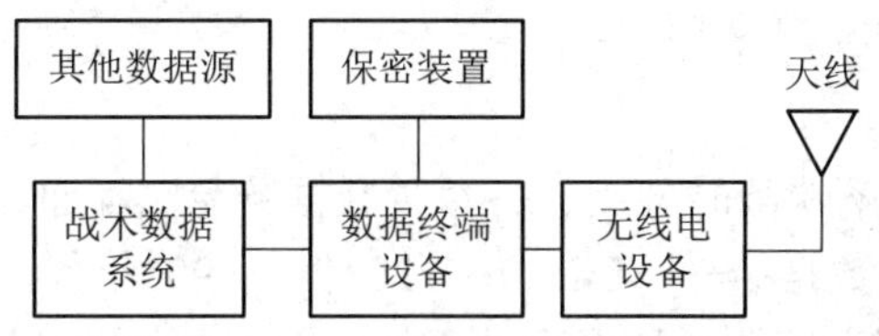

图 8-16 数据链装备基本组成

战术数据系统是每条数据链路对应的信源和信宿。在各类作战平台和指挥中心中，战术数据系统通常是指挥控制系统的重要组成部分，甚至就由指挥控制系统本身来兼任。

数据终端设备也叫数据终端机、数传机。它是集中体现了战术数据链特征的关键设备，是数据链波形和消息标准实现的主要场所。

无线电设备需要完成数/模转换、频率搬移、跳/扩频组网等功能。目前数据链系统所使用的主要无线电设备包括高频无线电设备、特高频无线电设备、微波通信设备等。

2. 数据链网络基本结构

与传统军事通信系统不同，数据链网络是以各类作战平台、作战部队为网络组成要素，形成网络节点。这些节点间的基本网络结构大致包括点对点结构、星型结构、网状结构，以及多网结构和自组织网络结构(Ad Hoc)，如图 8-17 所示。

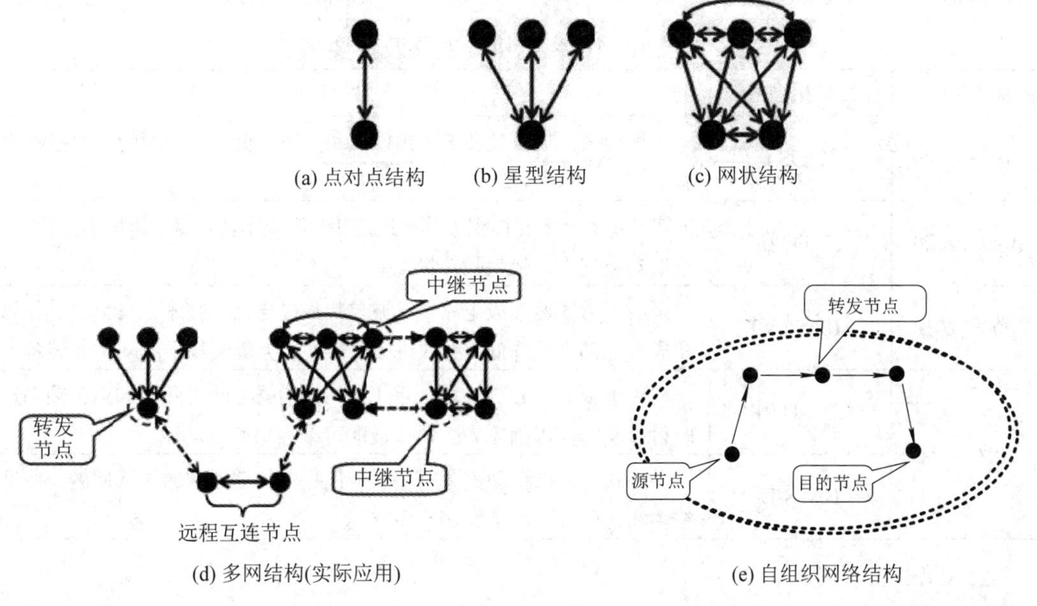

图 8-17 数据链网络基本结构示意图

8.4.3 典型的数据链系统

从 20 世纪 50 年代，美军就开始研制和使用数据链系统。迄今为止，美军及其盟友已完成 Link-16、Link-22、MADL、CEC 等多个国际通用数据链系统的研制，并由最初装备于地面防空系统、海军舰艇，逐步扩展到飞机，并于近年来的几场信息化战争中发挥了极其重要的作用。

1. Link-16

20 世纪 70 年代，为解决战时各国、各军种数据链无法互通问题，美军与北约各国开始共同开发研制国际通用数据链——Link-16。20 世纪 90 年代，海湾战争的爆发加速了 Link-16 的入役，当时美国海军尴尬地发现其不能与其他军种顺利地共享信息，导致作战协调不便，因此美军与北约开始加速装载 Link-16。

Link-16 主要由终端设备、指挥与控制处理器(C2P)、战术数据管理系统(TADS)及天线组成，如图 8-18 所示。

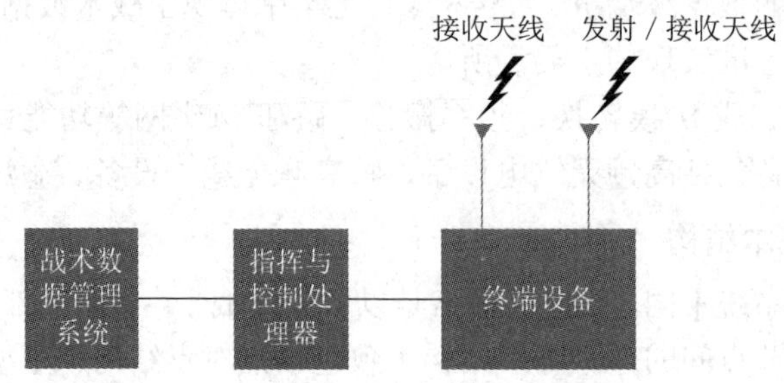

图 8-18 Link-16 组成

目前，Link-16 已经发展了 4 代多型终端机，Link-16 终端机的发展及主要特点见表 8-2。

表 8-2 Link-16 终端机的发展及主要特点

发展时间	终端机型号	主要特点
1980—1990	JTIDS I	体积较大，只安装在 E-3 预警机和美国、英国、北约的地面控制设施上
1990—2000	JTIDS II	在功能、重量和体积上都有所进步，但成本及重量、体积仍然较大，难以安装到中、轻型战斗机上
2000—2010	MIDS-LVT	采用了超高速集成电路、微波单片集成电路等技术，在重量、体积和成本上都大幅降低，并改进了兼容性，大量装载于海陆空各装备上
2010 至今	MIDS-JTRRS	相对于 MIDS-LVT，增加了 Link-16 增强吞吐量和 Link-16 频率重映射以及经美国国家安全局认证的可编程加密等功能
	BATS-D	手持式，可以帮助美军解决联合任务中长期遇到的作战问题；协调空中和地面部队的近距离空中支援

2. Link-22

20 世纪 80 年代，为能用较低的费用来更新他们于 60 年代研发的 Link-11 并补充完善 Link-16 战术功能，美国和北约国家发起了“北约改进 Link-11”(NILE)项目计划，开始研发 Link-22 数据链。

Link-22 系统配置如图 8-19 所示，Link-22 数据链中的作战平台又称为 NILE 单元(NU)。每个 NU 单元的功能配置包括战术数据系统(TDS)、数据链处理器(DLP)、人机接口(HMI)、系统网络控制器(SNC)、链路层控制(LLC)、4 个信号处理控制器(SPC)和无线收发设备以及日时间(TOD)基准。

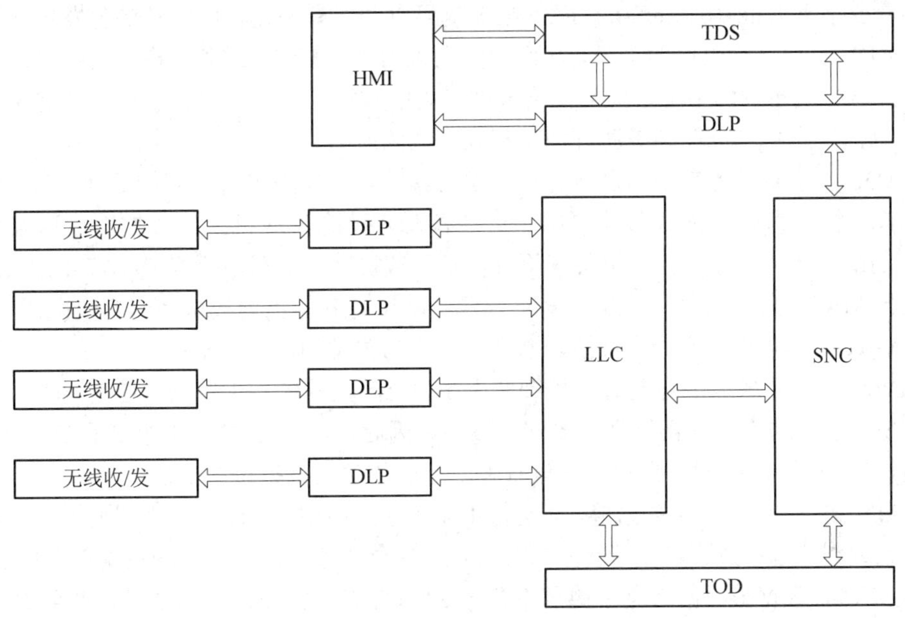

图 8-19 Link-22 系统配置

Link-22 数据链系统是一个保密、抗干扰的数据链，采用 TDMA 组网控制，最大可以支持不同传输媒介的 40 个网络同时运行，支持 F 系列和 F/J 系列报文的传输与转换，可与 Link-16 兼容工作，主要用于海军岸舰、舰舰和舰空之间的作战指挥和战术协同。同时，Link-22 数据链系统在 HF 和 UHF 工作频段上采用跳频工作方式来提高抗干扰能力，使用 HF 频段，能够提供 555.9 km(300 海里)的无缝覆盖，使用 UHF 频段，覆盖范围仅限于视距；HF 和 UHF 频段都能够通过中继扩大覆盖范围。

3. MADL 专用数据链

随着各种探测技术的发展，现代战斗机(如 F-35)上的机载小型有源相控阵雷达(AESA)在合成孔径模式下测绘的数字地图分辨率已经达到了 250 mm 量级，其光电传感器的探测距离和红外成像分辨率也在成倍提高。另外，隐身技术的应用也对数据链提出了隐身的新要求，传统数据链已经无法满足巨大的信息传输与隐身的需求，于是美国在原有机载综合电子系统上专门为 F-35 战斗机开发了一种数据链系统——MADL 专用数据链。

F-35 的 MADL 数据链系统的基本组成为：被分别嵌入飞机不同部位蒙皮之中的 6 个低可视性数据链收发天线；位于 F-35 机身上方和下方的信号收发机；MADL 数据链控制器；3 个天线接口设备；精密振荡器；通信、导航、识别(CNI)系统综合航电系统构架；综合式核心处理器；综合 CNI 系统控制面板(位于 F-35 座舱内的大型平板液晶显示器上)；MADL 系统软件。

MADL 工作于 SHF 波段，是一种宽带、高数据传输率、低截获概率的数据链。它可以在 360° 范围内的任何方向上接收或者发送数据传输信号，能为 F-35 战机提供全向覆盖。MADL 使用一个“雏菊花环模式”传输窄波束信号，这种“雏菊花环模式”指的是，第一架战斗机向第二架战斗机发射定向信号，再由第二架发送给第三架，以此类推。

单个 MADL 网络最多包括 25 个节点，尽管工作频率、带宽都比 Link-16 大，但网络用户容量要小于 Link-16、Link-22。F-35 战斗机可以利用有源相控阵雷达的猝发工作模式，通过 MADL 实现目标数据的交换，从而形成完整的目标航迹，或利用电子支援系统探测到目标后，立即发布到网络上，然后综合多架飞机的数据，实现对目标更准确的定位，因此 MADL 可提高隐身飞机在高威胁环境下相互协调的能力。

MADL 的主要优势在于通过改进可实现与其他隐身作战平台之间的数据交换。这意味着 MADL 将成为第一种低截获概率、可装备在多种隐身战机上的数据链，这同时也是 MADL 的最大优势所在。除了装备在第五代隐身战机上，美军还研究 E-3、E-8、无人机等战机装备 MADL 的可行性，以解决第五代隐身战机与其他主力战机之间的数据共享问题。此外，MADL 也具有出色的隐身性，这也是其最为关键的性能特征。

MADL 的主要缺陷是它的每个极细波束在任意时刻只能与 1 架飞机通信，即“一对一”数据交换，所以这不是真正意义上的网络设备。因此，F-35 战机上还加装了 Link-16 数据链，但是 Link-16 数据链的带宽和容量有限，无法传输大数据量的信息。

MADL 作为 F-35 专用数据链，其交付正在快速推广中。2019 年 7 月，媒体披露美国、英国、意大利三国在意大利南部上空举行 F-35 联合训练，训练中各国空军都使用了 F-35 战机的 MADL 数据链。据洛克希德马丁公司 2020 年 7 月披露的资料显示，截至 2020 年 7 月，已向 13 个国家交付了 540 架 F-35 战机。为验证 MADL 功能、加强盟友间协同作战能力，美国联合各盟国进行了多次联合训练。

4. CEC

CEC 是美国海军为加强海上防空作战能力而研制的协同作战数据链。CEC 是一个由硬件和软件组成的系统，是一个坚固的大宽带通信网和强大的融合处理器组成的动态分布式网络。组成 CEC 网络的节点被称为协同单元(CU)，其主要由协同作战处理器(CEP)和数据分发系统(DDS)两部分组成。

CEC 系统设备组成框图 8-20 所示。其中 DDS 主要由相控阵天线、高功率放大器、低功率放大器、信号处理器四大模块组成。DDS 通过“保密网络控制器”与 CEP 连在一起，而 CEP 中又包含了改进型武器系统的底层接口。

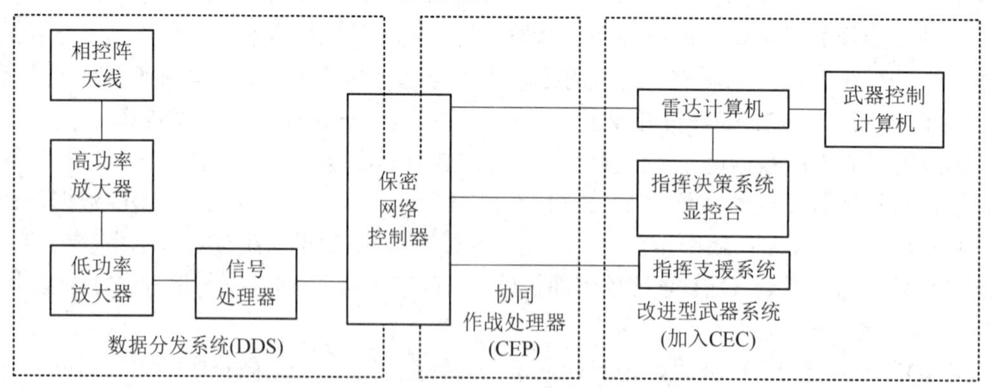

图 8-20　CEC 系统设备组成

CEC 系统能共享所有雷达、传感器的实时探测数据，产生统一的战况图像，从而做出最佳的决策。CEC 系统的每个作战单元都共享所有传感器的量测数据并保证关键数据的精度和时间特性。

与通用数据链 Link-16 不同，相控阵天线和波束对准技术使得 CEC 的 DDS 采用成对的 TDMA 通信体制，每一个时隙，各单元间都可成对完成双工通信。这样一方面提高了系统容量，其传输能力比通常的数据链高几个数量级；另一方面，点对点通信也增强了系统抗干扰和抗截获能力。DDS 可确保 CU 接收由 DDS 传送的数据的属性与该系统从本单元自身的传感器和武器上得到的数据属性一致。因此，整个 CEC 系统具有很强的复合跟踪、精确提示和协同攻击能力。

近几年，美国正加速在澳大利亚和日本等盟国军队的主战平台上安装和部署 CEC 系统。澳大利亚在军事上一直紧随美国，澳军已成为除美军外最先部署和安装 CEC 系统的军队。迄今，澳大利亚军队安装了 CEC 系统的平台，包括海军的第三艘“霍巴特”级宙斯盾驱逐舰、“猎手”级护卫舰，以及空军的 E-7A 预警机和陆军防空反导系统等。

在 2018 年的夏威夷演习期间，澳大利亚海军的“霍巴特”号与美国海军“伯克”级驱逐舰“约翰芬恩”号，通过 CEC 系统建立了安全的数据链接，两舰共享了来自传感器网的目标跟踪和火控数据，验证了美、澳海军通过 CEC 系统联合作战的可行性。

日本海上自卫队是第二个获得 CEC 系统的美盟国武装力量。2018 年，日本海上自卫队的“DDG27”型驱逐舰“摩耶”号下水，搭载 CEC 系统成为该舰最大的亮点，它使得此舰能与美军共享陆、海、空、天传感器网情报，战时与美海军第七舰队联合作战。

习 题 8

1. 简要描述软件无线电的基本组成，说出各部分的基本作用。
2. 简述认知无线电技术如何提高通信电台的抗干扰能力。
3. 简要解释全光网络的概念。
4. 什么是智能光网络？
5. 什么是量子纠缠？
6. 量子保密通信的主要研究内容有哪些？
7. 简述数据链的技战本质。
8. 简述数据链装备的基本组成要素。

参 考 文 献

[1] 樊昌信，曹丽娜. 通信原理[M]. 7 版. 北京：国防工业出版社，2012.
[2] 孙学康，张金菊. 光纤通信技术基础[M]. 北京：人民邮电出版社，2017.
[3] 冯进玫，郭忠义. 光纤通信[M]. 2 版. 北京：北京大学出版社，2018.
[4] 顾生华. 光纤通信技术[M]. 3 版. 北京：北京邮电大学出版社，2016.
[5] 胡庆，殷茜，张德民. 光纤通信系统与网络[M]. 4 版. 北京：电子工业出版社，2019.
[6] 张成良，李俊杰，马亦然，等. 光网络新技术解析与应用[M]. 北京：电子工业出版社，2016.
[7] 章坚武. 移动通信[M]. 6 版. 西安：西安电子科技大学出版社，2020.
[8] 邹铁刚，孟庆斌，丛红侠，等. 移动通信技术及应用[M]. 北京：清华大学出版社，2013.
[9] 刘良华，代才莉. 移动通信技术[M]. 2 版. 北京：科学出版社，2018.
[10] 沈晓卫，贾维敏，张峰干. 卫星动中通技术[M]. 北京：北京邮电大学出版社，2020.
[11] 袁弋非. LTE/LTE-Advanced 关键技术与系统性能[M]. 北京：人民邮电出版社，2013.
[12] 杨峰义，谢伟良，张建敏，等. 5G 无线网络及关键技术[M]. 北京：人民邮电出版社，2017.
[13] 张玉艳. 现代移动通信技术与系统[M]. 2 版. 北京：人民邮电出版社， 2016.
[14] 周小飞，张宏纲. 认知无线电原理及应用[M]. 北京：北京邮电大学出版社，2007.
[15] 赵友平，谭焜. 认知软件无线电系统：原理与基于 Sora 的实验[M]. 北京：清华大学出版社，2014.
[16] 任国春. 短波通信原理与技术[M]. 北京：机械工业出版社，2020.
[17] 李赞，刘增基，沈健. 流星余迹通信理论与应用[M]. 北京：电子工业出版社，2011.
[18] 韩芳，李资，王红梅. 基于正交频分复用的低轨卫星移动通信同步控制系统设计[J]. 计算机测量与控制，2021，29(8): 119-124.
[19] 叶青，陈宁，林明，等. 5G 通信技术应用场景及关键技术分析[J]. 信息系统工程，2021(5): 17-19.
[20] 王旭东，樊强，李振伟，等. 一种无线网络量子密钥分配协议[J]. 计算机与数字工程，2021，49(7): 1405-1408，1441.
[21] 毕晓宇. 5G 移动通信系统的安全研究[J]. 信息安全研究，2020, 6(1): 52-61.
[22] 伍倩雯. 基于 4G 通信技术的网络安全问题及对策研究[J]. 科技风，2019(24): 87.
[23] 韩娜. 4G 到 5G 探究移动通信技术的发展前景[J]. 信息系统工程，2019(7): 162.
[24] 高均立. 4G 移动通信技术与安全问题研究[J]. 企业科技与发展，2019(3): 99-100.
[25] 陈春美. 从 4G 通信技术发展看 5G[J]. 数字通信世界，2019(01): 125.
[26] 张岭. 浅析 4G-5G 移动通信技术的发展前景[J]. 数字技术与应用，2018, 36(12): 15-16.
[27] 冯登国，徐静，兰晓. 5G 移动通信网络安全研究[J]. 软件学报，2018, 29(6): 1813-1825.
[28] 杨晏川. 4G 移动通信技术现存安全缺陷及对策研究[J]. 通讯世界，2017(8): 94.
[29] 王琪. 4G 移动通信网络技术的发展现状及前景分析[J]. 数字通信世界，2017(3): 134-135.

[30] 曾剑秋. 5G 移动通信技术发展与应用趋势[J]. 电信工程技术与标准化，2017, 30(2): 1-4.

[31] 方汝仪. 5G 移动通信网络关键技术及分析[J]. 信息技术，2017，41(1): 142-145.

[32] 赵国锋，陈婧，韩远兵，等. 5G 移动通信网络关键技术综述[J]. 重庆邮电大学学报(自然科学版)，2015, 27(4): 441-452.

[33] 刘庆刚. 基于 4G 移动通信网络发展规划研究分析[J]. 中国新通信，2015, 17(13): 106.

[34] 尤肖虎，潘志文，高西奇，曹淑敏，邬贺铨. 5G 移动通信发展趋势与若干关键技术[J]. 中国科学(信息科学)，2014, 44(5): 551-563.

[35] 张继东，张昀. 4G 系统的新技术和特点[J]. 现代电信科技，2003(2): 32.

[36] 贺军华，马铁群，杨军杰. 4G 通信技术论述[J]. 中国新通信，2019, 21(13): 4.

[37] 张家荣. 4G 通信的关键技术与发展趋向研究论述[J]. 电子世界，2017(13): 94.